내신 1등급 문제서

절대등급

It's not that I'm so smart,
it's just that I stay with
problems longer. *Albert Einstein*

나는 똑똑한 것이 아니라, 그저 문제를 더 오랫동안 연구할 뿐이다. 알버트 아인슈타인

이 책을 검토한 선배님들께 감사드립니다.

김운찬(서울대), 김은수(서울대), 이윤근(KAIST)

이창은(서울대), 조미리(서울대), 최윤성(서울대)

절대등급

공통수학1

이 책의 구성

내신 1등급을 위한 문제집 절대등급,
이렇게 만들어집니다.

1 전국 500개 학교 시험지 수집

교육 특구를 포함한 전국 학교의
중간·기말고사 시험지와 최근 교육청 학력평가,
평가원 모의평가 및 수능 문제를 분석하여 개념을 활용
하고 논리력을 키울 수 있는 문제를 엄선합니다.

2 출제율 높은 문제 분석

각종 시험에서 출제율이 높은 문제들을 분석합니다.
가장 많이 출제되는 유형을 모으고, 출제 의도를
파악하여 개별 문항의 고유한 특징을 분석합니다.
분석한 문제를 풀이 시간과 체감 난이도에 따라
패턴별로 분류합니다.

3 1등급을 결정짓는 문제 출제

분석된 자료를 바탕으로
1등급을 결정짓는 변별력 있는 문제를 출제합니다.
절대등급은 최근 기출 문제의 출제 의도를 정확하게
알고, 시험에서 어떤 문제가 출제되든지 문제를
꿰뚫을 수 있게 하는 것이 목표입니다.
문제를 해결하며 생각을 논리적으로 전개해 보세요.
문제의 출제 의도와 원리를 찾는 훈련을 하면
어떤 학교 시험에도 대비할 수 있습니다.

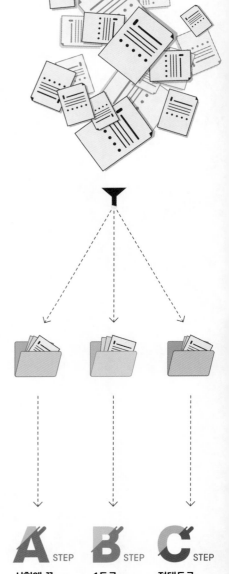

A STEP
시험에 꼭
나오는 문제

B STEP
1등급
도전 문제

C STEP
절대등급
완성 문제

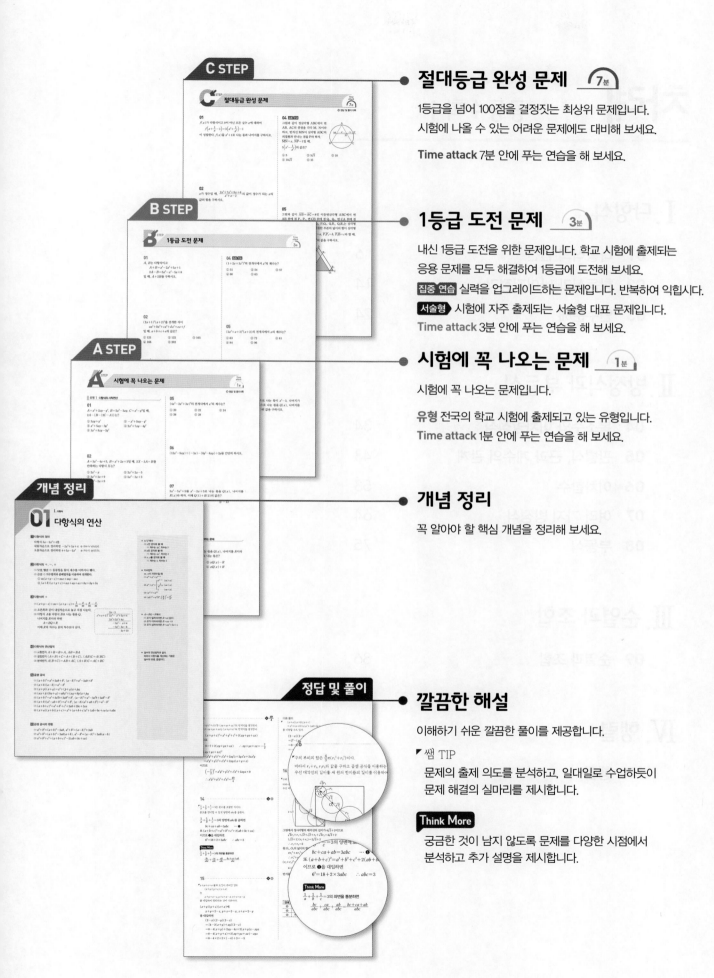

C STEP

절대등급 완성 문제 〔7분〕

1등급을 넘어 100점을 결정짓는 최상위 문제입니다.
시험에 나올 수 있는 어려운 문제에도 대비해 보세요.

Time attack 7분 안에 푸는 연습을 해 보세요.

B STEP

1등급 도전 문제 〔3분〕

내신 1등급 도전을 위한 문제입니다. 학교 시험에 출제되는
응용 문제를 모두 해결하여 1등급에 도전해 보세요.
집중 연습 실력을 업그레이드하는 문제입니다. 반복하여 익힙시다.
서술형 시험에 자주 출제되는 서술형 대표 문제입니다.
Time attack 3분 안에 푸는 연습을 해 보세요.

A STEP

시험에 꼭 나오는 문제 〔1분〕

시험에 꼭 나오는 문제입니다.

유형 전국의 학교 시험에 출제되고 있는 유형입니다.
Time attack 1분 안에 푸는 연습을 해 보세요.

개념 정리

꼭 알아야 할 핵심 개념을 정리해 보세요.

깔끔한 해설

이해하기 쉬운 깔끔한 풀이를 제공합니다.

▶ **쌤 TIP**
문제의 출제 의도를 분석하고, 일대일로 수업하듯이
문제 해결의 실마리를 제시합니다.

Think More
궁금한 것이 남지 않도록 문제를 다양한 시점에서
분석하고 추가 설명을 제시합니다.

차례 　공통수학 1

I. 다항식

I. 다항식

01 다항식의 연산

1 다항식의 정리

다항식 $5x-2x^3+4$를
내림차순으로 정리하면 $-2x^3+5x+4$ ← 차수가 낮아진다.
오름차순으로 정리하면 $4+5x-2x^3$ ← 차수가 높아진다.

◆ $4x^2y^3$에서
(1) x만 문자로 볼 때
⇨ 계수는 $4y^3$, 차수는 2
(2) y만 문자로 볼 때
⇨ 계수는 $4x^2$, 차수는 3
(3) x, y를 문자로 볼 때
⇨ 계수는 4, 차수는 5

2 다항식의 +, −, ×

(1) 덧셈, 뺄셈 ⇨ 동류항을 찾아 계수를 더하거나 뺀다.
(2) 곱셈 ⇨ 지수법칙과 분배법칙을 이용하여 전개한다.
　① $m(x+y-z)=mx+my-mz$
　② $(a+b)(x+y+z)=ax+ay+az+bx+by+bz$

◆ 지수법칙
m, n이 자연수일 때
(1) $a^m \times a^n = a^{m+n}$
(2) $a^m \div a^n = \begin{cases} a^{m-n} & (m>n) \\ \dfrac{1}{a^{n-m}} & (m<n) \\ 1 & (m=n) \end{cases}$
(3) $(a^m)^n = a^{mn}$
(4) $(ab)^m = a^m b^m$, $\left(\dfrac{a}{b}\right)^n = \dfrac{a^n}{b^n}$

3 다항식의 ÷

(1) $(x+y-z) \div m = (x+y-z) \times \dfrac{1}{m} = \dfrac{x}{m}+\dfrac{y}{m}-\dfrac{z}{m}$
(2) 오른쪽과 같이 내림차순으로 놓고 직접 나눈다.
(3) 다항식 A를 다항식 B로 나눈 몫을 Q,
　나머지를 R이라 하면
　　$A=BQ+R$
　이때 R의 차수는 B의 차수보다 낮다.

$$\begin{array}{r}
2x-3 \\
x^2+x+2 \overline{\smash{)}\ 2x^3-\ x^2+3x+4} \\
\underline{2x^3+2x^2+4x\ \ \ } \\
-3x^2-\ x+4 \\
\underline{-3x^2-3x-6} \\
2x+10
\end{array}$$

◆ $A=BQ+R$에서
(1) B가 일차식이면 $R=a$(상수)
(2) B가 이차식이면 $R=ax+b$
(3) B가 삼차식이면 $R=ax^2+bx+c$

4 다항식의 연산법칙

(1) 교환법칙 $A+B=B+A$, $AB=BA$
(2) 결합법칙 $(A+B)+C=A+(B+C)$, $(AB)C=A(BC)$
(3) 분배법칙 $A(B+C)=AB+AC$, $(A+B)C=AC+BC$

◆ 실수의 연산법칙과 같다.
따라서 다항식을 계산하는 기본은
실수의 덧셈, 곱셈이다.

5 곱셈 공식

(1) $(a+b)^2=a^2+2ab+b^2$, $(a-b)^2=a^2-2ab+b^2$
(2) $(a+b)(a-b)=a^2-b^2$
(3) $(x+p)(x+q)=x^2+(p+q)x+pq$
(4) $(ax+p)(bx+q)=abx^2+(aq+bp)x+pq$
(5) $(a+b)^3=a^3+3a^2b+3ab^2+b^3$, $(a-b)^3=a^3-3a^2b+3ab^2-b^3$
(6) $(a+b)(a^2-ab+b^2)=a^3+b^3$, $(a-b)(a^2+ab+b^2)=a^3-b^3$
(7) $(a+b+c)^2=a^2+b^2+c^2+2ab+2bc+2ca$
(8) $(x+a)(x+b)(x+c)=x^3+(a+b+c)x^2+(ab+bc+ca)x+abc$

6 곱셈 공식의 변형

(1) $a^2+b^2=(a+b)^2-2ab$, $a^2+b^2=(a-b)^2+2ab$
(2) $a^3+b^3=(a+b)^3-3ab(a+b)$, $a^3-b^3=(a-b)^3+3ab(a-b)$
(3) $a^2+b^2+c^2=(a+b+c)^2-2(ab+bc+ca)$

시험에 꼭 나오는 문제

01

$A=x^2+2xy-y^2$, $B=2x^2-3xy$, $C=x^2-y^2$일 때, $2A-\{B-(2C-A)\}$는?

① $3xy+y^2$ ② $-x^2+9xy-y^2$

③ $x^2+5xy-3y^2$ ④ $2x^2+7xy-4y^2$

⑤ $3x^2+9xy-5y^2$

02

$A=3x^2-4x+5$, $B=x^2+2x+3$일 때, $2X-3A=B$를 만족하는 다항식 X는?

① $2x^2-x$ ② $2x^2+2x-5$

③ $3x^2+2x+9$ ④ $5x^2-3x+5$

⑤ $5x^2-5x+9$

03

$(x-3y+1)(2x-y+3)$을 전개하면?

① $x^2-3y^2-5xy+5x-7y+3$

② $x^2-2y^2-7xy+x-5y+3$

③ $2x^2+3y^2-5xy+5x-8y+3$

④ $2x^2+3y^2-7xy+5x-10y+3$

⑤ $2x^2+3y^2+5xy+7x-8y+3$

04

$(x+a)(x^2-3x-2)$의 전개식에서 상수항이 -4일 때, x^2의 계수를 구하시오.

05

$(4x^3-2x^2+3x)^2$의 전개식에서 x^4의 계수는?

① 20   ② 22   ③ 24

④ 26   ⑤ 28

06

$(12x^2-9xy)\div(-3x)-(8y^2-8xy)\div2y$를 간단히 하시오.

07

$3x^3-5x^2+5$를 x^2-2x+5로 나눈 몫을 $Q(x)$, 나머지를 $R(x)$라 하자. 이때 $Q(1)+R(2)$의 값은?

① -26 ② -22 ③ -13

④ -5 ⑤ 4

08

다항식 $f(x)$를 $x-3$으로 나눈 몫을 $Q(x)$, 나머지를 R이라 할 때, $xf(x)+7$을 $x-3$으로 나눈 몫은?

① $xQ(x)-3$ ② $xQ(x)-R$

③ $xQ(x)+7$ ④ $xQ(x)+R$

⑤ $x^2Q(x)$

09

다항식 $f(x)$를 $3x-2$로 나눈 몫을 $Q(x)$, 나머지를 R이라 하자. $f(x)$를 $x-\dfrac{2}{3}$로 나눈 몫과 나머지는?

① $Q(x)$, R ② $Q(x)$, $3R$
③ $3Q(x)$, R ④ $3Q(x)$, $3R$
⑤ $\dfrac{1}{3}Q(x)$, $\dfrac{1}{3}R$

유형 3 곱셈 공식

10

다음 중 전개가 옳지 <u>않은</u> 것을 모두 고르면? (정답 2개)

① $(2x-3)^3=8x^3-36x^2+54x-27$
② $(x-2y)(x^2+2xy+4y^2)=x^3-8y^3$
③ $(x-y-z)^2=x^2+y^2+z^2-2xy-2yz-2zx$
④ $(x^2-x+5)(3x-4)=3x^3-7x^2+19x-20$
⑤ $(4x^2+2xy+y^2)(4x^2-2xy+y^2)=16x^4+8x^2y^2+y^4$

11

$x^8=50$일 때,
$$(x-1)(x+1)(x^2+1)(x^4+1)$$
의 값을 구하시오.

12

$(2x+1)^2(4x^2-2x+1)^2$을 전개하시오.

13

$(x^2+ax+3)(x^2+ax-2)$를 전개한 식에서 x^3의 계수와 x^2의 계수의 합이 0일 때, a의 값을 구하시오.

14

$(x-2)(x-1)(x+2)(x+3)$을 전개한 식에서 x^2의 계수와 x의 계수의 합은?

① -15 ② -1 ③ 1
④ 5 ⑤ 14

15

그림과 같이 밑면의 가로, 세로의 길이가 모두 a이고 높이가 $a-2$인 직육면체 모양의 나무 토막에 정육면체 모양의 구멍을 뚫었다. 구멍이 뚫린 나무토막의 부피는? (단, $a>2$)

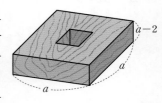

① $4a^2-2a$ ② $4a^2-12a+8$
③ $2a^3-4a^2+12a$ ④ $2a^3+6a^2+12a-8$
⑤ $2a^3+8a^2+3a-8$

유형 4 곱셈 공식의 변형

16

$a+b=3$, $ab=1$일 때, a^4+b^4의 값은?

① 39 ② 41 ③ 43
④ 45 ⑤ 47

17

$x-y=4$, $xy=4$일 때, x^3-y^3의 값은?

① 80   ② 88   ③ 96

④ 104   ⑤ 112

18

$(x+a)(x+b)(x+1)$의 전개식에서 x^2의 계수가 7, x의 계수가 14일 때, a^3+b^3+3ab의 값을 구하시오.

19

$x+y+z=7$, $xy+yz+zx=14$일 때, $x^2+y^2+z^2$의 값은?

① 19   ② 21   ③ 23

④ 25   ⑤ 27

20

$x^2-3x+1=0$일 때, $x^3-4x^2+3-\dfrac{4}{x^2}+\dfrac{1}{x^3}$의 값은?

① -1 ② -3 ③ -5

④ -7 ⑤ -9

21

a, b가 양수이고
$$a^2+ab+b^2=6,\ a^2-ab+b^2=4$$
일 때, a^3+b^3의 값을 구하시오.

유형 5 곱셈 공식의 활용

22

그림과 같이 중심이 O이고 반지름의 길이가 10인 사분원이 있다. 두 반지름 위에 점 P, R과 호 위에 점 Q를 잡아 직사각형 OPQR을 만들었다. 직사각형의 넓이가 22일 때, $\overline{\text{AP}}+\overline{\text{PR}}+\overline{\text{RB}}$의 값을 구하시오.

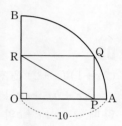

23

밑면의 대각선의 길이가 13 cm, 높이가 10 cm인 직육면체가 있다. 직육면체의 밑면의 가로와 세로의 길이를 각각 3 cm 늘이면 부피가 600 cm³ 증가한다. 처음 직육면체의 밑면의 넓이를 구하시오.

24

그림과 같은 직육면체의 겉넓이가 94이고, 삼각형 BDG에서 세 변의 길이의 제곱의 합이 100이다. 직육면체의 모든 모서리의 길이의 합은?

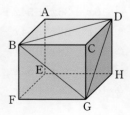

① 36   ② 48

③ 60   ④ 72

⑤ 84

01

A, B는 다항식이고

$$A+B=x^3-2x^2+5x+1$$
$$2A-B=5x^3-x^2-5x+8$$

일 때, $A+2B$를 구하시오.

02

$(2x+1)^3(x+2)^2$을 전개한 식이

$$ax^5+bx^4+cx^3+dx^2+ex+f$$

일 때, $a+b+c+e$의 값은?

① 121   ② 122   ③ 165

④ 166   ⑤ 202

03

A, B가 다항식일 때,

$$<A,\ B>=A^3+AB$$

라 하자. $<2x-3,\ 4x^2+6x+9>$를 전개하면?

① $16x^3+36x^2+54x+54$

② $16x^3-36x^2+54x-54$

③ $16x^3-18x^2+54x-54$

④ $16x^3+36x^2+54x$

⑤ $16x^3-36x^2+54x$

04 집중 연습

$(1+2x+3x^2)^3$의 전개식에서 x^4의 계수는?

① 51   ② 54   ③ 57

④ 60   ⑤ 63

05

$(2x^2+x+3)^3(x+2)$의 전개식에서 x의 계수는?

① 63   ② 72   ③ 81

④ 84   ⑤ 96

06

다항식 $f(x)$를 x^3-2x^2+3으로 나눈 몫이 x^2-3, 나머지가 $2x^2-4x$이다. $f(x)$를 x^2-3으로 나눈 몫을 $Q(x)$, 나머지를 $R(x)$라 할 때, $Q(1)+R(2)$의 값을 구하시오.

07

a, b는 0이 아닌 실수이고, 다항식 x^4+ax^2+b는 x^2+ax+b로 나누어떨어진다. a, b의 값을 모두 구하시오.

08

$x=2+\sqrt{3}$일 때, $\dfrac{x^3-5x^2+6x-3}{x^2-4x+2}$의 값은?

① 1   ② $\sqrt{3}$ ③ $-1+\sqrt{3}$

④ $1+\sqrt{3}$ ⑤ $2+\sqrt{3}$

09 서술형

그림과 같은 직사각형 ABCD에서 사각형 ABFE, GFCH, IJHD가 모두 정사각형이다. 사각형 EGJI의 넓이가 x^2+x-2일 때, 사각형 ABFE의 넓이를 x에 대한 전개식으로 나타내시오.

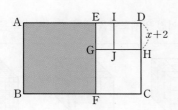

10

x, y가 실수이고 $x^2-y^2=\sqrt{2}$일 때,
$$\{(x+y)^8+(x-y)^8\}^2-\{(x+y)^8-(x-y)^8\}^2$$
의 값을 구하시오.

11 집중 연습

x, y가 실수이고 $x^2+y^2=6xy$일 때, $\left|\dfrac{x-y}{x+y}\right|$의 값은?

① $\sqrt{2}$ ② 1   ③ $\dfrac{\sqrt{2}}{2}$

④ $\dfrac{\sqrt{2}}{4}$ ⑤ $\dfrac{\sqrt{2}}{8}$

12 집중 연습

x, y가 양수이고 $x^2=4+2\sqrt{3}$, $y^2=4-2\sqrt{3}$일 때, $\dfrac{(x^3-y^3)(x^3+y^3)}{x^5+y^5}$의 값을 구하시오.

STEP B 1등급 도전 문제

정답 및 풀이 12쪽

13

$x+y+z=0$, $x^2+y^2+z^2=7$일 때, $x^2y^2+y^2z^2+z^2x^2$의 값을 구하시오.

14

a, b, c는 0이 아니고,

$$a+b+c=6,\ a^2+b^2+c^2=18,\ \frac{1}{a}+\frac{1}{b}+\frac{1}{c}=3$$

일 때, abc의 값은?

① 1 ② 2 ③ 3
④ 4 ⑤ 5

15

$x+y+z=2$, $xy+yz+zx=-4$, $xyz=-3$일 때, $(x+y)(y+z)(z+x)$의 값은?

① -10 ② -5 ③ 2
④ 5 ⑤ 10

16 서술형

그림과 같이 한 변의 길이가 $4+\sqrt{2}$인 정사각형의 내부에 반지름의 길이가 r_1, $\sqrt{2}$, r_3인 원 O_1, O_2, O_3이 있다. 원 O_1, O_2, O_3의 중심이 정사각형의 한 대각선 위에 있고, 원 O_1, O_3은 정사각형의 이웃하는 두 변에 접하며, 원 O_2는 원 O_1, O_3의 외부에서 접한다. 원 O_1, O_3의 넓이의 합이 반지름의 길이가 $\sqrt{3}$인 원의 넓이와 같을 때, 반지름의 길이가 r_1, r_3인 구의 부피의 합을 구하시오.

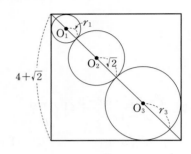

17 집중 연습

한 모서리의 길이가 x인 정육면체에 대하여 다음 과정을 반복하였다.

> ① 정육면체 각 면의 중앙에 한 변의 길이가 $\frac{x}{3}$인 정사각형 모양의 구멍을 뚫는다. 뚫은 구멍은 정사각기둥이고 각 모서리는 정육면체의 모서리와 평행하다. 이때 남은 입체는 처음 정육면체와 닮음비가 3 : 1인 정육면체 20개로 나눌 수 있다.
> ② ①에서 남은 정육면체 20개에 대하여 ①의 과정을 반복한다.
> 이렇게 만들어진 입체도형을 멩거 스펀지라 부른다.

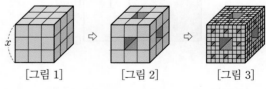

[그림 1] [그림 2] [그림 3]

[그림 2]의 입체도형의 부피를 V, 겉넓이를 S라 할 때, $\frac{V}{S}$를 x로 나타내시오.

절대등급 완성 문제

01

$f(x)$가 다항식이고 0이 아닌 모든 실수 x에 대하여

$$f\left(x+\frac{1}{x}-1\right)=3\left(x^3+\frac{1}{x^3}\right)-1$$

이 성립한다. $f(x)$를 x^2+1로 나눈 몫과 나머지를 구하시오.

02

x가 정수일 때, $\dfrac{2x^3+7x^2+9x+6}{x^2+x-2}$의 값이 정수가 되는 x의 값의 합을 구하시오.

03 집중 연습

x, y, a가 실수이고

$$x+y=a,\ x^3+y^3=a,\ x^5+y^5=a$$

일 때, 0이 아닌 a의 값을 모두 구하시오.

04 집중 연습

그림과 같이 정삼각형 ABC에서 변 AB, AC의 중점을 각각 M, N이라 하고, 반직선 MN이 삼각형 ABC의 외접원과 만나는 점을 P라 하자. $\overline{\mathrm{MN}}=x$, $\overline{\mathrm{NP}}=1$일 때, $5\left(x^2-\dfrac{1}{x^2}\right)$의 값은?

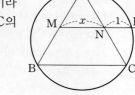

① 5   ② $5\sqrt{5}$ ③ 10

④ $10\sqrt{5}$ ⑤ 15

05

그림과 같이 $\overline{\mathrm{AB}}=\overline{\mathrm{AC}}=8$인 이등변삼각형 ABC에서 변 AB 위에 점 P_1, P_2, 변 CB 위에 점 Q_1, Q_2, 변 CA 위에 점 R_1, R_2를 잡을 때, 선분 P_1Q_1, P_2Q_2, Q_1R_1, Q_2R_2는 삼각형 ABC의 각 변에 평행하고, 색칠한 부분의 넓이의 합이 삼각형 ABC의 넓이의 $\dfrac{1}{2}$이다. $\overline{\mathrm{AP_1}}=a$, $\overline{\mathrm{P_1P_2}}=b$, $\overline{\mathrm{P_2B}}=c$라 할 때, $(a-b)^2+(b-c)^2+(c-a)^2$의 값을 구하시오.

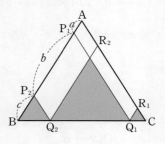

Ⅰ. 다항식

02 항등식과 나머지정리

1 항등식

(1) 등식에 포함된 문자에 어떤 값을 대입하여도 성립하는 등식을 항등식이라 한다.

(2) 항등식의 성질

다음 등식이 x에 대한 항등식일 때

① $ax+b=0$이면 $a=0$, $b=0$

② $ax+b=a'x+b'$이면 $a=a'$, $b=b'$

③ $ax^2+bx+c=0$이면 $a=0$, $b=0$, $c=0$

④ $ax^2+bx+c=a'x^2+b'x+c'$이면 $a=a'$, $b=b'$, $c=c'$

참고 곱셈 공식(인수분해 공식)과 곱셈 공식의 변형, 나눗셈에 대한 등식 $A=BQ+R$ 등은
모두 항등식이다.

◆ 다음은 같은 표현이다.
x에 대한 항등식이다.
모든 x에 대하여 성립한다.
x의 값에 관계없이 성립한다.

2 미정계수법

$a(x-1)+b(x-2)=2x-1$이 x에 대한 항등식일 때

(1) $x=2$를 대입하면 $a=3$, $x=1$을 대입하면 $b=-1$

이와 같이 수치를 대입하여 계수를 정할 수 있다. ← 수치대입법

(2) 좌변을 정리하면 $(a+b)x-(a+2b)=2x-1$

x의 계수와 상수항을 비교하면 $a+b=2$, $a+2b=1$ ∴ $a=3$, $b=-1$

이와 같이 양변의 동류항을 비교하여 계수를 정할 수 있다. ← 계수비교법

◆ 방정식 문제 ⇨ 해를 구한다.
항등식 문제 ⇨ 계수를 정한다.

3 조립제법

(1) 오른쪽과 같이 다항식 x^3-4x^2+2x+3을 일차식
$x-2$로 나누면

몫 : x^2-2x-2, 나머지 : -1

이와 같이 계수만 이용하여 일차식으로 나눈 몫과
나머지를 구하는 방법을 조립제법이라 한다.

```
2 | 1   -4    2    3
  |      2   -4   -4
  ----------------------
    1   -2   -2  | -1
```

(2) $f(x)$를 $x+\dfrac{b}{a}$로 나눈 몫을 $Q(x)$, 나머지를 R이라 하면

$$f(x)=\left(x+\dfrac{b}{a}\right)Q(x)+R=(ax+b)\left\{\dfrac{1}{a}Q(x)\right\}+R$$

따라서 $f(x)$를 $ax+b$로 나눈 몫은 $\dfrac{1}{a}Q(x)$, 나머지는 R이다.

◆ $A=BQ+R$은 항등식이다.

4 나머지정리

(1) 다항식 $f(x)$를 일차식 $x-a$로 나눈 몫을 $Q(x)$, 나머지를 R이라 하면

$$f(x)=(x-a)Q(x)+R$$

이므로 $x=a$를 대입하면 나머지는 $R=f(a)$

(2) 다항식 $f(x)$를 일차식 $ax+b$로 나눈 나머지는 $f\left(-\dfrac{b}{a}\right)$

참고 일차식으로 나눈 나머지를 알 때에는 나머지정리를 이용한다.

◆ $f(x)=(ax+b)Q(x)+R$에
$x=-\dfrac{b}{a}$를 대입하면 $R=f\left(-\dfrac{b}{a}\right)$

5 인수정리

(1) 다항식 $f(x)$가 일차식 $x-a$로 나누어떨어지면 $f(x)=(x-a)Q(x)$이므로
$f(a)=0$이다.

(2) 역으로 $f(a)=0$이면 $f(x)$는 $x-a$로 나누어떨어진다.

유형 1 미정계수법

01

등식

$$x^2-x+6=a(x-1)(x-2)+bx(x-2)+cx(x-1)$$

이 x에 대한 항등식일 때, $2a+b+c$의 값은?

① -2 ② 0 ③ 2
④ 4 ⑤ 6

02

다음 등식이 x에 대한 항등식일 때, $abcd$의 값은?

$$(x-1)(ax^2+bx+c)=x^3+dx^2-3x+1$$

① -5 ② -2 ③ 1
④ 4 ⑤ 7

03

등식

$$2x^2-x+3=ab(x+1)^2+(a+b)(x-1)-4$$

가 x에 대한 항등식일 때, a^3+b^3의 값은?

① -5 ② -30 ③ -55
④ -72 ⑤ -95

04

$f(x)$가 다항식이고 등식

$$x^4-ax^2-x+b=(x+1)(x-2)f(x)$$

가 모든 x에 대하여 성립할 때, $f(3)$의 값을 구하시오.

05

등식 $(2k-1)x-(1-k)y+5=0$이 k의 값에 관계없이 성립할 때, x, y의 값을 구하시오.

06

$x+y=1$인 모든 실수 x, y에 대하여 $ax^2+bxy+cy^2=1$일 때, a, b, c의 값을 구하시오.

유형 2 조립제법

07

다음과 같이 조립제법을 이용하여 다항식 x^3-3x^2+3x+1을 $x-2$로 나눈 몫과 나머지를 구하려고 한다.
이때 $a+b+c+d$의 값은?

a	1	-3	3	1
		2	c	2
	1	b	1	d

① 1 ② 2 ③ 3
④ 4 ⑤ 5

08

다항식 x^3-x^2-3x+6을

$$a(x-1)^3+b(x-1)^2+c(x-1)+d$$

꼴로 나타낼 때, $ab+cd$의 값은?

① -12 ② -8 ③ -4
④ 0 ⑤ 4

유형 3 $A=BQ+R$로 정리하는 문제

09

다항식 $3x^3-6x^2-3x+a$를 $x+b$로 나눈 몫이 $3x^2-3$이고 나머지가 11일 때, ab의 값은?

① -42 ② -38 ③ -34
④ -30 ⑤ -26

10

다항식 $f(x)=2x^{20}-x^2+4$를 $x-2$로 나눈 몫을 $Q(x)$라 할 때, $Q(x)$의 상수항을 포함한 모든 계수의 합은?

① $2^{21}-1$ ② $2^{21}-5$ ③ 2^{20}
④ $2^{20}-1$ ⑤ $2^{19}-3$

11

다항식 $f(x)$를 x^2+x+1로 나누면 나머지가 $x-1$이고, 다항식 $g(x)$를 x^2+x+1로 나누면 나머지가 -3이다. 이때 $f(x)-2g(x)$를 x^2+x+1로 나눈 나머지를 구하시오.

유형 4 나머지정리와 미정계수

12

다항식 $2x^3+x^2+ax+1$을 $x+2$로 나눈 나머지와 $2x+1$로 나눈 나머지가 같을 때, a의 값을 구하시오.

13

다항식 x^3-4x^2+ax+b가 x^2-x-2로 나누어떨어질 때, $a+b$의 값은?

① 3   ② 4   ③ 5
④ 6   ⑤ 7

유형 5 $x-a$로 나눈 나머지 $f(a)$를 구하는 문제

14

다항식 $f(x)$를 x^2+x-6으로 나눈 나머지가 $5x-1$일 때, 다항식 $f(2x+3)$을 $2x+1$로 나눈 나머지는?

① 1   ② 3   ③ 5
④ 7   ⑤ 9

15

다항식 $f(x)$를 x^2-1로 나눈 나머지는 3이고, 다항식 $g(x)$를 x^2+x로 나눈 나머지는 -1이다. 다항식 $f(x)+g(x)$를 $x+1$로 나눈 나머지는?

① 2   ② 4   ③ 6
④ 8   ⑤ 10

16

다항식 $f(x)$를 $x-2$로 나눈 나머지는 -3이고, $f(x)$를 $(x-1)(x+2)$로 나눈 몫은 $Q(x)$, 나머지는 $2x+1$이다. 이때 몫 $Q(x)$를 $x-2$로 나눈 나머지는?

① -3 ② -2 ③ -1
④ 2   ⑤ 3

유형 6 이차식 이상으로 나눈 나머지

17

다항식 $f(x)$를 $x-2$로 나눈 나머지는 3이고,
$f(x)$를 $x-3$으로 나눈 나머지는 6이다.
$f(x)$를 $(x-2)(x-3)$으로 나눈 몫을 $g(x)$라 할 때,
$g(x)$를 $x-4$로 나눈 나머지는 2이다. $f(4)$의 값을 구하시오.

18

다항식 $x^5-4x^3+px^2+2$를 x^2-4로 나눈 몫은 $Q(x)$이다.
$Q(1)=3$일 때, p의 값은?

① -2 ② -1 ③ 0
④ 1 ⑤ 2

19

$f(x)$는 다항식이고, $f(x)-4$는 $x+1$로 나누어떨어진다.
$f(x)+2$를 $x-2$로 나눈 나머지가 -3일 때, $f(x)$를
$(x-2)(x+1)$로 나눈 나머지는?

① $-x-1$ ② $-2x+1$ ③ $-2x-1$
④ $-3x+1$ ⑤ $-3x-1$

20

다항식 $f(x)$를 x^2+2로 나눈 나머지는 $x+4$이고,
$f(x)$를 $x+1$로 나눈 나머지는 -3이다.
$f(x)$를 $(x^2+2)(x+1)$로 나눈 나머지를 $R(x)$라 할 때,
$R(-5)$의 값을 구하시오.

유형 7 몫에 대한 식을 이용하는 문제

21

x^3의 계수가 1인 삼차식 $f(x)$는 $x-2$로 나누어떨어진다.
또 $f(x)$를 x^2+1로 나눈 나머지는 $4x+2$이다.
$f(x)$를 $x-3$으로 나눈 나머지는?

① 1 ② 2 ③ 3
④ 4 ⑤ 5

22

다항식 $f(x)$를 $x-2$로 나누면 나머지가 7이고,
$f(x)$를 $x+1$로 나누면 나머지가 1이다.
$f(x)$를 $(x-2)(x+1)$로 나눈 몫과 나머지가 같을 때,
$f(0)$의 값은?

① -3 ② -2 ③ -1
④ 0 ⑤ 1

유형 8 인수정리의 활용

23

$f(x)$는 최고차항의 계수가 1인 삼차식이고
$$f(0)=f(1)=f(2)=3$$
일 때, $f(x)$를 $x+1$로 나눈 나머지를 구하시오.

24

$f(x)$는 최고차항의 계수가 1인 사차식이고
$$f(1)=2, f(2)=4, f(3)=6, f(4)=8$$
일 때, $f(x)$를 $x-5$로 나눈 나머지를 구하시오.

01

등식
$$(x+1)^4=a_0+a_1x+a_2x(x-1)+a_3x(x-1)(x-2)$$
$$+a_4x(x-1)(x-2)(x-3)$$
이 x에 대한 항등식일 때, $a_0+a_1+a_2+a_3+a_4$의 값은?

① 36　　　　② 42　　　　③ 48

④ 52　　　　⑤ 56

02

모든 실수 x에 대하여 등식
$$(x+1)^3+(x+1)^2+(x+1)+1$$
$$=a(x+3)^3+b(x+3)^2+c(x+3)+d$$
가 성립할 때, a, b, c, d의 값을 구하시오.

03 서술형

등식
$$(1+x-2x^2)^4=a_0+a_1x+a_2x^2+\cdots+a_7x^7+a_8x^8$$
이 x에 대한 항등식일 때, 다음을 구하시오.

(1) $a_2+a_4+a_6+a_8$

(2) $a_0+\dfrac{a_2}{2^2}+\dfrac{a_4}{2^4}+\dfrac{a_6}{2^6}+\dfrac{a_8}{2^8}$

04 집중 연습

모든 실수 x에 대하여 등식
$$x(2x-1)(2x^2-x-3)+kx(2x-1)+9$$
$$=(2x^2-x-a)(2x^2-x-b)$$
가 성립한다. a, b가 정수일 때, 가능한 k의 값의 개수는?

① 3　　　　② 4　　　　③ 5

④ 6　　　　⑤ 7

05

다음은 조립제법을 이용하여 다항식 $f(x)$를 $x-1$로 나눈 몫을 구하고, 다시 몫을 $x+1$로 나누는 과정이다. $f(x)$는?

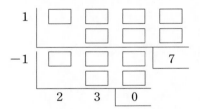

① $2x^3+3x^2+7$　　　② $2x^3+3x^2-2x+4$

③ $2x^3+3x^2+2x-3$　　　④ $2x^3+3x^2+2x+5$

⑤ $2x^3+3x^2+7x$

06 집중 연습

$f(x)=x^3-3x^2+5x-2$일 때, $f(1.2)+f(0.9)$의 값은?

① 1.207　　　② 1.907　　　③ 2.105

④ 2.207　　　⑤ 2.907

07 집중 연습

두 다항식 $f(x)$, $g(x)$가 다음 조건을 만족시킨다.

> (가) $2f(x)+3g(x)$를 x^4+x로 나눈 나머지는 $10x^2-5$
>   이다.
> (나) $f(x)-g(x)$를 x^4+x로 나눈 나머지는 $5x^3$이다.

$2f(x)+7g(x)$를 x^4+x로 나눈 나머지를 구하시오.

08

다항식 $f(x)$를 x^2-2로 나눈 나머지가 $x+1$이다.
이때 $\{f(x)\}^2$을 x^2-2로 나눈 나머지는?

① $x+1$ ② $2x+3$ ③ $2x+5$
④ $4x+3$ ⑤ $4x+5$

09

다항식 $f(x)=x^n(x^2+ax+b)$를 $x-3$으로 나누면 나누어떨어지고, 나눈 몫은 $Q(x)$이다. $Q(x)$를 $x-3$으로 나눈 나머지가 3^n일 때, ab의 값은? (단, n은 자연수)

① -54 ② -48 ③ -30
④ -18 ⑤ -12

10 서술형

다항식 $f(x)$가 다음 조건을 만족시킨다.

> (가) $f(1)=3$
> (나) $f(x+1)=f(x)+2x$

$f(x)$를 x^2-5x+6으로 나눈 나머지를 구하시오.

11

다항식 $f(x)$를 $(x-2)(x-3)(x-4)$로 나눈 나머지는 x^2-x+1이다. 다항식 $f(8x)$를 $8x^2-6x+1$로 나눈 나머지는?

① $20x-3$ ② $40x+5$ ③ $40x-5$
④ $40x+7$ ⑤ $40x-7$

12

다항식 $f(x)=a_0+a_1x+a_2x^2+\cdots+a_{10}x^{10}$에서
$$a_0+a_2+a_4+a_6+a_8+a_{10}=0,$$
$$a_1+a_3+a_5+a_7+a_9=1$$
이다. $f(2x+1)$을 x^2+x로 나눈 나머지는?

① $2x+1$ ② $2x+3$ ③ $3x+1$
④ $3x+5$ ⑤ $4x+3$

13 집중 연습

$f(x)=x^5-1$에 대하여 다음 물음에 답하시오.

(1) $f(x)$를 $x-1$로 나눈 몫과 나머지를 구하시오.
(2) $f(x)$를 $(x-1)^2$으로 나눈 나머지를 구하시오.

14

다항식 $f(x)$를 $(x-4)(x+1)(x-1)$로 나눈 나머지가 x^2+x+1이다. $f(x^2)$을 x^4-3x^2-4로 나눈 나머지를 $R(x)$라 할 때, $R(1)$의 값을 구하시오.

15

x^4의 계수가 1인 사차식 $f(x)$를 $(x+1)^3$으로 나눈 나머지가 $3(x+1)$이고 $f(1)=-2$이다. $f(x)$를 x^2-1로 나눈 몫을 $Q(x)$라 할 때, $Q(-2)$의 값을 구하시오.

16

삼차식 $f(x)$를 x^2-x-1로 나눈 나머지는 $-2x+1$이다.
$$(x-4)f(x)=(x+2)f(x-2)$$
일 때, $f(3)$의 값은?

① 7　　　　② 9　　　　③ 11
④ 13　　　　⑤ 15

17

다항식 $f(x)$를 $(x+4)^2$으로 나눈 나머지가 $x+5$이고,
$f(x)$를 $(x+3)^2$으로 나눈 나머지가 $x+6$이다.
$f(x)$를 $(x+4)^2(x+3)$으로 나눈 나머지를 $R(x)$라 할 때,
$R(1)$의 값을 구하시오.

18

다항식 $f(x)$를 $(x-1)(x+2)$로 나눈 나머지가 $x-3$이고,
$(x+1)f(3x-1)$을 $x-1$로 나눈 나머지가 6이다.
$f(x)$를 $(x-1)(x^2-4)$로 나눈 몫을 $Q(x)$라 할 때,
$Q(x)$를 $x-3$으로 나눈 나머지는 1이다. $f(x)$를 $x-3$으로 나눈 나머지는?

① 16　　　　② 18　　　　③ 20
④ 22　　　　⑤ 24

→ 정답 및 풀이 22쪽

19 서술형

삼차식 $f(x)$를 $(x-1)^2$으로 나누면 몫과 나머지가 같다. $f(x)$를 $(x-1)^3$으로 나눈 나머지를 $R(x)$라 하면 $R(2)=R(3)$이다. $f(1)=2$일 때, $R(x)$를 $x+3$으로 나눈 나머지를 구하시오.

22 집중 연습

$f(x)$는 다항식이고
$$f(x^2-1)=x^2f(x-2)+2x^3+x^2-2$$
이다. $f(x)$를 구하시오.

20 집중 연습

다항식 $f(x)$는 x^2의 계수가 1인 이차식이고, $g(x)$는 $g(-2)=0$인 다항식이다. $f(x)-g(x)$를 $x-2$로 나눈 몫과 나머지가 같고, $f(x)g(x)$를 x^2-x로 나눈 나머지가 $2x-2$일 때, $f(x)$와 $g(x)$를 구하시오.

23

$f(x)$는 최고차항의 계수가 1인 사차식이다. $f(x)$를 $x-p$와 x^2+2로 각각 나누면 나머지가 p로 같고, $f(x)$를 $x(x+2)$로 나누면 나머지가 0이다. p의 값을 구하시오. (단, $p\neq0$)

21

303^8을 61로 나눈 나머지는?

① 4   ② 6   ③ 8
④ 10   ⑤ 12

24

$f(x)$, $g(x)$는 이차식이고
$$(x-1)f(x)=(x-3)g(x)$$
이다. $f(1)=2$, $g(2)=1$일 때, $f(0)$의 값은?

① 7   ② 8   ③ 9
④ 10   ⑤ 11

01

$f(x)$는 이차식이다. $f(x^2)$을 $f(x)$로 나누면 나누어떨어지고 나눈 몫은 $f(-x)$이다. $f(x)$를 모두 구하시오.

02 서술형

$f(x)$는 삼차식이고

$$f(1)=\frac{3}{2}, f(2)=\frac{4}{3}, f(3)=\frac{5}{4}, f(4)=\frac{6}{5}$$

이다. $f(5)$의 값을 구하시오.

03

다항식 $f(x)$를 $(x-1)^2(x+2)$로 나눈 나머지가 $2x^2+7x-3$이고, $f(x)$를 $(x+1)^2(x+3)$으로 나눈 나머지가 $7x^2+20x+9$이다. $f(x)$를 $(x-1)^2(x+1)$로 나눈 나머지를 $R(x)$라 할 때, $R(2)$의 값은?

① 8   ② 12   ③ 16
④ 20   ⑤ 24

04 집중 연습

이차식 $f(x)$가 다음 조건을 만족시킨다.

(가) x^3+5x^2+9x+6을 $f(x)$로 나눈 나머지는 $g(x)$이다.
(나) x^3+5x^2+9x+6을 $g(x)$로 나눈 나머지는 $f(x)-x^2-3x$이다.

$g(1)$의 값은?

① 9   ② 10   ③ 11
④ 12   ⑤ 13

05 집중 연습

$f(x)$는 x^4의 계수가 1인 사차식이고, 다항식 $g(x)$가 모든 x에 대하여

$$\{f(x+1)\}^2+\{f(x)\}^2=(x^2-2x)g(x)$$

를 만족시킨다.

$g(x)$를 $f(x)$로 나눈 나머지를 $R(x)$라 할 때, $R(3)$의 값을 구하시오. (단, 다항식 $f(x)$의 계수는 실수이다.)

06 집중 연습

다항식 $f(x)$, $g(x)$가 다음 조건을 만족시킨다.

> (가) $f(x)+g(x)$를 x^2+x-1, $x+1$로 나눈 나머지는 각각 $x-2$, 2이다.
> (나) $f(x)g(x)$를 x^2+x-1, $x+1$로 나눈 나머지는 각각 $2x+1$, -1이다.

$h(x)=\{f(x)\}^2+\{g(x)\}^2+f(x)g(x)\{f(x)+g(x)\}$라 할 때, $h(x)$를 $(x+1)(x^2+x-1)$로 나눈 나머지를 구하시오.

07

x^8-1을 $x-1$로 나눈 몫을 $f(x)$라 하자. 다음 물음에 답하시오.

(1) $f(x)$를 구하시오.

(2) 다항식 $g(x)$를 $f(x)$로 나눈 나머지가 x^5일 때, $g(x)$를 x^5+x^4+x+1로 나눈 나머지를 구하시오.

08

최고차항의 계수가 1인 다항식 $f(x)$가 다음 조건을 만족시킨다.

> (가) 모든 x에 대하여 $f(x)=f(-x)$이다.
> (나) 모든 x에 대하여
> $$f(x^2+1)-f(x^2-1)=px^2f(x)+4x^4-2x^2$$
> 이 성립하는 실수 p가 있다.

$f(2)$의 값을 구하시오.

03 인수분해

I. 다항식

1 인수분해 공식

(1) $ma-mb+mc=m(a-b+c)$

(2) $a^2+2ab+b^2=(a+b)^2$, $a^2-2ab+b^2=(a-b)^2$

(3) $a^2-b^2=(a+b)(a-b)$

(4) $x^2+(p+q)x+pq=(x+p)(x+q)$

(5) $abx^2+(aq+bp)x+pq=(ax+p)(bx+q)$

(6) $a^2+b^2+c^2+2ab+2bc+2ca=(a+b+c)^2$

(7) $a^3+3a^2b+3ab^2+b^3=(a+b)^3$, $a^3-3a^2b+3ab^2-b^3=(a-b)^3$

(8) $a^3+b^3=(a+b)(a^2-ab+b^2)$, $a^3-b^3=(a-b)(a^2+ab+b^2)$

(9) $a^4+a^2b^2+b^4=(a^2+ab+b^2)(a^2-ab+b^2)$

◆ 곱셈 공식에서 좌변과 우변이 바뀐 꼴이다.

2 공식을 바로 쓸 수 없는 경우

(1) 공통부분이 있는 다항식의 인수분해

⇨ 공통부분을 한 문자로 치환하여 인수분해 한다.

(2) 문자가 두 개 이상인 다항식의 인수분해

⇨ 차수가 가장 낮은 한 문자에 대해 내림차순으로 정리한 후 인수분해 한다.

(3) x^4+ax^2+b 꼴의 다항식의 인수분해

① $x^2=X$로 치환하여 인수분해 한다. 예를 들어

$$x^4+x^2-2=X^2+X-2=(X+2)(X-1)$$
$$=(x^2+2)(x^2-1)=(x^2+2)(x+1)(x-1)$$

② $(\quad)^2-(\quad)^2$ 꼴로 고쳐 인수분해 한다. 예를 들어

$$x^4+x^2+1=x^4+2x^2+1-x^2=(x^2+1)^2-x^2$$
$$=(x^2+1+x)(x^2+1-x)=(x^2+x+1)(x^2-x+1)$$

◆ 공통인 인수가 있을 때에는 먼저 공통인 인수로 묶고 인수분해 한다.

3 $a^3+b^3+c^3-3abc$의 활용

(1) $a^3+b^3+c^3-3abc=(a+b+c)(a^2+b^2+c^2-ab-bc-ca)$

(2) $a^2+b^2+c^2-ab-bc-ca=\dfrac{1}{2}\{(a-b)^2+(b-c)^2+(c-a)^2\}$

[증명] $a^2+b^2+c^2-ab-bc-ca=\dfrac{1}{2}(2a^2+2b^2+2c^2-2ab-2bc-2ca)$
$$=\dfrac{1}{2}(a^2-2ab+b^2+b^2-2bc+c^2+c^2-2ca+a^2)$$
$$=\dfrac{1}{2}\{(a-b)^2+(b-c)^2+(c-a)^2\}$$

◆ 우변을 전개하면 좌변과 같음을 확인할 수 있다.

4 인수정리와 인수분해

(1) 다항식 $f(x)$는 $f(\alpha)=0$인 α를 찾아 인수분해 할 수 있다.

① $f(\alpha)=0$이면 $f(x)=(x-\alpha)Q(x)$이다. ← 인수정리

② 조립제법을 이용하여 $f(x)$를 $x-\alpha$로 나눈 몫 $Q(x)$를 구한다.

③ $Q(x)$가 더 인수분해 되지 않을 때까지 인수분해 한다.

(2) $f(x)=x^n+\cdots+b$일 때 $f(\alpha)=0$인 α는 $\pm(b$의 약수$)$ 중 하나이고,

$f(x)=ax^n+\cdots+b$일 때 $f(\alpha)=0$인 α는 $\pm\left(\dfrac{b의 약수}{a의 약수}\right)$ 중 하나이다.

참고 특별한 말이 없으면 계수가 정수인 범위에서 인수분해 한다.

◆ 약수, 배수는 정수까지 확장하여 생각할 수 있다.

유형 1 인수분해 공식

01

다음 중 옳지 <u>않은</u> 것은?

① $a^4-b^4=(a-b)(a+b)(a^2+b^2)$
② $x^3+27=(x+3)(x^2-3x+9)$
③ $8x^3-12x^2y+6xy^2-y^3=(2x-y)^3$
④ $a^2+b^2+c^2-2ab-2bc-2ca=(a-b-c)^2$
⑤ $x^4+2x^2y^2-3y^4=(x+y)(x-y)(x^2+3y^2)$

02

x에 대한 이차식 $(x-a)(x+1)-6$을 인수분해 하면 $(x-5)(x-b)$이다. $a+b$의 값은?

① 2　　　　　② 4　　　　　③ 6
④ 8　　　　　⑤ 10

03

다항식 $4x^2+y^2-9z^2-4xy$를 인수분해 하면
$$(2x-y+az)(2x+by+cz)$$
이다. $a+b+c$의 값은?

① -2　　　　② -1　　　　③ 1
④ 2　　　　　⑤ 3

유형 2 여러 가지 인수분해

04

다음 중 다항식
$$x(x-1)(x-2)(x-3)-24$$
의 인수는?

① x^2-3x-2　　② x^2-3x+4　　③ x^2-3x+6
④ x^2+3x-4　　⑤ x^2+3x+6

05

다항식 $2x^2-2xy-4y^2+x+4y-1$이
$$(2x+ay-1)(x+by+1)$$
로 인수분해 될 때, a^2+b^2의 값을 구하시오.

06

다항식 $f(x)$를 x^3+1로 나눈 나머지가 $3x-1$, $f(x)$를 x^2-x+1로 나눈 몫이 $2x^2+3x+1$이다. $f(x)$를 $x-1$로 나눈 나머지를 구하시오.

07

다항식 x^4-13x^2+4가 x^2의 계수가 1인 두 이차식 $P(x)$, $Q(x)$의 곱으로 인수분해 될 때, $P(0)+Q(0)$의 값을 구하시오.

유형 3 인수정리와 인수분해

08

다음 중 다항식 $x^4+4x^3-x^2-16x-12$의 인수가 <u>아닌</u> 것은?

① $x+1$　　　　② $x+2$　　　　③ $x+3$
④ $x-2$　　　　⑤ $x-3$

A STEP / 시험에 꼭 나오는 문제

◆ 정답 및 풀이 29쪽

09

다항식 $(x+2)^3-7(x+2)^2-10x-4$를 인수분해 하면 $(x+p)(x+q)(x+r)$이다. $3p+q+2r$의 값은? (단, $p<q<r$)

① 1   ② -2 ③ -5

④ -7 ⑤ -9

10

다항식 $2x^4+6x^3+ax^2+b$가 $(x+1)^2$을 인수로 가질 때, ab의 값은?

① -5 ② -4 ③ -3

④ -2 ⑤ -1

11

$x-1$이 사차식 $f(x)=ax^4+bx^3+cx-a$의 인수이다. 다음 중 a, b, c의 값에 관계없이 $f(x)$의 인수인 것은?

① $x-2$ ② x ③ $x+1$

④ $x+2$ ⑤ $x+3$

유형 4 인수분해 활용

12

$\dfrac{(17^3-13^3)(17^3+13^3)}{17^4+17^2\times13^2+13^4}$의 값을 구하시오.

13

$18^3-6\times18^2-36\times18-40$의 값을 구하시오.

14

$a+b+c=2$, $ab+bc+ca=-1$, $a^3+b^3+c^3=11$일 때, $(a+b)(b+c)(c+a)$의 값은?

① 5   ② 4   ③ 1

④ -1 ⑤ -4

유형 5 인수분해와 미정계수

15

이차식 $3x^2+ax+2$가 x의 계수와 상수항이 정수인 두 일차식의 곱으로 인수분해 될 때, 가능한 a의 값의 합은?

① 0   ② 1   ③ 3

④ 5   ⑤ 7

16

a, b가 양의 정수이고 $a>b$일 때, 다항식 $f(x)=x^4+ax^3+x^2+bx-2$는 일차식인 인수를 가진다. $a+b$의 값을 구하시오.

01

다음 중 다항식 $a^3+a^2b+4ab+2b^2-8$의 인수는?

① $a-b-2$ ② $a-b+2$ ③ $a+b-2$
④ $a-2b+2$ ⑤ $a+2b-2$

02

다항식 $(x^2-x)(x^2+3x+2)-3$을 인수분해 하면
$$(x^2+ax+b)(x^2+cx+d)$$
일 때, $a+b+c+d$의 값은?

① 0   ② 2   ③ 4
④ 6   ⑤ 8

03

다항식
$$(a+b-c)^2+(a-b+c)^2+(-a+b+c)^2$$
$$-4(ab-2bc+ca)$$
를 인수분해 하면?

① $3(a-b+c)^2$ ② $3(a-b-c)^2$
③ $2(a+b-c)^2$ ④ $2(a-b-c)^2$
⑤ $2(a-b+c)^2$

04 집중 연습

다항식 $(a+b+2c)^3-a^3-b^3-8c^3$을 인수분해 하면?

① $3(a+b)(b+2c)(c+a)$
② $3(a+b)(2b+c)(c+a)$
③ $3(a+b)(b+2c)(2c+a)$
④ $3(a-b)(b-2c)(c-a)$
⑤ $3(a-b)(b+2c)(2c-a)$

05

a, b, c, d가 10보다 작은 자연수일 때,
$$\sqrt{50\times51\times52\times53+1}=a\times10^3+b\times10^2+c\times10+d$$
이다. $a+b+c+d$의 값은?

① 11   ② 12   ③ 13
④ 14   ⑤ 15

06

삼각형 ABC의 세 변의 길이가 a, b, c이고,
$$ab(a+b)-bc(b+c)-ca(c-a)=0$$
이다. 삼각형 ABC는 어떤 삼각형인가?

① 정삼각형
② $a=b$인 이등변삼각형
③ $a=c$인 이등변삼각형
④ 빗변의 길이가 b인 직각삼각형
⑤ 빗변의 길이가 c인 직각삼각형

07

$a+b+c=2$, $a^2+b^2+c^2=10$, $a^3+b^3+c^3=8$일 때,
$ab(a+b)+bc(b+c)+ca(c+a)$의 값은?

① 11   ② 12   ③ 13

④ 14   ⑤ 15

08

$x+y+z=2$, $x^2+y^2+z^2=8$, $\dfrac{1}{x}+\dfrac{1}{y}+\dfrac{1}{z}=2$일 때,
$x^3+y^3+z^3$의 값은?

① 15   ② 16   ③ 17

④ 18   ⑤ 19

09

a, b, c는 양수이고 $a^3+8b^3+27c^3-18abc=0$일 때,
$\dfrac{2b}{a}+\dfrac{6c}{b}+\dfrac{3a}{c}$의 값은?

① 6   ② 8   ③ 10

④ 12   ⑤ 14

10

서로 다른 세 실수 a, b, c에 대하여
$$(a-b)^2=2c-3c^2,\ (c-a)^2=2b-3b^2$$
일 때, $a+b+c$의 값을 구하시오.

11 집중 연습

다음 조건을 만족시키는 자연수 a, b의 순서쌍 (a, b)의 개수는?

> (가) $a>b$
> (나) $a^3-a^2b-3a^2-ab^2+10ab-10a+b^3-7b^2+10b=0$

① 1   ② 2   ③ 3

④ 4   ⑤ 5

12 서술형

자연수 a, b, c에 대하여
$$a^2(b+c)+b^2(a-c)-c^2(a+b)=70$$
일 때, 순서쌍 (a, b, c)의 개수를 구하시오.

13

a, b, c가 5 이하의 서로 다른 자연수이고

$$\frac{a^3+b^3}{a^3+c^3}=\frac{a+b}{a+c}$$

이다. abc의 최댓값을 구하시오.

14

2000개의 이차식

$$2000x^2-2x-1,\ 1999x^2-2x-1,\ \cdots,\ x^2-2x-1$$

중에서 x의 계수와 상수항이 정수인 두 일차식의 곱으로 인수분해 되는 것의 개수는?

① 40   ② 41   ③ 42

④ 43   ⑤ 44

15

다항식 $f(x)=x^4-18x^2+49$와 자연수 n에 대하여 $f(n)$은 소수이다. $n+f(n)$의 값은?

① 13   ② 17   ③ 21

④ 25   ⑤ 29

16

다항식 $f(x)=x^3+2x^2-(k+3)x+k$가 x의 계수와 상수항이 정수인 세 일차식의 곱으로 인수분해 될 때, 400 이하의 자연수 k의 개수를 구하시오.

17

n은 2보다 큰 자연수이고 자연수 n^4+2n^2-3은 $(n-1)(n-2)$의 배수일 때, n의 최댓값을 구하시오.

18 집중 연습

$(x^3-1)^2$을 $(x-1)^3$으로 나눈 나머지를 구하시오.

→ 정답 및 풀이 35쪽

19

x에 대한 다항식 $x^3-3b^2x+2c^3$이 $(x-a)(x-b)$로 나누어 떨어질 때, 세 변의 길이가 a, b, c이고 둘레의 길이가 12인 삼각형의 넓이는?

① $4\sqrt{3}$ ② $6\sqrt{3}$ ③ $8\sqrt{3}$

④ $10\sqrt{3}$ ⑤ $12\sqrt{3}$

20 집중 연습

최고차항의 계수가 1인 삼차식 $f(x)$가 다음 조건을 만족시킨다.

> (가) $f(x+2)-f(x)$를 x^2-2x로 나눈 나머지가 2이다.
> (나) $x-1$은 $f(x)$의 인수이다.

$f(2)$의 값을 구하시오.

21

삼차식 $f(x)$가 다음 조건을 만족시킨다.

> (가) $f(x)$의 x^3의 계수는 음수이다.
> (나) $f(x)$를 $x-a$로 나눈 나머지가 a^3인 실수 a는 1과 3뿐이다.
> (다) $f(x)$를 $x-2$로 나눈 나머지는 10이다.

$f(4)$의 값을 구하시오.

22

자연수 $n(n\geq2)$에 대하여 다항식
$$x^n\{x^3+(a-3)x^2+(b-3a)x-3b\}$$
를 $(x-3)^3$으로 나눈 나머지가 $3^{n+1}(x-3)^2$일 때, 상수 a, b의 값을 구하시오.

23

이차식 $f(x)$, $g(x)$가 다음 조건을 만족시킨다.

> (가) 모든 실수 x에 대하여 $2f(x)-g(x)=x-1$
> (나) x^2-1은 $f(x)g(x)$의 인수이다.

$f(0)=-1$일 때, 가능한 $g(2)$의 값을 모두 구하시오.

24 집중 연습

이차식 $f(x)$, $g(x)$가 다음 조건을 만족시킨다.

> (가) $f(x)+g(x)=-x$
> (나) $\{f(x)\}^3+\{g(x)\}^3$
> $=-3x^5+15x^4-31x^3+30x^2-12x$

$f(1)<g(1)$일 때, $f(x)$, $g(x)$를 구하시오.

절대등급 완성 문제

➡ 정답 및 풀이 36쪽

01

x, y, z가 서로 다른 자연수이고
$(x+y+z)^3-(x+y-z)^3-(y+z-x)^3-(z+x-y)^3=144$
일 때, $x+y+z$의 값은?

① 10　　　　　② 9　　　　　③ 8
④ 7　　　　　⑤ 6

02 서술형 집중 연습

x, y, z가 실수이고
$$x+y+z=5,\ x^2+y^2+z^2=15,\ xyz=-3$$
이다. $x^5+y^5+z^5$의 값을 구하시오.

03

$f(x)$는 다항식이고
$$f(x^2)=(x^4-3x^2+8)f(x)-12x^2-28$$
이다. **보기**에서 옳은 것만을 있는 대로 고른 것은?

• 보기 •
ㄱ. $f(x)$는 사차식이다.
ㄴ. $f(x)=f(-x)$가 성립한다.
ㄷ. $f(x)$는 x^2+x+2를 인수로 가진다.

① ㄱ　　　　　② ㄴ　　　　　③ ㄷ
④ ㄴ, ㄷ　　　　　⑤ ㄱ, ㄴ, ㄷ

04

$f(x)$는 x^3의 계수가 1인 삼차식이고, $g(x)$는 다항식이다.
$f(x)g(x)$는 x^3-8로 나누어떨어지고, 모든 x에 대하여
$$f(x)-xg(x)=4x^2+12x+8$$
일 때, $f(1)+g(3)$의 값을 구하시오.

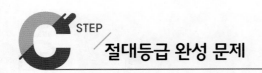
05

1보다 큰 자연수 k에 대하여 다항식

$$P(x)=x^4+(n-1)x^3+nx^2+(n-1)x+1$$

이 x^2+kx+1을 인수로 가질 때의 자연수 n을 $f(k)$라 하자. $f(3)+f(4)+f(5)+f(6)+f(7)$의 값은?

① 29   ② 32   ③ 35

④ 38   ⑤ 41

06

다항식 $x^3+y^3+kxy+8$이 계수와 상수항이 정수이고 x, y에 대한 일차식인 인수를 가질 때, 실수 k의 값은?

① -8 ② -6 ③ -4

④ -2 ⑤ 0

07 집중 연습

다항식 x^4+kx^2+16은 계수와 상수항이 정수인 두 개 이상의 다항식의 곱으로 인수분해 된다. 자연수 k의 개수는?

① 2   ② 3   ③ 4

④ 5   ⑤ 6

08 서술형

다항식 $f(x)=x^{11}+x^{10}+2$를 x^2+x+1로 나눈 몫을 $Q(x)$, 나머지를 $R(x)$라 할 때, 다음 물음에 답하시오.

⑴ $R(x)$를 구하시오.
⑵ $Q(x)$를 x^2-x+1로 나눈 나머지를 구하시오.

Ⅱ. 방정식과 부등식

04 복소수와 이차방정식

1 복소수

(1) 제곱하여 -1이 되는 수를 허수단위 i를 이용하여 나타낸다. 곧, $i^2=-1$

(2) $a+bi$ (a, b는 실수) 꼴로 나타낸 수를 복소수라 한다.

(3) $z=a+bi$ (a, b는 실수)일 때, $\bar{z}=a-bi$를 z의 켤레복소수라 한다.

(4) n이 자연수일 때, $i^{4n}=1$, $i^{4n+1}=i$, $i^{4n+2}=-1$, $i^{4n+3}=-i$

◆ 복소수$(a+bi)$

실수	허수
$(b=0)$	$(b\neq0)$

$a=0$, $b\neq0 \Rightarrow$ 순허수

2 켤레복소수의 성질

(1) $z+\bar{z}$, $z\bar{z}$는 실수이다. 또 $z+w$, zw가 실수이면 $w=\bar{z}$이다.

(2) $\overline{z_1\pm z_2}=\bar{z_1}\pm\bar{z_2}$, $\overline{z_1 z_2}=\bar{z_1}\bar{z_2}$, $\overline{\left(\dfrac{z_1}{z_2}\right)}=\dfrac{\bar{z_1}}{\bar{z_2}}$

◆ z가 0이 아닌 복소수일 때,
$\bar{z}=z$이면 z는 실수
$\bar{z}=-z$이면 z는 순허수
$z^2<0$이면 z는 순허수

3 복소수가 서로 같을 조건

복소수 $a+bi$, $c+di$ (a, b, c, d는 실수)에 대하여
$a+bi=c+di$이면 $a=c$, $b=d$

◆ a, b가 실수일 때
$a+bi=0$이면 $a=0$, $b=0$

4 복소수의 사칙연산

(1) 복소수의 사칙연산은 i를 문자처럼 생각하고 다항식과 같은 방법으로 계산한다.

(2) 복소수 z, w, v에 대하여 실수에서와 마찬가지로 다음 법칙이 성립한다.

① 교환법칙 $z+w=w+z$, $zw=wz$

② 결합법칙 $(z+w)+v=z+(w+v)$, $(zw)v=z(wv)$

③ 분배법칙 $z(w+v)=zw+zv$, $(z+w)v=zv+wv$

◆ 결합법칙이 성립하므로
괄호는 생략하고
$z+w+v$, zwv
와 같이 쓰면 된다.

5 음수의 제곱근

(1) $a>0$일 때

① $\sqrt{-a}=\sqrt{a}i$　　　　　② $-a$의 제곱근은 $\pm\sqrt{a}i$

(2) $a<0$, $b<0$이면 $\sqrt{a}\sqrt{b}=-\sqrt{ab}$

$\sqrt{a}\sqrt{b}=-\sqrt{ab}$이면 $a<0$, $b<0$ 또는 $a=0$ 또는 $b=0$

(3) $a>0$, $b<0$이면 $\dfrac{\sqrt{a}}{\sqrt{b}}=-\sqrt{\dfrac{a}{b}}$

$\dfrac{\sqrt{a}}{\sqrt{b}}=-\sqrt{\dfrac{a}{b}}$이면 $a>0$, $b<0$ 또는 $a=0$

6 방정식 $ax=b$의 해

(1) $a\neq0$이면 $x=\dfrac{b}{a}$

(2) $a=0$일 때, $b=0$이면 해는 수 전체이고 $b\neq0$이면 해가 없다.

◆ 등식의 성질
$a=b$이면
$a+m=b+m$
$a-m=b-m$
$am=bm$
$a\div m=b\div m$ (단, $m\neq0$)

7 이차방정식 $ax^2+bx+c=0$ $(a\neq0)$의 해

(1) 인수분해 하여 $(px+q)(rx+s)=0$ 꼴이면

$px+q=0$ 또는 $rx+s=0$에서 $x=-\dfrac{q}{p}$ 또는 $x=-\dfrac{s}{r}$

(2) 근의 공식 $\Rightarrow x=\dfrac{-b\pm\sqrt{b^2-4ac}}{2a}$

◆ $b^2-4ac=0$이면 중근

▶ 유형 1 복소수의 계산

01

$z=3+i$일 때, $z^2+\bar{z}^2$의 값을 구하시오.

02

$z=\dfrac{1+3i}{1-i}$일 때, z^3+2z^2+7z+1을 간단히 하면?

① $2i$ ② $-1+4i$ ③ 0

④ $-1+2i$ ⑤ $4i$

▶ 유형 2 복소수가 서로 같을 조건

03

x, y가 실수이고
$$(x+i)(y+i)=(1+i)^4$$
일 때, x^2+y^2의 값은?

① 5 ② 6 ③ 7

④ 8 ⑤ 9

04

x, y가 실수이고
$$\dfrac{x}{1-i}+\dfrac{y}{1+i}=12-9i$$
일 때, $x+10y$의 값은?

① 23 ② 24 ③ 193

④ 203 ⑤ 213

05

등식 $(1+i)z+2\bar{z}=4$를 만족시키는 복소수 z를 구하시오.

06

다항식 $f(x)=x^5+px^3+qx^2+2$가 다항식 x^2+4로 나누어 떨어질 때, 실수 p, q의 값을 구하시오.

▶ 유형 3 음수의 제곱근에 대한 성질

07

a, b가 실수이고
$$\left(\sqrt{2}\sqrt{-4}+\dfrac{\sqrt{16}}{\sqrt{-32}}\right)\left(\sqrt{-4}\sqrt{-8}+\dfrac{\sqrt{-64}}{\sqrt{128}}\right)=a+bi$$
일 때, $\dfrac{b}{a}$의 값은?

① 16 ② 8 ③ 4

④ -4 ⑤ -8

08

x, y, z가 0이 아닌 실수이고
$$\sqrt{x}\sqrt{y}=\sqrt{xy},\ \dfrac{\sqrt{z}}{\sqrt{y}}=-\sqrt{\dfrac{z}{y}}$$
일 때, $|x-y|+|y-z|-\sqrt{(x-y+z)^2}$을 간단히 하면?

① $2x$ ② $-y$ ③ $2x-y$

④ $y-2z$ ⑤ $x-2z$

09

$z=a+bi$ (a, b는 실수)이고, $\dfrac{iz}{z-6}$가 실수일 때,
a^2+b^2-6a의 값은?

① -4 ② -2 ③ 0
④ 2 ⑤ 4

10

복소수 $z=(1+i)x^2-(3-4i)x-3(6-i)$에 대하여
z^2이 음의 실수일 때, 실수 x의 값은?

① -3 ② -1 ③ 1
④ 3 ⑤ 6

11

$i(1+i)^n$이 양의 실수일 때, 자연수 n의 최솟값을 구하시오.

12

m, n은 20 이하의 자연수이고, $\left\{i^n+\left(\dfrac{1}{i}\right)^n\right\}^m$이 음의 실수일 때,
가능한 순서쌍 (m, n)의 개수를 구하시오.

13

$z=\dfrac{1+i}{1-i}$일 때, $z+2z^2+3z^3+\cdots+100z^{100}$을
$a+bi$ (a, b는 실수) 꼴로 나타내시오.

14

$z_n=i^n+i^{n+1}$이라 할 때, **보기**에서 옳은 것만을 있는 대로 고른
것은? (단, $n=1, 2, 3, \ldots$)

• 보기 •
ㄱ. $z_1=\overline{z_3}$
ㄴ. $z_{4k-1}=\overline{z_{4k}}$ (단, $k=1, 2, 3, \ldots$)
ㄷ. $z_1+z_2+z_3+\cdots+z_{97}+z_{98}+z_{99}=z_6$

① ㄱ ② ㄴ ③ ㄷ
④ ㄱ, ㄷ ⑤ ㄴ, ㄷ

15

α, β가 복소수이고
$$\overline{\alpha}+\overline{\beta}=3-i, \ \overline{\alpha}\,\overline{\beta}=2+i$$
일 때, $(\alpha-\beta)^2$의 허수부분을 구하시오.

16

α, β가 서로 다른 복소수이고
$$\alpha^2-\beta=i, \ \beta^2-\alpha=i$$
일 때, $\alpha^2+\beta^2$의 값은?

① -1 ② $i-2$ ③ $i+1$
④ $2i-3$ ⑤ $2i-1$

17

복소수 z_1, z_2에 대하여 **보기**에서 옳은 것만을 있는 대로 고른 것은?

• 보기 •

ㄱ. $z_1 = z_2$이면 $z_1 + \overline{z_2}$는 실수이다.

ㄴ. $z_1 + \overline{z_2} = 0$이고 $z_1 z_2 = 0$이면 $z_2 = 0$이다.

ㄷ. $z_1 = \overline{z_2}$이면 $z_1^2 + z_2^2 = 0$이다.

① ㄱ   ② ㄷ   ③ ㄱ, ㄴ

④ ㄴ, ㄷ   ⑤ ㄱ, ㄴ, ㄷ

18

실수가 아닌 복소수 z에 대하여 **보기**에서 옳은 것만을 있는 대로 고른 것은?

• 보기 •

ㄱ. $z - \overline{z}$는 순허수이다.

ㄴ. za가 실수가 되는 복소수 a는 한 개이다.

ㄷ. $z + \dfrac{1}{z}$이 실수이면 $z\overline{z} = 1$이다.

① ㄱ   ② ㄴ   ③ ㄱ, ㄷ

④ ㄴ, ㄷ   ⑤ ㄱ, ㄴ, ㄷ

▌유형 7 일차방정식

19

방정식 $(a-2)^2 x = a - 1 + x$의 해에 대한 설명으로 **보기**에서 옳은 것만을 있는 대로 고른 것은?

• 보기 •

ㄱ. $a = 3$이면 해가 없다.

ㄴ. $a = 1$이면 해가 무수히 많다.

ㄷ. $a = 2$이면 해가 한 개이다.

ㄹ. $a = -1$이면 해가 두 개 이상이다.

① ㄱ, ㄴ   ② ㄱ, ㄷ   ③ ㄴ, ㄷ

④ ㄱ, ㄴ, ㄷ   ⑤ ㄱ, ㄴ, ㄷ, ㄹ

20

방정식 $|x-1| + |x-2| = 3$의 해를 구하시오.

▌유형 8 이차방정식

21

방정식 $x^2 + 3|x-1| - 7 = 0$의 두 근을 α, β라 할 때, $|\alpha - \beta|$의 값은?

① 1   ② 2   ③ 3

④ 4   ⑤ 5

22

좌표평면 위에 원점 O와 점 A$(0, 1)$, B$(2, 2)$, C$(2, 0)$이 있다. 직선 $y = k \, (0 < k < 1)$가 $\overline{OA}$, $\overline{OB}$, $\overline{BC}$와 만나는 점을 각각 D, E, F라 하자.

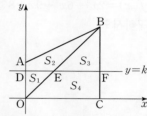

삼각형 DOE, 사각형 ADEB, 삼각형 BEF, 사각형 EOCF의 넓이를 각각 S_1, S_2, S_3, S_4라 할 때, $(S_1 - S_3)^2 + (S_2 - S_4)^2 = \dfrac{1}{2}$이 되는 k의 값을 구하시오.

23

이차방정식 $x^2 + (i-3)x + k - i = 0$이 실근을 가질 때, 실수 k의 값을 구하시오.

24

이차방정식 $(1+i)x^2 + ax - 6 - 2i = 0$의 한 근이 $-2+i$일 때, 다른 근과 a의 값의 합은?

① 3   ② $3-i$ ③ 0

④ -3 ⑤ $-3-i$

01

x, y가 실수이고
$$(x+i)^2+(2+3i)^2=y+26i$$
일 때, $x+y$의 값을 구하시오.

02

$f(x)=2x^3-6x^2+9x+8$일 때, $f(2+i)+f(2-i)$의 값을 구하시오.

03 서술형

복소수 $z=(n-2-ni)^2$에 대하여 z^2이 양의 실수일 때, 자연수 n의 값을 구하시오.

04 집중 연습

$f(x)=x^2+x+1$일 때, $f(x^{12})$을 $f(x)$로 나눈 나머지를 R_1, $f(-x^{12})$을 $f(-x)$로 나눈 나머지를 R_2라 하자.
R_1+R_2의 값은?

① 1　　　　　② 2　　　　　③ 3
④ 4　　　　　⑤ 5

05

z는 복소수이고
$$(z-3+i)^2<0,\ z\bar{z}+z+\bar{z}=19$$
이다. z의 허수부분이 양수일 때, $z-\bar{z}$의 값은?

① $2i$　　　　② $4i$　　　　③ $6i$
④ $8i$　　　　⑤ $10i$

06

복소수 z, w는 실수부분과 허수부분이 모두 0이 아니고, $z+w$의 실수부분은 0, zw의 허수부분은 0이다.
보기에서 옳은 것만을 있는 대로 고른 것은?

> **• 보기 •**
> ㄱ. $z+\bar{w}=0$
> ㄴ. $z^2+w^2>0$
> ㄷ. $zw<0$

① ㄷ　　　　② ㄱ, ㄴ　　　　③ ㄱ, ㄷ
④ ㄴ, ㄷ　　　　⑤ ㄱ, ㄴ, ㄷ

07

α, β가 서로 다른 복소수이고
$$\alpha\bar{\alpha}=3,\ \beta\bar{\beta}=3,\ \alpha+\beta=2i$$
일 때, $\alpha\beta$의 값은?

① -15　　　② -12　　　③ -9
④ -6　　　　⑤ -3

08

복소수 z, w는 실수부분과 허수부분이 자연수이고
$$z\bar{z}+w\bar{w}+z\bar{w}+\bar{z}w=25, \ z\bar{z}=5$$
이다. $w\bar{w}$의 값을 모두 구하시오.

09 서술형

등식 $z^2=z\bar{z}+\bar{z}^2+zi$를 만족시키는 0이 아닌 복소수 z를 모두 구하시오.

10

복소수 z가 다음을 만족시킨다.
$$\dfrac{(\bar{z})^2+1}{z}+\dfrac{z^2-1}{\bar{z}}=2i$$
$z=a+bi$ (a, b는 실수)라 할 때, a의 최댓값은?

① $-\dfrac{\sqrt{3}}{2}$ ② $-\dfrac{\sqrt{3}}{4}$ ③ 0

④ $\dfrac{\sqrt{3}}{4}$ ⑤ $\dfrac{\sqrt{3}}{2}$

11 집중 연습

자연수 n에 대하여 복소수 $z_n=\left(\dfrac{\sqrt{2}i}{1-i}\right)^n$이라 할 때, **보기**에서 옳은 것만을 있는 대로 고른 것은?

> **보기**
> ㄱ. $z_2=i$
> ㄴ. $z_2+z_6=0$
> ㄷ. $z_n+2z_{n+4}+z_{n+8}=0$

① ㄴ   ② ㄱ, ㄴ   ③ ㄱ, ㄷ
④ ㄴ, ㄷ   ⑤ ㄱ, ㄴ, ㄷ

12

복소수 z_n에 대하여
$$z_1=1+i, \ z_{n+1}=iz_n \ (n=1, 2, 3, \ldots)$$
이라 할 때, z_{999}의 값은?

① $-1-i$ ② -1 ③ 1
④ $-1+i$ ⑤ $1-i$

13 집중 연습

n이 자연수이고 $z_1=\dfrac{1+\sqrt{3}i}{2}$일 때, $z_n\overline{z_{n+1}}=i$가 성립한다.

$z_1+z_2+z_3+\cdots+z_{50}=p+qi$ (p, q는 실수)일 때, p^2+q^2의 값을 구하시오.

14

$\left(\dfrac{1+i}{1-\sqrt{3}i}\right)^{13}=x+yi$ (x, y는 실수)일 때, $|x|+|y|$의 값은?

① $\dfrac{1}{2^8}$　　② $\dfrac{1}{2^7}$　　③ $\dfrac{\sqrt{3}}{2^7}$

④ $\dfrac{\sqrt{3}}{2^6}$　　⑤ $\dfrac{1+\sqrt{3}}{2^6}$

15 서술형

복소수 $\alpha=\dfrac{\sqrt{3}+i}{2}$, $\beta=\dfrac{1+\sqrt{3}i}{2}$에 대하여 m, n이 10 이하의 자연수이고 $\alpha^m\beta^n=i$일 때, $m+2n$의 최댓값을 구하시오.

16

복소수 $\alpha=\dfrac{\sqrt{2}}{2}+\dfrac{\sqrt{2}}{2}i$, $\beta=\dfrac{\sqrt{2}}{2}-\dfrac{\sqrt{2}}{2}i$에 대하여 $\alpha^{100}+\alpha^{99}\beta+\alpha^{98}\beta^2+\cdots+\alpha\beta^{99}+\beta^{100}$의 값은?

① -2　　② -1　　③ 0

④ 1　　⑤ 2

17 집중 연습

복소수 z가 $z^2-2iz+1=0$을 만족시키고
$$\dfrac{1}{z^5}(1+z+z^2+\cdots+z^{10})=a+bi$$
일 때, 실수 a, b의 값을 구하시오.

18

실수가 아닌 복소수 z에 대하여
$$z^3-(\overline{z})^3+z^2\overline{z}-z(\overline{z})^2-4z+4\overline{z}=0$$
이고, z^2+2zi가 실수일 때, 가능한 z를 모두 구하시오.

19

$\omega=\dfrac{-1+\sqrt{3}i}{2}$일 때, 복소수 α와 β에 대하여
$$x=\alpha-\beta,\ y=\alpha\omega-\beta\omega^2,\ z=\alpha\omega^2-\beta\omega$$
라 하자. $x^3+y^3+z^3$을 α와 β의 식으로 나타내면?

① $\alpha^3-\beta^3$　　② $\alpha^3-2\alpha^2\beta+2\alpha\beta^2-\beta^3$

③ $3(\alpha^3-\beta^3)$　　④ $3(\alpha^3-2\alpha^2\beta+2\alpha\beta^2-\beta^3)$

⑤ $3(\alpha-\beta)^3$

20 집중 연습

다항식 $x^{100}+x^3$을 x^2-2x+4로 나눈 나머지를 $R(x)$라 할 때, $R(0)$의 값은?

① -8 ② -2 ③ 0
④ 2 ⑤ 8

21

x에 대한 방정식 $a(ax-1)-(x+1)=0$의 해가 없을 때, x에 대한 이차방정식 $x^2-(5a-1)x+5a+1=0$의 해를 구하시오.

22 서술형

$p>0$이고, 이차방정식 $(1+i)x^2-(p+i)x+6-2i=0$의 한 근이 실수일 때, 다른 한 근을 구하시오.

23

이차방정식 $x^2-px+3=0$의 허근이 α이고 α^3이 실수일 때, 실수 p의 값의 곱은?

① -3 ② -1 ③ 0
④ 1 ⑤ 3

24

$1<x<2$일 때, 방정식 $x^2-x=[x^2]-1$의 해를 구하시오. (단, $[x]$는 x보다 크지 않은 최대 정수)

25

그림과 같이 한 변의 길이가 a인 정사각형 ABCD와 EFGH를 겹치게 하여 둘레의 길이가 8이고 넓이가 2인 직사각형 EICJ를 만들었다. 선분 AG의 길이가 $6\sqrt{5}$일 때, a의 값을 구하시오.

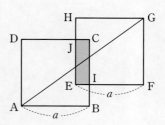

01

$z=\dfrac{1+i}{\sqrt{2}}$이고 n은 100 이하의 자연수이다.

$z^n-(z-\sqrt{2})^n=0$인 n의 개수를 p, $z^{2n}(z-\sqrt{2})^n$이 음의 실수인 n의 개수를 q라 할 때, $p+q$의 값을 구하시오.

02

두 복소수 z, w가 다음 조건을 만족시킨다.

(가) $\left(\dfrac{1+\bar{z}}{1-z}+\dfrac{1-z}{1-\bar{z}}\right)^2>0$

(나) $zw=1$이고 $\left(\dfrac{2z+1}{w^2}\right)^2<0$

$z=a+bi$ (a, b는 실수)라 할 때, a^2+2b^2의 값을 구하시오.

03

m, n이 100 이하의 자연수일 때, 등식
$$(\sqrt{3}+i)^n=2^m(-\sqrt{3}+i)$$
를 만족시키는 순서쌍 (m, n)의 개수는?

① 7   ② 8   ③ 9
④ 10   ⑤ 11

04 집중 연습

방정식 $x[x]+187=[x^2]+[x]$의 실근의 개수를 구하시오. (단, $[x]$는 x보다 크지 않은 최대 정수)

05 판별식, 근과 계수의 관계

1 이차방정식의 판별식

이차방정식 $ax^2+bx+c=0$ (a, b, c는 실수)에서
$$D=b^2-4ac$$
를 판별식이라 한다.
① $D>0$이면 서로 다른 두 실근
② $D=0$이면 중근 ⎤ 실근을 가질 조건 → $D\geq0$
③ $D<0$이면 서로 다른 두 허근

◆ 판별식은 계수 a, b, c가 실수일 때에만 의미가 있다. 다만 계수가 복소수일 때에도 $D=0$이면 이차방정식은 중근을 가진다.

2 판별식의 활용

다음은 모두 같은 뜻이다.
① 이차방정식 $ax^2+bx+c=0$이 중근을 가진다.
② 이차식 ax^2+bx+c가 완전제곱식으로 인수분해 된다.
③ 판별식 $D=0$이다.

3 이차방정식의 근과 계수의 관계

(1) 두 근이 α, β이고 x^2의 계수가 a인 이차방정식은
$$a(x-\alpha)(x-\beta)=0$$
(2) 이차방정식 $ax^2+bx+c=0$의 두 근을 α, β라 하면
$$\alpha+\beta=-\frac{b}{a},\ \alpha\beta=\frac{c}{a}$$

참고 $ax^2+bx+c=0$의 두 근이 $x=\frac{-b\pm\sqrt{b^2-4ac}}{2a}$이므로 두 근 α, β의 합과 곱은

⇨ $\alpha+\beta=-\frac{b}{a}$, $\alpha\beta=\frac{c}{a}$

◆ $ax^2+bx+c=a(x-\alpha)(x-\beta)$ 에서 우변을 전개하면 근과 계수의 관계를 알 수 있다.

4 이차방정식의 실근의 부호

이차방정식 $ax^2+bx+c=0$ (a, b, c는 실수)의 두 근이 α, β일 때
① 두 근이 양이면 $D\geq0$, $\alpha+\beta>0$, $\alpha\beta>0$
② 두 근이 음이면 $D\geq0$, $\alpha+\beta<0$, $\alpha\beta>0$
③ 두 근이 양, 음이면 $\alpha\beta<0$

◆ $\alpha\beta<0$이면 $\frac{c}{a}<0$이므로 $D=b^2-4ac>0$이다.

5 이차방정식의 켤레근

(1) 이차방정식 $ax^2+bx+c=0$에서 a, b, c가 유리수일 때, 한 근이 $p+q\sqrt{m}$ (p, q는 유리수, $\sqrt{m}$은 무리수)이면 다른 한 근은 $p-q\sqrt{m}$이다.
(2) 이차방정식 $ax^2+bx+c=0$에서 a, b, c가 실수일 때, 한 근이 $p+qi$ (p, q는 실수)이면 다른 한 근은 $p-qi$이다.

참고 $ax^2+bx+c=0$의 두 근은 $x=\frac{-b\pm\sqrt{b^2-4ac}}{2a}$이다.
따라서 a, b, c가 유리수이거나 실수인 경우를 생각하면 켤레근의 성질을 이해할 수 있다.

6 이차방정식 만들기

두 수 α, β를 근으로 하고, x^2의 계수가 a인 이차방정식은
$$a(x-\alpha)(x-\beta)=0 \text{ 또는 } a\{x^2-(\alpha+\beta)x+\alpha\beta\}=0$$
따라서 두 근의 합과 곱을 알면 이차방정식을 만들 수 있다.

유형 1 판별식

01

이차방정식 $x^2+mx+m-1=0$이 $x=\alpha$를 중근으로 가질 때, $m+\alpha$의 값은?

① -2　　　　② -1　　　　③ 0

④ 1　　　　⑤ 2

02

이차방정식

$$2x^2+5x+k=0,\ x^2-2kx+k^2-k-1=0$$

이 모두 실근을 가질 때, 정수 k의 개수는?

① 1　　　　② 2　　　　③ 3

④ 4　　　　⑤ 5

03

이차방정식 $2x^2+(a-1)x+a-3=0$이 중근을 가질 때, 이차방정식 $bx^2-2(b+3)x+a+b=0$이 서로 다른 두 실근을 갖기 위한 정수 b의 최솟값을 구하시오.

04

이차방정식 $4x^2+2(2k+m)x+k^2-k+n=0$이 실수 k의 값에 관계없이 중근을 가질 때, $m+n$의 값은?

① $-\dfrac{3}{4}$　　　　② $-\dfrac{1}{4}$　　　　③ 0

④ $\dfrac{1}{4}$　　　　⑤ $\dfrac{3}{4}$

유형 2 근과 계수의 관계

05

이차방정식 $x^2-2x-4=0$의 두 근을 α, β라 할 때, 다음 식의 값을 구하시오.

(1) $(\alpha+1)^2+(\beta+1)^2$　　　(2) $\alpha^3+\beta^3$

(3) $\dfrac{\sqrt{\alpha}}{\sqrt{\beta}}+\dfrac{\sqrt{\beta}}{\sqrt{\alpha}}$　　　(4) $|\alpha-\beta|$

06

이차방정식 $x^2+2ax+a-1=0$의 두 근을 α, β라 하자. $\alpha+\beta=10$일 때, $\alpha^2+\beta^2$의 값을 구하시오.

07

이차방정식 $2x^2-4x+k=0$의 두 근을 α, β라 하자. $\alpha^3+\beta^3=7$일 때, k의 값을 구하시오.

08

x에 대한 이차방정식 $x^2-(4n+3)x+n^2=0$의 두 근을 α_n, β_n이라 할 때,

$$\sqrt{(\alpha_1+1)(\beta_1+1)}+\sqrt{(\alpha_2+1)(\beta_2+1)}+\sqrt{(\alpha_3+1)(\beta_3+1)}$$

의 값은?

① 10　　　　② 11　　　　③ 12

④ 13　　　　⑤ 14

09

이차방정식 $x^2-3x+1=0$의 두 근을 α, β라 할 때, $\sqrt{\alpha}+\sqrt{\beta}$의 값은?

① 1   ② $\sqrt{2}$ ③ $\sqrt{3}$

④ 2   ⑤ $\sqrt{5}$

10

이차방정식 $x^2-3x-2=0$의 두 근이 α, β일 때, $\alpha^3-3\alpha^2+\alpha\beta+2\beta$의 값은?

① 0   ② 2   ③ 4

④ 6   ⑤ 8

11

a, b가 0이 아니고 이차방정식 $x^2+ax+b=0$의 두 근이 $a+1$, $b+1$일 때, $a+b$의 값은?

① $-\dfrac{1}{2}$ ② -1 ③ $-\dfrac{3}{2}$

④ -2 ⑤ $-\dfrac{5}{2}$

12

a, b는 서로 다른 실수이고
$$a^2-3a-11=0,\quad b^2-3b-11=0$$
이다. a^2+b^2의 값은?

① 21   ② 24   ③ 26

④ 29   ⑤ 31

유형 3   근의 성질

13

이차방정식 $f(x)=0$의 두 근을 α, β라 하면 $\alpha+\beta=1$이다. 이때 방정식 $f(5x-7)=0$의 두 근의 합은?

① 1   ② 2   ③ 3

④ 4   ⑤ 5

14

a, b가 유리수이고 이차방정식 $x^2+ax+b=0$의 한 근이 $-4+\sqrt{3}$일 때, a, b의 값을 구하시오.

15

a, b가 실수이고 이차방정식 $ax^2+x+b=0$의 한 근이 $\dfrac{2}{1-i}$일 때, ab의 값은?

① -2 ② $-\dfrac{3}{2}$ ③ $\dfrac{1}{2}$

④ 1   ⑤ 2

유형 4   근의 조건이 있는 문제

16

x에 대한 이차방정식 $x^2+(1-3m)x+2m^2-4m-7=0$의 두 근의 차가 4일 때, 실수 m의 값의 곱을 구하시오.

17

이차방정식 $x^2+nx+132=0$의 근이 연속한 두 정수일 때, 자연수 n의 값과 두 근을 구하시오.

18

이차방정식 $x^2-3kx+4k-2=0$의 한 근이 다른 한 근의 2배일 때, 실수 k의 값은?

① -1 ② 1 ③ 2
④ 3 ⑤ 4

유형 5 두 근이 주어진 이차방정식

19

이차방정식 $x^2+3x+1=0$의 두 근을 α, β라 하면 두 근이 $2\alpha+\beta$, $\alpha+2\beta$인 이차방정식은 $x^2+ax+b=0$이다. 상수 a, b의 값을 구하시오.

20

x^2의 계수가 1이고 두 근이 α, β인 이차방정식이 있다.
이차방정식 $20x^2-x+1=0$의 두 근이 $\dfrac{1}{\alpha+1}$, $\dfrac{1}{\beta+1}$일 때, 처음 이차방정식은?

① $x^2-x+20=0$ ② $x^2+x-20=0$
③ $x^2+x+20=0$ ④ $x^2-20x+1=0$
⑤ $x^2+20x+1=0$

21

이차방정식 $x^2-(2a-1)x+a+5=0$의 두 근의 합과 곱을 두 근으로 하는 이차방정식이 $x^2-bx+12a=0$일 때, 정수 a, b의 값을 구하시오.

22

이차방정식 $x^2+ax+10=0$의 두 근이 α, β일 때, x^2의 계수가 1이고 두 근이 $\alpha-1$, $\beta+1$인 이차방정식과 두 근이 $\alpha-2$, $\beta+2$인 이차방정식이 일치한다. a^2의 값을 구하시오.

유형 6 근의 부호

23

x에 대한 이차방정식 $x^2-2(k-1)x+k^2+7=0$의 근이 모두 음수일 때, 실수 k의 값의 범위는?

① $k\leq-3$ ② $k<-3$ ③ $k\leq1$
④ $k<1$ ⑤ $-3<k<1$

24

이차방정식 $x^2+(2m+5)x+3m-9=0$의 두 실근의 부호가 다르고 음의 근의 절댓값이 양의 근보다 작을 때, 실수 m의 값의 범위는?

① $m<-3$ ② $m<3$
③ $m<-\dfrac{5}{2}$ ④ $-\dfrac{11}{3}<m<\dfrac{7}{2}$
⑤ $-\dfrac{5}{2}<m<3$

01

x에 대한 이차방정식
$$x^2+2(a+b)x+2ab-2a+4b-5=0$$
이 중근을 가지고 a, b가 실수일 때, $a+b$의 값은?

① -2 ② -1 ③ 0
④ 1 ⑤ 2

02

a, b, c가 실수이고 x에 대한 이차방정식
$$(x-a)(x-b)+(x-b)(x-c)+(x-c)(x-a)=0$$
이 중근을 가질 때, a, b, c의 관계식은?

① $a+b=c$ ② $a^2+b^2+c^2=1$
③ $a=b=c$ ④ $abc=0$
⑤ $a+b+c=0$

03

a, b, c가 실수일 때, 세 이차방정식
$$ax^2-2bx+c=0,\ bx^2-2cx+a=0,\ cx^2-2ax+b=0$$
의 근에 대한 다음 설명 중 옳은 것은?

① 세 방정식은 모두 허근을 가진다.
② 세 방정식은 모두 실근을 가진다.
③ 반드시 한 방정식만 실근을 가진다.
④ 적어도 하나의 방정식은 허근을 가진다.
⑤ 적어도 하나의 방정식은 실근을 가진다.

04

방정식 $(x^2+2x+k)(x^2-4x-k)=0$이 서로 다른 네 실근을 가질 때, 정수 k의 값을 모두 구하시오.

05 서술형

x에 대한 이차식
$$x^2+2(m-a+2)x+m^2+a^2+2b$$
를 m의 값에 관계없이 완전제곱식으로 나타낼 수 있을 때, a, b의 값을 구하시오.

06 집중 연습

x, y에 대한 이차식 $2x^2-3xy+my^2-3x+y+1$이 x, y에 대한 두 일차식의 곱으로 인수분해 될 때, 실수 m의 값은?

① -6 ② -5 ③ -4
④ -3 ⑤ -2

07

계수와 상수항이 실수인 이차방정식 $ax^2+bx+c=0$의 한 근이 $2-i$일 때, 이차방정식 $ax^2+(a+c)x-2b=0$의 근을 구하시오.

08 서술형

이차방정식 $x^2+(2m+1)x-36=0$의 두 실근의 절댓값의 비가 $1:4$일 때, m의 값의 합을 구하시오.

09

이차방정식 $3x^2-12x-k=0$의 두 실근의 절댓값의 합이 6일 때, k의 값을 구하시오.

10

이차방정식 $x^2-(a-1)x-a-b=0$의 두 근을 α, β라 하자. $|\alpha-\beta|<6$일 때, 가능한 자연수 a, b의 순서쌍 (a, b)의 개수를 구하시오.

11

이차방정식 $x^2-4x+1=0$의 두 근을 α, β라 할 때, $\dfrac{\beta}{\alpha^2-3\alpha+1}+\dfrac{\alpha}{\beta^2-3\beta+1}$의 값은?

① 11   ② 12   ③ 13
④ 14   ⑤ 15

12 집중 연습

이차방정식 $x^2-x-1=0$의 두 근을 α, β라 할 때, $\alpha^7+\beta^7$의 값은?

① 13   ② 17   ③ 21
④ 25   ⑤ 29

13

이차방정식 $ax^2+bx+c=0$에서
a를 잘못 보고 풀었더니 두 근이 -2, 6이었고,
c를 잘못 보고 풀었더니 두 근이 -1, 3이었다.
이차방정식 $ax^2+bx+c=0$의 두 근을 구하시오.

14

이차방정식
$$(x-a)(x-b)+(x-b)(x-c)+(x-c)(x-a)=0$$
의 두 근의 합과 곱은 각각 4, -3이다. 이차방정식
$$(x-a)^2+(x-b)^2+(x-c)^2=0$$
의 두 근의 곱은?

① 15 ② 16 ③ 17
④ 18 ⑤ 19

15

이차방정식 $f(x)=0$의 두 근을 α, β라 하면
$$\alpha+\beta=3,\ \alpha\beta=2$$
이다. 이차방정식 $f(2x-3)=0$의 두 근의 곱은?

① 1 ② 2 ③ 3
④ 4 ⑤ 5

16 집중 연습

이차방정식 $ax^2+bx+1=0$의 두 근을 α, β라 하면
이차방정식 $2x^2-4x-1=0$의 두 근은 $\dfrac{\alpha}{\alpha-1}$, $\dfrac{\beta}{\beta-1}$이다.
a, b의 값을 구하시오.

17

이차방정식 $x^2+x+1=0$의 한 허근을 ω라 하자.
$z=\dfrac{2\omega-1}{\omega+1}$일 때, $z\bar{z}$의 값은?

① 1 ② 3 ③ 5
④ 7 ⑤ 9

18

이차방정식 $x^2-ax+1=0$의 서로 다른 두 실근을 α, β라 할 때,
보기에서 옳은 것만을 있는 대로 고른 것은?

┌ **보기** ─────────────────
│ ㄱ. $|\alpha+\beta|=|\alpha|+|\beta|$
│ ㄴ. $\alpha^2+\beta^2<2$
│ ㄷ. $\alpha>1$이면 $0<\beta<1$이다.
└──────────────────────

① ㄱ ② ㄴ ③ ㄷ
④ ㄱ, ㄷ ⑤ ㄴ, ㄷ

19

이차방정식 $x^2+3x+4=0$의 두 근을 α, β라 하자.
$\dfrac{\beta}{\alpha}=m\alpha+n$일 때, $m+n$의 값은? (단, m, n은 실수)

① 1   ② 2   ③ 3
④ 4   ⑤ 5

20

이차방정식 $x^2-mx+n=0$의 두 근이 α, β이다.
$\alpha-1$, $\beta-1$이 두 근인 이차방정식이 $x^2+nx+m=0$일 때,
m, n의 값을 구하시오.

21

$f(x)$는 이차식이고 x에 대한 방정식 $f(x)+2x-14=0$의
두 근은 α, β이다. $\alpha+\beta=-2$, $\alpha\beta=-8$이고
$f(-1)=-11$일 때, $f(1)$의 값은?

① -12 ② -3 ③ 3
④ 12   ⑤ 29

22 집중 연습

이차방정식 $x^2-x-1=0$의 두 근을 α, β라 하자.
$$f(\alpha)=\beta,\ f(\beta)=\alpha,\ f(0)=-1$$
인 이차식 $f(x)$는?

① $2x^2-3x-1$ ② $2x^2+3x-1$
③ $2x^2-4x-1$ ④ $2x^2+4x-1$
⑤ $2x^2+5x-1$

23

이차방정식 $f(x)=0$의 서로 다른 두 근을 α, β라 하면
$$\alpha^2-6\alpha+2=2\beta^2,\ \beta^2-6\beta+2=2\alpha^2$$
이다. $\dfrac{f(2)}{f(0)}$의 값을 구하시오.

24

이차방정식 $x^2-2mx-3m-5=0$이 적어도 하나의 양의
실근을 가진다. 정수 m의 최솟값을 구하시오.

01

$f(x)$는 이차항의 계수가 1인 이차식이다.
이차방정식 $x^2-2x+3=0$의 두 근을 α, β라 하면
$$f(\alpha)+f(\beta)=-2,\ f(\alpha)f(\beta)=3$$
일 때, 가능한 $f(x)$를 모두 구하시오.

03 서술형

이차방정식 $x^2+ax+b=0$의 해가 허수 α, β이고 $\dfrac{\beta^2}{\alpha}$이 실수
이다. a, b가 실수이고 $2a+b=0$일 때, a, b의 값을 구하시오.

04

a, b, c는 양수이고 $a^3+b^3+c^3=3abc$이다. 이차방정식
$ax^2+bx+c=0$의 한 근을 α라 할 때, **보기**에서 옳은 것만을
있는 대로 고른 것은?

• 보기 •

ㄱ. $\alpha+\overline{\alpha}=1$

ㄴ. $1+\alpha+\alpha^2+\cdots+\alpha^{1001}+\alpha^{1002}=1$

ㄷ. $(\overline{\alpha})^{2n}+(\alpha+1)^{4n}=-1$을 만족시키는 100 이하의 자연수
 n은 67개이다.

① ㄱ   ② ㄴ   ③ ㄱ, ㄴ

④ ㄴ, ㄷ   ⑤ ㄱ, ㄴ, ㄷ

02

이차방정식 $x^2-ax+b=0$의 서로 다른 두 실근은 α, β이고,
이차방정식 $x^2-9ax+2b^2=0$의 서로 다른 두 실근은 α^3, β^3
이다. 이때 실수 a, b의 순서쌍 (a, b)의 개수를 구하시오.

05 집중 연습

이차방정식 $x^2+x+1=0$의 두 근이 α, β이다.
$f(x)$는 이차식이고 $f(\alpha^2)=-4\alpha$, $f(\beta^2)=-4\beta$, $f(0)=0$일 때,
$f(x)$를 $x+1$로 나눈 나머지는?

① 2   ② 0   ③ -2

④ -4 ⑤ -6

06

이차방정식 $x^2+ax+b=0$의 두 근은 α, β이고,
이차방정식 $x^2-(a-b)x+a^2+b^2-4=0$의 두 근은 α^2, β^2
이다. a, b가 양수일 때, $\alpha^{11}+\beta^{11}$의 값을 구하시오.

07 집중 연습

x, y, z가 실수이고
$$x+y+z=4, \quad x^2-2y^2-2z^2=8$$
이다. x의 최솟값과 이때 y, z의 값을 구하시오.

08

그림과 같은 직사각형 ABCD의 내부에 한 점 P가 있다.
$\overline{PA}$, $\overline{PC}$의 길이가 두 근인 이차방정식이 $x^2-5x+5=0$일 때,
$\overline{PB}$, $\overline{PD}$의 길이가 두 근인 이차방정식은 $x^2-kx+1=0$이다.
k의 값을 구하시오.

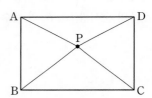

06 이차함수

1 함수 $y=ax+b$의 그래프

기울기가 a이고 y절편이 b인 직선이다.
① $a>0$이면 오른쪽 위로 올라가는 직선
② $a<0$이면 오른쪽 아래로 내려가는 직선
③ $a=0$이면 x축에 평행한 직선

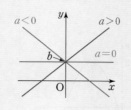

◆ $a\neq0$이면 $y=ax+b$는 일차함수이다.

2 이차함수의 그래프

(1) $y=a(x-m)^2+n$ $(a\neq0)$의 그래프
　① $y=ax^2$의 그래프를 x축 방향으로 m만큼,
　　y축 방향으로 n만큼 평행이동한 그래프이다.
　② 꼭짓점이 점 (m, n)이고, 축이 직선 $x=m$이다.
(2) $y=ax^2+bx+c$ 꼴은 $y=a(x-m)^2+n$ 꼴로 고쳐
　그래프를 그린다.
(3) y축과 만나는 점의 y좌표: $x=0$일 때 y의 값
　x축과 만나는 점의 x좌표: $y=0$일 때 x의 값

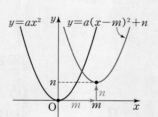

◆ (1) 이차함수의 그래프를 포물선이라 한다.
(2) $y=ax^2$의 그래프는 꼭짓점이 원점 $O(0, 0)$이고, 축이 y축인 포물선이다. 또 $a>0$이면 아래로 볼록하고, $a<0$이면 위로 볼록하다.

3 이차함수의 그래프와 이차방정식

이차함수 $y=ax^2+bx+c$의 그래프가 x축과 만나는 점의 x좌표는 이차방정식
$ax^2+bx+c=0$의 실근이다.
따라서 $D=b^2-4ac$일 때 그래프가 x축과 만나는 점의 개수는
$D>0 \Rightarrow$ 2개　　　　$D=0 \Rightarrow$ 1개　　　　$D<0 \Rightarrow$ 0개

◆ '두 근이 모두 p보다 크다.'와 같이 이차방정식의 근의 범위가 주어졌을 때에는 조건에 맞게 이차함수의 그래프의 개형을 그린 후
(ⅰ) 판별식의 부호
(ⅱ) 함숫값
(ⅲ) 그래프의 축의 위치
를 확인한다.

4 이차함수의 그래프와 직선의 위치 관계

포물선 $y=ax^2+bx+c$　　　　　　… ❶
직선 $y=mx+n$　　　　　　　　　… ❷
에서 y를 소거한 방정식 $ax^2+bx+c=mx+n$ … ❸
의 실근은 ❶, ❷의 교점의 x좌표이다.
또 위치 관계는 다음과 같다.

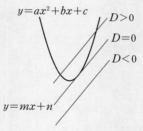

❸의 판별식	$D>0$	$D=0$	$D<0$
❶, ❷의 위치 관계	두 점에서 만난다.	접한다.	만나지 않는다.

◆ $D=0$이면 직선은 포물선의 접선이다.

5 이차함수의 최대와 최소

(1) $y=a(x-m)^2+n$의 최대, 최소

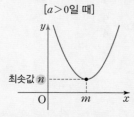
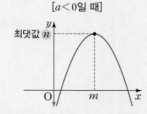

(2) 제한된 범위가 있을 경우, 그래프를 그려 최댓값, 최솟값을 찾는다.
　이때에는 제한된 범위에 꼭짓점의 좌표가 포함되는지부터 조사한다.

◆ 그래프에서 가장 높은 점의 y좌표가 최댓값, 가장 낮은 점의 y좌표가 최솟값

◆ 이차함수의 최대, 최소는 $y=a(x-m)^2+n$ 꼴로 고쳐 그래프의 꼭짓점부터 생각한다.

유형 1 이차함수의 그래프

01

그림은 이차함수 $y=ax^2+bx+c$의 그래프이다. abc의 값은?

① -6 　② -4

③ -1 　④ 4

⑤ 6

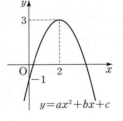

02

그림은 점 $(1, 0)$을 지나는 이차함수 $y=ax^2+bx+c$의 그래프이다. **보기**에서 옳은 것만을 있는 대로 고른 것은?

• **보기** •

ㄱ. $b>0$

ㄴ. $ab+c>0$

ㄷ. $a-b+c>0$

① ㄴ 　② ㄷ 　③ ㄱ, ㄷ

④ ㄴ, ㄷ 　⑤ ㄱ, ㄴ, ㄷ

유형 2 그래프와 x축

03

두 이차함수

$$y=x^2+2x+5-2k, \quad y=2kx^2-6x+1$$

의 그래프가 각각 x축과 만날 때, 정수 k의 값을 모두 구하시오.

04

이차함수 $y=x^2-2x+a$의 그래프가 x축과 만나는 두 점 사이의 거리가 $2\sqrt{5}$일 때, 실수 a의 값을 구하시오.

05

x에 대한 이차함수 $y=x^2+2(k-a)x+k^2+2k+b$의 그래프가 k의 값에 관계없이 x축에 접할 때, ab의 값은?

① -8 　② -4 　③ -1

④ 1 　⑤ 4

유형 3 포물선과 직선

06

이차함수 $y=2x^2-4x+k$의 그래프가 x축과 만나지 않고, 직선 $y=2$와 서로 다른 두 점에서 만날 때, 정수 k의 개수는?

① 1 　② 2 　③ 3

④ 4 　⑤ 5

07

이차함수 $y=-x^2+4x$의 그래프와 직선 $y=2x+k$가 적어도 한 점에서 만날 때, 실수 k의 최댓값을 구하시오.

08

이차함수 $y=x^2-2x$의 그래프에 접하고 기울기가 1인 직선의 방정식은?

① $y=x+\dfrac{3}{4}$ 　② $y=x+\dfrac{5}{4}$ 　③ $y=x+\dfrac{9}{4}$

④ $y=x-\dfrac{5}{4}$ 　⑤ $y=x-\dfrac{9}{4}$

09

이차함수 $y=f(x)$의 그래프가 그림과 같을 때, 방정식
$$\{f(x)\}^2-f(x)-2=0$$
의 서로 다른 실근의 합을 구하시오.

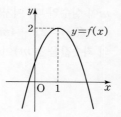

10

이차함수 $y=x^2-6x+3$의 그래프가 직선 $y=3$과 만나는 점을 A, B라 하고 꼭짓점을 C라 하자.
삼각형 ABC의 넓이를 구하시오.

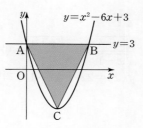

■ 유형 4 두 포물선의 교점

11

이차함수 $y=x^2-2x+1$, $y=-x^2+4x-1$의 그래프가 만나는
두 점의 x좌표를 각각 α, β라 할 때, $\dfrac{1}{\alpha}+\dfrac{1}{\beta}$의 값은?

① 1　　　　　② 2　　　　　③ 3
④ 4　　　　　⑤ 5

12

이차함수 $y=x^2+ax$, $y=-x^2+b$ (a, b는 유리수)의 그래프가 두 점에서 만나고, 한 교점의 x좌표가 $-1+\sqrt{3}$이다.
직선 $y=k$가 두 그래프와 세 점에서 만날 때, k의 값을 모두 구하시오.

■ 유형 5 그래프와 좌표

13

$x\geq0$에서 정의된 이차함수
$y=\dfrac{1}{2}x^2$과 $y=\dfrac{1}{8}x^2$이 있다.
그림과 같이 점 A$(a, 0)$에서
y축에 평행한 선분을 그어
$y=\dfrac{1}{2}x^2$의 그래프와 만나는 점을
D라 하고 선분 AD를 한 변으로 하는 정사각형 ABCD를 만들었다. 점 C가 $y=\dfrac{1}{8}x^2$의 그래프 위에 있을 때, a의 값을 구하시오.

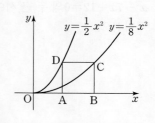

14

그림과 같이 y축 위에 점 A, D, G를 잡고, 곡선 $y=\dfrac{1}{2}x^2$ 위에
점 B, E를 잡아 정사각형 ABCD와 정사각형 DEFG를 만들었다.
A$(0, 8)$일 때, 두 정사각형의 넓이의 합을 구하시오.

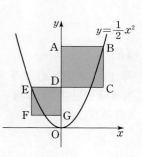

■ 유형 6 방정식의 해와 그래프

15

이차방정식 $2x^2-mx+3(m-6)=0$의 두 실근을 α, β라 하면 $0<\alpha<2<\beta$이다. 정수 m의 개수는?

① 2　　　　　② 3　　　　　③ 4
④ 5　　　　　⑤ 6

16

이차방정식 $x^2+4x+k=0$의 한 실근이 이차방정식 $x^2-7x+12=0$의 두 근 사이에 있을 때, k의 값의 범위를 구하시오.

17

이차방정식 $x^2-6x+k+5=0$의 서로 다른 두 실근이 모두 1보다 클 때, 정수 k의 값의 합은?

① 1   ② 3   ③ 6
④ 10   ⑤ 15

18

곡선 $y=x^2+3kx-2$와 직선 $y=kx-3k-6$이 서로 다른 두 점에서 만난다. 두 교점 사이에 직선 $x=-1$이 있을 때, 정수 k의 최댓값은?

① -6 ② -4 ③ -2
④ 0   ⑤ 2

유형 7 최대 · 최소

19

함수 $y=|x-1|+2|x|$의 최솟값은?

① 1   ② 2   ③ 3
④ 4   ⑤ 5

20

m이 실수일 때, 이차함수
$$f(x)=2x^2-4mx-m^2-6m+1$$
의 최솟값을 $g(m)$이라 하자. $g(m)$의 최댓값을 구하시오.

유형 8 제한 범위가 있는 최대 · 최소

21

$\dfrac{\sqrt{x+4}}{\sqrt{x-1}}=-\sqrt{\dfrac{x+4}{x-1}}$를 만족시키는 x에 대하여 이차함수 $f(x)=2x^2+4x+1$의 최댓값과 최솟값을 구하시오.

22

$-1 \leq x \leq 2$에서 함수
$$f(x)=(x^2-2x+3)^2-6(x^2-2x+3)+1$$
의 최댓값을 M, 최솟값을 m이라 할 때, $M-m$의 값은?

① 6   ② 7   ③ 8
④ 9   ⑤ 10

23

x, y는 음이 아닌 실수이고 $x+y=2$이다. x^2+3y^2의 최댓값, 최솟값과 이때 x, y의 값을 구하시오.

→ 정답 및 풀이 67쪽

24

$-2 \leq x \leq 2$에서 정의된 이차함수 $f(x)=x^2-2x+a$의 최댓값과 최솟값의 합이 21일 때, a의 값은?

① 6 　　　② 7 　　　③ 8
④ 9 　　　⑤ 10

25

$0 \leq x \leq 3$에서 이차함수 $y=ax^2-2ax+2a+1$의 최솟값이 -4일 때, a의 값과 최댓값을 구하시오.

26

$1 \leq x \leq k$에서 이차함수 $f(x)=x^2-6x+10$의 최댓값이 5, 최솟값이 1일 때, 정수 k의 개수를 구하시오.

유형 9 이차함수 그래프의 대칭축

27

모든 실수 x에 대하여 $f(1-x)=f(1+x)$를 만족시키는 이차함수 $f(x)$의 최솟값이 -2이고 $f(0)=1$일 때, $f(3)$의 값을 구하시오.

28

$f(x)$가 이차함수이고 $y=f(x)$의 그래프가 직선 $x=-1$에 대칭이다. 방정식 $f(x^2+4x)=f(1)$의 네 근을 α, β, γ, δ라 할 때, $\alpha^2+\beta^2+\gamma^2+\delta^2$의 값을 구하시오.

유형 10 이차함수의 활용

29

어느 식당에서는 예약자 수에 따라 코스 요리 가격을 결정한다. 예약자가 10명 이하인 경우에는 1인당 10만 원이고, 예약자가 10명에서 1명씩 늘어날 때마다 1인당 가격을 5천 원씩 할인한다. 예약자가 몇 명일 때, 코스 요리의 총 판매 가격이 최대인지 구하시오.

30

그림과 같이 건물 옥상에서 물로켓을 비스듬히 쏘아 올렸더니 포물선을 그리면서 날아가다가 지면에 떨어졌다. 물로켓은 건물의 아랫부분에서 수평방향으로 40 m 떨어진 지점에서 최고 높이에 도달한 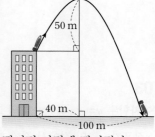 후 건물의 아랫부분에서 100 m 떨어진 지점에 떨어졌다. 물로켓의 최고 높이가 건물의 높이보다 50 m 더 높을 때, 건물의 높이는? (단, 물로켓의 크기는 무시한다.)

① 60.5 m 　　　② 61 m 　　　③ 61.5 m
④ 62 m 　　　⑤ 62.5 m

01

함수 $f(x)=|x+1|+2|x|+|x-1|$에 대한 설명으로 **보기**에서 옳은 것만을 있는 대로 고른 것은?

• 보기 •
ㄱ. $f(-1)=f(1)$
ㄴ. $y=f(x)$의 그래프는 y축에 대칭이다.
ㄷ. $f(x)$의 최솟값은 1이다.

① ㄱ   ② ㄷ   ③ ㄱ, ㄴ
④ ㄴ, ㄷ   ⑤ ㄱ, ㄴ, ㄷ

02

이차함수 $y=x^2+ax+b$의 그래프와 x축이 만나는 두 점의 x좌표가 k, $k+2$이고, 이차함수 $y=x^2+bx+a$의 그래프와 x축이 만나는 두 점의 x좌표가 $k-5$, k이다. abk의 값은?

① -2 ② -6 ③ -12
④ -20 ⑤ -30

03

이차함수 $y=ax^2+bx+c$의 그래프가 직선 $y=-x+5$와 x좌표가 -2인 점에서 접할 때, $\dfrac{5b+c}{a}$의 값은?

① 21   ② 22   ③ 23
④ 24   ⑤ 25

04 서술형

이차함수 $y=x^2+ax+b$의 그래프가 직선 $y=-x+4$와 $y=5x+7$에 동시에 접할 때, a, b의 값을 구하시오.

05

이차함수 $y=-x^2+6x-5$의 그래프 위에 세 점 A$(1, 0)$, B$(4, 3)$, C(a, b)가 있다. $1<a<4$일 때, 삼각형 ABC의 넓이의 최댓값은?

① $\dfrac{21}{8}$ ② 3   ③ $\dfrac{27}{8}$
④ $\dfrac{15}{4}$ ⑤ 4

06 집중 연습

x^2의 계수가 각각 1, -2이고 그래프의 꼭짓점의 x좌표가 각각 α, β인 이차함수 $y=f(x)$, $y=g(x)$의 그래프가 그림과 같이 접한다. 접점의 x좌표는?

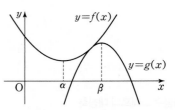

① $\dfrac{3\alpha+2\beta}{5}$ ② $\dfrac{2\alpha+3\beta}{5}$ ③ $\dfrac{\alpha+3\beta}{4}$
④ $\dfrac{2\alpha+\beta}{3}$ ⑤ $\dfrac{\alpha+2\beta}{3}$

07 집중 연습

이차함수 $f(x)=x^2-x+1$, $g(x)=-2x^2+5x+1$에 대하여

$$h(x)=\begin{cases} f(x) & (f(x)<g(x)) \\ g(x) & (f(x)\geq g(x)) \end{cases}$$

라 하자. 함수 $y=h(x)$의 그래프와 직선 $y=x+k$가 세 점에서 만날 때, k의 값을 구하시오.

08

방정식 $|x^2+ax+3|=1$이 서로 다른 세 실근을 가질 때, 실수 a의 값을 모두 구하시오.

09

원점을 지나고 기울기가 m인 직선이 이차함수 $y=x^2-2$의 그래프와 두 점 A, B에서 만난다. A, B에서 x축에 내린 수선의 발을 각각 A′, B′이라 하면 선분 AA′과 BB′의 길이의 차가 16이다. 양수 m의 값을 구하시오.

10

이차함수 $f(x)$는 모든 실수 x에 대하여 $f(x)\geq f(1)$이고 $f(-1)=0$이다. **보기**에서 옳은 것만을 있는 대로 고른 것은?

• 보기 •

ㄱ. $f(3)=0$

ㄴ. $f(0)<f\left(\dfrac{5}{2}\right)<f(4)$

ㄷ. $f(0)=k$라 할 때, x에 대한 방정식 $f(x)=kx$의 두 근의 합은 -1이다.

① ㄱ   ② ㄷ   ③ ㄱ, ㄴ

④ ㄴ, ㄷ   ⑤ ㄱ, ㄴ, ㄷ

11

이차방정식 $x^2-4x+k=0$의 한 근을 반올림하면 3일 때, 정수 k의 값의 합을 구하시오.

12

이차함수 $y=x^2-2ax$의 그래프와 직선 $y=2x+1$이 서로 다른 두 점에서 만날 때, 교점 사이의 거리의 최솟값은?

① $2\sqrt{5}$ ② $\sqrt{22}$ ③ $2\sqrt{6}$

④ $\sqrt{26}$ ⑤ $2\sqrt{7}$

13 서술형

그림과 같이 이차함수 $y=x^2+2x$의 그래프와 직선 $y=kx+2$가 만나는 두 점을 각각 A, B라 하자. 원점 O와 A, B가 꼭짓점인 삼각형 OAB의 넓이의 최솟값을 구하시오.

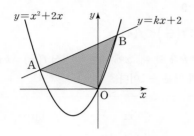

14

이차함수 $f(x)=x^2-7x+3$이 서로 다른 두 실수 a, b에 대하여 $f(a)=b$, $f(b)=a$일 때, 함수 $y=(x-a)(x-b)$의 최솟값을 구하시오.

15

$-2 \le x \le 2$에서 정의된 이차함수 $f(x)$는
$$f(0)=f(2), \quad f(-2)+f(2)=0$$
을 만족시킨다. $f(x)$의 최댓값이 4일 때, $f(x)$의 최솟값으로 가능한 것을 모두 고르면? (정답 2개)

① -5 ② -4 ③ $-\dfrac{18}{5}$

④ $-\dfrac{16}{5}$ ⑤ $-\dfrac{14}{5}$

16 집중 연습

$2 \le x \le 4$에서 이차함수 $y=x^2-2ax+a^2+b$의 최솟값이 4가 되도록 하는 두 실수 a, b에 대하여 $a+b$의 최댓값은?

① $\dfrac{31}{4}$ ② 8   ③ $\dfrac{33}{4}$

④ $\dfrac{17}{2}$ ⑤ $\dfrac{35}{4}$

17

$a-1 \le x \le a$에서 이차함수 $y=x^2-3x+a+5$의 최솟값이 4일 때, 실수 a의 값은?

① $-\dfrac{9}{4}$ ② -1 ③ 0

④ 1   ⑤ $\dfrac{9}{4}$

18

$f(x)$는 이차함수이고 $2f(x)+f(1-x)=3x^2$일 때, **보기**에서 옳은 것만을 있는 대로 고른 것은?

> **보기**
> ㄱ. $f(0)=-1$
> ㄴ. $f(x)$의 최솟값은 3이다.
> ㄷ. 모든 x에 대하여 $f(x)=f(-2-x)$이다.

① ㄱ   ② ㄷ   ③ ㄱ, ㄴ

④ ㄱ, ㄷ   ⑤ ㄱ, ㄴ, ㄷ

19

$t \leq x \leq t+1$에서 함수 $y = |-x^2-4x+1|$의 최댓값이 4이다. t의 값의 제곱의 합은?

① 10   ② 17   ③ 36

④ 41   ⑤ 42

20 서술형

$f(x)$는 x^2의 계수가 1인 이차식이다.

함수 $y=f(x)$의 그래프는 꼭짓점이 직선 $y=kx$ 위에 있고, 직선 $y=kx+5$와 x좌표가 α, β인 점에서 만난다.

$y=f(x)$의 그래프의 축이 직선 $x = \dfrac{\alpha+\beta}{2} - \dfrac{1}{4}$일 때,

$|\alpha-\beta|$의 값을 구하시오.

21 서술형

그림과 같이 135°로 꺾인 벽면이 있는 땅에 길이가 150 m인 철망으로 울타리를 설치하여 직사각형 모양의 농장 X와 사다리꼴 모양의 농장 Y를 만들려고 한다. X의 넓이가 Y의 넓이의 2배일 때, Y의 넓이의 최댓값을 구하시오.

(단, 철망의 폭은 무시한다.)

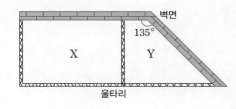

22

그림과 같이 한 변의 길이가 1인 정삼각형 ABC에서 변 BC에 평행한 직선이 두 변 AB, AC와 만나는 점을 각각 D, E라 하자. 선분 DE를 접는 선으로 하여 꼭짓점 A가 삼각형 ABC의 외부에 오도록 접었다. 삼각형 ABC와 삼각형 A′DE가 겹치는 부분의 넓이가 최대일 때, 선분 DE의 길이는?

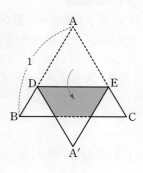

① $\dfrac{3}{5}$ ② $\dfrac{2}{3}$ ③ $\dfrac{3}{4}$

④ $\dfrac{4}{5}$ ⑤ $\dfrac{5}{6}$

23 집중 연습

$f(x)$는 x^2의 계수가 1인 이차함수이고 모든 실수 x에 대하여 $f(x) \geq f(3)$이 성립한다.

$y=f(x)$의 그래프가 x축과 두 점 A, B에서 만날 때, 그래프의 꼭짓점과 점 B를 지나는 직선에 평행하고 점 A를 지나는 직선을 l이라 하자. 직선 l과 $y=f(x)$의 그래프가 만나는 A가 아닌 점을

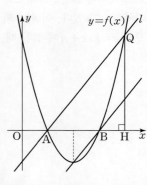

Q, Q에서 x축에 내린 수선의 발을 H라 할 때, 삼각형 BQH의 넓이가 $\dfrac{81}{16}$이다. $f(x)$의 최솟값을 구하시오.

절대등급 완성 문제

01 집중 연습

x^2의 계수가 k인 이차함수 $y=f(x)$의 그래프가 x축과 $x=\alpha$, $x=\beta$인 점에서 만나고 다음 조건을 만족시킨다.

(가) $(k+\alpha+\beta)^3-(\alpha+\beta-k)^3-(\beta+k-\alpha)^3-(k+\alpha-\beta)^3=0$

(나) $f(x+1)=f(-x+3)$

(다) $f(3)=3$

$f(5)$의 값을 구하시오.

02 서술형

x^2의 계수가 1이고 그래프의 꼭짓점의 좌표가 $(a-1,\ a+1)$인 이차함수가 있다. 이 함수의 그래프가 a의 값에 관계없이 직선 $y=mx+n$에 접할 때, m, n의 값을 구하시오.

03

곡선 $y=x^2-2x+k$에 접하고 점 $(0,\ -1)$을 지나는 두 직선을 l_1, l_2라 하자. 접점의 x좌표를 α, $\beta\ (\alpha<\beta)$라 할 때, **보기**에서 옳은 것만을 있는 대로 고른 것은? (단, $k>-1$)

• **보기** •

ㄱ. 직선 l_1, l_2의 기울기의 곱이 -12이면 $k=4$이다.

ㄴ. $k=3$일 때, $\alpha=-2$

ㄷ. k의 값에 관계없이 $\alpha+\beta=0$이다.

---

① ㄴ   ② ㄷ   ③ ㄱ, ㄴ

④ ㄴ, ㄷ   ⑤ ㄱ, ㄴ, ㄷ

04 집중 연습

함수 $f(x)=-(x-t)^2+14$, $g(x)=|x-2|+2$에 대하여

$$h(x)=\frac{|f(x)-g(x)|+f(x)+g(x)}{2}$$

라 하자. 함수 $y=h(x)$의 그래프와 직선 $y=k$가 서로 다른 세 점에서 만나는 실수 t가 존재할 때, 정수 k의 개수를 구하시오.

⟶ 정답 및 풀이 78쪽

05

이차방정식 $ax^2-bx+3c=0$이 다음 조건을 만족시킬 때, $3a+2b-c$의 값은?

> (가) a, b, c는 한 자리 자연수이다.
> (나) 두 근 α, β의 범위는 $1<\alpha<2$, $4<\beta<5$이다.

① 11   ② 12   ③ 13
④ 14   ⑤ 15

06

t가 실수일 때, $-1\le x\le1$에서 함수
$$f(x)=x^2-2|x-t|$$
의 최댓값을 $g(t)$라 하자. 방정식 $g(x)=x$의 해를 모두 구하시오.

07

함수 $f(x)=(x-2)^2-t\ (t>0)$에 대하여
$k-1\le x\le k+1$에서 $|f(x)|$의 최댓값을 $g(k)$라 하자.
$g(k)=t$를 만족시키는 실수 k의 최댓값이 5일 때,
$g(k)$의 최솟값을 구하시오.

08 집중 연습

그림과 같이 한 변의 길이가 1인 정사각형 모양의 종이 ABCD를 점 A가 변 CD 위에 오도록 접을 때, 점 A와 점 B가 옮겨진 점을 각각 E와 F, 접히는 선을 선분 GH라 하자. 사다리꼴 EFGH의 넓이의 최솟값을 구하시오.

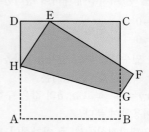

07 여러 가지 방정식

1 고차방정식의 풀이

(1) 방정식을 (　　)=0 꼴로 정리한 다음 좌변을 일차식 또는 이차식의 곱으로 인수분해하여 푼다.

(2) 고차식을 인수분해 할 때에는 인수분해 공식이나 인수정리를 이용한다.

(3) 공통부분이 있는 경우, 치환하여 푼다.

2 삼차방정식의 근과 계수의 관계

(1) 삼차방정식 $ax^3+bx^2+cx+d=0$의 세 근을 α, β, γ라 하면

$$\alpha+\beta+\gamma=-\frac{b}{a},\ \alpha\beta+\beta\gamma+\gamma\alpha=\frac{c}{a},\ \alpha\beta\gamma=-\frac{d}{a}$$

◆ ax^3+bx^2+cx+d
$=a(x-\alpha)(x-\beta)(x-\gamma)$
에서 우변을 전개하면
근과 계수의 관계를 얻는다.

(2) 세 수 α, β, γ를 근으로 하고, x^3의 계수가 1인 삼차방정식은

$$(x-\alpha)(x-\beta)(x-\gamma)=0$$
$$\text{또는 } x^3-(\alpha+\beta+\gamma)x^2+(\alpha\beta+\beta\gamma+\gamma\alpha)x-\alpha\beta\gamma=0$$

(3) 계수가 실수인 삼차, 사차방정식에서
복소수 $\alpha=a+bi$ (a, b는 실수)가 근이면 $\bar{\alpha}=a-bi$도 근이다.

◆ 이차방정식의 켤레근의 성질과 같다.

3 방정식 $x^3-1=0$의 근의 성질

ω가 방정식 $x^3-1=0$의 한 허근이면

(1) $\omega^3=1$, $\omega^2+\omega+1=0$

(2) $\bar{\omega}^3=1$, $\bar{\omega}^2+\bar{\omega}+1=0$

(3) $\omega+\bar{\omega}=-1$, $\omega\bar{\omega}=1$

◆ $x^3-1=0$에서
$(x-1)(x^2+x+1)=0$

4 연립방정식

(1) $\begin{cases}(일차식)=0 \\ (이차식)=0\end{cases}$ 꼴의 연립방정식은

일차방정식을 한 미지수에 대하여 정리한 후 이차방정식에 대입하여 푼다.

(2) $\begin{cases}(이차식)=0 \\ (이차식)=0\end{cases}$ 꼴의 연립방정식은

한 이차식을 인수분해 하여 일차방정식을 만든 후 (1)과 같이 푼다.

◆ 연립방정식의 기본은
미지수 소거이다.

(3) $x+y$, xy가 포함된 연립방정식은
$x+y=a$, $xy=b$로 놓고 a, b의 값을 구한 다음 x, y가 이차방정식 $t^2-at+b=0$의 해임을 이용하여 푼다.

(4) (2)의 꼴의 연립방정식에서 두 이차식이 모두 인수분해 되지 않을 때에는 두 식을 더하거나 빼어 상수항이나 이차항을 소거한다.

◆ 미지수가 3개인
연립일차방정식은
먼저 한 문자를 소거한
일차방정식을 두 개 구한다.

5 부정방정식

(1) 해가 정수인 부정방정식의 풀이

$$(일차식)\times(일차식)=A\ (A는 정수)$$

꼴로 바꾸어 두 정수의 곱이 정수 A가 되는 경우를 찾아 푼다.

(2) 해가 실수인 부정방정식의 풀이

① $A^2+B^2=0$ 꼴로 바꾸어 $A=0$, $B=0$임을 이용하여 푼다.

② 한 문자에 대하여 내림차순으로 정리한 후 판별식 $D\geq0$임을 이용한다.

참고 ①, ② 모두 이차방정식인 경우만 가능한 해법이다.

◆ 미지수가 실수이므로 실근을
가진다고 생각하면 $D\geq0$이다.

유형 1 고차방정식 풀이

01

사차방정식 $x^4-x^3-x^2-x-2=0$의 근이 <u>아닌</u> 것은?

① -1　　　　② $-i$　　　　③ 1

④ i　　　　⑤ 2

02

다음 방정식을 푸시오.

(1) $x^4+2x^2-8=0$

(2) $x^4-8x^2+4=0$

03

사차방정식 $(x^2-5x)(x^2-5x+13)+42=0$의 실근의 합은?

① 1　　　　② 2　　　　③ 3

④ 4　　　　⑤ 5

04

사차방정식 $x(x-1)(x-2)(x-3)-24=0$의 허근의 곱은?

① -4　　　　② -2　　　　③ 2

④ 4　　　　⑤ 6

05

사차방정식 $x^4-3x^3-2x^2-3x+1=0$을 만족시키는 x에 대하여 $x+\dfrac{1}{x}=t$라 할 때, t의 값의 곱은?

① -8　　　　② -7　　　　③ -6

④ -5　　　　⑤ -4

유형 2 근의 성질, 근과 계수의 관계

06

삼차방정식 $x^3+x+2=0$의 한 허근을 α라 할 때, $\alpha^2\bar{\alpha}+\alpha\bar{\alpha}^2$의 값을 구하시오.

07

a, b는 유리수이고 x에 대한 삼차방정식
$$x^3+ax^2+bx+1=0$$
의 한 근이 $-1+\sqrt{2}$이다. $a+b$의 값은?

① 0　　　　② -1　　　　③ -2

④ -3　　　　⑤ -4

08

x에 대한 삼차방정식
$$x^3+(k^3-2k)x^2+(2-2k)x+2k=0$$
의 한 근이 $1+i$일 때, 실수 k의 최댓값은?

① 2　　　　② 1　　　　③ 0

④ -1　　　　⑤ -2

09

삼차방정식 $x^3-x^2+2x-k=0$의 세 근을 α, β, γ라 하자.
$(\alpha+\beta)(\beta+\gamma)(\gamma+\alpha)=\alpha\beta\gamma$일 때, 실수 k의 값을 구하시오.

10

$f(x)$는 x^3의 계수가 1인 삼차식이고,
$$f(1)=1,\ f(2)=2,\ f(100)=100$$
이다. 삼차방정식 $f(x)=0$의 세 근의 합을 a, 세 근의 곱을 b라 할 때, $a+b$의 값은?

① 301   ② 303   ③ 305
④ 307   ⑤ 309

▌유형 3 $x^3=1$, $x^3=-1$의 허근

11

삼차방정식 $x^3=1$의 한 허근을 ω라 하자. a, b가 실수이고 $(2+\omega)(1+\omega)=a+b\omega$일 때, $a+b$의 값은?

① 3   ② 5   ③ 7
④ 9   ⑤ 11

12

삼차방정식 $x^3+1=0$의 한 허근을 ω라 하자.
n이 두 자리 자연수이고 $\omega^{3n}\times(\omega-1)^{2n}$이 양의 실수일 때, n의 개수를 구하시오.

13

방정식 $x^2-x+1=0$의 한 허근을 ω라 할 때, **보기**에서 옳은 것만을 있는 대로 고른 것은?

┌ **보기** ┄
│ ㄱ. $\omega^3=-1$
│ ㄴ. $\omega^2+\overline{\omega}^2=1$
│ ㄷ. $\left(\omega+\dfrac{1}{\omega}\right)+\left(\omega^2+\dfrac{1}{\omega^2}\right)+\cdots+\left(\omega^{10}+\dfrac{1}{\omega^{10}}\right)=-3$
└

① ㄱ   ② ㄱ, ㄴ   ③ ㄱ, ㄷ
④ ㄴ, ㄷ   ⑤ ㄱ, ㄴ, ㄷ

14

사차방정식 $x^4+x^3+x+1=0$의 한 허근을 ω라 할 때, **보기**에서 옳은 것만을 있는 대로 고른 것은?

┌ **보기** ┄
│ ㄱ. $\omega^2=\omega-1$
│ ㄴ. $\omega^2+\dfrac{1}{\omega^2}=-1$
│ ㄷ. $1+\omega+\omega^2+\omega^3+\cdots+\omega^{99}=2\omega+1$
└

① ㄱ   ② ㄱ, ㄴ   ③ ㄱ, ㄷ
④ ㄴ, ㄷ   ⑤ ㄱ, ㄴ, ㄷ

▌유형 4   근의 조건에 대한 문제

15

삼차방정식 $x^3+(2+a)x^2+ax-a^2=0$이 서로 다른 세 실근을 가질 때, 10보다 작은 정수 a의 개수를 구하시오.

16

삼차방정식 $x^3+x^2+(k^2-5)x-k^2+3=0$의 서로 다른 실근의 개수가 1일 때, 자연수 k의 최솟값을 구하시오.

17

x에 대한 방정식
$$x^4-ax^3+3x^2+ax-4=0$$
이 서로 다른 세 실근을 가질 때, 실수 a의 값을 모두 구하시오.

유형 5 연립방정식

18

연립방정식 $\dfrac{x-y}{6}=\dfrac{y-z}{3}=\dfrac{z+x}{5}=1$을 만족시키는 $x,\ y,\ z$의 값을 구하시오.

19

연립방정식 $\begin{cases} ax+2y=4 \\ x+(a-1)y=a \end{cases}$ 의 해가 무수히 많을 때, a의 값을 구하시오.

20

[그림 1]과 같이 삼각형의 두 꼭짓점 위치에 있는 수의 합을 변 위에 나타내기로 하자. [그림 2]에서 변 위의 수가 18, 26, 30일 때, 꼭짓점 위치에 있는 수 중 가장 큰 수는?

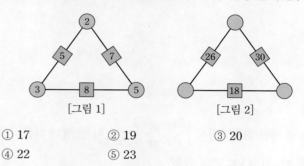

[그림 1]   [그림 2]

① 17   ② 19   ③ 20
④ 22   ⑤ 23

21

연립방정식 $\begin{cases} x-y+1=0 \\ x^2+3x-y-1=0 \end{cases}$ 의 해를 $x=\alpha,\ y=\beta$라 할 때, $\alpha^2+2\beta$의 값을 구하시오.

22

연립방정식 $\begin{cases} x^2-4xy+3y^2=0 \\ 2x^2+xy+3y^2=24 \end{cases}$ 의 해를
$$\begin{cases} x=\alpha_i \\ y=\beta_i \end{cases} (i=1,\ 2,\ 3,\ 4)$$
라 할 때, $\alpha_i\beta_i$의 최댓값은?

① 9   ② 8   ③ 6
④ 4   ⑤ 3

23

$x,\ y$에 대한 연립방정식 $\begin{cases} x+y=2(a+2) \\ xy=a^2-2a+3 \end{cases}$ 의 해가 실수일 때, 실수 a의 값의 범위를 구하시오.

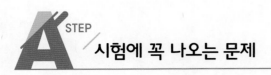
➡ 정답 및 풀이 88쪽

24

연립방정식 $\begin{cases} x+y+xy=1 \\ x^2+y^2+xy=5 \end{cases}$ 의 실근을 $x=\alpha$, $y=\beta$라 할 때, $\alpha^3+\beta^3$의 값을 구하시오.

25

x, y에 대한 연립방정식 $\begin{cases} 2x+y=k \\ x^2+xy+y^2=1 \end{cases}$ 이 한 쌍의 해를 가질 때, 실수 k의 값의 곱은?

① -4 ② -1 ③ 0
④ 1 ⑤ 4

■ 유형 6 공통근

26

두 방정식
$$x^2+(a-3)x-3a=0,$$
$$x^3-(b+1)x^2+(b-2)x+2b=0$$
의 공통인 근이 두 개일 때, 순서쌍 (a, b)를 모두 구하시오.

27

두 이차방정식
$$x^2-4x+a=0, \quad x^2+ax-4=0$$
을 동시에 만족시키는 근이 1개일 때, 실수 a의 값은?

① -4 ② -3 ③ 1
④ 3 ⑤ 4

■ 유형 7 부정방정식

28

x, y가 자연수일 때, 방정식 $(x-2)(y+1)=6$의 해를 $x=\alpha$, $y=\beta$라 하자. $\alpha\beta$의 최댓값은?

① 14 ② 15 ③ 16
④ 17 ⑤ 18

29

a, b가 서로 다른 자연수이고 $\dfrac{1}{a}+\dfrac{1}{b}=\dfrac{2}{11}$일 때, $a+b$의 값은?

① 11 ② 22 ③ 34
④ 66 ⑤ 72

30

x, y가 실수이고 $10x^2-4x-6xy+y^2+4=0$일 때, $x+y$의 값은?

① 7 ② 8 ③ 9
④ 10 ⑤ 11

31

x가 정수이고 $4x^2+12x+4$가 어떤 자연수의 제곱일 때, x의 값을 모두 구하시오.

01

방정식 $(x^2-5x+6)(x^2-9x+20)=35$의 한 허근을 ω라 할 때, $\omega^2-7\omega$의 값은?

① -23 ② -21 ③ -19

④ -17 ⑤ -15

02

사차방정식 $x^4+2kx^2+3k+4=0$이 서로 다른 두 실근과 서로 다른 두 허근을 가질 때, 정수 k의 최댓값은?

① -2 ② -1 ③ 0

④ 1 ⑤ 2

03 서술형

x에 대한 방정식
$$(x^2+a)(2x+a^2+1)=(x^2+2a+1)(x+a^2)$$
이 중근을 가질 때, 실수 a의 값의 합을 구하시오.

04

이차방정식 $x^2-(a+2)x+5a-9=0$의 두 근이 모두 자연수일 때, 실수 a의 최댓값은?

① 9 ② 11 ③ 13

④ 15 ⑤ 17

05

삼차방정식 $x^3-4x^2+4x-1=0$의 세 근을 α, β, γ라 할 때, $(\alpha^2-\alpha+1)(\beta^2-\beta+1)(\gamma^2-\gamma+1)$의 값을 구하시오.

06

삼차방정식 $x^3-15x^2+(36+a)x-3a=0$의 세 근이 이등변 삼각형의 세 변의 길이이다. 이 세 변의 길이를 구하시오.

07

삼차방정식 $x^3+px^2-x-2=0$이 두 허근 α, α^2과 한 실근을 가질 때, 실수 p의 값은?

① -2　　　　② -1　　　　③ 0
④ 1　　　　⑤ 2

08

삼차방정식 $x^3-5x^2+(k-9)x+k-3=0$이 1보다 작은 한 근과 1보다 큰 서로 다른 두 실근을 가질 때, 정수 k의 값의 합은?

① 24　　　　② 26　　　　③ 28
④ 30　　　　⑤ 32

09

삼차방정식 $ax^3+bx^2+bx+a=0$에 대한 **보기**의 설명 중 옳은 것만을 있는 대로 고른 것은? (단, a, b는 실수)

```
• 보기 •
ㄱ. -1은 근이다.
ㄴ. a가 근이면 1/a 도 근이다.
ㄷ. a>0이고 -a<b<3a이면 허근을 가진다.
```

ㄴ. a가 근이면 $\dfrac{1}{a}$도 근이다.

ㄷ. $a>0$이고 $-a<b<3a$이면 허근을 가진다.

① ㄱ　　　　② ㄴ　　　　③ ㄱ, ㄴ
④ ㄱ, ㄷ　　　　⑤ ㄱ, ㄴ, ㄷ

10 집중 연습

삼차방정식 $ax^3-bx^2-(5a+b)x-4a=0$의 세 실근은 서로 다른 정수이다. a, b가 정수이고 $a^2+b^2\leq100$일 때, 순서쌍 (a, b)의 개수를 구하시오.

11

$f(x)=x^3+ax^2+11x-b$에 대하여 방정식 $f(x)=0$의 세 근이 연속하는 세 자연수이다. 방정식 $f(2x-1)=0$의 세 근의 곱을 p라 할 때, $a+b+p$의 값은?

① -5　　　　② -3　　　　③ 3
④ 5　　　　⑤ 15

12

삼차방정식 $x^3-ax^2+bx+1=0$의 세 근을 α, β, γ라 할 때, 삼차식 $f(x)$는
$$f(\alpha)=\beta+\gamma, \quad f(\beta)=\gamma+\alpha, \quad f(\gamma)=\alpha+\beta$$
를 만족시킨다. $f(x)$의 x^3의 계수가 1일 때, $f(1)+f(-1)$의 값은?

① -2　　　　② -1　　　　③ 0
④ 1　　　　⑤ 2

→ 정답 및 풀이 92쪽

13

사차방정식 $x^4 - 4x - 2 = 0$의 해를 x_1, x_2, x_3, x_4라 하고
$$(1 - x_1)(1 - x_2)(1 - x_3)(1 - x_4) = A$$
$$x_1^4 + x_2^4 + x_3^4 + x_4^4 = B$$
라 하자. $A + B$의 값은?

① -3　　　② -1　　　③ 0
④ 1　　　⑤ 3

14 집중 연습

삼차방정식 $x^3 - 1 = 0$의 한 허근을 ω라 할 때,
자연수 n에 대하여 $f(n) = \omega^{2n} - \omega^n + 1$이라 하자.
$$f(1) + f(2) + f(3) + \cdots + f(10) = a\omega + b$$
일 때, 두 실수 a, b의 값을 구하시오.

15

삼차방정식 $x^3 + 1 = 0$의 한 허근을 ω라 할 때, **보기**에서 옳은 것만을 있는 대로 고른 것은?

┌─ 보기 ────────────────
ㄱ. $\omega^{13} = \omega$

ㄴ. $\dfrac{\omega^2}{1 - \omega} + \dfrac{\overline{\omega}}{1 + \overline{\omega}^2} = -2$

ㄷ. $\omega^{2n} + (1 - \omega)^{2n} + 1 = 0$인 50 이하의 자연수 n은 34개이다.
└──────────────────────

① ㄱ　　　② ㄴ　　　③ ㄱ, ㄷ
④ ㄴ, ㄷ　　　⑤ ㄱ, ㄴ, ㄷ

16

두 연립방정식
$$\begin{cases} x^2 - y^2 = 8 \\ mx + y = 2 \end{cases}, \quad \begin{cases} x - y = 4 \\ x^2 + 2y^2 = n \end{cases}$$
을 동시에 만족시키는 해가 있을 때, $m + n$의 값은?

① 10　　　② 12　　　③ 14
④ 16　　　⑤ 18

17

좌표평면 위에 연립방정식 $\begin{cases} xy + x + y = 1 \\ x^2 + y^2 + 2x + 2y = 3 \end{cases}$의
해 x, y의 순서쌍 (x, y)를 좌표로 하는 점은 4개이다.
이 네 점이 꼭짓점인 사각형의 넓이를 구하시오.

18 서술형

연립방정식 $\begin{cases} (x + 3)(y + 2) = k \\ (x - 1)(y - 2) = k \end{cases}$가 실근을 가질 때,
실수 k의 값의 범위를 구하시오.

19

두 실수 a, b 중에서 작지 않은 수를 $\max(a, b)$, 크지 않은 수를 $\min(a, b)$로 나타낸다. x, y가 정수이고

$$\begin{cases} \max(x, y) = x^2 + y^2 \\ \min(x, y) = 2x - y + 1 \end{cases}$$

일 때, $x+y$의 값은?

① 2   ② 1   ③ 0

④ -1 ⑤ -2

20 집중 연습

이차방정식

$$x^2 + ax + b = 0 \quad \cdots\cdots ① \qquad x^2 + bx + a = 0 \quad \cdots\cdots ②$$

이 다음 조건을 만족시킨다.

(가) ①, ②는 공통인 근이 하나 있다.

(나) ①, ②의 공통이 아닌 근의 비는 3 : 5이다.

실수 a, b의 값을 구하시오.

21

두 삼차방정식

$$x^3 + px + 2 = 0, \ x^3 + x + 2p = 0$$

의 공통인 근이 1개일 때, 실수 p와 공통인 근의 합은?

① 3   ② 1   ③ 0

④ -1 ⑤ -3

22 서술형

a, b, c가 실수이고 m은 삼차방정식 $x^3 + ax^2 + bx + c = 0$과 이차방정식 $x^2 + ax + 2 = 0$의 공통인 근이다.

$1 + \sqrt{3}i$가 삼차방정식의 한 근일 때, m의 값을 구하시오.

23

이차방정식 $x^2 - px + q = 0$의 근에 대한 **보기**의 설명 중 옳은 것만을 있는 대로 고른 것은?

• **보기** •

ㄱ. 두 근이 자연수일 때, q가 홀수이면 p는 짝수이다.

ㄴ. p, q가 모두 홀수이면 근은 자연수가 아니다.

ㄷ. 두 근이 자연수일 때, p가 짝수이면 q는 홀수이다.

---

① ㄱ   ② ㄱ, ㄴ   ③ ㄱ, ㄷ

④ ㄴ, ㄷ   ⑤ ㄱ, ㄴ, ㄷ

24

n은 자연수, p는 소수이고, 삼차방정식

$$x^3 + nx^2 + (n-5)x + p = 0$$

의 한 근이 자연수일 때, $n+p$의 값은?

① 3   ② 4   ③ 5

④ 6   ⑤ 8

01 집중 연습

곡선 $y=x^2$, $y=-x^2+2x$가 만나는 두 점을 P, Q라 하자. P, Q 사이에서 곡선 $y=x^2$ 위에 한 점 A와 곡선 $y=-x^2+2x$ 위에 한 점 C를 잡고, 직선 PQ 위에 두 점 B, D를 잡아 정사각형 ABCD를 만들었다. 정사각형 ABCD의 한 변의 길이는?

① $\dfrac{\sqrt{5}}{2}-1$　　　② $\sqrt{5}-2$　　　③ $3-\sqrt{5}$

④ $\sqrt{3}-1$　　　⑤ $2-\sqrt{3}$

02

사차방정식
$$x^4-(2m+1)x^3+(m-2)x^2+2m(m+3)x-4m^2=0$$
이 서로 다른 네 실근을 가질 때, 10 이하인 정수 m의 개수를 구하시오.

03 서술형

사차방정식 $x^4-2x^3-x+2=0$의 한 허근 α와 자연수 m, n에 대하여 $f(m, n)=(1+\alpha^2)^m+\left(\dfrac{1}{1+\overline{\alpha}^2}\right)^n$이라 하자.
$$f(1, 2)+f(2, 3)+f(3, 4)+\cdots+f(15, 16)=p+qi$$
이고 p, q가 실수일 때, p^2+q^2의 값을 구하시오.

04

삼차방정식 $x^3-3x^2+4x-4=0$의 한 허근을 z라 할 때, x^3의 계수가 1인 삼차식 $f(x)$가 다음을 만족시킨다.

$$f(z)=\frac{1}{\overline{z}^4+4\overline{z}-2}, \quad f(\overline{z})=\frac{1}{z^3+2z+2}, \quad f(0)=6$$

$f(2)$의 값을 구하시오.

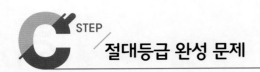

→ 정답 및 풀이 98쪽

05

n이 자연수이고
$$f_1(x)=1+x^2$$
$$f_2(x)=(1+x^2)(1+x^4)$$
$$\vdots$$
$$f_n(x)=(1+x^2)(1+x^4)(1+x^6)\times\cdots\times(1+x^{2n})$$
이다. $f_n(x)$를 x^2+x+1로 나눈 나머지가 32일 때, n의 값을 모두 구하시오.

06

$f(x)=(x^{100}+2x^{50}+2)^2$을
x^2-x+1로 나눈 나머지를 $R_1(x)$,
x^4+x^2+1로 나눈 나머지를 $R_2(x)$라 하자.
$R_1(x)+R_2(x)$를 구하시오.

07 집중 연습

실수 x, y에 대한 연립방정식 $\begin{cases} x^2-xy+2y^2=1 \\ x^2+xy+4y^2=k \end{cases}$가 서로 다른 두 쌍의 해를 가진다. k의 값의 곱을 α라 할 때, 7α의 값은?

① 12   ② 13   ③ 14
④ 15   ⑤ 16

08

삼차방정식 $x^3-3x^2-(m-1)x+m+7=0$의 세 근 α, β, γ가 모두 정수일 때, $\alpha^2+\beta^2+\gamma^2+m^2$의 값은?

① 40   ② 41   ③ 42
④ 43   ⑤ 44

08 부등식

1 부등식 $ax>b$의 해

(1) $a>0$일 때 $x>\dfrac{b}{a}$
(2) $a<0$일 때 $x<\dfrac{b}{a}$

(3) $a=0$일 때, $b\geq0$이면 해는 없다.
 $b<0$이면 해는 모든 실수이다.

참고 음수로 나누면 부등호의 방향이 바뀐다는 것에 주의한다.
 곧, $ma<mb$이고 $m<0$이면 $a>b$이다.

◆ 부등식은 실수에서만 생각한다.
 또 '해가 무수히 많다.'
 는 표현은 쓰지 않는다.

2 부등식 $|x|<a,\ |x|>a\ (a>0)$의 해

(1) $|x|<a$의 해는 $-a<x<a$
(2) $|x|>a$의 해는 $x<-a$ 또는 $x>a$

◆ 절댓값 기호가 2개 이상이면
 범위를 나누어 푼다.

3 연립부등식의 해

(1) 연립부등식 $\begin{cases} f(x)>0 \\ g(x)>0 \end{cases}$의 해

 두 부등식 $f(x)>0$, $g(x)>0$의 해를 구하고, 해의 공통부분을 구한다.

(2) 부등식 $f(x)<g(x)<h(x)$의 해

 연립부등식 $\begin{cases} f(x)<g(x) \\ g(x)<h(x) \end{cases}$의 해와 같다.

4 이차부등식의 해

이차방정식 $ax^2+bx+c=0\ (a>0)$의 판별식을 $D=b^2-4ac$라 할 때

	$D>0$	$D=0$	$D<0$
$y=ax^2+bx+c$의 그래프	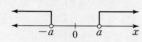		
$ax^2+bx+c=0$의 해	$x=\alpha$ 또는 $x=\beta$	$x=\alpha$ (중근)	허근
$ax^2+bx+c>0$의 해	$x<\alpha$ 또는 $x>\beta$	$x\neq\alpha$인 모든 실수	모든 실수
$ax^2+bx+c\geq0$의 해	$x\leq\alpha$ 또는 $x\geq\beta$	모든 실수	모든 실수
$ax^2+bx+c<0$의 해	$\alpha<x<\beta$	해는 없다.	해는 없다.
$ax^2+bx+c\leq0$의 해	$\alpha\leq x\leq\beta$	$x=\alpha$	해는 없다.

◆ $D=0$ 또는 $D<0$일 때
 부등식의 해는 그래프를
 이용하여 생각하면 편하다.

5 이차부등식의 활용

(1) 이차부등식의 해가 모든 실수일 조건

 ① 이차부등식 $ax^2+bx+c>0$이 항상 성립하려면 $a>0$, $D<0$
 ② 이차부등식 $ax^2+bx+c\geq0$이 항상 성립하려면 $a>0$, $D\leq0$

(2) 이차부등식 만들기

 ① 해가 $\alpha<x<\beta$이고, x^2의 계수가 1인 이차부등식은
  $(x-\alpha)(x-\beta)<0$ 또는 $x^2-(\alpha+\beta)x+\alpha\beta<0$
 ② 해가 $x<\alpha$ 또는 $x>\beta$이고, x^2의 계수가 1인 이차부등식은
  $(x-\alpha)(x-\beta)>0$ 또는 $x^2-(\alpha+\beta)x+\alpha\beta>0$

참고 x^2의 계수의 부호가 음수이면 부등호의 방향이 바뀐다는 것에 주의한다.
 예를 들어 해가 $2<x<3$이고, x^2의 계수가 -1인 이차부등식은
 $-(x-2)(x-3)>0 \Rightarrow -x^2+5x-6>0$

◆ 해가 실수 전체인 부등식을
 절대부등식이라 한다.

유형 1 일차부등식

01

부등식 $|2x-1| \leq a$의 해가 $b \leq x \leq 3$일 때, $a+b$의 값은?

① -1　　　② 0　　　③ 1

④ 2　　　⑤ 3

02

부등식 $3|x+2|+|x-1| \leq 5$를 만족시키는 정수 x의 값의 합은?

① -3　　　② -2　　　③ -1

④ 1　　　⑤ 2

03

부등식 $2x-7 < \dfrac{3x+2}{5} \leq 4x-3$을 만족시키는 자연수 x의 개수를 구하시오.

유형 2 해에 대한 조건이 있는 일차부등식

04

x에 대한 부등식 $2x-a < bx+3$의 해가 없을 때, a, b에 대한 조건은?

① $a < -3$, $b > 2$　　　② $a \leq -3$, $b > 2$

③ $a > -3$, $b = 2$　　　④ $a \geq -3$, $b = 2$

⑤ $a \leq -3$, $b = 2$

05

부등식 $(a+2b)x+a-b > 0$의 해가 $x < \dfrac{1}{2}$일 때, 부등식 $(2a-3b)x+a+6b < 0$의 해는?

① $x < -2$　　　② $x > 2$　　　③ $x < 2$

④ $x > \dfrac{1}{2}$　　　⑤ $x < -\dfrac{1}{2}$

06

연립부등식 $\begin{cases} 3x+2 < 2x+6 \\ 2x-a \geq x \end{cases}$의 해가 없을 때, 실수 a의 값의 범위를 구하시오.

07

연립부등식 $\begin{cases} 3x-5 < 4 \\ 3-2x \leq 2a-1 \end{cases}$을 만족시키는 정수 x가 2개일 때, 실수 a의 값의 범위를 구하시오.

유형 3 이차부등식

08

이차부등식 $x^2-x-3 < 0$의 해가 $\alpha < x < \beta$일 때, $\alpha^2+\beta^2$의 값은?

① 5　　　② 7　　　③ 9

④ 11　　　⑤ 13

09

연립부등식 $\begin{cases} x^2-4x+2\le 2x-3 \\ x^2-4x+4>0 \end{cases}$ 을 만족시키는 정수 x의 개수를 구하시오.

10

부등식 $x|x|+x-2\ge 0$의 해는?

① $x\le -2$ ② $x\le -1$ ③ $1\le x\le 2$

④ $x\ge 1$ ⑤ $x\ge 2$

11

$-1<x<1$인 x가 부등식 $(x-a+2)(x-a-3)<0$을 만족시킬 때, 실수 a의 값의 범위를 구하시오.

유형 4 판별식과 부등식

12

두 이차방정식
$$x^2+2(a+1)x+a+7=0,$$
$$x^2-2(a-3)x-a+15=0$$
의 해가 모두 허수일 때, 정수 a의 개수는?

① 1   ② 2   ③ 3

④ 4   ⑤ 5

13

이차방정식 $x^2-2kx-k+6=0$의 해가 모두 양수일 때, 실수 k의 값의 범위를 구하시오.

유형 5 해가 주어진 이차부등식

14

이차부등식 $x^2+ax+b<0$의 해가 $-3<x<2$일 때, 이차부등식 $x^2+bx+a>0$의 해를 구하시오.

15

이차부등식 $ax^2+bx+c>0$의 해가 $3<x<5$일 때, 이차부등식 $a(x-100)^2+b(x-100)+c>0$을 만족시키는 정수 x의 값은?

① 100   ② 101   ③ 102

④ 103   ⑤ 104

16

부등식 $(x-a)(x-b)<10$의 해가 $-3<x<4$일 때, 부등식 $(x+a)(x+b)<10$의 해를 구하시오.

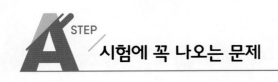

17

연립부등식 $\begin{cases} |x+1| \leq 2 \\ x^2-x-2 \geq 0 \end{cases}$ 의 해와 부등식 $x^2+ax+b \leq 0$의

해가 같을 때, a, b의 값을 구하시오.

18

이차부등식 $ax^2+bx+c \geq 0$의 해가 $x=2$일 때, **보기**에서 옳은 것만을 있는 대로 고른 것은?

• 보기 •
ㄱ. $a<0$
ㄴ. $b^2-4ac=0$
ㄷ. $b+c=0$

① ㄱ   ② ㄱ, ㄴ   ③ ㄱ, ㄷ
④ ㄴ, ㄷ   ⑤ ㄱ, ㄴ, ㄷ

19

이차부등식 $x^2-(a-1)x-a<0$을 만족시키는 정수 x가 5개일 때, 양수 a의 값의 범위를 구하시오.

▌유형 6 해가 주어진 연립부등식

20

연립부등식 $\begin{cases} x^2+x-20<0 \\ x^2-2kx+k^2-25>0 \end{cases}$ 의 해가 없을 때, 실수 k의 값의 범위를 구하시오.

21

연립부등식 $\begin{cases} x^2-2x-3>0 \\ x^2+ax+b<0 \end{cases}$ 의 해가

$-3<x<-1$ 또는 $3<x<5$일 때, $a+b$의 값은?

① -20 ② -17 ③ -15
④ -13 ⑤ -10

22

연립부등식 $\begin{cases} x^2-2x-24 \leq 0 \\ x^2+(1-2a)x-2a \leq 0 \end{cases}$ 의 해가 $-1 \leq x \leq 6$일 때,

실수 a의 최솟값은?

① 2   ② 3   ③ 4
④ 5   ⑤ 6

23

연립부등식 $\begin{cases} x^2+px+q \leq 0 \\ x^2-x+p>0 \end{cases}$ 의 해가 $2<x \leq 3$일 때,

$p+q$의 값은?

① -7 ② -6 ③ -5
④ -4 ⑤ -3

24

연립부등식 $\begin{cases} x^2-4>0 \\ x^2+(1-a)x-a<0 \end{cases}$ 을 만족시키는 정수 x가 3뿐일 때, 실수 a의 값의 범위를 구하시오.

→ 정답 및 풀이 102쪽

유형 7 이차함수와 이차부등식

25

그림은 이차함수 $y=f(x)$의 그래프
이다. 부등식 $f(1-x)\geq0$의 해는?

① $x\leq-2$ 또는 $x\geq2$

② $-2\leq x\leq2$

③ $x\leq-3$ 또는 $x\geq1$

④ $x\leq-3$ 또는 $x\geq2$

⑤ $-3\leq x\leq1$

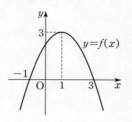

26

이차함수 $y=x^2+ax-b$의 그래프가 직선 $y=3x+1$보다
아래쪽에 있는 x의 값의 범위가 $-1<x<2$일 때,
a, b의 값을 구하시오.

유형 8 이차부등식이 항상 성립할 조건

27

x에 대한 이차부등식 $x^2+(a-2)x+4\geq0$의 해가 모든 실수
일 때, 정수 a의 값의 합을 구하시오.

28

부등식 $ax^2+(a+3)x+a<0$의 해가 모든 실수일 때,
정수 a의 최댓값은?

① -1　　　　② -2　　　　③ -3

④ -4　　　　⑤ -5

29

함수 $f(x)=-2x^2-4x+1$과 $g(x)=x^2-2ax+4$가 있다.
$y=f(x)$의 그래프가 $y=g(x)$의 그래프보다 아래쪽에 있을
때, 실수 a의 값의 범위는?

① $-5<a<1$　　　　② $-4<a<2$

③ $-3<a<2$　　　　④ $-2<a<1$

⑤ $-1<a<5$

유형 9 이차함수의 그래프를 이용하는 부등식

30

$-1\leq x\leq1$에서 x에 대한 이차부등식 $x^2-4x\geq a^2-4a$가
항상 성립할 때, 정수 a의 개수는?

① 1　　　　② 2　　　　③ 3

④ 4　　　　⑤ 5

31

$-4\leq x\leq0$에서 부등식 $x^2+2ax+a-5<0$이 성립할 때,
실수 a의 값의 범위를 구하시오.

유형 10 부등식의 활용

32

세 수 x, $x+1$, $x+2$가 둔각삼각형의 세 변의 길이가 되는
x의 값의 범위를 구하시오.

1등급 도전 문제

01

부등식 $|2x-1|<x+a$의 해가 있을 때, 실수 a의 값의 범위는?

① $a>-\dfrac{1}{2}$　　② $a>-1$　　③ $a<\dfrac{1}{2}$

④ $a<1$　　　　⑤ $a<\dfrac{3}{2}$

02

부등식 $|x-a|+|x-b|\le 10$의 해가 $-2\le x\le 8$일 때, $a+b$의 값은?

① 5　　　　② 6　　　　③ 7
④ 8　　　　⑤ 9

03 서술형

부등식 $|2x-3|+|3-x|+|x+2|\le 16$이 성립하는 범위에서 이차함수 $f(x)=ax^2+2ax+b$의 최댓값은 76, 최솟값은 4이다. $ab>0$일 때, a, b의 값을 구하시오.

04

부등식 $(x-10)|x-a|\le 0$을 만족시키는 자연수 x가 11개일 때, 실수 a의 최솟값을 구하시오.

05 집중 연습

부등식 $2[x-1]^2-5[x+1]+7<0$의 해가 $\alpha\le x<\beta$일 때, $\beta-\alpha$의 값은? (단, $[x]$는 x보다 크지 않은 최대 정수)

① 1　　　　② 3　　　　③ 5
④ 7　　　　⑤ 9

06

$f(x)$는 이차함수이고, 다음 조건을 만족시킨다.

> (가) $f(x)\ge -2x+2$의 해는 $-2\le x\le 1$이다.
> (나) $y=f(x)$의 그래프는 직선 $y=-x+5$에 접한다.

가능한 $f(0)$의 값을 모두 구하시오.

→ 정답 및 풀이 105쪽

07

$f(x)$는 x^2의 계수가 -1인 이차함수이고,
$y=f(x)$의 그래프와 직선 $y=k$의 교점이 $(2, k)$, $(12, k)$이다.
부등식 $f(x)>f(3)-2$의 해가 $\alpha<x<\beta$일 때, $\alpha+\beta$의 값을
구하시오.

08

부등식 $bx^2+2x+a<0$의 해가 $\alpha<x<\beta$일 때, 부등식
$4ax^2-4x+b>0$의 해는? (단, $\alpha\beta<0$)

① $\dfrac{1}{2\alpha}<x<\dfrac{1}{2\beta}$ ② $-\dfrac{1}{\beta}<x<-\dfrac{1}{\alpha}$

③ $x<\dfrac{1}{2\alpha}$ 또는 $x>\dfrac{1}{2\beta}$ ④ $-\dfrac{1}{2\beta}<x<-\dfrac{1}{2\alpha}$

⑤ $x<-\dfrac{1}{2\beta}$ 또는 $x>-\dfrac{1}{2\alpha}$

09

두 함수
$$y=x^2-4x+k^2+3, \quad y=x^2+4x-k^2+3k+8$$
의 그래프가 x축과 만나는 점의 개수가 같을 때, 정수 k의 값을
모두 구하시오.

10

사차방정식
$$(x^2+kx+2)(x^2+kx+11)+14=0$$
이 실근과 허근을 모두 가질 때, 정수 k의 개수를 구하시오.

11 서술형

연립부등식 $\begin{cases} x^2+x-6>0 \\ |x-a|\leq 1 \end{cases}$ 이 해를 갖기 위한 실수 a의 값의
범위를 구하시오.

12

연립부등식 $\begin{cases} (x+a)(x-3)<0 \\ (x-a)(x-2)>0 \end{cases}$의 해가 $2<x<3$일 때,
실수 a의 최댓값과 최솟값의 합은?

① -3 ② -2 ③ -1
④ 0 ⑤ 1

13

연립부등식 $\begin{cases} |x-2| < k \\ x^2 - 6|x| + 8 \leq 0 \end{cases}$ 을 만족시키는 정수 x가 3개일 때, 양수 k의 최댓값은?

① 1   ② 2   ③ 3

④ 4   ⑤ 5

14

연립부등식 $\begin{cases} x^2 - 8x + 12 \leq 0 \\ x^2 + ax + b < 0 \end{cases}$ 의 해가 없고, 연립부등식

$\begin{cases} x^2 - 8x + 12 > 0 \\ x^2 + ax + b \geq 0 \end{cases}$ 의 해가 $x \leq -1$ 또는 $x > 6$일 때,
$a + b$의 값은?

① -11 ② -9 ③ -7

④ -5 ⑤ -3

15

연립부등식 $\begin{cases} x^2 + ax + b \geq 0 \\ x^2 + cx + d \leq 0 \end{cases}$ 의 해가 $1 \leq x \leq 3$ 또는 $x = 4$일 때, $a + b + c + d$의 값은?

① 1   ② 2   ③ 3

④ 4   ⑤ 5

16 집중 연습

두 부등식
$$x^2 - (a-2)x - 2a > 0, \quad x^2 - (3a-5)x - 15a < 0$$
을 동시에 만족시키는 정수 x가 6개일 때, 양수 a의 최댓값을 구하시오.

17

두 부등식
$$[x]^2 - [x] - 2 > 0, \quad 2x^2 + (5-2a)x - 5a < 0$$
을 동시에 만족시키는 정수 x가 -2뿐일 때, 실수 a의 값의 범위를 구하시오. (단, $[x]$는 x보다 크지 않은 최대 정수)

18 서술형

두 함수
$$f(x) = x^2 + ax - 2, \quad g(x) = -x^2 - 5x - a + 1$$
이 있다. $-2 \leq x \leq 0$에서 $f(x) \leq g(x)$일 때, 실수 a의 값의 범위를 구하시오.

19

두 실수 a, b $(a<b)$가

$$(a-1)(a-2)=(b-1)(b-2)$$

를 만족시킬 때, 부등식 $(x-1)(x-2)>(a-1)(a-2)$의 해는?

① $x>a$ ② $x<a$ ③ $x>b$

④ $a<x<b$ ⑤ $x<a$ 또는 $x>b$

20 집중 연습

이차함수

$$f(x)=-x^2+2kx+k+2 \ (k>0)$$

의 그래프가 y축과 만나는 점을 A, 점 A를 지나고 x축에 평행한 직선이 $y=f(x)$의 그래프와 만나는 점 중 A가 아닌 점을 B, 점 B에서 x축에 내린 수선의 발을 C라 하자. 사각형 AOCB의 둘레 또는 내부에 있고, x좌표와 y좌표가 모두 정수인 점의 개수를 $g(k)$라 할 때, $18<g(k)<75$를 만족시키는 자연수 k의 값의 합을 구하시오. (단, O는 원점)

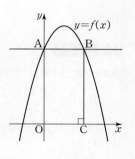

21 집중 연습

$f(x)$는 이차함수이고, 다음 조건을 만족시킨다.

> (가) 부등식 $f\left(\dfrac{1-x}{3}\right)\leq 0$의 해가 $-8\leq x\leq 4$이다.
>
> (나) 부등식 $f(x)\leq x+k$의 해가 $x=2$이다.

$f(2k)$의 값을 구하시오.

22

모든 실수 x, y에 대하여 부등식

$$x^2-4xy+4y^2-10x+ay+b>0$$

이 성립한다. 정수 a, b에 대하여 $a+b$의 최솟값은?

① 42   ② 43   ③ 44

④ 45   ⑤ 46

23

m, n이 실수이고, 모든 실수 x에 대하여 부등식

$$-x^2+3x+2\leq mx+n\leq x^2-x+4$$

가 성립할 때, m^2+n^2의 값은?

① 9   ② 10   ③ 11

④ 12   ⑤ 13

24

$0\leq x\leq 1$에서 부등식 $x^2-2ax+a+6>0$이 성립할 때, 실수 a의 값의 범위를 구하시오.

01

정수 a, b가 $b-a=10$을 만족시킨다. 부등식
$$|5x-4a-b|+|5x-6a+b|\leq k$$
를 만족시키는 정수 x가 7개일 때, 정수 k의 개수는?

① 8　　　　　　② 9　　　　　　③ 10

④ 11　　　　　⑤ 12

02 서술형

p는 0이 아닌 정수이고, $f(x)=x^2+px+p$이다.
곡선 $y=f(x)$의 꼭짓점을 A, y축과 만나는 점을 B라 할 때,
두 점 A, B를 지나는 직선의 방정식을 $y=g(x)$라 하자.
부등식 $f(x)-g(x)\leq 0$을 만족시키는 정수 x가 10개일 때,
정수 p의 최댓값과 최솟값을 구하시오.

03

a, b, c가 양의 실수일 때, 연립부등식
$$\begin{cases} ax^2-bx+c<0 \\ cx^2-bx+a<0 \end{cases}$$
의 해가 존재하기 위한 조건은?

① $a+c<\dfrac{b}{2}$　　② $a+c<b$　　③ $a+c<2b$

④ $a+c<1$　　　　⑤ $a+c<2$

04 집중 연습

$f(x)=x^2-1$이고 부등식
$$f(x)-\frac{|f(x)|}{2}<m(x-1)$$
을 만족시키는 정수 x가 3개일 때, 가능한 정수 m의 개수를 구하시오.

05 집중 연습

x에 대한 부등식
$$(x-a^2+2)(x-6a-5)\leq 0$$
의 해가 $\alpha\leq x\leq\beta$이다. $\beta-\alpha$가 자연수이고 $\alpha\leq x\leq\beta$를 만족시키는 정수 x가 16개일 때, 실수 a의 값을 모두 구하시오.

Ⅲ. 순열과 조합

09 순열과 조합

순열과 조합

1 경우의 수

(1) **합의 법칙**: 두 사건 A, B가 동시에 일어나지 않을 때, A, B가 일어나는 경우의 수가 각각 m, n이면 A 또는 B가 일어나는 경우의 수는
$$m+n$$

(2) **곱의 법칙**: 사건 A가 일어나는 경우의 수가 m이고 각각에 대하여 사건 B가 일어나는 경우의 수가 n이면 A, B가 잇달아(동시에) 일어나는 경우의 수는
$$m \times n$$

(3) **나뭇가지 그림**: 가능한 경우를 사전식으로 나열하면 빠짐없이, 중복되지 않게 경우의 수를 구할 수 있다.

◆ 합의 법칙, 곱의 법칙은 셋 이상의 사건에 대해서도 성립한다.

2 순열

(1) **순열**: 서로 다른 n개에서 r개를 뽑아 일렬로 나열하는 것을 n개에서 r개를 뽑는 순열이라 하고, 이 순열의 수를 $_n\mathrm{P}_r$로 나타낸다.

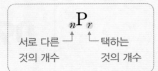

서로 다른 ── 택하는
것의 개수   것의 개수

(2) 순열의 수
① $_n\mathrm{P}_r = \underbrace{n(n-1)(n-2) \times \cdots \times (n-r+1)}_{r개}$
$= \dfrac{n!}{(n-r)!}$ (단, $0 \le r \le n$)

② $_n\mathrm{P}_n = n!$, $_n\mathrm{P}_0 = 1$, $0! = 1$

(3) $n!$을 n의 계승이라 한다.
$$n! = n(n-1)(n-2) \times \cdots \times 3 \times 2 \times 1$$

◆ 곱의 법칙에서
● × ● × ● × ⋯
n개 $(n-1)$개 $(n-2)$개

3 조합

(1) **조합**: 서로 다른 n개에서 순서를 생각하지 않고 r개를 뽑는 것을 n개에서 r개를 뽑는 조합이라 하고, 이 조합의 수를 $_n\mathrm{C}_r$로 나타낸다.

$_n\mathrm{C}_r$

서로 다른 ── 택하는
것의 개수   것의 개수

(2) 조합의 수
① $_n\mathrm{C}_r = \dfrac{_n\mathrm{P}_r}{r!} = \dfrac{n!}{r!(n-r)!}$ (단, $0 \le r \le n$)

② $_n\mathrm{C}_0 = 1$, $_n\mathrm{C}_n = 1$

③ $_n\mathrm{C}_r = {_n\mathrm{C}_{n-r}}$ (단, $0 \le r \le n$)

④ $_n\mathrm{C}_r = {_{n-1}\mathrm{C}_{r-1}} + {_{n-1}\mathrm{C}_r}$ (단, $1 \le r < n$)

◆ 순서를 생각하면
⇒ 순열
순서를 생각하지 않으면
⇒ 조합

참고 ③ 서로 다른 n개에서 r개를 뽑는 조합의 수는 뽑지 않을 $(n-r)$개를 뽑는 조합의 수와 같다.
④ 서로 다른 n개에서 r개를 뽑는 방법의 수($_n\mathrm{C}_r$)는
특정한 1개를 포함하여 r개를 뽑는 방법의 수($_{n-1}\mathrm{C}_{r-1}$)와
특정한 1개를 제외하고 r개를 뽑는 방법의 수($_{n-1}\mathrm{C}_r$)의 합이라 생각할 수 있다.

4 분할

(1) 여러 개의 물건을 몇 개의 묶음으로 나누는 것을 분할이라 한다.

(2) 서로 다른 n개를 p개, q개, r개($p+q+r=n$)의 세 묶음으로 나누는 방법의 수는
① p, q, r이 모두 다른 수일 때: $_n\mathrm{C}_p \times _{n-p}\mathrm{C}_q \times _r\mathrm{C}_r$
② p, q, r 중 어느 두 수가 같을 때: $_n\mathrm{C}_p \times _{n-p}\mathrm{C}_q \times _r\mathrm{C}_r \times \dfrac{1}{2!}$
③ p, q, r이 모두 같은 수일 때: $_n\mathrm{C}_p \times _{n-p}\mathrm{C}_q \times _r\mathrm{C}_r \times \dfrac{1}{3!}$

(3) 분할된 묶음을 일렬로 나열하는 것을 분배라 한다.

◆ 분할에서는 크기가 같은 묶음의 개수에 주의한다.

유형 1 곱의 법칙

01

$(x+y)(a+b)(p+q+r)$을 전개한 다항식의 항의 개수는?

① 12   ② 13   ③ 14

④ 15   ⑤ 16

02

360의 양의 약수 중 21과 서로소인 자연수의 개수는?

① 6   ② 8   ③ 12

④ 16   ⑤ 24

03

100원짜리 동전 1개, 50원짜리 동전 3개, 10원짜리 동전 4개가 있다. 이 중 일부 또는 전부를 사용하여 지불할 수 있는 금액의 수는? (단, 0원을 지불하는 것은 제외한다.)

① 59   ② 49   ③ 39

④ 29   ⑤ 19

04

각 자리의 숫자가 1, 2, 3, 4, 5 중 하나인 네 자리 자연수 중에서 짝수의 개수는? (단, 각 자리의 숫자는 서로 같을 수 있다.)

① 125   ② 200   ③ 250

④ 256   ⑤ 625

유형 2 합의 법칙

05

1부터 30까지의 자연수가 하나씩 적힌 카드가 30장 있다.
이 중에서 한 장을 뽑을 때, 3의 배수 또는 5의 배수가 적힌 카드가 나오는 경우의 수는?

① 8   ② 10   ③ 12

④ 14   ⑤ 16

06

주사위를 두 번 던질 때, 나온 눈의 수의 합이 3의 배수인 경우의 수는?

① 3   ② 6   ③ 9

④ 12   ⑤ 15

07

주사위를 세 번 던져서 나온 눈의 수를 차례로 x, y, z라 할 때, $x+2y+3z=15$인 순서쌍 (x, y, z)의 개수는?

① 9   ② 10   ③ 11

④ 12   ⑤ 13

유형 3 합의 법칙과 곱의 법칙

08

집과 학교, 도서관 사이의 도로가 그림과 같을 때, 집에서 도서관까지 가는 방법의 수를 구하시오. (단, 같은 지점을 두 번 이상 거치지 않는다.)

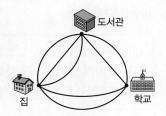

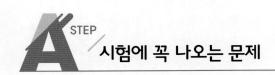
09

그림과 같이 네 지역 A, B, C, D를 연결하는 도로가 있다. A 지역에서 D 지역으로 가는 방법의 수를 구하시오. (단, 같은 지점을 두 번 이상 거치지 않는다.)

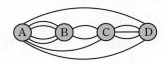

유형 4 직접 세는 경우의 수

10

학생 4명이 쪽지 시험을 본 후 시험지를 바꿔서 채점한다고 한다. 자신의 시험지는 자신이 채점하지 않는다고 할 때, 채점하는 방법의 수는?

① 7   ② 8   ③ 9
④ 10   ⑤ 11

11

그림과 같은 직육면체의 꼭짓점 A에서 B까지 모서리를 따라가는 경우의 수를 구하시오. (단, 한 번 지난 꼭짓점은 다시 지나지 않는다.)

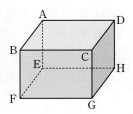

12

320 이상인 세 자리 자연수 중 다음 조건을 만족시키는 수의 개수를 구하시오.

> (가) 각 자리 숫자는 0, 1, 2, 3, 4 중 하나이다.
> (나) 각 자리 숫자는 모두 다르다.
> (다) 이웃하는 자리의 수의 차는 2 이하이다.

유형 5 색칠하는 문제

13

그림과 같이 나누어진 도형을 4가지 색으로 구분하는 방법의 수는? (단, 같은 색을 여러 번 쓸 수 있지만, 이웃한 영역은 다른 색으로 칠한다.)

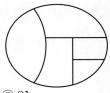

① 24   ② 48   ③ 81
④ 96   ⑤ 256

14

그림과 같이 나누어진 도형을 4가지 색으로 구분하는 방법의 수를 구하시오. (단, 같은 색을 여러 번 쓸 수 있지만, 이웃한 영역은 다른 색으로 칠한다.)

유형 6 $_nP_r$과 $_nC_r$

15

$_nP_3 = 2 \times {}_{n+1}P_2$일 때, 자연수 n의 값을 구하시오.

16 집중 연습

$_{12}C_{r+1} = {}_{12}C_{r^2-1}$을 만족시키는 자연수 r의 값의 합은?

① 1   ② 2   ③ 3
④ 4   ⑤ 5

17

등식

$$_{n+1}P_4 = 30(_{n-1}C_4 + _{n-1}C_3)$$

을 만족시키는 자연수 n의 값을 구하시오.

유형 7 순열

18

숫자 0, 1, 2, 3, 4, 5 중에서 서로 다른 4개를 사용하여 만들 수 있는 네 자리 자연수의 개수는?

① 180   ② 240   ③ 300
④ 360   ⑤ 420

19

6개의 숫자 1, 2, 3, 5, 6, 7을 일렬로 나열할 때, 짝수는 짝수 번째에 오도록 나열하는 방법의 수를 구하시오.

20

숫자 0, 1, 2, 3, 4, 5 중에서 서로 다른 4개를 사용하여 네 자리 자연수를 만들었다. 이 중에서 3의 배수의 개수를 구하시오.

21

남자 3명과 여자 4명이 한 줄로 서서 체조를 할 때, 남자가 양 끝에 서는 경우의 수는?

① 360   ② 480   ③ 600
④ 720   ⑤ 1440

유형 8 이웃하는, 이웃하지 않는 경우의 수

22

소설책 4권과 시집 2권을 책꽂이에 일렬로 꽂을 때, 소설책 4권이 이웃하는 경우의 수는?

① 126   ② 132   ③ 144
④ 158   ⑤ 164

23

남학생 3명, 여학생 3명이 한 줄로 설 때, 남학생끼리 이웃하지 않게 서는 방법의 수를 구하시오.

유형 9 사전식 나열

24

문자 a, b, c, d, e, f 중에서 서로 다른 4개를 뽑아 문자열을 만든 다음 사전식으로 나열하였다. $dbec$는 몇 번째 문자열인가?

① 197번째   ② 198번째   ③ 199번째
④ 200번째   ⑤ 201번째

25

숫자 1, 2, 3, 4, 5를 한 번씩 사용하여 만든 다섯 자리 자연수를 작은 수부터 나열할 때, 86번째 수의 일의 자리 숫자는?

① 1　　　　　② 2　　　　　③ 3

④ 4　　　　　⑤ 5

유형 10　조합

26

어느 동아리 학생 10명 중에서 회장 1명과 부회장 2명을 뽑는 방법의 수는?

① 330　　　　② 360　　　　③ 390

④ 420　　　　⑤ 450

27

문자 M, A, T, I, C, S를 일렬로 나열할 때, A가 I보다 앞에 오는 경우의 수는?

① 320　　　　② 330　　　　③ 340

④ 350　　　　⑤ 360

28

1부터 8까지의 자연수가 하나씩 적혀 있는 카드 8장 중에서 5장을 뽑을 때, 카드에 적혀 있는 수의 합이 짝수인 경우의 수는?

① 24　　　　　② 28　　　　　③ 32

④ 36　　　　　⑤ 40

유형 11　직선, 삼각형의 개수

29

그림과 같이 삼각형 위에 점이 7개 있다. 이 중 두 점을 연결하여 만들 수 있는 직선의 개수는?

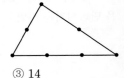

① 12　　　　　② 13　　　　　③ 14

④ 15　　　　　⑤ 16

30

그림과 같이 반원 위에 점이 7개 있다. 이 중 세 점을 연결하여 만들 수 있는 삼각형의 개수는?

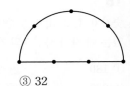

① 34　　　　　② 33　　　　　③ 32

④ 31　　　　　⑤ 30

유형 12　묶음으로 나누는 경우의 수

31

서로 다른 연필 7자루를 2자루, 2자루, 3자루씩 포장하여 친구 3명에게 하나씩 나누어 주는 방법의 수는?

① 600　　　　② 610　　　　③ 620

④ 630　　　　⑤ 640

32

수련회에 참가한 여학생 5명과 남학생 6명에게 1호실부터 4호실까지 방을 배정하려고 한다. 여학생은 1호실에 3명, 2호실에 2명 배정하고, 남학생은 3호실과 4호실에 3명씩 배정하는 방법의 수를 구하시오.

B STEP 1등급 도전 문제

01

자연수 $2^2 \times 5 \times 9^k$의 양의 약수가 30개일 때, 양의 약수 중에서 10의 배수인 약수의 합을 구하시오.

02

길이가 1인 같은 모양의 성냥개비 20개를 모두 사용하여 삼각형을 하나 만들려고 한다. 서로 다른 삼각형의 개수는?

① 4 　　　　 ② 5 　　　　 ③ 6
④ 7 　　　　 ⑤ 8

03 집중 연습

3개의 주사위 A, B, C를 던져서 나온 눈의 수를 각각 a, b, c라 하자. 방정식 $ax^2+bx+3c=0$이 실근을 갖는 경우의 수를 구하시오.

04

그림과 같이 정사각형 6개로 이루어진 도형이 있다. 각 정사각형에 빨강, 노랑, 파랑, 초록 색을 하나씩 칠하려고 한다. 변을 공유한 정사각형은 서로 다른 색을 칠하여 구분하는 방법의 수를 구하시오. (단, 같은 색을 여러 번 칠할 수 있고, 칠하지 않는 색이 있을 수 있다.)

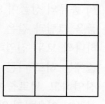

05

그림과 같이 사다리꼴로 이루어진 도형이 있다. 각 사다리꼴에 세 가지 색을 하나씩 칠하려고 한다. 이웃한 사다리꼴에는 서로 다른 색을 칠하고, 맨 위와 맨 아래의 사다리꼴에도 서로 다른 색을 칠하여 구분하는 방법의 수를 구하시오.

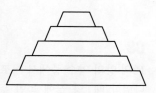

06

그림과 같이 구분된 6개 지역의 인구 수를 5명이 조사하려고 한다. 5명 중에서 1명은 이웃한 2개 지역을, 나머지 4명은 남은 4개 지역을 각각 1개씩 조사한다. 5명이 조사할 지역을 정하는 경우의 수는?
(단, 경계가 일부라도 닿은 두 지역은 이웃한 것으로 본다.)

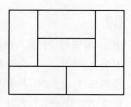

① 720 　　　　 ② 840 　　　　 ③ 960
④ 1080 　　　　 ⑤ 1200

07

세 종류의 상품이 3개씩 있다. 이 상품을 그림과 같은 진열장의 한 칸에 하나씩 모두 진열하려고 한다. 가로줄에는 서로 다른 세 종류의 상품을 진열하고 세로줄에는 같은 종류의 상품이 이웃하지 않게 진열하는 방법의 수는?

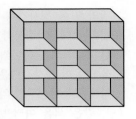

① 24   ② 30   ③ 36

④ 42   ⑤ 48

08

12의 양의 약수 중에서 서로 다른 4개의 수를 뽑아 일렬로 나열할 때, 양 끝에 놓인 두 수의 곱과 나머지 두 수의 곱이 같은 경우의 수는?

① 18   ② 24   ③ 30

④ 32   ⑤ 40

09

어느 지역에 가 볼 만한 관광명소 5곳이 있다.
진아는 각각 1, 2, 3일차에 서로 다른 관광명소에 방문하고, 준희도 1, 2, 3일차에 서로 다른 관광명소에 방문한다.
1, 2, 3일차 중 한 번만 두 사람이 같은 관광명소에 방문하고, 진아와 준희가 방문한 관광명소가 4곳인 경우의 수는?

① 230   ② 360   ③ 450

④ 720   ⑤ 960

10

서로 다른 알파벳 8개 중에서 서로 다른 4개를 뽑아 일렬로 나열하려고 한다. 적어도 한쪽 끝에 모음이 오는 경우의 수가 1080일 때, 알파벳 8개 중에서 모음의 개수는?

① 1   ② 2   ③ 3

④ 4   ⑤ 5

11 서술형

숫자 0, 1, 2, 3, 4에서 서로 다른 세 숫자를 뽑아 만들 수 있는 세 자리 짝수의 합을 구하시오.

12 집중 연습

색이 다른 볼펜 5개와 같은 종류의 연필 2개가 있다.
볼펜과 연필을 학생 6명에게 모두 나누어 주는 경우의 수를 구하시오. (단, 아무것도 못 받는 학생은 없다.)

13 집중 연습

그림과 같이 의자 7개가 나란히 설치되어 있다. 여학생 3명과 남학생 3명이 의자에 앉을 때, 여학생끼리 이웃하지 않게 앉는 경우의 수를 구하시오. (단, 두 학생 사이에 빈 의자가 있는 경우는 이웃하지 않는 것으로 한다.)

14

어느 학급에서 숫자 1, 2, 3, 4, 5, 6, 7 중 서로 다른 5개를 뽑아 다음 규칙을 적용하여 비밀번호를 만들려고 한다.

> (가) 홀수와 짝수가 교대로 나타난다.
> (나) 5개 숫자의 합은 10의 배수이다.

만들 수 있는 비밀번호의 개수를 구하시오.

15 서술형

다음 조건을 만족시키는 다섯 자리 자연수의 개수를 구하시오.

> (가) 각 자리 숫자는 1, 2, 3, 4, 5 중 하나이다.
> (나) 5는 중복하여 나올 수 있지만 이웃하지는 않는다.
> (다) 5를 제외한 나머지 숫자는 중복되지 않는다.

16

학생 15명 중에서 3명의 대표를 뽑으려 한다. 적어도 남학생 1명과 여학생 1명이 포함되는 경우의 수가 286일 때, 남학생 수와 여학생 수의 차는?

① 1   ② 3   ③ 5

④ 7   ⑤ 9

17

증권 회사 3개, 통신 회사 3개, 건설 회사 4개가 있다.
증권, 통신, 건설 각 업종별로 적어도 하나의 회사를 선택하여 4개의 회사에 입사 원서를 내는 경우의 수를 구하시오.

18

남학생 5명과 여학생 3명이 있다. 여학생을 적어도 1명 포함하여 4명을 뽑은 다음 서로 다른 4권의 책을 한 권씩 나누어 주는 경우의 수는?

① 1080   ② 1200   ③ 1320

④ 1440   ⑤ 1560

19

2000부터 2999까지의 자연수를 온라인으로 전송하려고 한다. 전송 과정에서 생길 수 있는 오류를 확인할 수 있도록 각 자리의 숫자의 합이 짝수이면 0, 홀수이면 1을 전송하는 수의 끝에 덧붙여 5자리 자연수를 전송한다. 예를 들어 2026은 20260으로, 2102는 21021로 전송한다. 전송하기 위하여 끝에 0을 덧붙인 다섯 자리 수 중에서 가운데 세 자리의 숫자가 모두 다른 것의 개수를 구하시오.

20

주사위를 세 번 던져서 나온 눈의 수의 곱이 4의 배수가 되는 경우의 수는?

① 125   ② 130   ③ 135
④ 140   ⑤ 145

21 집중 연습

1부터 9까지의 서로 다른 자연수 a, b, c, d, e에 대하여
$$a \times 10^4 + b \times 10^3 + c \times 10^2 + d \times 10 + e$$
로 나타내어지는 다섯 자리 자연수 $abcde$ 중에서 5의 배수이고 $a > b > c$, $c < d < e$를 만족시키는 자연수의 개수는?

① 53   ② 62   ③ 71
④ 80   ⑤ 89

22

1부터 8까지의 자연수 중에서 서로 다른 세 수를 뽑을 때, 가장 작은 수가 나머지 두 수의 곱의 약수가 되는 경우의 수는?

① 28   ② 31   ③ 34
④ 37   ⑤ 40

23

네 자리 자연수에서 천의 자리 숫자를 a, 백의 자리 숫자를 b, 십의 자리 숫자를 c, 일의 자리 숫자를 d라 하자. $a < b \leq c < d$인 자연수의 개수를 구하시오.

24 집중 연습

다음 표와 같이 3개 과목에 각각 2개의 수준으로 구성된 과제가 있다. 각 과목은 수준 I의 과제를 제출한 후에만 수준 II의 과제를 제출할 수 있다.

과목 수준	국어	수학	영어
I	국어 A	수학 A	영어 A
II	국어 B	수학 B	영어 B

6개의 과제를 모두 제출할 때, 제출하는 순서를 정하는 경우의 수를 구하시오.

◆ 정답 및 풀이 122쪽

25 집중 연습

그림은 평행사변형의 각 변을 4등분한 도형이다. 이 도형의 선들로 만들 수 있는 평행사변형의 개수와 색칠한 부분을 포함하는 평행사변형의 개수의 합은?

① 136   ② 140   ③ 144

④ 148   ⑤ 152

26

그림과 같이 원 위에 같은 간격으로 n개의 점이 있다. 이 점들 중에서 서로 다른 세 점을 택하여 만든 삼각형이 56개일 때, 서로 다른 네 점을 택하여 만들 수 있는 직사각형의 개수는?

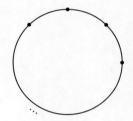

① 6   ② 10

③ 15   ④ 20

⑤ 28

27

아시아 4개국과 아프리카 4개국이 있다. 8개국을 2개국씩 짝 지어 4개의 그룹으로 나누려고 한다. 적어도 한 개의 그룹이 아시아 국가만으로 이루어지도록 나누는 경우의 수를 구하시오.

28

1층에서 올라가고 있는 엘리베이터에 5명이 타고 있다. 엘리베이터가 3층부터 7층까지 5개 층에서 설 수 있다고 할 때, 3개 층에서 모두 내리는 경우의 수는?
(단, 선 층에서 적어도 1명은 내리고 중간에 타는 사람은 없다.)

① 95   ② 250   ③ 600

④ 875   ⑤ 1500

29 서술형

어느 반의 남학생 3명과 여학생 5명은 2개의 조로 나누어 봉사 활동을 하기로 하였다. 각 조에 남학생 1명은 꼭 포함되고, 각 조의 인원이 3명 이상이 되도록 조를 나누는 방법의 수를 구하시오.

30

예선을 통과한 7개 농구팀이 토너먼트 방식으로 우승팀을 뽑으려고 한다. 그림과 같은 대진표를 만들 때, 대진표의 가짓수와

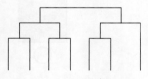

예선 1등 팀과 2등 팀이 결승전에서만 만나는 대진표의 가짓수의 합을 구하시오.

01

네 종류의 모자 A, B, C, D가 각각 3개씩 있다. 12개의 모자를 그림과 같이 일정한 간격으로 배열된 모자걸이에 한 개씩 걸려고 한다. 모든 가로 방향과 모든 세로 방향에 서로 다른 종류의 모자가 걸리도록 하는 방법의 수를 구하시오.
(단, 같은 종류의 모자끼리는 구별하지 않는다.)

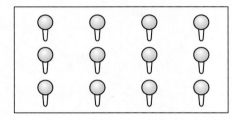

03 집중 연습

그림과 같은 6개의 빈칸에 2, 7, 12, 17, 22, 27을 하나씩 써넣으려고 한다. 1열, 2열, 3열의 수의 합을 각각 a_1, a_2, a_3이라 할 때, $a_1 < a_2 < a_3$이 되도록 빈칸을 채우는 경우의 수는?

1열	2열	3열

① 80   ② 88   ③ 96
④ 104   ⑤ 112

02

탁자 A에서 2명, 탁자 B에서 3명이 분임 토의를 하고 있다. 이들 5명이 전체 토의를 하기 위해 탁자 B에 모여 앉을 때, 탁자 B에서 분임 토의를 하던 3명은 모두 처음에 앉았던 자리가 아닌 자리에 앉는 경우의 수를 구하시오.

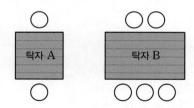

04

상자 A, B에는 1부터 5까지의 자연수가 하나씩 적힌 공이 5개씩 들어 있다. A, B에서 각각 공을 4개씩 뽑아 네 자리 자연수 a, b를 만든다. a와 b를 비교할 때, 같은 자리의 숫자는 같지 않은 순서쌍 (a, b)의 개수는 $_5P_4 \times x$이다. x의 값은?

① 49   ② 51   ③ 53
④ 55   ⑤ 57

→ 정답 및 풀이 125쪽

05

그림과 같은 상자 10칸에 A, B, C, D, E가 적힌 구슬 5개를 넣으려고 한다.

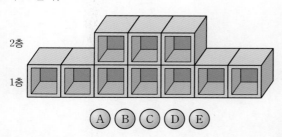

다음 조건을 만족시키는 경우의 수를 구하시오.

> (가) A 구슬은 2층에 넣는다.
> (나) 이웃하는 칸에는 구슬을 넣지 않는다.
> (다) E 구슬은 층과 상관없이 A 구슬보다 오른쪽에만 넣는다.
> (라) 상자 한 칸에는 구슬을 한 개씩만 넣는다.

06

그림과 같은 사물함 7개 중에 5개를 남학생 3명과 여학생 2명에게 1개씩 배정하려고 한다. 같은 층에서는 남학생의 사물함과 여학생의 사물함이 이웃하지 않도록 사물함을 배정하는 경우의 수를 구하시오.

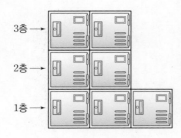

07

그림과 같이 섬이 5개 있고 두 섬은 다리로 연결되어 있다. 섬과 섬을 연결하는 다리를 3개 더 건설하여 섬 5개를 모두 연결할 수 있는 방법의 수를 구하시오.

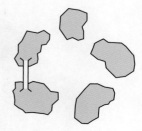

08 집중 연습

1부터 15까지의 자연수 중에서 서로 다른 네 수를 뽑을 때, 어느 두 수의 차도 1이 아닌 경우의 수를 구하시오.

IV. 행렬

10 행렬

10 행렬

1 행렬

(1) 행렬: 수나 문자를 직사각형 모양으로 정리해 놓은 것
행렬에서 각각의 수나 문자를 성분이라 하고,
성분의 가로줄을 행, 세로줄을 열이라 한다.

$$
\begin{array}{cc}
\text{제1열} & \text{제2열}
\end{array}
$$

$$
\begin{array}{l}
\text{제1행} \rightarrow \\
\text{제2행} \rightarrow \\
\text{제3행} \rightarrow
\end{array}
\begin{pmatrix} a_{11} & a_{12} \\ a_{21} & a_{22} \\ a_{31} & a_{32} \end{pmatrix}
$$

(2) 행 m개와 열 n개로 된 행렬을 $m \times n$ 행렬이라 한다.
행과 열이 모두 n개인 행렬을 n차 정사각행렬이라 한다.
(3) 행렬 A와 B의 행의 개수와 열의 개수가 각각 같을 때, 두 행렬은 같은 꼴이라 한다.
또, 같은 꼴이고 대응하는 각 성분이 같을 때, A와 B는 같다고 하고 $A=B$로
나타낸다.
(4) 영행렬: 모든 성분이 0인 행렬을 영행렬이라 하고, O로 나타낸다.
(5) 단위행렬: n차 정사각행렬 중 왼쪽 위에서 오른쪽 아래로 대각선 성분이 1이고,
나머지 성분이 0인 행렬을 n차 단위행렬이라 하고, E로 나타낸다.

◆ 행렬 A의 제i행, 제j열 성분을
A의 (i, j) 성분이라 하고
보통 a_{ij}로 나타낸다.

◆ 2차 정사각행렬 중에서
영행렬은 $O = \begin{pmatrix} 0 & 0 \\ 0 & 0 \end{pmatrix}$
단위행렬은 $E = \begin{pmatrix} 1 & 0 \\ 0 & 1 \end{pmatrix}$

2 행렬의 덧셈과 뺄셈

행렬 A와 B가 같은 꼴일 때, 덧셈 $A+B$와 뺄셈 $A-B$는 대응하는 성분의 합과 차로
정의한다.

$$A = \begin{pmatrix} a_{11} & a_{12} \\ a_{21} & a_{22} \end{pmatrix}, B = \begin{pmatrix} b_{11} & b_{12} \\ b_{21} & b_{22} \end{pmatrix} \text{일 때,}$$

$$A+B = \begin{pmatrix} a_{11}+b_{11} & a_{12}+b_{12} \\ a_{21}+b_{21} & a_{22}+b_{22} \end{pmatrix}, A-B = \begin{pmatrix} a_{11}-b_{11} & a_{12}-b_{12} \\ a_{21}-b_{21} & a_{22}-b_{22} \end{pmatrix}$$

참고 행렬의 덧셈에서는 교환법칙과 결합법칙이 성립한다.

(1) 교환법칙: $A+B=B+A$
(2) 결합법칙: $(A+B)+C=A+(B+C)$

◆ A와 O가 같은 꼴일 때
$A+O=A, O+A=A$
$A-O=A, O-A=-A$

3 행렬의 실수배

A가 행렬이고 k가 실수일 때, kA의 각 성분은 A의 각 성분에 k배 한 것이다.

$$A = \begin{pmatrix} a_{11} & a_{12} \\ a_{21} & a_{22} \end{pmatrix} \text{일 때, } kA = \begin{pmatrix} ka_{11} & ka_{12} \\ ka_{21} & ka_{22} \end{pmatrix}$$

◆ $k(lA)=(kl)A$
$(k+l)A=kA+lA$
$k(A+B)=kA+kB$

4 행렬의 곱셈

(1) 행렬 곱의 기본은 $(a_1 \ a_2)\begin{pmatrix} b_1 \\ b_2 \end{pmatrix} = (a_1 b_1 + a_2 b_2)$

(2) $A = \begin{pmatrix} a_{11} & a_{12} \\ a_{21} & a_{22} \end{pmatrix}, B = \begin{pmatrix} b_{11} & b_{12} \\ b_{21} & b_{22} \end{pmatrix}$일 때, $A \times B$는 다음과 같이 정의한다.

$$\begin{pmatrix} a_{11} & a_{12} \end{pmatrix}\begin{pmatrix} b_{11} & b_{12} \\ b_{21} & b_{22} \end{pmatrix} = \begin{pmatrix} a_{11}b_{11}+a_{12}b_{21} & a_{11}b_{12}+a_{12}b_{22} \end{pmatrix}$$

$$\begin{pmatrix} a_{11} & a_{12} \\ a_{21} & a_{22} \end{pmatrix}\begin{pmatrix} b_{11} & b_{12} \\ b_{21} & b_{22} \end{pmatrix} = \begin{pmatrix} a_{11}b_{11}+a_{12}b_{21} & a_{11}b_{12}+a_{12}b_{22} \\ a_{21}b_{11}+a_{22}b_{21} & a_{21}b_{12}+a_{22}b_{22} \end{pmatrix}$$

◆ 앞의 행렬에서는 행,
뒤의 행렬에서는 열을 뽑아
대응하는 값을
서로 곱한 후 더한다.

◆ $A^n = \underbrace{A \times A \times \cdots \times A}_{n번}$

참고 행렬의 곱셈에서는 교환법칙이 성립하지 않고, 결합법칙과 분배법칙은 성립한다.

(1) 일반적으로 AB와 BA는 다르다. ← 교환법칙이 성립하지 않는다.
(2) $A(BC)=(AB)C$ ← 결합법칙은 성립한다.
(3) $(A+B)^2=(A+B)(A+B)$
$\qquad = A(A+B)+B(A+B)=A^2+AB+BA+B^2$
$(A+B)(A-B)=A(A-B)+B(A-B)$
$\qquad = A^2-AB+BA-B^2$

분배법칙은 성립하고,
← 교환법칙이 성립하지 않으므로
이와 같이 전개한다.

유형 1 행렬의 뜻과 성분

01

행렬 A의 (i, j) 성분을 a_{ij}라 하면
$$a_{ij} = i^2 + 3j \ (i=1, 2, \ j=1, 2)$$
이다. A의 모든 성분의 합은?

① 24　　　　② 26　　　　③ 28
④ 30　　　　⑤ 32

02

2×2 행렬 A의 (i, j) 성분 a_{ij}를
$$a_{ij} = \begin{cases} 2(i+j) & (i \geq j) \\ ij & (i < j) \end{cases}$$
라 할 때, A의 모든 성분의 곱을 구하시오.

유형 2 행렬의 덧셈, 뺄셈, 실수배

03

$A = \begin{pmatrix} 2 & -1 \\ 3 & 4 \end{pmatrix}$, $B = \begin{pmatrix} -2 & 1 \\ 1 & 2 \end{pmatrix}$일 때, $A+2B$의 모든 성분의 합은?

① 4　　　　② 6　　　　③ 8
④ 10　　　　⑤ 12

04

$A = \begin{pmatrix} 1 & 2 \\ -1 & 0 \end{pmatrix}$, $B = \begin{pmatrix} 1 & 0 \\ 0 & -1 \end{pmatrix}$일 때,
$3(A+B) - 2(A-B)$는?

① $\begin{pmatrix} 2 & 4 \\ -2 & 0 \end{pmatrix}$　　② $\begin{pmatrix} 2 & 0 \\ 0 & -2 \end{pmatrix}$　　③ $\begin{pmatrix} 6 & 2 \\ -5 & -5 \end{pmatrix}$

④ $\begin{pmatrix} 6 & 2 \\ -1 & -5 \end{pmatrix}$　　⑤ $\begin{pmatrix} 6 & 10 \\ -5 & -5 \end{pmatrix}$

05

$A = \begin{pmatrix} 1 & 2 \\ -2 & 3 \end{pmatrix}$일 때, $A+B=2E$를 만족시키는 행렬 B를 구하시오.

06

$\begin{pmatrix} 1 & x \\ 3 & 6 \end{pmatrix} + \begin{pmatrix} 3 & 1 \\ 5 & 2y \end{pmatrix} = \begin{pmatrix} z & 6 \\ 8 & -2 \end{pmatrix}$일 때, xyz의 값을 구하시오.

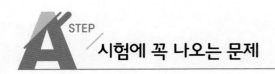
07

$A=\begin{pmatrix} 1 & 3 \\ 2 & 4 \end{pmatrix}$, $B=\begin{pmatrix} -1 & 6 \\ 4 & 5 \end{pmatrix}$에 대하여 $B=pA+qE$를 만족시키는 실수 p, q의 값을 구하시오.

■ 유형 3 행렬의 곱셈

08

$\begin{pmatrix} 1 & 3 \\ 3 & -2 \end{pmatrix}\begin{pmatrix} x \\ 2 \end{pmatrix}=\begin{pmatrix} 10 \\ y \end{pmatrix}$일 때, $x+y$의 값을 구하시오.

09

$A=\begin{pmatrix} 1 & 0 \\ -1 & 1 \end{pmatrix}$, $B=\begin{pmatrix} 1 & 2 \\ 3 & -1 \end{pmatrix}$일 때, $AB+A$의 모든 성분의 합은?

① -1 ② 1 ③ 3
④ 5 ⑤ 7

10

$A=\begin{pmatrix} 1 & 3 \\ 2 & 1 \end{pmatrix}$, $B=\begin{pmatrix} 1 & -3 \\ 1 & 2 \end{pmatrix}$일 때, $AB-BA$는?

① $\begin{pmatrix} 0 & 0 \\ 0 & 0 \end{pmatrix}$ ② $\begin{pmatrix} -5 & 0 \\ 5 & 5 \end{pmatrix}$ ③ $\begin{pmatrix} -1 & 3 \\ 8 & 1 \end{pmatrix}$

④ $\begin{pmatrix} 1 & -3 \\ 2 & -1 \end{pmatrix}$ ⑤ $\begin{pmatrix} 9 & 3 \\ -2 & -9 \end{pmatrix}$

11

$A=\begin{pmatrix} -1 & -4 \\ -2 & 3 \end{pmatrix}$, $B=\begin{pmatrix} 0 & -4 \\ -2 & 4 \end{pmatrix}$일 때, $(A-B)^2$은?

① $\begin{pmatrix} -2 & 0 \\ 0 & -2 \end{pmatrix}$ ② $\begin{pmatrix} -1 & 0 \\ 0 & -1 \end{pmatrix}$ ③ $\begin{pmatrix} 0 & 1 \\ 1 & 0 \end{pmatrix}$

④ $\begin{pmatrix} 1 & 0 \\ 0 & 1 \end{pmatrix}$ ⑤ $\begin{pmatrix} 2 & 0 \\ 0 & 2 \end{pmatrix}$

12

이차방정식 $x^2-3x-2=0$의 두 근이 α, β이다. $A=\begin{pmatrix} \alpha & 1 \\ -1 & \beta \end{pmatrix}$일 때, A^2의 모든 성분의 합은?

① 10 ② 11 ③ 12
④ 13 ⑤ 14

13

$\begin{pmatrix} 1 & 3 \\ 1 & x \end{pmatrix}\begin{pmatrix} 2 & 2 \\ y & -1 \end{pmatrix} = \begin{pmatrix} -1 & -1 \\ z & 3 \end{pmatrix}$ 일 때, $x+y+z$의 값을 구하시오.

14

$A = \begin{pmatrix} a & 1 \\ 0 & -1 \end{pmatrix}$, $B = \begin{pmatrix} 1 & -1 \\ b & 1 \end{pmatrix}$에 대하여

$AB = BA$가 성립할 때, $a+b$의 값은?

① -2 ② -1 ③ 0

④ 1 ⑤ 2

유형 4 행렬의 거듭제곱

15

$A = \begin{pmatrix} 2 & 1 \\ -1 & 2 \end{pmatrix}$일 때, $A^3 + A^2$을 계산하시오.

16

$A = \begin{pmatrix} 1 & 0 \\ 2 & 1 \end{pmatrix}$에 대하여 A^n의 모든 성분의 합이 100일 때, 자연수 n의 값을 구하시오.

17

$A = \begin{pmatrix} 2 & -1 \\ 3 & -1 \end{pmatrix}$에 대하여 A^n이 단위행렬일 때, 20보다 작은 자연수 n의 개수는?

① 2 ② 3 ③ 4

④ 5 ⑤ 6

18

$A = \begin{pmatrix} 1 & -2 \\ 0 & 1 \end{pmatrix}$이고, $A^{10}\begin{pmatrix} a \\ b \end{pmatrix} = \begin{pmatrix} 1 \\ 2 \end{pmatrix}$일 때, ab의 값은?

① 42 ② 52 ③ 62

④ 72 ⑤ 82

01

이차정사각행렬 A, B의 (i, j) 성분을 각각 a_{ij}, b_{ij}라 하자.
$$a_{ij}=i-j+1,\ b_{ij}=i+j+1$$
일 때, $A+B$를 구하시오.

02

$A=\begin{pmatrix} 2 & 0 \\ 4 & 6 \end{pmatrix}$, $B=\begin{pmatrix} -2 & 1 \\ 0 & 4 \end{pmatrix}$이다.
$$3(X+A)=X+2B$$
를 만족시키는 행렬 X를 구하시오.

03

$A=\begin{pmatrix} 1 & 2 \\ -1 & 3 \end{pmatrix}$, $B=\begin{pmatrix} 2 & -1 \\ 3 & 1 \end{pmatrix}$이다.
$$X+2Y=A,\ 2X-Y=B$$
를 만족시키는 행렬 X를 구하시오.

04

$A=\begin{pmatrix} 0 & 1 \\ -1 & 0 \end{pmatrix}$일 때,
$$(2A-3E)^2=pA+qE$$
를 만족시키는 실수 p, q의 값을 구하시오.

05

X, Y는 이차정사각행렬이다.
$$X+Y=\begin{pmatrix} 3 & 2 \\ 0 & -2 \end{pmatrix},\ X-Y=\begin{pmatrix} -1 & 2 \\ 2 & 4 \end{pmatrix}$$
일 때, XY의 모든 성분의 합을 구하시오.

06

실수 x에 대하여 행렬 $\begin{pmatrix} x \\ x-1 \end{pmatrix}(x+1\ \ x-1)$의 모든 성분의 합을 $f(x)$라 할 때, $f(x)$의 최솟값은?

① -2 ② -1 ③ $-\dfrac{1}{4}$

④ $\dfrac{1}{4}$ ⑤ 1

07 집중 연습

이차정사각행렬 A의 (i, j) 성분을 a_{ij}라 하면
$$a_{ij}=\begin{cases} i & (i=j) \\ i^j & (i\neq j) \end{cases}$$
이다. $A^3=kA$일 때, 실수 k의 값을 구하시오.

→ 정답 및 풀이 131쪽

08

$A=\begin{pmatrix} a & b \\ 1 & 2 \end{pmatrix}$이고 $A^2=O$일 때, $a+b$의 값을 구하시오.

09

x, y가 양수이고 $\begin{pmatrix} x & y \\ y & x \end{pmatrix}\begin{pmatrix} x & y \\ y & x \end{pmatrix}=\begin{pmatrix} 7 & -3 \\ -3 & 7 \end{pmatrix}$이 성립한다. x^3+y^3의 값은?

① 17   ② 18   ③ 19
④ 20   ⑤ 21

10

$A=\begin{pmatrix} 1 & 1 \\ -1 & 0 \end{pmatrix}$, $B=\begin{pmatrix} 1 & 2 \\ 3 & 0 \end{pmatrix}$, $C=\begin{pmatrix} -2 & 1 \\ -1 & 2 \end{pmatrix}$일 때, **보기**에서 옳은 것만을 있는 대로 고른 것은?

• 보기 •
ㄱ. $AB=BA$
ㄴ. $A(B+C)=AB+AC$
ㄷ. $(A+B)C=AC+BC$
ㄹ. $(A+B)^2=A^2+2AB+B^2$

① ㄱ, ㄷ   ② ㄱ, ㄹ   ③ ㄴ, ㄷ
④ ㄱ, ㄴ, ㄷ   ⑤ ㄴ, ㄷ, ㄹ

11 집중 연습

$A=\begin{pmatrix} a & 2 \\ 2 & b \end{pmatrix}$, $B=\begin{pmatrix} 1 & a \\ -2 & 1 \end{pmatrix}$은
$$(A+B)(A-B)=A^2-B^2$$
을 만족시킨다. $a+b$의 값은?

① -4 ② -2 ③ 0
④ 2   ⑤ 4

12

A는 이차정사각행렬이다.
$$A\begin{pmatrix} 4 \\ 3 \end{pmatrix}=\begin{pmatrix} 5 \\ 4 \end{pmatrix}, \ A\begin{pmatrix} 5 \\ 4 \end{pmatrix}=\begin{pmatrix} 4 \\ 3 \end{pmatrix}$$
일 때, A를 구하시오.

13

$\begin{pmatrix} 4 & 3 \\ 3 & 2 \end{pmatrix}A=\begin{pmatrix} 1 & 0 \\ 0 & 1 \end{pmatrix}$을 만족시키는 이차정사각행렬 A를 구하시오.

◆ 정답 및 풀이 135쪽

14

$A=\begin{pmatrix} 0 & 1 \\ 1 & 0 \end{pmatrix}$과 이차정사각행렬 P가 다음 조건을 만족시킨다.

> (가) $AP=PA$
> (나) P의 성분은 모두 양수이고,
> 모든 성분의 합은 12, 곱은 81이다.

P를 구하시오.

15

$A=\begin{pmatrix} 1 & -2 \\ 0 & 1 \end{pmatrix}$, $B=\begin{pmatrix} 1 & 2 \\ -1 & 0 \end{pmatrix}$이다. n이 자연수이고 A^nB의 모든 성분의 합이 50일 때, n의 값을 구하시오.

16 집중 연습

$A=\begin{pmatrix} -2 & -3 \\ 1 & 1 \end{pmatrix}$일 때,
$$A+A^2+A^3+\cdots+A^{20}$$
과 같은 것은?

① O ② $-E$ ③ E
④ $-A$ ⑤ A

17

방정식 $x^3-1=0$의 한 허근을 ω라 하자.
$A=\begin{pmatrix} \omega^2 & 1 \\ \omega & \omega+1 \end{pmatrix}$일 때, A^{20}의 모든 성분의 합이 $a\omega+b$이다.
$a-b$의 값을 구하시오. (단, a, b는 실수)

18

$A=\begin{pmatrix} 0 & -1 \\ 1 & 0 \end{pmatrix}$이고, m과 n은 $m>n$인 20 이하의 자연수이다.
$$A^m=A^n$$
을 만족시키는 순서쌍 (m, n)의 개수는?

① 20 ② 25 ③ 30
④ 35 ⑤ 40

19 집중 연습

a, b가 실수이고 등식
$$\begin{pmatrix} a+1 & b-3 \\ b-3 & -a-1 \end{pmatrix}\begin{pmatrix} x \\ y \end{pmatrix}=\begin{pmatrix} 0 \\ 0 \end{pmatrix}$$
을 만족시키는 0이 아닌 실수 x, y가 있을 때, 가능한 $a+b$의 값을 구하시오.

절대등급으로
수학 내신 1등급에
도전하세요.

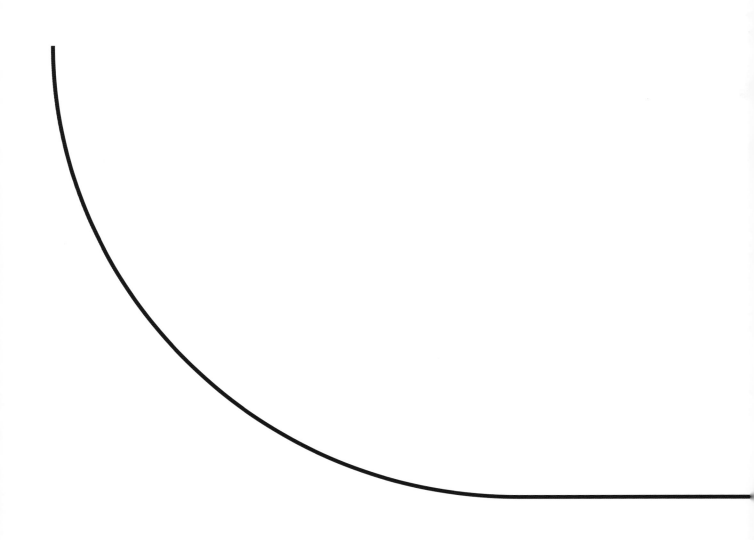

절대등급

정답 및 풀이

공통수학 1

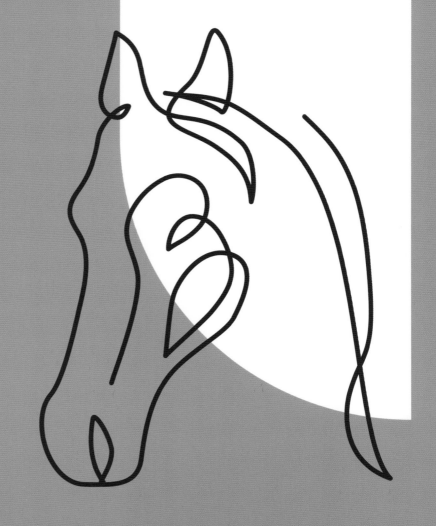

동아출판

내신 1등급 문제서

절대등급

공통수학 1

**모바일
빠른 정답**

QR코드를 찍으면 정답 및 풀이를
쉽고 빠르게 확인할 수 있습니다.

내신 1등급 문제서

절대등급

정답 및 풀이

공통수학1

Ⅰ. 다항식

01 다항식의 연산

A STEP 시험에 꼭 나오는 문제   7~9쪽

01 ③   **02** ⑤   **03** ④   **04** -1 **05** ⑤   **06** $-y$

07 ②   **08** ④   **09** ③   **10** ③, ⑤   **11** 49

12 $64x^6+16x^3+1$ **13** -1 **14** ①   **15** ②   **16** ⑤

17 ⑤   **18** 96   **19** ②   **20** ④   **21** $4\sqrt{7}$ **22** 18

23 $60\ \text{cm}^2$ **24** ②

B STEP 1등급 도전 문제   10~12쪽

01 $-3x^2+10x-1$ **02** ④   **03** ②   **04** ⑤   **05** ③

06 2   **07** $a=-2,\ b=1$ 또는 $a=1,\ b=1$ **08** ②

09 $9x^2+18x+9$ **10** 64   **11** ③   **12** $\dfrac{30}{11}$ **13** $\dfrac{49}{4}$

14 ③   **15** ②   **16** $\dfrac{20}{3}\pi$ **17** $\dfrac{5}{54}x$

C STEP 절대등급 완성 문제   13쪽

01 몫: $3x+9$, 나머지: $-3x-16$ **02** 8

03 $\pm1,\ \pm2$ **04** ②   **05** 32

02 항등식과 나머지 정리

A STEP 시험에 꼭 나오는 문제   15~17쪽

01 ④   **02** ②   **03** ⑤   **04** 11   **05** $x=-5,\ y=10$

06 $a=1,\ b=2,\ c=1$ **07** ②   **08** ③   **09** ③   **10** ②

11 $x+5$ **12** -8 **13** ⑤   **14** ⑤   **15** ①   **16** ②

17 13   **18** ⑤   **19** ④   **20** -55 **21** ②   **22** ①

23 -3 **24** 34

B STEP 1등급 도전 문제   18~21쪽

01 ④   **02** $a=1,\ b=-5,\ c=9,\ d=-5$ **03** (1) 7   (2) $\dfrac{1}{2}$

04 ②   **05** ②   **06** ④   **07** $-8x^3+18x^2-9$ **08** ②

09 ③   **10** $4x-3$ **11** ⑤   **12** ①

13 (1) 몫: $x^4+x^3+x^2+x+1$, 나머지: 0   (2) $5x-5$

14 9   **15** 0   **16** ⑤   **17** 31   **18** ③   **19** 58

20 $f(x)=(x-1)^2,\ g(x)=(x-1)(x+2)$ **21** ⑤

22 $f(x)=x^2+2x-1$ **23** $-\dfrac{9}{5}$ **24** ③

C STEP 절대등급 완성 문제   22~23쪽

01 $f(x)=x^2,\ f(x)=x^2-x,\ f(x)=x^2+x+1,\ f(x)=x^2-2x+1$

02 $\dfrac{17}{15}$ **03** ④   **04** ①   **05** 192   **06** $13x^2-x-10$

07 (1) $f(x)=x^7+x^6+x^5+\cdots+x+1$ (2) $-x^4-x-1$ **08** 15

03 인수분해

A STEP 시험에 꼭 나오는 문제   25~26쪽

01 ④   **02** ①   **03** ②   **04** ③   **05** 8   **06** 8

07 -4 **08** ⑤   **09** ⑤   **10** ①   **11** ③   **12** 120

13 3200   **14** ④   **15** ①   **16** 3

B STEP 1등급 도전 문제   27~30쪽

01 ③   **02** ①   **03** ②   **04** ③   **05** ④   **06** ③

07 ②   **08** ③   **09** ⑤   **10** 1   **11** ②   **12** 5

13 30   **14** ④   **15** ③   **16** 18   **17** 23

18 $9(x-1)^2$ **19** ①   **20** -2 **21** 46

22 $a=-3,\ b=0$ **23** 3, 5

24 $f(x)=-(x^2-2x+2),\ g(x)=(x-1)(x-2)$

C STEP 절대등급 완성 문제   31~32쪽

01 ⑤   **02** 325   **03** ⑤   **04** 26   **05** ③   **06** ②

07 ④   **08** (1) 1   (2) $-x$

II. 방정식과 부등식

04 복소수와 이차방정식

A STEP 시험에 꼭 나오는 문제　　35～37쪽

01 16　　**02** ②　　**03** ②　　**04** ⑤　　**05** $2+2i$

06 $p=4$, $q=\dfrac{1}{2}$　　**07** ②　　**08** ②　　**09** ③　　**10** ⑤

11 6　　**12** 50　　**13** $50-50i$　　**14** ⑤　　**15** 10

16 ⑤　　**17** ③　　**18** ③　　**19** ④　　**20** $x=0$ 또는 $x=3$

21 ③　　**22** $\dfrac{3}{4}$　　**23** 2　　**24** ②

B STEP 1등급 도전 문제　　38～41쪽

01 50　　**02** 24　　**03** 2　　**04** ④　　**05** ②　　**06** ③

07 ⑤　　**08** 8, 10　　**09** i, $\dfrac{\sqrt{3}}{4}+\dfrac{1}{4}i$, $-\dfrac{\sqrt{3}}{4}+\dfrac{1}{4}i$　　**10** ④

11 ④　　**12** ①　　**13** 2　　**14** ③　　**15** 27　　**16** ②

17 $a=29$, $b=70$　　**18** $1-i$, $-1-i$　　**19** ③　　**20** ①

21 $x=2\pm\sqrt{2}i$　　**22** $x=1-2i$　　**23** ①

24 $x=\dfrac{1+\sqrt{5}}{2}$　　**25** $1+\sqrt{22}$

C STEP 절대등급 완성 문제　　42쪽

01 38　　**02** $\dfrac{1}{2}$　　**03** ②　　**04** 94

05 판별식, 근과 계수의 관계

A STEP 시험에 꼭 나오는 문제　　44～46쪽

01 ④　　**02** ⑤　　**03** -8　　**04** ①

05 (1) 18　(2) 32　(3) $-i$　(4) $2\sqrt{5}$　　**06** 112　　**07** $\dfrac{1}{3}$　　**08** ③

09 ⑤　　**10** ③　　**11** ⑤　　**12** ⑤　　**13** ③

14 $a=8$, $b=13$　　**15** ③　　**16** 13

17 $n=23$, 두 근: -12, -11　　**18** ②　　**19** $a=9$, $b=19$

20 ③　　**21** $a=-1$, $b=1$　　**22** 49　　**23** ①　　**24** ③

B STEP 1등급 도전 문제　　47～50쪽

01 ④　　**02** ③　　**03** ⑤　　**04** -2, -1

05 $a=2$, $b=-2$　　**06** ⑤　　**07** $x=-4$ 또는 $x=-2$

08 -1　　**09** 15　　**10** 19　　**11** ④　　**12** ⑤

13 $x=1\pm\sqrt{7}$　　**14** ④　　**15** ⑤　　**16** $a=3$, $b=-6$

17 ④　　**18** ④　　**19** ②　　**20** $m=1$, $n=1$　　**21** ②

22 ①　　**23** 1　　**24** -1

C STEP 절대등급 완성 문제　　51～52쪽

01 $f(x)=x^2-x+1$, $f(x)=x^2-3x+3$　　**02** 4

03 $a=-2$, $b=4$　　**04** ④　　**05** ④　　**06** 64

07 x의 최솟값: 3, $y=\dfrac{1}{2}$, $z=\dfrac{1}{2}$　　**08** $\sqrt{17}$

06 이차함수

A STEP 시험에 꼭 나오는 문제　　54～57쪽

01 ④　　**02** ④　　**03** 2, 3, 4　　**04** -4　　**05** ③　　**06** ①

07 1　　**08** ⑤　　**09** 3　　**10** 27　　**11** ③

12 -4, $-2\sqrt{3}$, $2\sqrt{3}$, 4　　**13** 2　　**14** 24　　**15** ②

16 $-32<k<-21$　　**17** ③　　**18** ①　　**19** ①　　**20** 4

21 최댓값: 17, 최솟값: -1　　**22** ④

23 $x=0$, $y=2$일 때 최댓값 12 / $x=\dfrac{3}{2}$, $y=\dfrac{1}{2}$일 때 최솟값 3

24 ②　　**25** $a=-1$, 최댓값: 0　**26** 3　　**27** 10　　**28** 28

29 15명　　**30** ⑤

B STEP 1등급 도전 문제　　58～61쪽

01 ③　　**02** ③　　**03** ④　　**04** $a=3$, $b=8$　　**05** ③

06 ⑤　　**07** 0　　**08** -4, 4　**09** 4　　**10** ⑤　　**11** 5

12 ①　　**13** $2\sqrt{2}$　　**14** -12　　**15** ①, ④　　**16** ③　　**17** ④

18 ④　　**19** ⑤　　**20** $\dfrac{9}{2}$　　**21** $750\ \mathrm{m}^2$　**22** ②　　**23** $-\dfrac{9}{4}$

C STEP 절대등급 완성 문제　　62～63쪽

01 -5　　**02** $m=1$, $n=\dfrac{7}{4}$　　**03** ④　　**04** 9　　**05** ③

06 $x=-3$ 또는 $x=0$ 또는 $x=1$　**07** $2\sqrt{7}$　　**08** $\dfrac{3}{8}$

II. 방정식과 부등식

07 여러 가지 방정식

A STEP 시험에 꼭 나오는 문제
65~68쪽

01 ③
02 (1) $x=\pm\sqrt{2}$ 또는 $x=\pm2i$ (2) $x=-1\pm\sqrt{3}$ 또는 $x=1\pm\sqrt{3}$
03 ⑤　　**04** ⑤　　**05** ⑤　　**06** 2　　**07** ③　　**08** ②
09 1　　**10** ②　　**11** ①　　**12** 15　　**13** ③　　**14** ②
15 8　　**16** 3　　**17** $-5, -4, 4, 5$
18 $x=7, y=1, z=-2$　　**19** 2　　**20** ②　　**21** 4
22 ④　　**23** $a\geq-\dfrac{1}{6}$　　**24** 14　　**25** ①
26 $(1, 3), (-2, 3)$　　**27** ④　　**28** ②　　**29** ⑤　　**30** ②
31 $-3, 0$

B STEP 1등급 도전 문제
69~72쪽

01 ④　　**02** ①　　**03** $-\dfrac{4}{3}$　　**04** ④　　**05** 4　　**06** 3, 6, 6
07 ②　　**08** ④　　**09** ⑤　　**10** 18　　**11** ③　　**12** ⑤
13 ⑤　　**14** $a=-2, b=9$　　**15** ③　　**16** ②　　**17** 6
18 $k\leq4$　　**19** ②　　**20** $a=-\dfrac{5}{8}, b=-\dfrac{3}{8}$　　**21** ⑤　　**22** 1
23 ②　　**24** ①

C STEP 절대등급 완성 문제
73~74쪽

01 ②　　**02** 8　　**03** 12　　**04** 21　　**05** 15, 17
06 x^2+x-1　　**07** ④　　**08** ③

08 부등식

A STEP 시험에 꼭 나오는 문제
76~79쪽

01 ⑤　　**02** ①　　**03** 5　　**04** ⑤　　**05** ③　　**06** $a\geq4$
07 $1\leq a<2$　　**08** ②　　**09** 4　　**10** ④
11 $-2\leq a\leq1$　　**12** ②　　**13** $2\leq k<6$
14 $x<3-2\sqrt{2}$ 또는 $x>3+2\sqrt{2}$　　**15** ⑤　　**16** $-4<x<3$
17 $a=4, b=3$　　**18** ⑤　　**19** $4<a\leq5$
20 $-1\leq k\leq0$　　**21** ②　　**22** ②　　**23** ③
24 $3<a\leq4$　　**25** ②　　**26** $a=2, b=1$　　**27** 18
28 ②　　**29** ⑤　　**30** ③　　**31** $\dfrac{11}{7}<a<5$
32 $1<x<3$

B STEP 1등급 도전 문제
80~83쪽

01 ①　　**02** ②　　**03** $a=2, b=6$　　**04** 11　　**05** ②
06 $\dfrac{20}{9}, 4$　　**07** 14　　**08** ④　　**09** $-1, 2, 3$　　**10** 4
11 $a<-2$ 또는 $a>1$　　**12** ②　　**13** ④　　**14** ⑤　　**15** ④
16 $\dfrac{7}{3}$　　**17** $-2<a\leq3$　　**18** $-5\leq a\leq3$　　**19** ⑤
20 9　　**21** 30　　**22** ⑤　　**23** ②　　**24** $-6<a<7$

C STEP 절대등급 완성 문제
84쪽

01 ③　　**02** 최댓값: 19, 최솟값: -19　　**03** ②　　**04** 2
05 2, 4, $3\pm4\sqrt{2}$

Ⅲ. 순열과 조합

09 순열과 조합

A STEP 시험에 꼭 나오는 문제　87~90쪽

01 ①	**02** ②	**03** ④	**04** ③	**05** ④	**06** ④
07 ①	**08** 7	**09** 29	**10** ③	**11** 15	**12** 9
13 ④	**14** 84	**15** 5	**16** ⑤	**17** 19	**18** ③
19 144	**20** 96	**21** ④	**22** ③	**23** 144	**24** ④
25 ②	**26** ②	**27** ⑤	**28** ②	**29** ①	**30** ④
31 ④	**32** 200				

B STEP 1등급 도전 문제　91~95쪽

01 3630	**02** ⑤	**03** 9	**04** 756	**05** 30	**06** ⑤
07 ①	**08** ⑤	**09** ④	**10** ③	**11** 7834	**12** 7920
13 1440	**14** 24	**15** 276	**16** ④	**17** 126	**18** ⑤
19 360	**20** ③	**21** ③	**22** ⑤	**23** 210	**24** 90
25 ①	**26** ①	**27** 81	**28** ⑤	**29** 75	**30** 495

C STEP 절대등급 완성 문제　96~97쪽

01 576	**02** 64	**03** ①	**04** ③	**05** 108	**06** 528
07 50	**08** 495				

Ⅳ. 행렬

10 행렬

A STEP 시험에 꼭 나오는 문제　101~103쪽

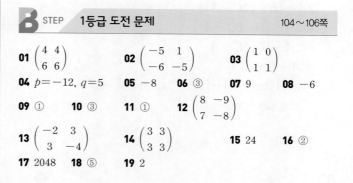

01 ③　**02** 384　**03** ⑤　**04** ④　**05** $\begin{pmatrix} 1 & -2 \\ 2 & -1 \end{pmatrix}$

06 -80　**07** $p=2, q=-3$　**08** 12　**09** ③　**10** ⑤

11 ④　**12** ②　**13** 1　**14** ②　**15** $\begin{pmatrix} 5 & 15 \\ -15 & 5 \end{pmatrix}$

16 49　**17** ②　**18** ⑤

B STEP 1등급 도전 문제　104~106쪽

01 $\begin{pmatrix} 4 & 4 \\ 6 & 6 \end{pmatrix}$　**02** $\begin{pmatrix} -5 & 1 \\ -6 & -5 \end{pmatrix}$　**03** $\begin{pmatrix} 1 & 0 \\ 1 & 1 \end{pmatrix}$

04 $p=-12, q=5$　**05** -8　**06** ③　**07** 9　**08** -6

09 ①　**10** ③　**11** ①　**12** $\begin{pmatrix} 8 & -9 \\ 7 & -8 \end{pmatrix}$

13 $\begin{pmatrix} -2 & 3 \\ 3 & -4 \end{pmatrix}$　**14** $\begin{pmatrix} 3 & 3 \\ 3 & 3 \end{pmatrix}$　**15** 24　**16** ②

17 2048　**18** ⑤　**19** 2

I. 다항식

01 다항식의 연산

01 ③	02 ⑤	03 ④	04 -1	05 ⑤	06 $-y$
07 ②	08 ④	09 ③	10 ③, ⑤	11 49	
12 $64x^6+16x^3+1$		13 -1	14 ①	15 ②	16 ⑤
17 ⑤	18 96	19 ②	20 ④	21 $4\sqrt{7}$	22 18
23 $60\ \mathrm{cm}^2$	24 ②				

01 ◆ 답 ③

$$2A-\{B-(2C-A)\}$$
$$=2A-(B-2C+A)$$
$$=2A-B+2C-A$$
$$=A-B+2C$$
$$=(x^2+2xy-y^2)-(2x^2-3xy)+2(x^2-y^2)$$
$$=x^2+5xy-3y^2$$

02 ◆ 답 ⑤

$2X-3A=B$에서
$$X=\frac{1}{2}(3A+B)$$
이므로
$$3A+B=3(3x^2-4x+5)+(x^2+2x+3)$$
$$=10x^2-10x+18$$
$$X=\frac{1}{2}(10x^2-10x+18)=5x^2-5x+9$$

03 ◆ 답 ④

◤$(2x-y+3)$을 한 문자로 생각하고 분배법칙을 쓰면

$$(x-3y+1)(2x-y+3)$$
$$=x(2x-y+3)-3y(2x-y+3)+1\times(2x-y+3)$$
$$=2x^2-xy+3x-6xy+3y^2-9y+2x-y+3$$
$$=2x^2+3y^2-7xy+5x-10y+3$$

04 ◆ 답 -1

$(x+a)(x^2-3x-2)$의 전개식에서
상수항은 $-2a$이므로
$$-2a=-4 \qquad \therefore a=2$$

이때 $(x+2)(x^2-3x-2)$이므로
x^2항은 $x\times(-3x)+2\times x^2=-x^2$
따라서 x^2의 계수는 -1이다.

05 ◆ 답 ⑤

$$(4x^3-2x^2+3x)^2=(4x^3-2x^2+3x)(4x^3-2x^2+3x)$$
에서 x^4항이 나오는 경우를 찾으면

$$(4x^3-2x^2+3x)(4x^3-2x^2+3x)$$

➡ $4x^3\times 3x,\ -2x^2\times(-2x^2),\ 3x\times 4x^3$
모두 더하면 $12x^4+4x^4+12x^4=28x^4$
따라서 x^4의 계수는 28이다.

06 ◆ 답 $-y$

$$(12x^2-9xy)\div(-3x)-(8y^2-8xy)\div 2y$$
$$=(12x^2-9xy)\times\left(-\frac{1}{3x}\right)-(8y^2-8xy)\times\frac{1}{2y}$$
$$=-4x+3y-(4y-4x)=-y$$

07 ◆ 답 ②

$3x^3-5x^2+5$를 x^2-2x+5로 직접 나누면

$$
\begin{array}{r}
3x+1 \\
x^2-2x+5\ \overline{\smash{\big)}\ 3x^3-5x^2+5} \\
\underline{3x^3-6x^2+15x} \\
x^2-15x+5 \\
\underline{x^2-2x+5} \\
-13x
\end{array}
$$

$Q(x)=3x+1,\ R(x)=-13x$이므로
$$Q(1)+R(2)=4+(-26)=-22$$

08 ◆ 답 ④

◤다항식 A를 B로 나눈 몫이 Q, 나머지가 R이면
$$A=BQ+R$$

$$f(x)=(x-3)Q(x)+R$$
$$xf(x)+7=x(x-3)Q(x)+Rx+7$$
$$=(x-3)\{xQ(x)+R\}+3R+7$$
따라서 $xf(x)+7$을 $x-3$으로 나눈 몫은 $xQ(x)+R$, 나머지는
$3R+7$이다.

09

다항식 A를 B로 나눈 몫이 Q, 나머지가 R이면
$$A=BQ+R$$

$$\begin{aligned}
f(x)&=(3x-2)Q(x)+R\\
&=3\left(x-\frac{2}{3}\right)Q(x)+R\\
&=\left(x-\frac{2}{3}\right)\times 3Q(x)+R
\end{aligned}$$

이므로 $f(x)$를 $x-\dfrac{2}{3}$로 나눈 몫은 $3Q(x)$, 나머지는 R이다.

10

답 ③, ⑤

③ $(x-y-z)^2=x^2+y^2+z^2-2xy+2yz-2zx$

⑤ $(4x^2+2xy+y^2)(4x^2-2xy+y^2)$
$$\begin{aligned}
&=(4x^2+y^2)^2-(2xy)^2\\
&=16x^4+8x^2y^2+y^4-4x^2y^2\\
&=16x^4+4x^2y^2+y^4
\end{aligned}$$

따라서 옳지 않은 것은 ③, ⑤이다.

11

답 49

$(a+b)(a-b)=a^2-b^2$을 연속해서 적용한다.

$$\begin{aligned}
&(x-1)(x+1)(x^2+1)(x^4+1)\\
&=(x^2-1)(x^2+1)(x^4+1)\\
&=(x^4-1)(x^4+1)\\
&=x^8-1\\
&=50-1=49
\end{aligned}$$

12

답 $64x^6+16x^3+1$

$4x^2-2x+1=(2x)^2-(2x)+1$이므로
$(a+b)(a^2-ab+b^2)=a^3+b^3$을 이용할 수 있다.

$$\begin{aligned}
(2x+1)^2(4x^2-2x+1)^2&=\{(2x+1)(4x^2-2x+1)\}^2\\
&=\{(2x)^3+1^3\}^2\\
&=(8x^3+1)^2\\
&=64x^6+16x^3+1
\end{aligned}$$

13

답 -1

x^2+ax가 공통으로 있다.

$x^2+ax=X$라 하면
$$\begin{aligned}
&(x^2+ax+3)(x^2+ax-2)\\
&=(X+3)(X-2)\\
&=X^2+X-6\\
&=(x^2+ax)^2+(x^2+ax)-6\\
&=x^4+2ax^3+a^2x^2+x^2+ax-6\\
&=x^4+2ax^3+(a^2+1)x^2+ax-6
\end{aligned}$$
x^3의 계수와 x^2의 계수의 합이 0이므로
$2a+(a^2+1)=0$, $(a+1)^2=0$
$\therefore a=-1$

14

답 ①

$(x-2)(x+3)$과 $(x-1)(x+2)$를 곱할 때
x^2+x가 공통으로 나온다.

$$\begin{aligned}
&(x-2)(x-1)(x+2)(x+3)\\
&=\{(x-2)(x+3)\}\{(x-1)(x+2)\}\\
&=(x^2+x-6)(x^2+x-2)\\
&=(x^2+x)^2-8(x^2+x)+12\\
&=x^4+2x^3+x^2-8x^2-8x+12\\
&=x^4+2x^3-7x^2-8x+12
\end{aligned}$$
x^2의 계수는 -7, x의 계수는 -8이므로 합은 -15

15

답 ②

잘라 낸 정육면체의 한 모서리의 길이는 $a-2$이다.

처음 나무토막의 부피는 $a^2(a-2)$
잘라 낸 정육면체의 부피는 $(a-2)^3$
따라서 구멍이 뚫린 나무토막의 부피는
$$\begin{aligned}
a^2(a-2)-(a-2)^3&=a^3-2a^2-(a^3-6a^2+12a-8)\\
&=4a^2-12a+8
\end{aligned}$$

16

답 ⑤

$(a^2+b^2)^2=a^4+2a^2b^2+b^4$이므로
a^2+b^2의 값부터 구한다.

$$\begin{aligned}
a^2+b^2&=(a+b)^2-2ab=3^2-2\times 1=7
\end{aligned}$$
$(a^2+b^2)^2=a^4+b^4+2(ab)^2$이므로
$$\begin{aligned}
a^4+b^4&=(a^2+b^2)^2-2(ab)^2\\
&=7^2-2\times 1^2=47
\end{aligned}$$

17

답 ⑤

▶ $(x-y)^3=x^3-y^3-3xy(x-y)$이므로

$$x^3-y^3=(x-y)^3+3xy(x-y)$$
$$=4^3+3\times4\times4=112$$

18

답 96

$$(x+a)(x+b)(x+1)$$
$$=\{x^2+(a+b)x+ab\}(x+1)$$
$$=x^3+(a+b+1)x^2+(ab+a+b)x+ab$$

에서 x^2의 계수가 7이므로

$$a+b+1=7 \qquad \therefore a+b=6$$

x의 계수가 14이므로

$$ab+a+b=14 \qquad \therefore ab=8$$
$$\therefore a^3+b^3+3ab=(a+b)^3-3ab(a+b)+3ab$$
$$=6^3-3\times8\times6+3\times8=96$$

19

답 ②

▶ $(x+y+z)^2=x^2+y^2+z^2+2(xy+yz+zx)$이므로

$$x^2+y^2+z^2=(x+y+z)^2-2(xy+yz+zx)$$
$$=7^2-2\times14=21$$

20

답 ④

▶ $x^2-3x+1=0$의 양변을 x로 나누어 $x+\dfrac{1}{x}$의 값부터 구한다.

$x^2-3x+1=0$에서 $x\neq0$이므로 양변을 x로 나누면

$$x-3+\frac{1}{x}=0 \qquad \therefore x+\frac{1}{x}=3$$

▶ $\left(x+\dfrac{1}{x}\right)^2=x^2+2+\dfrac{1}{x^2}$,

$\left(x+\dfrac{1}{x}\right)^3=x^3+3\left(x+\dfrac{1}{x}\right)+\dfrac{1}{x^3}$이므로

$$x^2+\frac{1}{x^2}=\left(x+\frac{1}{x}\right)^2-2=3^2-2=7$$
$$x^3+\frac{1}{x^3}=\left(x+\frac{1}{x}\right)^3-3\left(x+\frac{1}{x}\right)=3^3-3\times3=18$$

이므로

$$x^3-4x^2+3-\frac{4}{x^2}+\frac{1}{x^3}$$
$$=x^3+\frac{1}{x^3}-4\left(x^2+\frac{1}{x^2}\right)+3$$
$$=18-4\times7+3$$
$$=-7$$

21

답 $4\sqrt{7}$

▶ 주어진 두 식을 변변 더하거나 빼면 a^2+b^2, ab의 값을 구할 수 있다.

$$a^2+ab+b^2=6 \qquad \cdots ❶$$
$$a^2-ab+b^2=4 \qquad \cdots ❷$$

❶+❷를 하면 $2a^2+2b^2=10 \qquad \therefore a^2+b^2=5$

❶−❷를 하면 $2ab=2 \qquad \therefore ab=1$

$$(a+b)^2=a^2+b^2+2ab=5+2\times1=7$$

이고 $a>0$, $b>0$이므로 $a+b=\sqrt{7}$

$$\therefore a^3+b^3=(a+b)^3-3ab(a+b)$$
$$=(\sqrt{7})^3-3\times1\times\sqrt{7}=4\sqrt{7}$$

22

답 18

▶ $\overline{PR}$은 직사각형의 대각선이다.
$\overline{OP}=a, \overline{OR}=b$로 놓으면
$\overline{AP}, \overline{PR}, \overline{RB}$의 길이를 a, b로 나타낼 수 있다.

$\overline{OP}=a, \overline{OR}=b$라 하자.
직사각형 OPQR의 넓이가 22이므로

$$ab=22$$

반지름의 길이가 10이고, 직사각형의
두 대각선의 길이는 같으므로

$$\overline{PR}=\overline{OQ}=10$$

직각삼각형 OPR에서 $a^2+b^2=10^2$

$(a+b)^2=a^2+b^2+2ab=10^2+2\times22=144$이고

$a>0$, $b>0$이므로 $a+b=12$

$$\therefore \overline{AP}+\overline{PR}+\overline{RB}=(10-a)+10+(10-b)$$
$$=30-(a+b)$$
$$=30-12=18$$

23

답 60 cm²

▶ 높이가 주어졌다. 밑면의 가로, 세로의 길이를 각각 a, b라 하고 조건을 식으로 나타낸다.

밑면의 가로와 세로의 길이를 각각 a cm, b cm라 하면
대각선의 길이가 13 cm이므로

$$a^2+b^2=13^2$$

밑면의 가로와 세로의 길이를 각각 3 cm 늘이면 부피는
600 cm³ 증가하므로

$$a\times b\times10+600=(a+3)\times(b+3)\times10$$
$$ab+60=ab+3a+3b+9$$
$$\therefore a+b=17$$

$(a+b)^2=a^2+b^2+2ab$이므로

$$17^2=13^2+2ab \qquad \therefore ab=60$$

따라서 처음 직육면체의 밑면의 넓이는 60 cm²이다.

24 · 답 ②

세 문자 a, b, c를 이용하는 식
$$(a+b+c)^2=a^2+b^2+c^2+2(ab+bc+ca)$$
를 이용할 수 있는지 확인한다.

직육면체의 가로와 세로의 길이,
높이를 각각 a, b, c라 하자.
직육면체의 겉넓이가 94이므로
$$2(ab+bc+ca)=94$$
$$\therefore ab+bc+ca=47$$
삼각형 BDG의 세 변의 길이는
$$\overline{BD}=\sqrt{a^2+b^2},$$
$$\overline{DG}=\sqrt{b^2+c^2},$$
$$\overline{GB}=\sqrt{c^2+a^2}$$
세 변의 길이의 제곱의 합이 100이므로
$$2(a^2+b^2+c^2)=100 \qquad \therefore a^2+b^2+c^2=50$$
$(a+b+c)^2=a^2+b^2+c^2+2(ab+bc+ca)$에서
$$(a+b+c)^2=50+2\times47=144$$
$a>0$, $b>0$, $c>0$이므로 $a+b+c=12$
따라서 직육면체의 모든 모서리의 길이의 합은
$$4(a+b+c)=4\times12=48$$

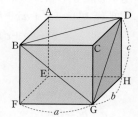

---

01 $-3x^2+10x-1$	**02** ④	**03** ②	**04** ⑤	**05** ③
06 2	**07** $a=-2$, $b=1$ 또는 $a=1$, $b=1$			**08** ②
09 $9x^2+18x+9$	**10** 64	**11** ③	**12** $\dfrac{30}{11}$	**13** $\dfrac{49}{4}$
14 ③	**15** ②	**16** $\dfrac{20}{3}\pi$	**17** $\dfrac{5}{54}x$	

---

01 · 답 $-3x^2+10x-1$

$A+B=\square$, $2A-B=\bigcirc$
꼴의 연립방정식을 푸는 것과 같다.

$$A+B=x^3-2x^2+5x+1 \qquad \cdots \mathbf{0}$$
$$2A-B=5x^3-x^2-5x+8$$
변끼리 더하면 $3A=6x^3-3x^2+9$
$$\therefore A=2x^3-x^2+3$$
❶에 대입하면
$$B=x^3-2x^2+5x+1-(2x^3-x^2+3)$$
$$=-x^3-x^2+5x-2$$
$$\therefore A+2B=2x^3-x^2+3+2(-x^3-x^2+5x-2)$$
$$=-3x^2+10x-1$$

---

02 · 답 ④

$(2x+1)^3$, $(x+2)^2$을 각각 전개한 다음,
두 식의 곱을 구한다.

$$(2x+1)^3(x+2)^2$$
$$=(8x^3+12x^2+6x+1)(x^2+4x+4)$$
$$=8x^5+44x^4+86x^3+73x^2+28x+4$$
따라서 $a=8$, $b=44$, $c=86$, $e=28$이므로
$$a+b+c+e=166$$

---

03 · 답 ②

$<A, B>$에 따르면
$$<2x-3, 4x^2+6x+9>$$
$$=(2x-3)^3+(2x-3)(4x^2+6x+9)$$
이다. 이 식을 정리한다.

$$<2x-3, 4x^2+6x+9>$$
$$=(2x-3)^3+(2x-3)(4x^2+6x+9)$$
$$=8x^3-36x^2+54x-27+8x^3-27$$
$$=16x^3-36x^2+54x-54$$

---

04 · 답 ⑤

$(1+2x+3x^2)^3=(1+2x+3x^2)(1+2x+3x^2)(1+2x+3x^2)$
에서 각각 어떤 항을 뽑아 곱했을 때 x^4항이 되는지 생각한다.

(ⅰ) $(1+2x+3x^2)(1+2x+3x^2)(1+2x+3x^2)$
첫 번째 다항식에서 1을 뽑았을 때 x^4이 되는 경우는
$$1\times3x^2\times3x^2$$

(ⅱ) $(1+2x+3x^2)(1+2x+3x^2)(1+2x+3x^2)$

첫 번째 다항식에서 $2x$를 뽑았을 때 x^4이 되는 경우는
$$2x\times2x\times3x^2,\ 2x\times3x^2\times2x$$

(ⅲ) $(1+2x+3x^2)(1+2x+3x^2)(1+2x+3x^2)$

첫 번째 다항식에서 $3x^2$을 뽑았을 때 x^4이 되는 경우는
$$3x^2\times1\times3x^2,\ 3x^2\times2x\times2x,\ 3x^2\times3x^2\times1$$
(ⅰ), (ⅱ), (ⅲ)을 모두 더하면 $63x^4$이므로 계수는 63이다.

Think More

$$(1+2x+3x^2)^3$$
$$=(9x^4+12x^3+10x^2+4x+1)(1+2x+3x^2) \qquad \cdots \mathbf{0}$$
$$=27x^6+54x^5+63x^4+44x^3+21x^2+6x+1$$
과 같이 전개할 수도 있지만
❶에서 x^4항이 나오는 경우는
$$9x^4\times1,\ 12x^3\times2x,\ 10x^2\times3x^2$$
뿐이므로 ❶에서 이 곱만 생각해도 된다.

05 ·· 답 ③

$(2x^2+x+3)^3(x+2)$
$=(2x^2+x+3)(2x^2+x+3)(2x^2+x+3)(x+2)$
에서 각각 어떤 항을 곱했을 때 x항이 되는지 생각한다.

$(2x^2+\boxed{x}+3)(2x^2+x+\boxed{3})(2x^2+x+\boxed{3})(x+\boxed{2})$,
$(2x^2+x+\boxed{3})(2x^2+\boxed{x}+3)(2x^2+x+\boxed{3})(x+\boxed{2})$,
$(2x^2+x+\boxed{3})(2x^2+x+\boxed{3})(2x^2+\boxed{x}+3)(x+\boxed{2})$,
$(2x^2+x+\boxed{3})(2x^2+x+\boxed{3})(2x^2+x+\boxed{3})(\boxed{x}+2)$

x항이 되는 경우는 위와 같으므로 모두 더하면
$x\times3\times3\times2+3\times x\times3\times2+3\times3\times x\times2+3\times3\times3\times x=81x$
따라서 x의 계수는 81이다.

06 ·· 답 2

$A=BQ+R$ 꼴로 정리하고 x^2-3으로 묶어서 정리한다.

$f(x)=(x^3-2x^2+3)(x^2-3)+2x^2-4x$
$\quad=(x^3-2x^2+3)(x^2-3)+2(x^2-3)-4x+6$
$\quad=(x^2-3)(x^3-2x^2+3+2)-4x+6$
$\quad=(x^2-3)(x^3-2x^2+5)-4x+6$

곧, $f(x)$를 x^2-3으로 나눈 몫은 $Q(x)=x^3-2x^2+5$,
나머지는 $R(x)=-4x+6$이다.
$\therefore Q(1)+R(2)=4+(-2)=2$

07 ·········· 답 $a=-2$, $b=1$ 또는 $a=1$, $b=1$

나눗셈은 직접 나누거나 $A=BQ+R$ 꼴로 정리한다.
이 문제는 직접 나눌 수 있으므로 나누어 본다.

$$
\begin{array}{r}
x^2-ax+a-b+a^2 \\
x^2+ax+b{\overline{\smash{\big)}\,x^4\quad\ +\quad\ ax^2\qquad\qquad\ +b}} \\
\underline{x^4+ax^3+\quad bx^2\qquad\qquad\qquad} \\
-ax^3+(a-b)x^2 \\
\underline{-ax^3-\quad a^2x^2-\quad\ abx\qquad\qquad} \\
(a-b+a^2)x^2+\quad\ abx+\qquad b \\
\underline{(a-b+a^2)x^2+a(a-b+a^2)x+\ b(a-b+a^2)} \\
\{ab-a(a-b+a^2)\}x+b-b(a-b+a^2)
\end{array}
$$

나머지가 0이므로
$ab-a(a-b+a^2)=0$ ··· ❶
$b-b(a-b+a^2)=0$ ··· ❷
❷에서 $b\{1-(a-b+a^2)\}=0$
$b\neq0$이므로 $a-b+a^2=1$ ··· ❸
❶에 대입하면 $ab-a=0$, $a(b-1)=0$
$a\neq0$이므로 $b=1$
❸에 대입하면
$a-1+a^2=1$, $a^2+a-2=0$
$(a+2)(a-1)=0$ $\therefore a=-2$ 또는 $a=1$
$\therefore a=-2$, $b=1$ 또는 $a=1$, $b=1$

다른 풀이

몫이 이차식이고, 최고차항의 계수가 1이므로 몫을 x^2+cx+d로 놓을 수 있다. 곧,
$x^4+ax^2+b=(x^2+ax+b)(x^2+cx+d)$
상수항을 생각하면 $b\neq0$이므로 $d=1$
이때 (우변)$=(x^2+ax+b)(x^2+cx+1)$
$\qquad\qquad=x^4+(a+c)x^3+(b+ac+1)x^2+(a+bc)x+b$
좌변과 비교하면
$a+c=0$ ··· ❹
$b+ac+1=a$ ··· ❺
$a+bc=0$ ··· ❻
❹에서 $c=-a$
❻에 대입하면 $a-ba=0$
$a\neq0$이므로 $1-b=0$ $\therefore b=1$
$b=1$과 $c=-a$를 ❺에 대입하면
$1-a^2+1=a$, $a^2+a-2=0$, $(a+2)(a-1)=0$
$\therefore a=-2$, $b=1$ 또는 $a=1$, $b=1$

08 ·· 답 ②

$x=2+\sqrt{3}$에서 $x-2=\sqrt{3}$을 제곱한 식을 이용하는 문제이다.

$x-2=\sqrt{3}$의 양변을 제곱하여 정리하면
$x^2-4x+4=3$, $x^2-4x+1=0$

곧, $x^2-4x=-1$이므로 이 식을 이용할 수 있게 분자, 분모를 정리한다.

$\therefore \dfrac{x^3-5x^2+6x-3}{x^2-4x+2}$
$=\dfrac{x(x^2-4x)-(x^2-4x)+2x-3}{(x^2-4x)+2}$
$=\dfrac{x\times(-1)-(-1)+2x-3}{-1+2}$
$=x-2=\sqrt{3}$

다른 풀이

$x=2+\sqrt{3}$에서 $x^2-4x+1=0$
주어진 식의 분자를 x^2-4x+1로 나누면

$$
\begin{array}{r}
x-1 \\
x^2-4x+1{\overline{\smash{\big)}\,x^3-5x^2+6x-3}} \\
\underline{x^3-4x^2+\ x} \\
-x^2+5x-3 \\
\underline{-x^2+4x-1} \\
x-2
\end{array}
$$

몫이 $x-1$, 나머지가 $x-2$이므로
(분자)$=(x^2-4x+1)(x-1)+x-2$
$\qquad=x-2=(2+\sqrt{3})-2=\sqrt{3}$
(분모)$=(x^2-4x+1)+1=1$
$\therefore$ (주어진 식)$=\sqrt{3}$

09 ·· 답 $9x^2+18x+9$

◤사각형 EGJI의 넓이를 세로의 길이로 나누어 $\overline{GJ}$의 길이를 구한다.

x^2+x-2를 $x+2$로 나누면
$x^2+x-2=(x+2)(x-1)$이므로
$\overline{GJ}=x-1$ ··· ㉮

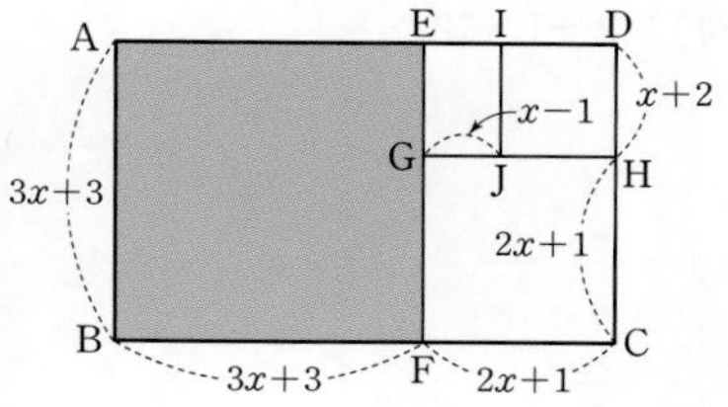

◤사각형 GFCH, ABFE가 정사각형임을 이용하여 $\overline{GH}$, $\overline{AB}$의 길이를 차례로 구한다.

$\overline{GH}=\overline{GJ}+\overline{JH}$
$=(x-1)+(x+2)=2x+1$ ··· ㉯
$\overline{AB}=\overline{DH}+\overline{HC}$
$=(x+2)+(2x+1)=3x+3$ ··· ㉰
$\therefore$ □ABFE$=(3x+3)^2=9x^2+18x+9$ ··· ㉱

단계	채점 기준	배점
㉮	$\overline{GJ}$의 길이 구하기	30%
㉯	정사각형 GFCH의 한 변의 길이 구하기	20%
㉰	정사각형 ABFE의 한 변의 길이 구하기	20%
㉱	사각형 ABFE의 넓이를 x에 대한 전개식으로 나타내기	30%

10 ·· 답 64

◤$(x+y)^8$, $(x-y)^8$을 전개할 수는 없으나
$(x+y)^8=a$, $(x-y)^8=b$라 하면
$(a+b)^2-(a-b)^2$
꼴이므로 간단히 할 수 있다.

$(x+y)^8=a$, $(x-y)^8=b$로 놓으면
$\{(x+y)^8+(x-y)^8\}^2-\{(x+y)^8-(x-y)^8\}^2$
$=(a+b)^2-(a-b)^2$
$=(a^2+2ab+b^2)-(a^2-2ab+b^2)$
$=4ab=4(x+y)^8(x-y)^8$
$=4\{(x+y)(x-y)\}^8=4(x^2-y^2)^8$
$=4(\sqrt{2})^8=4\{(\sqrt{2})^2\}^4=64$

다른 풀이

$x+y=a$, $x-y=b$로 놓으면
$\{(x+y)^8+(x-y)^8\}^2-\{(x+y)^8-(x-y)^8\}^2$
$=(a^8+b^8)^2-(a^8-b^8)^2$
$=(a^{16}+2a^8b^8+b^{16})-(a^{16}-2a^8b^8+b^{16})$
$=4(ab)^8$
$=4\{(x+y)(x-y)\}^8=4(x^2-y^2)^8$
$=4(\sqrt{2})^8=4\{(\sqrt{2})^2\}^4=64$

11 ·· 답 ③

◤조건이 $x^2+y^2=6xy$이므로 주어진 식을 제곱해야 식을 정리할 수 있다.

$$\left|\frac{x-y}{x+y}\right|^2=\left(\frac{x-y}{x+y}\right)^2=\frac{x^2-2xy+y^2}{x^2+2xy+y^2}$$

$x^2+y^2=6xy$이므로

$$\left|\frac{x-y}{x+y}\right|^2=\frac{4xy}{8xy}=\frac{1}{2}$$

◤a^2의 값을 알고 a의 값을 구하는 경우 a가 양수인지 음수인지 확인한다.

$\left|\frac{x-y}{x+y}\right|>0$이므로 $\left|\frac{x-y}{x+y}\right|=\frac{1}{\sqrt{2}}=\frac{\sqrt{2}}{2}$

12 ·· 답 $\frac{30}{11}$

◤두 수 $4+2\sqrt{3}$, $4-2\sqrt{3}$은 합과 곱이 간단해진다.
따라서 x^2+y^2, x^2y^2을 이용한다.

조건식에서
$x^2+y^2=8$, $x^2-y^2=4\sqrt{3}$
$x^2y^2=4^2-(2\sqrt{3})^2=4$

◤이 결과에서 $x+y$, xy, $x-y$의 값을 구하고,
$\frac{(x^3-y^3)(x^3+y^3)}{x^5+y^5}$의 분자, 분모를 각각 정리한다.

$x>0$, $y>0$이므로 $xy=2$
$(x+y)^2=x^2+y^2+2xy=8+4=12$
이고 $x>0$, $y>0$이므로 $x+y=\sqrt{12}=2\sqrt{3}$ ··· ❶
$x^2-y^2=4\sqrt{3}$에서 $(x+y)(x-y)=4\sqrt{3}$
❶을 대입하면 $x-y=2$
$x^3+y^3=(x+y)^3-3xy(x+y)$
$=24\sqrt{3}-12\sqrt{3}=12\sqrt{3}$
$x^3-y^3=(x-y)^3+3xy(x-y)=8+12=20$
또 $(x^2+y^2)(x^3+y^3)=x^5+x^2y^3+y^2x^3+y^5$
$=x^5+y^5+x^2y^2(x+y)$
이므로
$8\times12\sqrt{3}=x^5+y^5+8\sqrt{3}$, $x^5+y^5=88\sqrt{3}$

$$\therefore \frac{(x^3-y^3)(x^3+y^3)}{x^5+y^5}=\frac{20\times12\sqrt{3}}{88\sqrt{3}}=\frac{30}{11}$$

Think More

◤다음과 같이 x, y를 구할 수도 있다.
이 방법을 익혀 두면 도움이 된다.

$x^2=4+2\sqrt{3}=(\sqrt{3})^2+2\times\sqrt{3}\times1+1^2$
$=(\sqrt{3}+1)^2$
이고, $x>0$이므로 $x=\sqrt{3}+1$
$y^2=4-2\sqrt{3}=(\sqrt{3})^2-2\times\sqrt{3}\times1+1^2$
$=(\sqrt{3}-1)^2$
이고, $y>0$이므로 $y=\sqrt{3}-1$
$\therefore x+y=2\sqrt{3}$, $x-y=2$, $xy=2$

13 ······ 답 $\frac{49}{4}$

$x^2y^2+y^2z^2+z^2x^2$은 $(xy+yz+zx)^2$의 전개식을 생각한다.
그리고 $xy+yz+zx$는 $(x+y+z)^2$의 전개식을 생각한다.

$$(x+y+z)^2=x^2+y^2+z^2+2(xy+yz+zx)$$

이므로

$$0=7+2(xy+yz+zx) \qquad \therefore xy+yz+zx=-\frac{7}{2}$$

또 $(xy+yz+zx)^2$

$$=x^2y^2+y^2z^2+z^2x^2+2xy^2z+2yz^2x+2zx^2y$$
$$=x^2y^2+y^2z^2+z^2x^2+2xyz(x+y+z)$$

이므로

$$\left(-\frac{7}{2}\right)^2=x^2y^2+y^2z^2+z^2x^2+2xyz\times 0$$

$$\therefore x^2y^2+y^2z^2+z^2x^2=\frac{49}{4}$$

14 ······ 답 ③

$\frac{1}{a}+\frac{1}{b}+\frac{1}{c}=3$은 분수를 포함한 식이다.
분모를 정리할 수 있게 양변에 abc를 곱한다.

$\frac{1}{a}+\frac{1}{b}+\frac{1}{c}=3$의 양변에 abc를 곱하면

$$bc+ca+ab=3abc \quad \cdots ❶$$

또 $(a+b+c)^2=a^2+b^2+c^2+2(ab+bc+ca)$
이므로 ❶을 대입하면

$$6^2=18+2\times 3abc \qquad \therefore abc=3$$

Think More

$\frac{1}{a}+\frac{1}{b}+\frac{1}{c}=3$의 좌변을 통분하면

$$\frac{bc}{abc}+\frac{ca}{abc}+\frac{ab}{abc}=\frac{bc+ca+ab}{abc}$$

15 ······ 답 ②

$x+y+z=a$ 꼴의 조건이 주어진 경우
$(x+y)(y+z)(z+x)$
는
$x+y=a-z,\ y+z=a-x,\ x+z=a-y$
를 대입하여 정리하는 것이 기본이다.

$(x+y)(y+z)(z+x)$에

$$x+y=2-z,\ y+z=2-x,\ z+x=2-y$$

를 대입하면

$$(2-x)(2-y)(2-z)$$
$$=\{4-2(x+y)+xy\}(2-z)$$
$$=8-4(x+y)+2xy-4z+2(x+y)z-xyz$$
$$=8-4(x+y+z)+2(xy+yz+zx)-xyz$$
$$=8-4\times 2+2\times(-4)+3=-5$$

다른 풀이

$(x+a)(x+b)(x+c)$
$=x^3+(a+b+c)x^2+(ab+bc+ca)x+abc$
를 이용할 수도 있다.

$$(2-x)(2-y)(2-z)$$
$$=2^3-(x+y+z)\times 2^2+(xy+yz+zx)\times 2-xyz$$
$$=8-2\times 2^2+(-4)\times 2-(-3)$$
$$=-5$$

16 ······ 답 $\frac{20}{3}\pi$

구의 부피의 합은 $\frac{4}{3}\pi({r_1}^3+{r_3}^3)$이다.
따라서 r_1+r_3, r_1r_3의 값을 구하고 곱셈 공식을 이용하는 문제이다.
우선 대각선의 길이를 세 원의 반지름의 길이를 이용하여 나타내 보자.

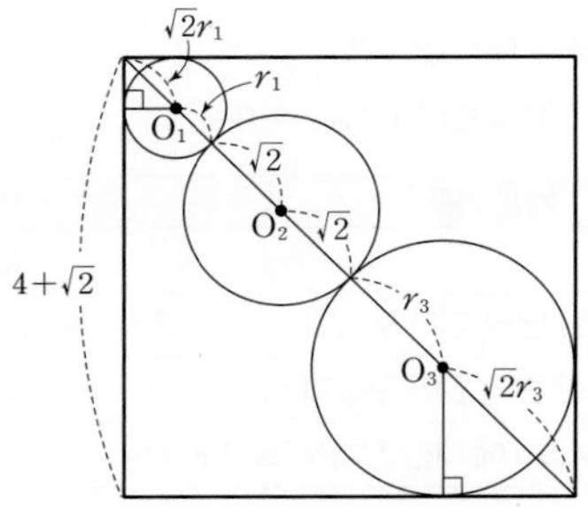

그림에서 정사각형의 대각선의 길이가 $4\sqrt{2}+2$이므로

$$\sqrt{2}r_1+r_1+\sqrt{2}+\sqrt{2}+r_3+\sqrt{2}r_3=4\sqrt{2}+2$$
$$(\sqrt{2}+1)(r_1+r_3)=2\sqrt{2}+2$$
$$\therefore r_1+r_3=2 \quad \cdots ㉮$$

원 O_1, O_3의 넓이의 합에서

$$\pi{r_1}^2+\pi{r_3}^2=\pi\times(\sqrt{3})^2$$
$$\therefore {r_1}^2+{r_3}^2=3$$

$(r_1+r_3)^2={r_1}^2+{r_3}^2+2r_1r_3$에 대입하면

$$4=3+2r_1r_3 \qquad \therefore r_1r_3=\frac{1}{2} \quad \cdots ㉯$$

반지름의 길이가 r_1, r_3인 구의 부피의 합은

$$\frac{4}{3}\pi{r_1}^3+\frac{4}{3}\pi{r_3}^3=\frac{4}{3}\pi({r_1}^3+{r_3}^3)$$
$$=\frac{4}{3}\pi\{(r_1+r_3)^3-3r_1r_3(r_1+r_3)\}$$
$$=\frac{4}{3}\pi(8-3)=\frac{20}{3}\pi \quad \cdots ㉰$$

단계	채점 기준	배점
㉮	대각선의 길이를 이용하여 r_1+r_3의 값 구하기	40%
㉯	원의 넓이의 합을 이용하여 r_1r_3의 값 구하기	30%
㉰	구의 부피의 합 구하기	30%

17 .... 답 $\dfrac{5}{54}x$

▶[그림 2]에서 빠진 부분을 생각하는 것보다는 남은 부분을 생각하는 것이 쉽다.

남은 도형을 한 모서리의 길이가 $\dfrac{x}{3}$인 정육면체를 쌓은 꼴이라 생각하자.

[그림 2]의 입체도형의 부피는 한 모서리의 길이가 $\dfrac{x}{3}$인 정육면체 20개의 부피의 합과 같으므로

$$V=\dfrac{x^3}{27}\times 20=\dfrac{20x^3}{27}$$

[그림 2]의 큰 정육면체 한 면에 있는 작은 정육면체의 한 면은 8개, 가운데 있는 구멍 안으로 생기는 작은 정육면체의 한 면은 24개이다.

그런데 작은 정육면체 한 면의 넓이가 $\dfrac{x^2}{9}$이므로

$$S=\dfrac{x^2}{9}\times 8\times 6+\dfrac{x^2}{9}\times 24=8x^2$$

$$\therefore \dfrac{V}{S}=\dfrac{\dfrac{20x^3}{27}}{8x^2}=\dfrac{5}{54}x$$

C STEP 절대등급 완성 문제   13쪽

01 몫: $3x+9$, 나머지: $-3x-16$ **02** 8
03 ± 1, ± 2 **04** ②   **05** 32

01 .... 답 몫: $3x+9$, 나머지: $-3x-16$

▶$x+\dfrac{1}{x}-1=t$라 하면 $f(t)$를 구할 수 있다.

$x+\dfrac{1}{x}-1=t$라 하면 $x+\dfrac{1}{x}=t+1$이고

$$\left(x+\dfrac{1}{x}\right)^3=x^3+\dfrac{1}{x^3}+3\left(x+\dfrac{1}{x}\right)$$

에서

$$(t+1)^3=x^3+\dfrac{1}{x^3}+3(t+1)$$

$$x^3+\dfrac{1}{x^3}=(t+1)^3-3(t+1)$$

조건식에 대입하면

$$f(t)=3\{(t+1)^3-3(t+1)\}-1$$
$$=3t^3+9t^2-7$$

$f(x)=3x^3+9x^2-7$을 x^2+1로 나누면

$$\begin{array}{r}
3x+9 \\
x^2+1 \overline{)3x^3+9x^2-7} \\
\underline{3x^3+3x} \\
9x^2-3x-7 \\
\underline{9x^2+9} \\
-3x-16
\end{array}$$

따라서 몫은 $3x+9$, 나머지는 $-3x-16$이다.

---

02 .... 답 8

▶분자의 차수가 분모의 차수보다 큰 분수식이다.

분수식 $\dfrac{A}{B}$에서 A의 차수가 B의 차수보다 크거나 같으면 $A=BQ+R$ (Q는 몫, R은 나머지)로 나타낼 수 있다.

이때 $\dfrac{A}{B}=Q+\dfrac{R}{B}$로 변형하는 것이 분수식 풀이의 기본이다.

$$\begin{array}{r}
2x+5 \\
x^2+x-2 \overline{)2x^3+7x^2+9x+6} \\
\underline{2x^3+2x^2-4x} \\
5x^2+13x+6 \\
\underline{5x^2+5x-10} \\
8x+16
\end{array}$$

이므로

$$2x^3+7x^2+9x+6=(x^2+x-2)(2x+5)+8x+16$$

$$\therefore \dfrac{2x^3+7x^2+9x+6}{x^2+x-2}=2x+5+\dfrac{8x+16}{x^2+x-2}$$
$$=2x+5+\dfrac{8(x+2)}{(x+2)(x-1)}$$
$$=2x+5+\dfrac{8}{x-1}$$

$2x+5$가 정수이므로 $\dfrac{8}{x-1}$도 정수이다.

그런데 x가 정수이므로 가능한 $x-1$의 값은

$$x-1=1,\ -1,\ 2,\ -2,\ 4,\ -4,\ 8,\ -8$$

$$\therefore x=2,\ 0,\ 3,\ -1,\ 5,\ -3,\ 9,\ -7$$

따라서 x의 값의 합은 8이다.

03

답 ±1, ±2

▶이런 꼴의 문제에서는 $x+y$와 xy의 값이 기본이다.
$x+y=a$, $x^3+y^3=a$에서 xy의 값을 a로 나타낸다.

$x+y=a$의 양변을 세제곱하면
$$x^3+y^3+3xy(x+y)=a^3$$
$$a+3xy\times a=a^3 \qquad \therefore xy=\frac{a^2-1}{3} \ (\because a\neq0)$$

▶x^5+y^5 꼴은 $(x^2+y^2)(x^3+y^3)$의 전개식을 이용해야 한다.
따라서 x^2+y^2의 값도 필요하다.

$x+y=a$의 양변을 제곱하면
$$x^2+y^2+2xy=a^2$$
$$x^2+y^2+2\times\frac{a^2-1}{3}=a^2$$
$$\therefore x^2+y^2=\frac{a^2+2}{3}$$

$(x^2+y^2)(x^3+y^3)=x^5+y^5+x^2y^2(x+y)$이므로
$$\frac{a^2+2}{3}\times a=a+\left(\frac{a^2-1}{3}\right)^2\times a$$

양변을 a로 나누면
$$\frac{a^2+2}{3}=1+\left(\frac{a^2-1}{3}\right)^2$$
$$a^4-5a^2+4=0, \ (a^2-1)(a^2-4)=0$$
$$\therefore a=\pm1 \ \text{또는} \ a=\pm2$$

04

답 ②

▶정삼각형이므로 무게중심, 내심, 외심이 일치한다.
원의 중심을 O로 표시하고 직선 OA, OP를 그은 다음, x로 나타낼 수 있는 선분부터 구한다.

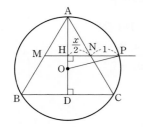

그림에서
$$\overline{BC}=2x, \ \overline{AD}=\frac{\sqrt3}{2}\overline{BC}=\sqrt3 x, \ \overline{AH}=\frac{\sqrt3}{2}x$$

정삼각형 ABC의 외심 O는 무게중심이기도 하므로
$$\overline{OP}=\overline{OA}=\frac{2}{3}\overline{AD}=\frac{2\sqrt3}{3}x$$
$$\overline{OH}=\overline{OA}-\overline{AH}=\frac{2\sqrt3}{3}x-\frac{\sqrt3}{2}x=\frac{\sqrt3}{6}x$$

▶$x^2-\dfrac{1}{x^2}$의 값을 구하는 문제이므로 $x-\dfrac{1}{x}$의 값을 구한다.
또는 $x^2-ax-1=0$ 꼴의 식을 구한다.

직각삼각형 OPH에서
$$\left(\frac{x}{2}+1\right)^2+\left(\frac{\sqrt3}{6}x\right)^2=\left(\frac{2\sqrt3}{3}x\right)^2$$
$$\frac{x^2}{4}+x+1+\frac{1}{12}x^2=\frac{4}{3}x^2$$
$$x^2-x-1=0 \qquad \therefore x-\frac{1}{x}=1$$
$$\text{또} \left(x+\frac{1}{x}\right)^2=\left(x-\frac{1}{x}\right)^2+4=5\text{이고}$$
$$x>0\text{이므로} \ x+\frac{1}{x}=\sqrt5$$
$$\therefore 5\left(x^2-\frac{1}{x^2}\right)=5\left(x+\frac{1}{x}\right)\left(x-\frac{1}{x}\right)=5\sqrt5$$

Think More

삼각형의 중점연결정리
삼각형의 두 변의 중점을 연결할 때, 곧
$\overline{AM}=\overline{BM}$, $\overline{AN}=\overline{CN}$이면
$\overline{MN}/\!/\overline{BC}$, $\overline{MN}=\dfrac{1}{2}\overline{BC}$

05

답 32

▶a, b, c의 값이 아니라 관계를 구하는 문제이다.
세 삼각형 넓이의 합과 큰 삼각형 넓이의 비가 $1:2$이므로
작은 세 삼각형의 넓이를 a, b, c와 큰 삼각형의 넓이로 표현할 수 있는지 알아보자.
이때에는 작은 삼각형이 큰 삼각형과 닮음임을 이용한다.

선분 P_1Q_1과 선분 Q_2R_2의 교점을 A_1이라 하면
$$\triangle ABC\backsim\triangle P_2BQ_2\backsim\triangle A_1Q_2Q_1\backsim\triangle R_1Q_1C$$
이고 닮음비는 $(a+b+c):c:b:a$
따라서 넓이의 비는 $(a+b+c)^2:c^2:b^2:a^2$
삼각형 ABC의 넓이를 S라 하면
$\triangle P_2BQ_2$, $\triangle A_1Q_2Q_1$, $\triangle R_1Q_1C$의 넓이는 각각
$$\frac{c^2}{(a+b+c)^2}S, \ \frac{b^2}{(a+b+c)^2}S, \ \frac{a^2}{(a+b+c)^2}S$$

색칠한 부분의 넓이의 합은 $\dfrac{1}{2}S$이므로
$$\frac{c^2}{(a+b+c)^2}S+\frac{b^2}{(a+b+c)^2}S+\frac{a^2}{(a+b+c)^2}S=\frac{1}{2}S$$
$$\frac{c^2+b^2+a^2}{(a+b+c)^2}S=\frac{1}{2}S$$
$$2(a^2+b^2+c^2)=(a+b+c)^2 \qquad \cdots ❶$$
$$a^2+b^2+c^2=2(ab+bc+ca) \qquad \cdots ❷$$

$a+b+c=8$이므로
❶에서 $2(a^2+b^2+c^2)=64$, $a^2+b^2+c^2=32$
❷에서 $2(ab+bc+ca)=a^2+b^2+c^2=32$
$$\therefore (a-b)^2+(b-c)^2+(c-a)^2$$
$$=2(a^2+b^2+c^2)-2(ab+bc+ca)$$
$$=2\times32-32=32$$

02 항등식과 나머지정리

A STEP **시험에 꼭 나오는 문제** 15~17쪽

01 ④   **02** ②   **03** ⑤   **04** 11   **05** $x=-5, y=10$
06 $a=1, b=2, c=1$ **07** ②   **08** ③   **09** ③   **10** ②
11 $x+5$ **12** -8 **13** ⑤   **14** ⑤   **15** ①   **16** ②
17 13   **18** ⑤   **19** ④   **20** -55 **21** ④   **22** ①
23 -3 **24** 34

01   답 ④

$x=0$을 대입하면 $6=2a$ $\therefore a=3$
$x=1$을 대입하면 $6=-b$ $\therefore b=-6$
$x=2$를 대입하면 $8=2c$ $\therefore c=4$
     $\therefore 2a+b+c=4$

Think More
우변을 $(a+b+c)x^2-(3a+2b+c)x+2a$로 정리한 다음, 양변의 계수를 비교해도 된다.

02   답 ②

좌변을 전개하기 전에
우변에서 최고차항의 계수와 상수항을 알고 있음을 이용한다.

좌변의 x^3항, 상수항은 각각 ax^3, $-c$이므로
우변과 계수를 비교하면 $a=1, c=-1$
이때 (좌변)$=(x-1)(x^2+bx-1)$
            $=x^3+(b-1)x^2+(-b-1)x+1$
우변과 계수를 비교하면
     $b-1=d, -b-1=-3$
     $\therefore b=2, d=1$
     $\therefore abcd=-2$

Think More
주어진 식의 양변에 $x=1$을 대입하여 d의 값을 먼저 구해도 된다.

03   답 ⑤

a^2+b^2이나 a^3+b^3의 값을 구할 때는
$a+b$와 ab의 값을 이용한다.
따라서 $a+b$, ab의 값을 구하는 방법부터 생각한다.

$x=-1$을 대입하면
     $6=-2(a+b)-4, a+b=-5$
$x=1$을 대입하면
     $4=4ab-4, ab=2$

        $\therefore a^3+b^3=(a+b)^3-3ab(a+b)$
                 $=-125-3\times2\times(-5)=-95$

Think More
우변을 전개하고 계수를 비교해도 된다.
     (우변)$=abx^2+(a+b+2ab)x+(ab-a-b-4)$
이므로 좌변과 계수를 비교하면 $ab=2, a+b=-5$이다.

04   답 11

x에 대한 항등식이고 $f(x)$를 모른다.
따라서 $f(x)$가 소거되는 x의 값을 대입한다.

$x=-1$을 대입하면 $1-a+1+b=0$ $\therefore a-b=2$
$x=2$를 대입하면 $16-4a-2+b=0$ $\therefore 4a-b=14$
연립하여 풀면 $a=4, b=2$
이때 주어진 등식은
     $x^4-4x^2-x+2=(x+1)(x-2)f(x)$
$x=3$을 대입하면 $44=4f(3)$
     $\therefore f(3)=11$

다른 풀이
좌변의 최고차항이 x^4이므로 $f(x)$는 x^2의 계수가 1인 이차식이다.

$f(x)=x^2+px+q$를 대입하여 정리하면
     x^4-ax^2-x+b
     $=x^4+(p-1)x^3+(q-p-2)x^2-(q+2p)x-2q$
좌변과 계수를 비교하면 $p=1, q=-1$이므로
     $f(x)=x^2+x-1$ $\therefore f(3)=11$

05   답 $x=-5, y=10$

k에 대한 항등식이므로 k에 대해 정리한다.
     k의 값에 관계없이 $\Rightarrow k$에 대해 정리

좌변을 k에 대해 정리하면
     $(2x+y)k+(-x-y+5)=0$
k에 대한 항등식이므로
     $2x+y=0, -x-y+5=0$
연립하여 풀면 $x=-5, y=10$

06   답 $a=1, b=2, c=1$

등식 $x+y=1$을 이용해야 한다.
$y=-x+1$을 $ax^2+bxy+cy^2=1$에 대입하면
x에 대한 식으로 정리할 수 있다.
이와 같이 등식이 조건으로 주어지면 문자를 소거할 수 있다.

$x+y=1$에서 $y=-x+1$을
$ax^2+bxy+cy^2=1$에 대입하면
$$ax^2+bx(-x+1)+c(-x+1)^2=1$$
$$\therefore (a-b+c)x^2+(b-2c)x+c-1=0$$
x에 대한 항등식이므로
$$a-b+c=0,\ b-2c=0,\ c-1=0$$
$$\therefore a=1,\ b=2,\ c=1$$

07 · 답 ②

조립제법을 이용하여 x^3-3x^2+3x+1을 $x-2$로 나누면

$$
\begin{array}{r|rrrr}
2 & 1 & -3 & 3 & 1 \\
  &   & 2 & -2 & 2 \\
\hline
  & 1 & -1 & 1 & \boxed{3} \\
\end{array}
$$

$$\therefore a=2,\ b=-1,\ c=-2,\ d=3$$
$$a+b+c+d=2$$

08 · 답 ③

�ож $x-1$에 대하여 정리한 꼴이다.
$x-1$로 나눈 나머지를 찾고
몫을 다시 $x-1$로 나누는 과정을 반복하면 된다.

$$
\begin{array}{r|rrrr}
1 & 1 & -1 & -3 & 6 \\
  &   & 1 & 0 & -3 \\
\hline
1 & 1 & 0 & -3 & \boxed{3} \leftarrow d \\
  &   & 1 & 1 & \\
\hline
1 & 1 & 1 & \boxed{-2} \leftarrow c \\
  &   & 1 & \\
\hline
  & 1 & \boxed{2} \leftarrow b \\
  & \uparrow \\
  & a
\end{array}
$$

이므로
$$x^3-x^2-3x+6=(x-1)^3+2(x-1)^2-2(x-1)+3$$
$$\therefore a=1,\ b=2,\ c=-2,\ d=3,\ ab+cd=-4$$

Think More

1. 위의 조립제법에서
$$x^3-x^2-3x+6=(x-1)(x^2-3)+3 \qquad \cdots \text{❶}$$
$$x^2-3=(x-1)(x+1)-2 \qquad \cdots \text{❷}$$
$$x+1=1\times(x-1)+2 \qquad \cdots \text{❸}$$
❸을 ❷에 대입하고 정리하면
$$x^2-3=(x-1)^2+2(x-1)-2 \qquad \cdots \text{❹}$$
❹를 ❶에 대입하고 정리하면
$$x^3-x^2-3x+6=(x-1)^3+2(x-1)^2-2(x-1)+3$$
2. $x^3-x^2-3x+6=a(x-1)^3+b(x-1)^2+c(x-1)+d$
의 양변에 $x=1$을 대입하면 $3=d$
이때 (우변)$=ax^3+(-3a+b)x^2+(3a-2b+c)x-a+b-c+3$
이 식과 좌변의 계수를 비교해서 $a,\ b,\ c$의 값을 구해도 된다.

09 · 답 ③

▟ 다항식의 나눗셈에서 몫(Q)과 나머지(R)에 대한 문제는
항등식 $A=BQ+R$을 이용한다.
$$3x^3-6x^2-3x+a=(x+b)(3x^2-3)+11$$
은 x에 대한 항등식이고
$$(\text{우변})=3x^3+3bx^2-3x-3b+11$$
좌변과 계수를 비교하면
$$3b=-6,\ a=-3b+11$$
$$\therefore a=17,\ b=-2,\ ab=-34$$

Think More

직접 나누어도 되지만 과정이 복잡하다.

10 · 답 ②

▟ $Q(x)$의 상수를 포함한 모든 계수의 합은 $Q(1)$이다.
몫과 나머지에 대한 문제이므로
항등식 $A=BQ+R$을 이용하여 구한다.

$f(x)$를 $x-2$로 나눈 나머지를 R이라 하면
$$f(x)=(x-2)Q(x)+R$$
$f(2)=2^{21}$이므로 $x=2$를 대입하면 $2^{21}=R$
$$\therefore f(x)=(x-2)Q(x)+2^{21} \qquad \cdots \text{❶}$$
$f(1)=5$이고, $Q(x)$의 상수항을 포함한 모든 계수의 합은
$Q(1)$이므로 ❶에 $x=1$을 대입하면
$$5=-Q(1)+2^{21} \qquad \therefore Q(1)=2^{21}-5$$

11 · 답 $x+5$

▟ $f(x),\ g(x)$를 모르므로 직접 나눌 수는 없지만
$$f(x)-2g(x)=(x^2+x+1)\times\boxed{}+\boxed{}$$
꼴로 나타내면 몫과 나머지를 알 수 있다.

$f(x)$를 x^2+x+1로 나눈 몫을 $Q_1(x)$라 하면
$$f(x)=(x^2+x+1)Q_1(x)+x-1$$
$g(x)$를 x^2+x+1로 나눈 몫을 $Q_2(x)$라 하면
$$g(x)=(x^2+x+1)Q_2(x)-3$$
$$\therefore f(x)-2g(x)$$
$$=(x^2+x+1)\{Q_1(x)-2Q_2(x)\}+x+5$$
따라서 $x+5$의 차수는 x^2+x+1의 차수보다 낮으므로
$f(x)-2g(x)$를 x^2+x+1로 나눈 나머지는 $x+5$이다.

Think More

나누는 다항식이 x^2+x+1로 같기 때문에 풀 수 있는 문제이다.

12

답 -8

다항식 $f(x)$를 일차식 $x-a$, $ax+b$로 나눈 나머지는 각각 $f(a)$, $f\left(-\dfrac{b}{a}\right)$이다.

$f(x)=2x^3+x^2+ax+1$이라 하자.

$f(x)$를 $x+2$로 나눈 나머지는 $f(-2)=-2a-11$

$f(x)$를 $2x+1$로 나눈 나머지는 $f\left(-\dfrac{1}{2}\right)=-\dfrac{1}{2}a+1$

나머지가 같으므로

$$-2a-11=-\frac{1}{2}a+1 \qquad \therefore a=-8$$

13

답 ⑤

$x^2-x-2=(x+1)(x-2)$이므로

x^2-x-2로 나누어떨어진다는 것은 $x+1$과 $x-2$로 나누어떨어진다는 것과 같다.

$f(x)=x^3-4x^2+ax+b$라 하자.

$x^2-x-2=(x+1)(x-2)$이므로

$f(x)$는 $x+1$과 $x-2$로 나누어떨어진다.

따라서 $f(-1)=0$이고 $f(2)=0$이다.

$$f(-1)=-5-a+b=0 \qquad \therefore a-b=-5$$
$$f(2)=-8+2a+b=0 \qquad \therefore 2a+b=8$$

연립하여 풀면 $a=1$, $b=6$

$$\therefore a+b=7$$

14

답 ⑤

$g(x)=f(2x+3)$이라 하면

$g(x)$를 $2x+1$로 나눈 나머지는 $g\left(-\dfrac{1}{2}\right)$이다.

이 값을 구하면 된다.

$f(x)$를 x^2+x-6으로 나눈 몫을 $Q(x)$라 하면

$$f(x)=(x^2+x-6)Q(x)+5x-1 \qquad \cdots \text{❶}$$

$f(2x+3)$을 $2x+1$로 나눈 나머지는 $f(2x+3)$에 $x=-\dfrac{1}{2}$을 대입한 값이므로 $f(2)$이다.

따라서 ❶에 $x=2$를 대입하면 $f(2)=9$

15

답 ①

$x^2-1=(x+1)(x-1)$, $x^2+x=x(x+1)$이므로 $f(-1)$, $g(-1)$을 구할 수 있다.

$f(x)$를 x^2-1로 나눈 몫을 $Q_1(x)$라 하면

$$f(x)=(x^2-1)Q_1(x)+3 \qquad \cdots \text{❶}$$

$g(x)$를 x^2+x로 나눈 몫을 $Q_2(x)$라 하면

$$g(x)=(x^2+x)Q_2(x)-1 \qquad \cdots \text{❷}$$

$f(x)+g(x)$를 $x+1$로 나눈 나머지는 $f(-1)+g(-1)$이다.

❶에 $x=-1$을 대입하면 $f(-1)=3$

❷에 $x=-1$을 대입하면 $g(-1)=-1$

따라서 나머지는 $f(-1)+g(-1)=2$

16

답 ②

항등식 $f(x)=(x-1)(x+2)Q(x)+2x+1$ 을 쓰고 무엇을 구할지 생각한다.

$f(x)$를 $(x-1)(x+2)$로 나눈 몫이 $Q(x)$, 나머지가 $2x+1$이므로

$$f(x)=(x-1)(x+2)Q(x)+2x+1 \qquad \cdots \text{❶}$$

$f(x)$를 $x-2$로 나눈 나머지가 -3이므로 $f(2)=-3$

❶에 $x=2$를 대입하면

$$-3=4Q(2)+5 \qquad \therefore Q(2)=-2$$

따라서 $Q(x)$를 $x-2$로 나눈 나머지는 -2이다.

17

답 13

이차식으로 나눈 나머지 $\Rightarrow ax+b$

$f(x)$를 이차식 $(x-2)(x-3)$으로 나눈 나머지는 $ax+b$ 꼴이므로

$$f(x)=(x-2)(x-3)g(x)+ax+b \qquad \cdots \text{❶}$$

조건에서 $f(2)=3$이므로 $3=2a+b$

$$f(3)=6$이므로 $6=3a+b$$

연립하여 풀면 $a=3$, $b=-3$

따라서 ❶은

$$f(x)=(x-2)(x-3)g(x)+3x-3$$

$g(4)=2$이므로 $f(4)=13$

18

답 ⑤

이차식으로 나눈 나머지 $\Rightarrow ax+b$

주어진 다항식을 x^2-4로 나눈 나머지를 $ax+b$라 하면

$$x^5-4x^3+px^2+2=(x^2-4)Q(x)+ax+b \qquad \cdots \text{❶}$$

❶에 $x=2$를 대입하면 $4p+2=2a+b$

❶에 $x=-2$를 대입하면 $4p+2=-2a+b$

변변 빼면 $0=4a \qquad \therefore a=0$, $b=4p+2$

따라서 ❶은

$$x^5-4x^3+px^2+2=(x^2-4)Q(x)+4p+2$$

$Q(1)=3$이므로 $x=1$을 대입하면

$$p-1=-9+4p+2 \qquad \therefore p=2$$

다항식 $f(x)$를 $x-a$, $x-b$ $(a\neq b)$로 나눈 나머지가 같으면
$f(x)-f(a)$가 $x-a$, $x-b$로 나누어떨어지므로
$f(x)-f(a)$는 $(x-a)(x-b)$로 나누어떨어진다.
곧, $f(x)=x^5-4x^3+px^2+2$라 하면 $f(-2)=f(2)=4p+2$이므로
$$x^5-4x^3+px^2+2-(4p+2)=(x^2-4)Q(x)$$
이다.

ax^2+bx+c를 x^2+2로 나누면
$$
\begin{array}{r}
a \\
x^2+2\,\overline{)\,ax^2+bx+c} \\
\underline{ax^2+2a} \\
bx+c-2a
\end{array}
$$
따라서 $bx+c-2a=x+4$를 이용할 수도 있다.

19 · 답 ④

$f(x)=(x-2)(x+1)Q(x)+ax+b$
로 놓을 수 있으므로 $f(2)$, $f(-1)$의 값이 필요하다.

$f(x)-4$는 $x+1$로 나누어떨어지므로 $x=-1$을 대입하면
0이다. 곧,
$$f(-1)-4=0 \qquad \therefore f(-1)=4$$
$f(x)+2$를 $x-2$로 나눈 나머지가 -3이므로 $x=2$를 대입하면
-3이다. 곧,
$$f(2)+2=-3 \qquad \therefore f(2)=-5$$
$f(x)$를 $(x-2)(x+1)$로 나눈 나머지는 $ax+b$ 꼴이므로 몫을
$Q(x)$라 하면
$$f(x)=(x-2)(x+1)Q(x)+ax+b$$
$f(-1)=4$이므로 $4=-a+b$
$f(2)=-5$이므로 $-5=2a+b$
연립하여 풀면 $a=-3$, $b=1$
따라서 나머지는 $-3x+1$

20 · 답 -55

$f(x)=(x^2+2)(x+1)Q(x)+ax^2+bx+c$로 놓을 수 있다.
이때 x^2+2를 인수분해 할 수 없으므로
나머지정리는 사용할 수 없다.

$f(x)$를 $(x^2+2)(x+1)$로 나눈 몫을 $Q(x)$, 나머지를
$R(x)=ax^2+bx+c$라 하면
$$f(x)=(x^2+2)(x+1)Q(x)+ax^2+bx+c \quad \cdots \text{❶}$$
$(x^2+2)(x+1)$이 x^2+2로 나누어떨어지므로 $f(x)$를 x^2+2로
나눈 나머지는 ax^2+bx+c를 x^2+2로 나눈 나머지와 같다.
따라서 $ax^2+bx+c=a(x^2+2)+x+4$로 놓을 수 있다.
❶에 대입하면
$$f(x)=(x^2+2)(x+1)Q(x)+a(x^2+2)+x+4$$
$f(-1)=-3$이므로
$$-3=3a+3 \qquad \therefore a=-2$$
$$R(x)=-2(x^2+2)+x+4=-2x^2+x$$
이므로 $R(-5)=-55$

21 · 답 ④

삼차식 $f(x)$를 x^2+1로 나눈 나머지가 $4x+2$이므로
몫은 일차식임을 이용한다.

x^3의 계수가 1이므로 $f(x)$를 x^2+1로 나눈 몫을 $x+a$로 놓을 수
있다.
또 나머지가 $4x+2$이므로
$$f(x)=(x^2+1)(x+a)+4x+2$$
$f(x)$가 $x-2$로 나누어떨어지므로 $f(2)=0$이다.
$x=2$를 대입하면
$$0=5(2+a)+10, \quad a=-4$$
$$\therefore f(x)=(x^2+1)(x-4)+4x+2$$
따라서 $f(x)$를 $x-3$으로 나눈 나머지는 $f(3)=4$

22 · 답 ①

$f(x)$를 $(x-2)(x+1)$로 나누면 나머지가 $ax+b$ 꼴이고,
몫과 나머지가 같으므로
$$f(x)=(x-2)(x+1)(ax+b)+ax+b$$
$f(2)=7$이므로 $7=2a+b$
$f(-1)=1$이므로 $1=-a+b$
연립하여 풀면 $a=2$, $b=3$
$$\therefore f(x)=(x-2)(x+1)(2x+3)+2x+3$$
$$f(0)=-3$$

23 · 답 -3

$f(0)=f(1)=f(2)=3$이므로
$f(x)$를 x, $x-1$, $x-2$로 나누었을 때의 나머지는 3이다.
$g(x)=f(x)-3$에 대한 조건으로 바꾸어 생각한다.

$g(x)=f(x)-3$으로 놓으면
$g(0)=g(1)=g(2)=0$이므로 $g(x)$는 x, $x-1$, $x-2$로
나누어떨어진다.
$g(x)$는 최고차항의 계수가 1인 삼차식이므로
$$g(x)=x(x-1)(x-2)$$
$$\therefore f(x)=x(x-1)(x-2)+3$$

나머지정리를 이용하여 나머지를 구한다.

따라서 $f(x)$를 $x+1$로 나눈 나머지는 $f(-1)=-3$

24   답 34

조건식을 만족하는 $f(x)$를 구한다.

$f(1)=2$, $f(2)=4$, $f(3)=6$, $f(4)=8$에서

$f(1)-2=0$, $f(2)-4=0$, $f(3)-6=0$, $f(4)-8=0$이므로

$f(x)-2x$는 $x-1$, $x-2$, $x-3$, $x-4$로 나누어떨어진다.

그런데 $f(x)-2x$는 최고차항의 계수가 1인 사차식이므로

$$f(x)-2x=(x-1)(x-2)(x-3)(x-4)$$
$$\therefore f(x)=(x-1)(x-2)(x-3)(x-4)+2x$$

따라서 $f(x)$를 $x-5$로 나눈 나머지는 $f(5)=34$

STEP 8   1등급 도전 문제   18~21쪽

01 ④	**02** $a=1$, $b=-5$, $c=9$, $d=-5$		**03** (1) 7 (2) $\dfrac{1}{2}$	
04 ②	**05** ②	**06** ④	**07** $-8x^3+18x^2-9$	**08** ②
09 ③	**10** $4x-3$	**11** ⑤	**12** ①	

13 (1) 몫 : $x^4+x^3+x^2+x+1$, 나머지 : 0   (2) $5x-5$

14 9	**15** 0	**16** ⑤	**17** 31	**18** ③	**19** 58

20 $f(x)=(x-1)^2$, $g(x)=(x-1)(x+2)$ **21** ⑤

22 $f(x)=x^2+2x-1$ **23** $-\dfrac{9}{5}$ **24** ③

---

01   답 ④

우변에 $x=0$, 1, 2, 3을 대입하면 식이 간단해진다.

x^4의 계수를 비교하면 $a_4=1$

$x=0$을 대입하면 $1=a_0$

$x=1$을 대입하면 $2^4=a_0+a_1$ $\therefore a_1=15$

$x=2$를 대입하면 $3^4=a_0+2a_1+2a_2$ $\therefore a_2=25$

$x=3$을 대입하면 $4^4=a_0+3a_1+6a_2+6a_3$ $\therefore a_3=10$

$\therefore a_0+a_1+a_2+a_3+a_4=52$

다른 풀이

좌변, 우변을 각각 전개하고 계수를 비교한다.

$$(\text{좌변})=(x^2+2x+1)^2=x^4+4x^3+6x^2+4x+1$$
$$(\text{우변})=a_0+a_1x+a_2(x^2-x)+a_3(x^3-3x^2+2x)$$
$$+a_4(x^4-6x^3+11x^2-6x)$$

x^4의 계수를 비교하면 $1=a_4$

x^3의 계수를 비교하면 $4=a_3-6a_4$ $\therefore a_3=10$

x^2의 계수를 비교하면 $6=a_2-3a_3+11a_4$ $\therefore a_2=25$

x의 계수를 비교하면 $4=a_1-a_2+2a_3-6a_4$ $\therefore a_1=15$

상수항을 비교하면 $1=a_0$

$\therefore a_0+a_1+a_2+a_3+a_4=52$

---

02   답 $a=1$, $b=-5$, $c=9$, $d=-5$

좌변은 $x+1$, 우변은 $x+3$이 반복된다.
둘 중 하나를 t로 치환하고 정리하면 계수를 비교하기 편하다.

$x+3=t$라 하면 $x+1=t-2$이므로

$$(\text{좌변})=(t-2)^3+(t-2)^2+(t-2)+1$$
$$=t^3-6t^2+12t-8+t^2-4t+4+t-2+1$$
$$=t^3-5t^2+9t-5$$
$$(\text{우변})=at^3+bt^2+ct+d$$

이 등식이 t에 대한 항등식이므로 계수를 비교하면

$$a=1, b=-5, c=9, d=-5$$

---

03   답 (1) 7   (2) $\dfrac{1}{2}$

(1) $f(x)=a_0+a_1x+a_2x^2+\cdots+a_nx^n$에서

$$f(1)=a_0+a_1+a_2+\cdots+a_n$$
$$f(-1)=a_0-a_1+a_2-\cdots+(-1)^na_n$$

이다. 계수의 합, 짝수항의 합, 홀수항의 합 등을 구할 때 이용한다.

$$(1+x-2x^2)^4=a_0+a_1x+a_2x^2+\cdots+a_7x^7+a_8x^8 \quad \cdots ❶$$

❶에 $x=1$을 대입하면

$$0=a_0+a_1+a_2+a_3+\cdots+a_8 \quad \cdots ❷$$

❶에 $x=-1$을 대입하면

$$16=a_0-a_1+a_2-a_3+\cdots+a_8 \quad \cdots ❸$$

❷+❸을 하면 $16=2(a_0+a_2+a_4+a_6+a_8)$

$$\therefore a_0+a_2+a_4+a_6+a_8=8 \quad \cdots 가$$

또 ❶에 $x=0$을 대입하면 $1=a_0$

$$\therefore a_2+a_4+a_6+a_8=7 \quad \cdots 나$$

(2) $x=\dfrac{1}{2}$, $x=-\dfrac{1}{2}$을 대입한 꼴을 생각한다.

❶에 $x=\dfrac{1}{2}$을 대입하면

$$1=a_0+\frac{a_1}{2}+\frac{a_2}{2^2}+\frac{a_3}{2^3}+\cdots+\frac{a_8}{2^8} \quad \cdots ❹$$

❶에 $x=-\dfrac{1}{2}$을 대입하면

$$0=a_0-\frac{a_1}{2}+\frac{a_2}{2^2}-\frac{a_3}{2^3}+\cdots+\frac{a_8}{2^8} \quad \cdots ❺$$

❹+❺를 하면 $1=2\left(a_0+\dfrac{a_2}{2^2}+\dfrac{a_4}{2^4}+\dfrac{a_6}{2^6}+\dfrac{a_8}{2^8}\right)$

$$\therefore a_0+\frac{a_2}{2^2}+\frac{a_4}{2^4}+\frac{a_6}{2^6}+\frac{a_8}{2^8}=\frac{1}{2} \quad \cdots 다$$

단계	채점 기준	배점
가	주어진 식에 $x=1$, $x=-1$을 각각 대입하여 $a_0+a_2+a_4+a_6+a_8$의 값 구하기	40%
나	주어진 식에 $x=0$을 대입하여 a_0을 구하고 $a_2+a_4+a_6+a_8$의 값 구하기	10%
다	주어진 식에 $x=\dfrac{1}{2}$, $x=-\dfrac{1}{2}$을 각각 대입하여 $a_0+\dfrac{a_2}{2^2}+\dfrac{a_4}{2^4}+\dfrac{a_6}{2^6}+\dfrac{a_8}{2^8}$의 값 구하기	50%

04 〔답〕②

$x(2x-1)=2x^2-x$이므로
이 식을 치환하면 간단히 정리할 수 있다.

$2x^2-x=t$라 하면 주어진 식은
$$t(t-3)+kt+9=(t-a)(t-b)$$
$$t^2+(k-3)t+9=t^2-(a+b)t+ab$$
t에 대한 항등식이기도 하므로
$$k-3=-(a+b),\ 9=ab$$
a, b는 정수이므로 가능한 (a, b)의 쌍은
$$(1, 9),\ (3, 3),\ (9, 1),$$
$$(-1, -9),\ (-3, -3),\ (-9, -1)$$
이때 $k=3-(a+b)$이므로 가능한 k의 값은
$-7, -3, 13, 9$이고, 4개이다.

05 〔답〕②

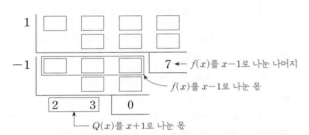

$f(x)$를 $x-1$로 나눈 나머지
$f(x)$를 $x-1$로 나눈 몫
$Q(x)$를 $x+1$로 나눈 몫

$f(x)$를 $x-1$로 나눈 몫을 $Q(x)$라 하자.
$Q(x)$를 $x+1$로 나눈 몫이 $2x+3$, 나머지가 0이므로
$$Q(x)=(x+1)(2x+3)$$
$f(x)$를 $x-1$로 나눈 나머지가 7이므로
$$\begin{aligned}f(x)&=(x-1)Q(x)+7\\&=(x-1)(x+1)(2x+3)+7\\&=2x^3+3x^2-2x+4\end{aligned}$$

06 〔답〕④

$f(x)=(x-1)^3+a(x-1)^2+b(x-1)+c$
꼴로 나타낸 다음 $x=1.2$와 $x=0.9$를 대입하는 문제이다.

$$\begin{array}{r|rrrr}1 & 1 & -3 & 5 & -2 \\ & & 1 & -2 & 3 \\ \hline 1 & 1 & -2 & 3 & 1 \\ & & 1 & -1 & \\ \hline 1 & 1 & -1 & 2 & \\ & & 1 & & \\ \hline & 1 & 0 & & \end{array}$$

$f(x)$를 $x-1$에 대해 정리하면
$$f(x)=(x-1)^3+2(x-1)+1$$
이므로
$$f(1.2)=(0.2)^3+2\times0.2+1=1.408$$
$$f(0.9)=(-0.1)^3+2\times(-0.1)+1=0.799$$
$$\therefore f(1.2)+f(0.9)=2.207$$

Think More

위의 조립제법에서
$$f(x)=(x-1)Q(x)+1$$
$$Q(x)=(x-1)P(x)+2$$
$$P(x)=(x-1)+0$$
이므로
$$\begin{aligned}f(x)&=(x-1)\{(x-1)P(x)+2\}+1\\&=(x-1)[(x-1)\{(x-1)+0\}+2]+1\\&=(x-1)^3+0\times(x-1)^2+2\times(x-1)+1\end{aligned}$$

07 〔답〕 $-8x^3+18x^2-9$

$2f(x)+3g(x)$와 $f(x)-g(x)$를 모두 x^4+x로 나누었으므로
$$2f(x)+3g(x)=(x^4+x)Q_1(x)+10x^2-5$$
$$f(x)-g(x)=(x^4+x)Q_2(x)+5x^3$$
과 같이 x^4+x로 나타낼 수 있다.
이를 이용하여 $2f(x)+7g(x)$를 $(x^4+x)\times\boxed{}+\boxed{}$ 꼴로 나타내 보자.

(가)에서 $2f(x)+3g(x)$를 x^4+x로 나눈 몫을 $Q_1(x)$라 하면
$$2f(x)+3g(x)=(x^4+x)Q_1(x)+10x^2-5 \quad\cdots ❶$$
(나)에서 $f(x)-g(x)$를 x^4+x로 나눈 몫을 $Q_2(x)$라 하면
$$f(x)-g(x)=(x^4+x)Q_2(x)+5x^3 \quad\cdots ❷$$
$❶+❷\times3$을 하면
$$5f(x)=(x^4+x)\{Q_1(x)+3Q_2(x)\}+15x^3+10x^2-5$$
$$\therefore f(x)=\frac{1}{5}(x^4+x)\{Q_1(x)+3Q_2(x)\}+3x^3+2x^2-1$$
$❶-❷\times2$를 하면
$$5g(x)=(x^4+x)\{Q_1(x)-2Q_2(x)\}-10x^3+10x^2-5$$
$$\therefore g(x)=\frac{1}{5}(x^4+x)\{Q_1(x)-2Q_2(x)\}-2x^3+2x^2-1$$
이때 $2f(x)+7g(x)$
$$\begin{aligned}&=\frac{1}{5}(x^4+x)\{2Q_1(x)+6Q_2(x)\}+6x^3+4x^2-2\\&\quad+\frac{1}{5}(x^4+x)\{7Q_1(x)-14Q_2(x)\}-14x^3+14x^2-7\\&=\frac{1}{5}(x^4+x)\{9Q_1(x)-8Q_2(x)\}-8x^3+18x^2-9\end{aligned}$$
이므로 $2f(x)+7g(x)$를 x^4+x로 나눈 나머지는
$-8x^3+18x^2-9$이다.

08

$f(x)$를 x^2-2로 나눈 몫을 $Q(x)$라 하면
$$f(x)=(x^2-2)Q(x)+x+1$$

▶ $\{f(x)\}^2$을 $(x^2-2)\times\boxed{}+\boxed{}$ 꼴로 나타내면 나머지를 알 수 있다.

$$\begin{aligned}\therefore \{f(x)\}^2&=\{(x^2-2)Q(x)+x+1\}^2\\&=(x^2-2)^2\{Q(x)\}^2+2(x^2-2)(x+1)Q(x)\\&\quad+(x+1)^2\\&=\underline{(x^2-2)Q(x)\{(x^2-2)Q(x)+2(x+1)\}}\\&\quad+(x+1)^2\end{aligned}$$

밑줄 친 부분은 x^2-2로 나누어떨어지므로 $\{f(x)\}^2$을 x^2-2로 나눈 나머지는 $(x+1)^2$을 x^2-2로 나눈 나머지와 같다.
$$(x+1)^2=x^2+2x+1=(x^2-2)+2x+3$$
이므로 나머지는 $2x+3$이다.

09

답 ③

$f(x)$가 $x-3$으로 나누어떨어지므로
$$f(x)=x^n(x^2+ax+b)=(x-3)Q(x)\qquad\cdots\text{❶}$$

▶ $Q(3)=3^n$을 이용할 수 있는 꼴로 정리해야 한다.
이때 $x^n(x^2+ax+b)$가 $x-3$으로 나누어떨어짐을 이용하여 양변을 $x-3$으로 나눌 수 있어야 한다.

$x=3$을 대입하면 $3^n(9+3a+b)=0$
$3^n\neq0$이므로 $9+3a+b=0$, $b=-3a-9$
이때 $x^2+ax+b=x^2+ax-3a-9$
$$\qquad\qquad\qquad=(x-3)(x+a+3)$$
❶에 대입하면 $x^n(x-3)(x+a+3)=(x-3)Q(x)$
$$\therefore Q(x)=x^n(x+a+3)\qquad\cdots\text{❷}$$
$Q(x)$를 $x-3$으로 나눈 나머지가 3^n이므로 $Q(3)=3^n$
따라서 ❷에 $x=3$을 대입하면 $3^n=3^n(6+a)$, $6+a=1$
$$\therefore a=-5,\ b=-3a-9=6,\ ab=-30$$

Think More

$x^2+ax-3a-9$를 인수분해 할 때 합이 a, 곱이 $-3a-9=-3(a+3)$인 두 수는 -3, $a+3$임을 이용하였다.
$$\begin{aligned}x^2-9+ax-3a&=(x+3)(x-3)+a(x-3)\\&=(x-3)(x+a+3)\end{aligned}$$
과 같이 인수분해 해도 된다.

10

답 $4x-3$

▶ $x^2-5x+6=(x-2)(x-3)$이므로 $f(2)$, $f(3)$을 알면 $(x-2)(x-3)$으로 나눈 나머지를 구할 수 있다.

$f(x)$를 $x^2-5x+6=(x-2)(x-3)$으로 나눈 몫을 $Q(x)$, 나머지를 $ax+b$라 하면
$$f(x)=(x-2)(x-3)Q(x)+ax+b\qquad\cdots\text{❶}\quad\cdots㉮$$
(나)의 $f(x+1)=f(x)+2x$에 $x=1$을 대입하면
$$f(2)=f(1)+2$$
(가)에서 $f(1)=3$이므로 $f(2)=5$
(나)의 $f(x+1)=f(x)+2x$에 $x=2$를 대입하면
$$f(3)=f(2)+4=9\qquad\cdots㉯$$
❶에 $x=2$를 대입하면 $5=2a+b$
❶에 $x=3$을 대입하면 $9=3a+b$
연립하여 풀면 $a=4$, $b=-3$
따라서 나머지는 $4x-3$ $\qquad\cdots㉰$

단계	채점 기준	배점
㉮	$f(x)=(x-2)(x-3)Q(x)+R(x)$ 꼴로 놓기	30%
㉯	주어진 조건을 이용하여 $f(2)$, $f(3)$의 값 구하기	50%
㉰	$f(x)$를 x^2-5x+6으로 나눈 나머지 구하기	20%

11

답 ⑤

▶ $8x^2-6x+1=(2x-1)(4x-1)$이므로 $f(8x)$에 $x=\dfrac{1}{2}$, $x=\dfrac{1}{4}$을 대입한 값을 이용하여 나머지를 구할 수 있다.

$f(8x)$를 $8x^2-6x+1$로 나눈 몫을 $Q(x)$, 나머지를 $ax+b$라 하면
$$\begin{aligned}f(8x)&=(8x^2-6x+1)Q(x)+ax+b\\&=(2x-1)(4x-1)Q(x)+ax+b\qquad\cdots\text{❶}\end{aligned}$$
또 $f(x)$를 $(x-2)(x-3)(x-4)$로 나눈 몫을 $Q_1(x)$라 하면
$$f(x)=(x-2)(x-3)(x-4)Q_1(x)+x^2-x+1$$
$x=2$, $x=4$를 대입하면 $f(2)=3$, $f(4)=13$
❶에 $x=\dfrac{1}{2}$을 대입하면 $f(4)=\dfrac{1}{2}a+b=13$
❶에 $x=\dfrac{1}{4}$을 대입하면 $f(2)=\dfrac{1}{4}a+b=3$
연립하여 풀면 $a=40$, $b=-7$
따라서 나머지는 $40x-7$

02 항등식과 나머지정리 **21**

12 답 ①

▶ $f(2x+1)=(x^2+x)Q(x)+ax+b$로 놓을 수 있으므로
$x=0$, $x=-1$을 대입한 값이 필요하다.

$f(2x+1)$을 $x^2+x=x(x+1)$로 나눈 몫을 $Q(x)$, 나머지를
$ax+b$라 하면
$$f(2x+1)=x(x+1)Q(x)+ax+b$$
$x=0$을 대입하면 $f(1)=b$ ··· ❶
$x=-1$을 대입하면 $f(-1)=-a+b$ ··· ❷
$f(x)=a_0+a_1x+a_2x^2+\cdots+a_{10}x^{10}$에
$x=1$을 대입하면
$$\begin{aligned} f(1)&=a_0+a_1+a_2+\cdots+a_{10}\\ &=(a_0+a_2+a_4+\cdots+a_{10})+(a_1+a_3+\cdots+a_9)\\ &=1\end{aligned}$$
$x=-1$을 대입하면
$$\begin{aligned} f(-1)&=a_0-a_1+a_2-a_3+\cdots+a_{10}\\ &=(a_0+a_2+a_4+\cdots+a_{10})-(a_1+a_3+\cdots+a_9)\\ &=-1\end{aligned}$$
❶, ❷에서 $a=2$, $b=1$
따라서 나머지는 $2x+1$

13 답 (1) 몫 : $x^4+x^3+x^2+x+1$, 나머지 : 0
(2) $5x-5$

(1)

1	1	0	0	0	0	-1
		1	1	1	1	1
	1	1	1	1	1	0

∴ 몫 : $x^4+x^3+x^2+x+1$, 나머지 : 0

(2) ▶ 문제를 보면 (1)의 결과를 이용할 수도 있다는 생각이 든다.
우선 $(x-1)^2$이 이차식이므로 나머지를 $ax+b$로 놓는다.

$f(x)$를 $(x-1)^2$으로 나눈 몫을 $Q(x)$, 나머지를 $ax+b$라
하면
$$x^5-1=(x-1)^2Q(x)+ax+b \quad ··· ❶$$

▶ x^5-1은 $x-1$로 나누어떨어지므로 $ax+b$도 $x-1$로 나누어떨어진다.
따라서 양변을 $x-1$로 나누어 정리할 수 있다.

$x=1$을 대입하면 $a+b=0$ ∴ $b=-a$
❶에 대입하면
$$x^5-1=(x-1)^2Q(x)+a(x-1)$$
(1)의 결과를 이용하면
$$(x-1)(x^4+x^3+x^2+x+1)$$
$$=(x-1)^2Q(x)+a(x-1)$$
이 식은 x에 대한 항등식이므로 양변을 $x-1$로 나누어도 성립
한다.
$$∴ x^4+x^3+x^2+x+1=(x-1)Q(x)+a$$
$x=1$을 대입하면 $5=a$ ∴ $b=-5$
따라서 나머지는 $5x-5$

다른 풀이
(2) (1)에서 조립제법을 한번 더 하면

1	1	0	0	0	0	-1
		1	1	1	1	1
1	1	1	1	1	1	0
		1	2	3	4	
	1	2	3	4	5	

$$\begin{aligned}∴ f(x)&=(x-1)\{(x-1)(x^3+2x^2+3x+4)+5\}\\ &=(x-1)^2(x^3+2x^2+3x+4)+5(x-1)\end{aligned}$$
따라서 $f(x)$를 $(x-1)^2$으로 나눈 나머지는 $5x-5$

14 답 9

▶ $f(x)=(x-4)(x+1)(x-1)Q(x)+x^2+x+1$
에 x^2을 대입한 것이 $f(x^2)$이다.

$f(x)$를 $(x-4)(x+1)(x-1)$로 나눈 몫을 $Q(x)$라 하면
$$f(x)=(x-4)(x+1)(x-1)Q(x)+x^2+x+1$$
이므로
$$f(x^2)=(x^2-4)(x^2+1)(x^2-1)Q(x^2)+x^4+x^2+1$$
이때
$$(x^2-4)(x^2+1)=x^4-3x^2-4$$
이므로 $f(x^2)$을 x^4-3x^2-4로 나눈 나머지는
x^4+x^2+1을 x^4-3x^2-4로 나눈 나머지와 같다.

▶ 사차식을 사차식으로 나눈 나머지이므로 직접 나누지 말고
다음과 같이 정리하면 간단하다.
$$x^4+x^2+1=(x^4-3x^2-4)\times 1+4x^2+5$$
따라서 $R(x)=4x^2+5$이므로 $R(1)=9$

15 답 0

▶ 사차식 $f(x)$를 $(x+1)^3$으로 나눈 몫은 일차식이다.

$f(x)$를 $(x+1)^3$으로 나눈 몫은 x의 계수가 1인 일차식이므로
$$f(x)=(x+1)^3(x+p)+3(x+1)$$
로 놓을 수 있다.
$f(1)=-2$이므로
$$8(1+p)+6=-2, \quad p=-2$$
$$∴ f(x)=(x+1)^3(x-2)+3(x+1) \quad ··· ❶$$

▶ $f(x)$를 $x^2-1=(x+1)(x-1)$로 나눈 몫은
$(x+1)^3(x-2)$를 x^2-1로 나눈 몫과 같으므로
$(x+1)^2(x-2)$를 $x-1$로 나눈 몫과 같다.

$(x+1)^2(x-2)=x^3-3x-2$를 $x-1$로 나누면
몫은 x^2+x-2, 나머지는 -4이므로
$$(x+1)^2(x-2)=(x-1)(x^2+x-2)-4$$

❶에 대입하면
$$f(x)=(x+1)\{(x-1)(x^2+x-2)-4\}+3(x+1)$$
$$=(x+1)(x-1)\underbrace{(x^2+x-2)}_{Q(x)}-(x+1)$$

따라서 $Q(x)=x^2+x-2$이므로 $Q(-2)=0$

16   답 ⑤

▶ $(x-4)f(x)=(x+2)f(x-2)$에 $x=4$, $x=-2$를 대입하면
$f(2)=0$, $f(-2)=0$임을 알 수 있다.

몫이 일차식이므로 $ax+b$ $(a\neq 0)$라 하면
$$f(x)=(x^2-x-1)(ax+b)-2x+1 \qquad \cdots ❶$$
$(x-4)f(x)=(x+2)f(x-2)$의 양변에
$x=4$를 대입하면 $0=6f(2)$ $\therefore f(2)=0$
$x=-2$를 대입하면 $-6f(-2)=0$ $\therefore f(-2)=0$
❶에 $x=2$를 대입하면 $0=2a+b-3$
❶에 $x=-2$를 대입하면 $0=5(-2a+b)+5$
연립하여 풀면 $a=1$, $b=1$
❶에 대입하면 $f(x)=(x^2-x-1)(x+1)-2x+1$
$$\therefore f(3)=5\times 4-5=15$$

Think More

$f(2)=0$, $f(-2)=0$이므로 $f(x)=(x-2)(x+2)(ax+b)$로 놓을 수 있다. 우변을 전개한 다음 x^2-x-1로 나눈 나머지가 $-2x+1$일 조건을 찾아도 된다.

17   답 31

▶ $R(x)$는 이차 이하의 식이므로
$$f(x)=(x+4)^2(x+3)Q(x)+ax^2+bx+c$$
로 놓을 수 있다.
이때 우변을 $(x+4)^2$으로 나눈 나머지는 ax^2+bx+c를 $(x+4)^2$으로 나눈 나머지이다.

$f(x)$를 $(x+4)^2(x+3)$으로 나눈 몫을 $Q(x)$, 나머지를 ax^2+bx+c라 하면
$$f(x)=(x+4)^2(x+3)Q(x)+ax^2+bx+c \qquad \cdots ❶$$
$(x+4)^2(x+3)Q(x)$는 $(x+4)^2$으로 나누어떨어지므로
ax^2+bx+c를 $(x+4)^2$으로 나눈 나머지가 $x+5$이다.
$$\therefore ax^2+bx+c=a(x+4)^2+x+5$$
❶에 대입하고 정리하면
$$f(x)=(x+4)^2\{(x+3)Q(x)+a\}+x+5 \qquad \cdots ❷$$
$f(x)$를 $(x+3)^2$으로 나눈 몫을 $Q_1(x)$라 하면
$$f(x)=(x+3)^2Q_1(x)+x+6$$
$$\therefore f(-3)=3$$
❷에 $x=-3$을 대입하면 $3=a+2$ $\therefore a=1$
$$\therefore R(x)=(x+4)^2+x+5, \ R(1)=31$$

18   답 ③

▶ $f(x)=(x-1)(x^2-4)Q(x)+ax^2+bx+c$이므로
$f(1)$, $f(-2)$, $f(2)$의 값을 알면 a, b, c를 구할 수 있다.

$f(x)$를 $(x-1)(x^2-4)$로 나눈 나머지를 ax^2+bx+c라 하면
$$f(x)=(x-1)(x^2-4)Q(x)+ax^2+bx+c \qquad \cdots ❶$$
$f(x)$를 $(x-1)(x+2)$로 나눈 몫을 $Q_1(x)$라 하면
$$f(x)=(x-1)(x+2)Q_1(x)+x-3$$
$$\therefore f(1)=-2, f(-2)=-5$$
또 $(x+1)f(3x-1)$을 $x-1$로 나눈 나머지가 6이므로 $x=1$을 대입한 값이 6이다.
$$\therefore 2f(2)=6, f(2)=3$$
$f(1)=-2$이므로 ❶에서 $-2=a+b+c$ $\cdots ❷$
$f(-2)=-5$이므로 ❶에서 $-5=4a-2b+c$ $\cdots ❸$
$f(2)=3$이므로 ❶에서 $3=4a+2b+c$ $\cdots ❹$
❸−❹를 하면 $-8=-4b$ $\therefore b=2$
❷, ❹에 대입하면 $a+c=-4$, $4a+c=-1$
연립하여 풀면 $a=1$, $c=-5$
$$\therefore f(x)=(x-1)(x^2-4)Q(x)+x^2+2x-5$$
$Q(x)$를 $x-3$으로 나눈 나머지가 1이므로 $Q(3)=1$
따라서 $f(x)$를 $x-3$으로 나눈 나머지는
$$f(3)=10Q(3)+10=20$$

19   답 58

삼차식 $f(x)$를 $(x-1)^2$으로 나눈 몫은 일차식이므로 몫과 나머지를 $ax+b$ $(a\neq 0)$라 하면
$$f(x)=(x-1)^2(ax+b)+ax+b \qquad \cdots ㉮$$

▶ $f(x)$를 $(x-1)^3$으로 나눈 나머지를 구하기 위해서는 우변을 $a(x-1)^3+\boxed{}$ 꼴로 정리해야 한다.
$f(1)=2$임을 이용하여 a, b의 관계부터 구한다.

$f(1)=2$이므로 $a+b=2$ $\therefore b=2-a$
$$f(x)=(x-1)^2(ax+2-a)+ax+2-a$$
$$=(x-1)^2\{a(x-1)+2\}+ax+2-a$$
$$=a(x-1)^3+2(x-1)^2+ax+2-a \qquad \cdots ㉯$$
$R(x)=2(x-1)^2+ax+2-a$이므로
$$R(2)=a+4$$
$$R(3)=2a+10$$
$R(2)=R(3)$이므로
$$a+4=2a+10, a=-6$$
$$\therefore R(x)=2(x-1)^2-6x+8 \qquad \cdots ㉰$$
따라서 $R(x)$를 $x+3$으로 나눈 나머지는
$$R(-3)=32+18+8=58 \qquad \cdots ㉱$$

단계	채점 기준	배점
㉮	$f(x)$를 $(x-1)^2$으로 나눈 몫과 나머지가 같음을 이용하여 $f(x)$ 나타내기	20%
㉯	$f(1)=2$임을 이용하여 $f(x)$ 정리하기	30%
㉰	$R(2)=R(3)$임을 이용하여 $R(x)$ 구하기	30%
㉱	$R(x)$를 $x+3$으로 나눈 나머지 구하기	20%

▶ $f(x)-g(x)$를 $x-2$로 나눈 몫과 나머지가 같으므로
$f(x)-g(x)=(x-2)R+R=R(x-1)$
따라서 $f(x)$를 $g(x)$로 나타낼 수 있다.

$f(x)-g(x)$를 $x-2$로 나눈 나머지를 R이라 하면
몫도 R이므로
$$f(x)-g(x)=(x-2)R+R$$
$$=R(x-1)$$
$f(x)=R(x-1)+g(x)$이므로
$$f(x)g(x)=R(x-1)g(x)+\{g(x)\}^2$$
$f(x)g(x)$를 x^2-x로 나눈 나머지가 $2x-2$이므로 몫을 $Q(x)$
라 하면
$$R(x-1)g(x)+\{g(x)\}^2=x(x-1)Q(x)+2(x-1)$$
$$\cdots ❶$$
$x=1$을 대입하면 $\{g(1)\}^2=0$ $\quad \therefore g(1)=0$
한편 $f(x)-g(x)$가 일차식이므로 $g(x)$는 x^2의 계수가 1인
이차식이고 $g(1)=0$, $g(-2)=0$이므로
$$g(x)=(x-1)(x+2)$$
❶에 대입하고 양변을 $x-1$로 나누면
$$R(x-1)(x+2)+(x-1)(x+2)^2=xQ(x)+2$$
$x=0$을 대입하면 $-2R-4=2$, $R=-3$
$$\therefore f(x)=-3(x-1)+g(x)$$
$$=-3(x-1)+(x-1)(x+2)$$
$$=(x-1)^2$$

21 ·········· <kbd>답</kbd> ⑤

▶ $x=60$이라 하면 $303=5x+3$, $61=x+1$이다.
따라서 $(5x+3)^8$을 $x+1$로 나눈 나머지를 구하고 $x=60$을 대입한다.

$f(x)=(5x+3)^8$이라 하고
$f(x)$를 $x+1$로 나눈 몫을 $Q(x)$, 나머지를 r이라 하면
$$(5x+3)^8=(x+1)Q(x)+r$$
$x=-1$을 대입하면 $r=2^8$
$x=60$을 대입하면 $303^8=61\times Q(60)+2^8$
$Q(60)$은 정수이고
$$2^8=256=61\times 4+12$$
이므로 303^8을 61로 나눈 나머지는 12이다.

<kbd>Think More</kbd>
$x=61$이라 하면 $303=5x-2$이므로
$f(x)=(5x-2)^8$을 x로 나눈 나머지를 이용해도 된다.

22 ·········· <kbd>답</kbd> $f(x)=x^2+2x-1$

▶ 다항식 $f(x)$를 구할 때는 차수를 찾는 것이 기본이다.
먼저 $f(x)$를 n차식이라 하고, 양변의 차수를 비교해 보자.

$f(x)$가 n차식이라 하면
$\quad f(x^2-1)$은 $2n$차,
$\quad x^2 f(x-2)$는 $(2+n)$차, $2x^3+x^2-2$는 3차
이때 등식이 성립하려면 $2n\neq 3$이므로
$$2n=2+n \quad \therefore n=2$$
따라서 $f(x)=ax^2+bx+c$ $(a\neq 0)$라 하면 주어진 등식은
$$a(x^2-1)^2+b(x^2-1)+c$$
$$=x^2\{a(x-2)^2+b(x-2)+c\}+2x^3+x^2-2$$
양변을 전개하여 정리하면
$$ax^4+(-2a+b)x^2+a-b+c$$
$$=ax^4+(-4a+b+2)x^3+(4a-2b+c+1)x^2-2$$
양변의 계수를 비교하면
$$0=-4a+b+2 \qquad\qquad \cdots ❶$$
$$-2a+b=4a-2b+c+1, \; 6a-3b+c=-1 \quad \cdots ❷$$
$$a-b+c=-2 \qquad\qquad\qquad \cdots ❸$$
❷$-$❸을 하면 $5a-2b=1$ $\qquad \cdots ❹$
❶, ❹를 연립하여 풀면 $a=1$, $b=2$
❸에 대입하면 $c=-1$
$$\therefore f(x)=x^2+2x-1$$

23 ·········· <kbd>답</kbd> $-\dfrac{9}{5}$

▶ $f(x)$를 $x-p$와 x^2+2로 나눈 나머지가 p로 같으므로
$f(x)-p$는 $x-p$와 x^2+2로 나누어떨어진다.
이를 이용하면 $f(x)$를 쉽게 나타낼 수 있다.

$f(x)-p$를 $x-p$와 x^2+2로 나눈 나머지가 0이므로
$f(x)-p$는 $x-p$와 x^2+2로 나누어떨어진다.
$f(x)$는 x^4의 계수가 1인 사차식이므로
$$f(x)-p=(x-p)(x^2+2)(x+a)$$
로 놓을 수 있다.
$$f(x)=(x-p)(x^2+2)(x+a)+p$$
$f(x)$가 $x(x+2)$로 나누어떨어지므로 $f(0)=0$, $f(-2)=0$
$f(0)=0$에서 $-2pa+p=0$, $p(1-2a)=0$
$p\neq 0$이므로 $a=\dfrac{1}{2}$
$$f(x)=(x-p)(x^2+2)\left(x+\dfrac{1}{2}\right)+p$$
$f(-2)=0$에서 $9(p+2)+p=0$ $\quad \therefore p=-\dfrac{9}{5}$

24 .... 답 ③

주어진 등식에서 $f(3)=0, g(1)=0$이다.
보통은 $f(x)=(x-3)(ax+b)$, $g(x)=(x-1)(cx+d)$로 놓고 푼다.
그런데 이 문제에서는 주어진 등식에서
$$h(x)=(x-1)f(x)=(x-3)g(x)$$
로 놓고 삼차식 $h(x)$를 구하는 것이 편하다.

$h(x)=(x-1)f(x)=(x-3)g(x)$라 하자.
$h(1)=0$, $h(3)=0$이므로 $h(x)$는 $x-1$, $x-3$으로 나누어떨어진다.
또 $h(x)$는 삼차식이므로
$$h(x)=(x-1)(x-3)(ax+b) \ (a\neq0)$$
로 놓을 수 있다.
$h(x)=(x-1)f(x)$에서 $f(x)=(x-3)(ax+b)$
$h(x)=(x-3)g(x)$에서 $g(x)=(x-1)(ax+b)$
$f(1)=2$이므로 $-2(a+b)=2$
$g(2)=1$이므로 $2a+b=1$
연립하여 풀면 $a=2$, $b=-3$
$$\therefore f(x)=(x-3)(2x-3)$$
$$\therefore f(0)=(-3)\times(-3)=9$$

---

01 ..... 답 $f(x)=x^2, f(x)=x^2-x,$
$$f(x)=x^2+x+1, f(x)=x^2-2x+1$$

조건에서 $f(x^2)=f(x)f(-x)$이다.
이 조건을 이용하여 이차식 $f(x)=ax^2+bx+c$를 구한다는 것은
미정계수 a, b, c를 구하는 것과 같다.
조건식의 좌변, 우변에 대입한 다음 계수를 비교하면 된다.

$f(x)=ax^2+bx+c \ (a\neq0)$라 하자.
$f(x^2)=f(x)f(-x)$이므로
$$ax^4+bx^2+c=(ax^2+bx+c)(ax^2-bx+c) \quad \cdots ❶$$
x^4의 계수를 비교하면 $a=a^2$
$a\neq0$이므로 $a=1$
상수항을 비교하면 $c=c^2$ $\quad\therefore c=0$ 또는 $c=1$
$c=0$일 때 ❶은
$$x^4+bx^2=(x^2+bx)(x^2-bx)$$
우변을 전개하면 $x^4-b^2x^2$이므로
$$b=-b^2 \quad \therefore b=0 \text{ 또는 } b=-1 \quad \cdots ❷$$

$c=1$일 때 ❶은
$$x^4+bx^2+1=(x^2+bx+1)(x^2-bx+1)$$
우변을 전개하면 $x^4+(2-b^2)x^2+1$이므로
$$b=2-b^2, \ b^2+b-2=0, \ (b-1)(b+2)=0$$
$$\therefore b=1 \text{ 또는 } b=-2 \quad \cdots ❸$$
❷에서 $f(x)=x^2$, $f(x)=x^2-x$
❸에서 $f(x)=x^2+x+1$, $f(x)=x^2-2x+1$

---

02 .... 답 $\dfrac{17}{15}$

$f(x)=ax^3+bx^2+cx+d$로 놓고 조건을 이용하여 계수를 정하라는 문제는 아니다.
조건은 $f(x)=\dfrac{x+2}{x+1}$에 $x=1, 2, 3, 4$를 대입한 꼴이므로
$g(x)=(x+1)f(x)-(x+2)$에 대한 조건으로 바꾸어 생각한다.

주어진 조건에서 $x=1, 2, 3, 4$일 때 $f(x)=\dfrac{x+2}{x+1}$이므로
$$(x+1)f(x)=x+2, \ (x+1)f(x)-(x+2)=0$$
$$g(x)=(x+1)f(x)-(x+2) \quad \cdots ❶ \quad \cdots 가$$
라 하면 $g(1)=g(2)=g(3)=g(4)=0$이므로
$g(x)$는 $x-1$, $x-2$, $x-3$, $x-4$로 나누어떨어진다.

$g(x)$의 최고차항의 계수를 모르므로 a로 놓고 식을 세운다.
그리고 a의 값을 구할 수 있는 조건을 찾는다.

그런데 $g(x)$는 사차식이므로
$$g(x)=a(x-1)(x-2)(x-3)(x-4) \ (a\neq0)$$
❶에서 $g(-1)=-1$이므로
$$-1=a\times(-2)\times(-3)\times(-4)\times(-5), \ a=-\frac{1}{120}$$
$$\therefore g(x)=(x+1)f(x)-(x+2)$$
$$=-\frac{1}{120}(x-1)(x-2)(x-3)(x-4) \quad \cdots 나$$
$x=5$를 대입하면
$$6f(5)-7=-\frac{1}{120}\times4\times3\times2\times1$$
$$\therefore f(5)=\frac{17}{15} \quad \cdots 다$$

단계	채점 기준	배점
가	$g(x)=(x+1)f(x)-(x+2)$로 놓기	40%
나	$g(1)=g(2)=g(3)=g(4)=0$이고 $g(-1)=-1$임을 이용하여 $g(x)$ 구하기	50%
다	$f(5)$의 값 구하기	10%

03 답 ④

▶ $f(x)=(x-1)^2(x+1)Q(x)+ax^2+bx+c$라 할 때,
나머지를 구하기 위해서는
$f(x)$를 $(x-1)^2$과 $x+1$로 나눈 나머지를 알아야 한다.
$f(x)$를 $(x-1)^2(x+2)$로 나눈 나머지가 $2x^2+7x-3$임을 이용하여
$f(x)$를 $(x-1)^2$으로 나눈 나머지를 구하는 방법을 생각해 보자.

$f(x)$를 $(x-1)^2(x+2)$로 나눈 몫을 $Q_1(x)$라 하면
$$f(x)=(x-1)^2(x+2)Q_1(x)+2x^2+7x-3$$
$2x^2+7x-3=2(x-1)^2+11x-5$이므로 $f(x)$를 $(x-1)^2$으로
나눈 나머지는 $11x-5$이다.
$f(x)$를 $(x+1)^2(x+3)$으로 나눈 몫을 $Q_2(x)$라 하면
$$f(x)=(x+1)^2(x+3)Q_2(x)+7x^2+20x+9$$
$x=-1$을 대입하면 $f(-1)=-4$
$f(x)$를 $(x-1)^2(x+1)$로 나눈 몫을 $Q(x)$, 나머지를
ax^2+bx+c라 하면
$$f(x)=(x-1)^2(x+1)Q(x)+ax^2+bx+c \qquad \cdots ❶$$
$f(x)$를 $(x-1)^2$으로 나눈 나머지는 $11x-5$이므로
ax^2+bx+c를 $(x-1)^2$으로 나눈 나머지도 $11x-5$이다.
$$\therefore ax^2+bx+c=a(x-1)^2+11x-5$$
❶에 대입하면
$$f(x)=(x-1)^2(x+1)Q(x)+a(x-1)^2+11x-5$$
$f(-1)=-4$이므로 $-4=4a-16 \qquad \therefore a=3$
$$\therefore R(x)=3(x-1)^2+11x-5,\ R(2)=20$$

04 답 ①

▶ 다항식을 구할 때는 차수부터 정하는 것이 기본이다.
곧, $g(x)$와 $f(x)-x^2-3x$의 차수부터 찾아보자.

$f(x)$는 이차식이므로 (가)에서 나머지 $g(x)$는 일차식 또는 상수
이다.
(나)에서 $f(x)-x^2-3x$는 상수이므로
$f(x)=x^2+3x+a$로 놓을 수 있다.
x^3+5x^2+9x+6을 $f(x)$로 나누면

$$
\begin{array}{r}
x+2 \\
x^2+3x+a\,)\overline{\,x^3+5x^2+9x+6\,} \\
\underline{x^3+3x^2+ax} \\
2x^2+(9-a)x+6 \\
\underline{2x^2+6x+2a} \\
(3-a)x+6-2a
\end{array}
$$

곧, 몫이 $x+2$, 나머지가 $(3-a)x+6-2a$이므로
$$g(x)=(3-a)x+2(3-a)$$
$$=(3-a)(x+2)$$
x^3+5x^2+9x+6을 $g(x)$로 나눈 몫을 $Q(x)$라 하면
$$x^3+5x^2+9x+6=(3-a)(x+2)Q(x)+a$$
$x=-2$를 대입하면 $0=a$
$$\therefore g(x)=3(x+2),\ g(1)=9$$

05 답 192

▶ $f(x)=x^4+ax^3+\cdots$로 놓고 식에 대입하여 정리하기가 쉽지 않다.
우선 양변에 $x=0,\ 2$를 대입하면 우변이 0인 것부터 이용해 보자.

$x^2-2x=x(x-2)$이므로
$$\{f(x+1)\}^2+\{f(x)\}^2=x(x-2)g(x) \qquad \cdots ❶$$
$x=0$을 대입하면 $\{f(1)\}^2+\{f(0)\}^2=0$

▶ a, b가 실수일 때 $a^2+b^2=0$이면 $a=0$이고 $b=0$이다.
이건 실수의 기본 성질로 기억하고 이용할 수 있도록 하자.

$f(1), f(0)$은 실수이므로 $f(1)=0, f(0)=0$
$x=2$를 대입하면 $\{f(3)\}^2+\{f(2)\}^2=0$
$f(3), f(2)$는 실수이므로 $f(3)=0, f(2)=0$
$f(x)$는 x^4의 계수가 1인 사차식이고, $x, x-1, x-2, x-3$으로
나누어떨어진다.
$$f(x)=x(x-1)(x-2)(x-3)$$
이때 $f(x+1)=(x+1)x(x-1)(x-2)$이므로
❶에 대입하면
$$\{(x+1)x(x-1)(x-2)\}^2+\{x(x-1)(x-2)(x-3)\}^2$$
$$=x(x-2)g(x)$$
양변을 $x(x-2)$로 나누면
$$g(x)=x(x-2)\{(x+1)^2(x-1)^2+(x-1)^2(x-3)^2\}$$
$$=x(x-1)(x-2)\{(x+1)^2(x-1)+(x-1)(x-3)^2\}$$
$$=x(x-1)(x-2)(2x^3-6x^2+14x-10)$$

▶ $g(x)$를 $x(x-1)(x-2)(x-3)$으로 나눈 나머지를 구해야 한다.
조립제법을 사용하여 $2x^3-6x^2+14x-10$을 $x-3$으로 나누면

$$
\begin{array}{r|rrrr}
3 & 2 & -6 & 14 & -10 \\
  &   & 6 & 0 & 42 \\
\hline
  & 2 & 0 & 14 & 32
\end{array}
$$

$$=x(x-1)(x-2)\{(x-3)(2x^2+14)+32\}$$
$$=x(x-1)(x-2)(x-3)(2x^2+14)+32x(x-1)(x-2)$$
$$=f(x)(2x^2+14)+32x(x-1)(x-2)$$
따라서 $g(x)$를 $f(x)$로 나눈 몫은 $2x^2+14$, 나머지는
$R(x)=32x(x-1)(x-2)$이므로
$$R(3)=192$$

06 답 $13x^2-x-10$

▶ $A=BQ+R$ 꼴일 때, $A^2=B^2Q^2+2BQR+R^2$이므로
A^2을 Q로 나눈 나머지는 R^2을 Q로 나눈 나머지와 같다.
A^3이나 곱이 있는 경우도 마찬가지이다.

$$h(x)=\{f(x)\}^2+\{g(x)\}^2+f(x)g(x)\{f(x)+g(x)\}$$
$$=\{f(x)+g(x)\}^2-2f(x)g(x)$$
$$+f(x)g(x)\{f(x)+g(x)\}$$
$h(x)$를 $(x+1)(x^2+x-1)$로 나누므로
먼저 $f(x)+g(x)$와 $f(x)g(x)$를 $x^2+x-1, x+1$로 나눈
나머지부터 구한다.

(i) $f(x)+g(x)$를 x^2+x-1로 나눈 몫을 $Q_1(x)$라 하면
$$f(x)+g(x)=(x^2+x-1)Q_1(x)+x-2$$
$$\{f(x)+g(x)\}^2=(다항식)(x^2+x-1)+(x-2)^2$$
꼴이므로
$\{f(x)+g(x)\}^2$을 x^2+x-1로 나눈 나머지는
$(x-2)^2$을 x^2+x-1로 나눈 나머지와 같다.
이때 $(x-2)^2=(x^2+x-1)-5x+5$이므로
나머지는 $-5x+5$이다.

(ii) $f(x)g(x)$를 x^2+x-1로 나눈 몫을 $Q_2(x)$라 하면
$$f(x)g(x)=(x^2+x-1)Q_2(x)+2x+1$$
$$f(x)g(x)\{f(x)+g(x)\}$$
$$=(다항식)(x^2+x-1)+(x-2)(2x+1)$$
꼴이므로
$f(x)g(x)\{f(x)+g(x)\}$를 x^2+x-1로 나눈 나머지는
$(x-2)(2x+1)$을 x^2+x-1로 나눈 나머지와 같다.
이때 $(x-2)(2x+1)=2(x^2+x-1)-5x$이므로 나머지는
$-5x$이다.

(iii) $h(x)=\{f(x)+g(x)\}^2-2f(x)g(x)$
$$\qquad\qquad +f(x)g(x)\{f(x)+g(x)\}$$
이므로 $h(x)$를 x^2+x-1로 나눈 나머지는
$$-5x+5-2(2x+1)-5x=-14x+3$$

(iv) $h(x)$를 $x+1$로 나눈 나머지는
$$h(-1)=\{f(-1)+g(-1)\}^2-2f(-1)g(-1)$$
$$\qquad\qquad +f(-1)g(-1)\{f(-1)+g(-1)\}$$
이다. 조건에서
$$f(-1)+g(-1)=2,\ f(-1)g(-1)=-1$$
이므로 나머지는
$$h(-1)=2^2-2\times(-1)+(-1)\times 2=4$$
따라서 $h(x)$를 $(x+1)(x^2+x-1)$로 나눈 몫을 $Q(x)$라 하면
$$h(x)=(x+1)(x^2+x-1)Q(x)+ax^2+bx+c$$
로 놓을 수 있다.
$h(x)$를 x^2+x-1로 나눈 나머지는 ax^2+bx+c를 x^2+x-1로
나눈 나머지와 같으므로
$$ax^2+bx+c=a(x^2+x-1)-14x+3$$
$h(-1)=4$이므로 $-a+17=4$, $a=13$
따라서 구하는 나머지는
$$13(x^2+x-1)-14x+3=13x^2-x-10$$

07 · 답 (1) $f(x)=x^7+x^6+x^5+\cdots+x+1$
(2) $-x^4-x-1$

▼(1) 나머지정리를 생각하면 n이 자연수일 때 x^n-a^n은 $x-a$로,
n이 홀수일 때 x^n+a^n은 $x+a$로 나누어떨어진다는 것은 확인할 수 있다.
몫은 조립제법을 생각하면 찾을 수 있다.

1	1	0	0	0	0	0	0	0	-1
		1	1	1	1	1	1	1	1
	1	1	1	1	1	1	1	1	0

$$\therefore f(x)=x^7+x^6+x^5+\cdots+x+1$$

(2) $g(x)$를 $f(x)$로 나눈 몫을 $Q(x)$라 하면
$$g(x)=f(x)Q(x)+x^5 \qquad \cdots ❶$$

▼이때 $f(x)=x^7+x^6+x^5+\cdots+x+1$과 x^5을
각각 x^5+x^4+x+1로 나눈 나머지만 구하면 된다.
$f(x)$는 직접 나눌 수도 있고,
$\boxed{}(x^5+x^4+x+1)+\boxed{}$ 꼴로 정리할 수도 있다.
$$f(x)=x^7+x^6+x^3+x^2+x^5+x^4+x+1$$
$$=x^2(x^5+x^4+x+1)+(x^5+x^4+x+1)$$
$$=(x^2+1)(x^5+x^4+x+1)$$
$$x^5=(x^5+x^4+x+1)\times 1-(x^4+x+1)$$
이므로 ❶에서 $f(x)Q(x)$, x^5을 x^5+x^4+x+1로 나눈 나머
지는 각각 0, $-x^4-x-1$이다.
따라서 구하는 나머지는 $-x^4-x-1$이다.

08 · 답 15

▼(나)에서 $f(x)$의 차수를 n이라 하고 n의 값부터 구해야 한다.

(i) $f(x)=f(-x)$이므로 $f(x)$의 홀수차 항의 계수는 0이다.

(ii) $(x^2+1)^n-(x^2-1)^n$은 $2(n-1)$차 다항식이다.
따라서 $f(x)$를 n차 다항식이라 하면
$f(x^2+1)-f(x^2-1)$은 $2(n-1)$차 다항식이고,
$px^2f(x)$는 $(n+2)$차 다항식이다.
이때 등식이 성립하려면
$n\leq 2$일 때, $2(n-1)=4$, $n=3$이므로 가능하지 않다.
$n>2$일 때, $2(n-1)=n+2$, $n=4$
(i), (ii)에서 $f(x)=x^4+ax^2+b$로 놓을 수 있다.
$$f(x^2+1)-f(x^2-1)$$
$$=(x^2+1)^4-(x^2-1)^4+a(x^2+1)^2-a(x^2-1)^2$$
$$=\{(x^2+1)^2+(x^2-1)^2\}\{(x^2+1)^2-(x^2-1)^2\}$$
$$\quad +a\{(x^2+1)^2-(x^2-1)^2\}$$
$$=8x^2(x^4+1)+4ax^2$$
$$=8x^6+4(a+2)x^2 \qquad \cdots ❶$$
즉, $px^2f(x)+4x^4-2x^2$의 최고차항이 $8x^6$이므로
$$p=8$$
$$8x^2f(x)+4x^4-2x^2=8x^6+(8a+4)x^4+(8b-2)x^2$$
❶과 계수를 비교하면
$$0=8a+4,\ 4(a+2)=8b-2$$
$$\therefore a=-\frac{1}{2},\ b=1$$

따라서 $f(x)=x^4-\frac{1}{2}x^2+1$이므로 $f(2)=15$

03 인수분해

A STEP 시험에 꼭 나오는 문제

25～26쪽

01 ④	**02** ①	**03** ②	**04** ③	**05** 8	**06** 8
07 −4	**08** ⑤	**09** ⑤	**10** ①	**11** ③	**12** 120
13 3200	**14** ④	**15** ①	**16** 3		

01 ◆답 ④

▛우변을 전개하거나 좌변을 인수분해 하여 확인한다.

③ $8x^3-12x^2y+6xy^2-y^3$
$=(2x)^3-3\times(2x)^2\times y+3\times 2x\times y^2-y^3$
$=(2x-y)^3$

④ $(a-b-c)^2$을 전개하면
$(a-b-c)^2=a^2+b^2+c^2-2ab+2bc-2ca$
$\therefore a^2+b^2+c^2-2ab-2bc-2ca\neq(a-b-c)^2$

⑤ $x^4+2x^2y^2-3y^4=(x^2-y^2)(x^2+3y^2)$
$=(x+y)(x-y)(x^2+3y^2)$

02 ◆답 ①

▛등식을 세우고 양변에 적당한 값을 대입한다.

$(x-a)(x+1)-6=(x-5)(x-b)$

x에 대한 항등식이므로
$x=-1$을 대입하면
$-6=-6(-1-b)$　　$\therefore b=-2$
$x=5$를 대입하면
$6(5-a)-6=0$　　$\therefore a=4$
$\therefore a+b=2$

03 ◆답 ②

▛(　)²−(　)² 꼴로 정리한다.

$4x^2+y^2-9z^2-4xy=4x^2-4xy+y^2-9z^2$
$=(2x-y)^2-(3z)^2$
$=(2x-y+3z)(2x-y-3z)$
$\therefore a=3,\ b=-1,\ c=-3$ 또는 $a=-3,\ b=-1,\ c=3$
$\therefore a+b+c=-1$

04 ◆답 ③

▛공통부분이 나오도록 첫 항을 전개한다.

$x(x-1)(x-2)(x-3)-24$
$=x(x-3)(x-1)(x-2)-24$
$=(x^2-3x)(x^2-3x+2)-24$

$x^2-3x=t$라 하면
$t(t+2)-24=t^2+2t-24=(t-4)(t+6)$
$=(x^2-3x-4)(x^2-3x+6)$
$=(x-4)(x+1)(x^2-3x+6)$

따라서 인수인 것은 ③ x^2-3x+6이다.

05 ◆답 8

▛문자가 2개 이상 ⇨ 차수가 낮은 문자에 대해 정리한다.

x에 대해 정리하면
$2x^2-2xy-4y^2+x+4y-1$
$=2x^2+(-2y+1)x-4y^2+4y-1$
$=2x^2+(-2y+1)x-(2y-1)^2$

$$\begin{array}{ccccc} 2 & & (2y-1) & \longrightarrow & 2y-1 \\ 1 & & -(2y-1) & \longrightarrow & \underline{-4y+2\,(+} \\ & & & & -2y+1 \end{array}$$

$\therefore (2x+2y-1)(x-2y+1)$
따라서 $a=2,\ b=-2$이므로 $a^2+b^2=8$

Think More

y에 대해 정리해도 된다.
$2x^2-2xy-4y^2+x+4y-1$
$=-4y^2+(-2x+4)y+2x^2+x-1$
$=-4y^2+(-2x+4)y+(2x-1)(x+1)$

$$\begin{array}{ccccc} 2 & & (2x-1) & \longrightarrow & -4x+2 \\ -2 & & (x+1) & \longrightarrow & \underline{2x+2\,(+} \\ & & & & -2x+4 \end{array}$$

$\therefore (2y+2x-1)(-2y+x+1)$

06 ◆답 8

▛$f(x)=(x^3+1)Q(x)+3x-1$이고
$x^3+1=(x+1)(x^2-x+1)$임을 이용한다.

$f(x)$를 x^3+1로 나눈 몫을 $Q(x)$라 하면
$f(x)=(x^3+1)Q(x)+3x-1$
$=(x+1)(x^2-x+1)Q(x)+3x-1$

$3x-1$이 일차식이므로 $f(x)$를 x^2-x+1로 나눈 몫은
$(x+1)Q(x)$이다.

조건에서 $(x+1)Q(x)=2x^2+3x+1$
$2x^2+3x+1=(x+1)(2x+1)$이므로
$\quad Q(x)=2x+1$
$\quad \therefore f(x)=(x+1)(x^2-x+1)(2x+1)+3x-1$
따라서 $f(x)$를 $x-1$로 나눈 나머지는
$\quad f(1)=2\times1\times3+2=8$

07 답 -4

▶$x^2=X$로 치환하여 인수분해 할 수 없다.
$(\quad)^2-(\quad)^2$꼴로 바꿀 수 있는지 확인한다.
$$x^4-13x^2+4=(x^4-4x^2+4)-9x^2$$
$$=(x^2-2)^2-(3x)^2$$
$$=(x^2-3x-2)(x^2+3x-2)$$
따라서 $P(x)=x^2-3x-2,\ Q(x)=x^2+3x-2$
또는 $P(x)=x^2+3x-2,\ Q(x)=x^2-3x-2$이므로
$P(0)+Q(0)=-4$

08 답 ⑤

▶삼차 이상인 다항식을 인수분해 할 때는 인수정리를 먼저 생각한다.
$P(x)=x^4+4x^3-x^2-16x-12$라 하면
$P(-1)=0$이므로 조립제법을 쓰면

$$\therefore P(x)=(x+1)(x^3+3x^2-4x-12)$$
$R(x)=x^3+3x^2-4x-12$라 하면
$R(2)=0$이므로 조립제법을 쓰면

$$\therefore R(x)=(x-2)(x^2+5x+6)$$
$$=(x-2)(x+2)(x+3)$$
따라서 $P(x)=(x+1)(x-2)(x+2)(x+3)$이므로
$P(x)$의 인수가 아닌 것은 ⑤ $x-3$이다.

09 답 ⑤

$$(x+2)^3-7(x+2)^2-10x-4$$
$$=(x+2)^3-7(x+2)^2-10(x+2)+16 \quad \cdots\ ❶$$
$x+2=t$로 놓고, ❶의 식을 $f(t)$라 하면
$$f(t)=t^3-7t^2-10t+16$$

$f(1)=0$이므로 조립제법을 쓰면

$$\begin{array}{r|rrrr} 1 & 1 & -7 & -10 & 16 \\ & & 1 & -6 & -16 \\ \hline & 1 & -6 & -16 & \boxed{0} \end{array}$$

$$\therefore f(t)=(t-1)(t^2-6t-16)=(t-1)(t-8)(t+2)$$
$t=x+2$를 대입하면 $(x+1)(x-6)(x+4)$
$p<q<r$이므로 $p=-6,\ q=1,\ r=4$
$$\therefore 3p+q+2r=-18+1+8=-9$$

10 답 ①

▶$f(x)$가 $(x-a)^2$으로 나누어떨어지면
$f(x)$를 $x-a$로 나눈 나머지가 0이고,
몫을 $x-a$로 나눈 나머지도 0이다.

주어진 식이 $(x+1)^2$으로 나누어떨어지므로 조립제법을 쓰면

$$\begin{array}{r|rrrrr} -1 & 2 & 6 & a & 0 & b \\ & & -2 & -4 & -a+4 & a-4 \\ \hline -1 & 2 & 4 & a-4 & -a+4 & \boxed{a+b-4} \\ & & -2 & -2 & -a+6 & \\ \hline & 2 & 2 & a-6 & \boxed{-2a+10} & \end{array}$$

$a+b-4=0$이고 $-2a+10=0$이므로
$\quad a=5,\ b=-1 \qquad \therefore ab=-5$

11 답 ③

▶$f(1)=0$임을 이용하여 $a,\ b,\ c$의 관계를 구하고 한 문자를 소거한다.
$f(1)=0$이므로 $a+b+c-a=0 \qquad \therefore c=-b$
대입하면
$$f(x)=ax^4+bx^3-bx-a$$
$$=a(x^4-1)+bx(x^2-1)$$
$$=(x^2-1)\{a(x^2+1)+bx\}$$
$$=(x+1)(x-1)(ax^2+bx+a)$$
따라서 인수인 것은 ③ $x+1$이다.

Think More

$f(x)$를 $a,\ b$에 대해 정리한 후 인수분해 하였다.
다음과 같이 조립제법을 이용하여 인수분해 할 수도 있다.

$$\begin{array}{r|rrrrr} 1 & a & b & 0 & -b & -a \\ & & a & a+b & a+b & a \\ \hline -1 & a & a+b & a+b & a & \boxed{0} \\ & & -a & -b & -a & \\ \hline & a & b & a & \boxed{0} & \end{array}$$

$$\therefore ax^4+bx^3-bx-a=(x-1)(x+1)(ax^2+bx+a)$$

12 ······························ 답 120

▶수를 문자로 치환하고 분모, 분자를 인수분해 하면 계산이 편하다.

$17=a$, $13=b$로 놓으면

$$\frac{(17^3-13^3)(17^3+13^3)}{17^4+17^2\times13^2+13^4}$$

$$=\frac{(a^3-b^3)(a^3+b^3)}{a^4+a^2b^2+b^4}$$

$$=\frac{(a-b)(a^2+ab+b^2)(a+b)(a^2-ab+b^2)}{(a^2+ab+b^2)(a^2-ab+b^2)}$$

$$=(a-b)(a+b)$$

$$=(17-13)(17+13)=120$$

13 ······························ 답 3200

▶수를 문자로 치환하고 인수분해 하면
수를 다시 대입할 때 계산이 편해진다.

$18=t$라 하면 $t^3-6t^2-36t-40$

이 식을 $f(t)$라 하면 $f(-2)=0$이므로 조립제법을 쓰면

```
-2 | 1   -6   -36   -40
   |     -2    16    40
   ------------------------
     1   -8   -20  | 0
```

$$\therefore f(t)=(t+2)(t^2-8t-20)=(t+2)^2(t-10)$$

$t=18$을 대입하면 $f(18)=20^2\times8=3200$

14 ······························ 답 ④

▶$a+b+c=k$일 때 $(a+b)(b+c)(c+a)$는
$$(a+b)(b+c)(c+a)=(k-c)(k-a)(k-b)$$
로 고쳐 전개하면 편하다.

$a+b+c=2$이므로

$$(a+b)(b+c)(c+a)$$

$$=(2-c)(2-a)(2-b)$$

$$=8-4(a+b+c)+2(ab+bc+ca)-abc$$

$$=8-4\times2+2\times(-1)-abc=-2-abc \quad\cdots\ \mathbf{❶}$$

▶$a^3+b^3+c^3=11$이므로
$$a^3+b^3+c^3-3abc=(a+b+c)(a^2+b^2+c^2-ab-bc-ca)$$
를 이용한다.

또 $a^2+b^2+c^2=(a+b+c)^2-2(ab+bc+ca)$
$$\qquad\qquad\quad =2^2-2\times(-1)=6$$

이므로 $a^3+b^3+c^3-3abc$

$$=(a+b+c)(a^2+b^2+c^2-ab-bc-ca)$$

에서

$$11-3abc=2\times\{6-(-1)\}\qquad\therefore abc=-1$$

$\mathbf{❶}$에 대입하면 $(a+b)(b+c)(c+a)=-1$

15 ······························ 답 ①

▶$(px+q)(rx+s)$ 꼴로 인수분해 되었다고 하면
$pr=3$, $qs=2$이다.
이때 p, q, r, s가 정수라는 조건을 이용하면 가능한 값을 모두 찾을 수 있다.

$$3x^2+ax+2=(px+q)(rx+s)$$

라 하면 $pr=3$, $qs=2$이다.
p, q, r, s가 정수이므로 가능한 경우는 다음과 같다.

$$(3x+1)(x+2)=3x^2+7x+2$$
$$(3x+2)(x+1)=3x^2+5x+2$$
$$(3x-1)(x-2)=3x^2-7x+2$$
$$(3x-2)(x-1)=3x^2-5x+2$$

따라서 가능한 a의 값은 $7, 5, -7, -5$이고, 합은 0이다.

Think More

곱해서 3이 되는 정수는 1과 3, -1과 -3이고
곱해서 2가 되는 정수는 1과 2, -1과 -2이다.
곧, 음수도 생각해야 한다.

16 ······························ 답 3

▶$f(x)$의 모든 계수와 상수항이 정수이고 최고차항의 계수가 1일 때,
$f(p)=0$이면 가능한 p는 $\pm$(상수항의 약수)이다.
따라서 이 문제에서 가능한 값은 $\pm1, \pm2$이다.
이 값을 모두 대입한 다음 가능한지 확인한다.

$f(x)=x^4+ax^3+x^2+bx-2$의 모든 계수와 상수항이 정수이므
로 일차식 인수는 $x-p$ 꼴이고, $f(p)=0$이다.
또 $f(x)$의 상수항이 -2이므로 가능한 p는 $\pm1, \pm2$이다.

(ⅰ) $f(1)=0$일 때
$$1+a+1+b-2=0 \qquad\therefore a+b=0$$
$a>0$, $b>0$이므로 모순이다.

(ⅱ) $f(-1)=0$일 때
$$1-a+1-b-2=0 \qquad\therefore a+b=0$$
$a>0$, $b>0$이므로 모순이다.

(ⅲ) $f(2)=0$일 때
$$16+8a+4+2b-2=0 \qquad\therefore 4a+b=-9$$
$a>0$, $b>0$이므로 모순이다.

(ⅳ) $f(-2)=0$일 때
$$16-8a+4-2b-2=0 \qquad\therefore 4a+b=9$$
a, b는 양의 정수이고 $a>b$이므로
$$a=2, b=1 \qquad\therefore a+b=3$$

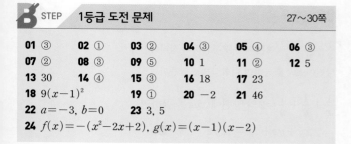
01 ③	**02** ①	**03** ②	**04** ③	**05** ④	**06** ③
07 ②	**08** ③	**09** ⑤	**10** 1	**11** ②	**12** 5
13 30	**14** ④	**15** ③	**16** 18	**17** 23	
18 $9(x-1)^2$		**19** ①	**20** -2	**21** 46	
22 $a=-3,\ b=0$		**23** 3, 5			
24 $f(x)=-(x^2-2x+2),\ g(x)=(x-1)(x-2)$					

01   답 ③

▶문자가 $a,\ b$이므로
차수가 낮은 문자에 대해 정리한다.

b에 대해 정리하면
$$a^3+a^2b+4ab+2b^2-8$$
$$=2b^2+(a^2+4a)b+a^3-8$$
$$=2b^2+(a^2+4a)b+a^3-2^3$$
$$=2b^2+(a^2+4a)b+(a-2)(a^2+2a+4)$$

$$\begin{array}{ccccc} 1 & & a-2 & \longrightarrow & 2a-4 \\ & \times & & & \\ 2 & & a^2+2a+4 & \longrightarrow & \underline{a^2+2a+4} \ (+ \\ & & & & a^2+4a \end{array}$$

$$\therefore\ (b+a-2)(2b+a^2+2a+4)$$
$$=(a+b-2)(a^2+2a+2b+4)$$

따라서 인수인 것은 ③ $a+b-2$이다.

02   답 ①

▶바로 곱하면 인수분해 하기 쉽지 않다.
$x^2-x,\ x^2+3x+2$를 인수분해 하고
공통부분이 나오게 다시 묶어 정리한다.

$$(x^2-x)(x^2+3x+2)-3=x(x-1)(x+1)(x+2)-3$$
$$=x(x+1)(x-1)(x+2)-3$$
$$=(x^2+x)(x^2+x-2)-3$$

이므로 $x^2+x=t$로 놓으면
$$t(t-2)-3=t^2-2t-3$$
$$=(t+1)(t-3)$$
$$=(x^2+x+1)(x^2+x-3)$$
$$\therefore\ a+b+c+d=1+1+1-3=0$$

Think More

공통부분이 나오도록 식을 변형하여 치환하면 전개도 쉽고 인수분해도 쉽다.

03   답 ②

▶$a+b-c,\ a-b+c,\ -a+b+c$와 같이 순환하는 꼴은
제곱하여 전개하면 간단히 정리된다.
그리고 한 문자에 대해 정리하여 인수분해 한다.

$$(a+b-c)^2+(a-b+c)^2+(-a+b+c)^2$$
$$=3(a^2+b^2+c^2)-2ab-2bc-2ca$$

이므로
$$(주어진\ 식)=3(a^2+b^2+c^2)-6ab+6bc-6ca$$
$$=3\{a^2-2(b+c)a+b^2+2bc+c^2\}$$
$$=3\{a^2-2(b+c)a+(b+c)^2\}$$
$$=3\{a-(b+c)\}^2$$
$$=3(a-b-c)^2$$

다른 풀이

$a+b+c=X$로 놓으면
$$a+b=X-c,\ a+c=X-b,\ b+c=X-a$$
이므로
$$(a+b-c)^2+(a-b+c)^2+(-a+b+c)^2$$
$$-4(ab-2bc+ca)$$
$$=(X-2c)^2+(X-2b)^2+(X-2a)^2$$
$$-4(ab-2bc+ca)$$
$$=3X^2-4(a+b+c)X+4(a^2+b^2+c^2)$$
$$-4(ab-2bc+ca)$$

이때 $a^2+b^2+c^2=X^2-2(ab+bc+ca)$이므로
$$3X^2-4X^2+4X^2-8(ab+bc+ca)-4(ab-2bc+ca)$$
$$=3X^2-12ab-12ca$$
$$=3(a^2+b^2+c^2+2ab+2bc+2ca-4ab-4ca)$$
$$=3(a^2+b^2+c^2-2ab+2bc-2ca)$$
$$=3(a-b-c)^2$$

04   답 ③

▶x^3-y^3 꼴은 다음 두 식 중 하나를 이용하여 정리한다.
$$x^3-y^3=(x-y)(x^2+xy+y^2)$$
$$x^3-y^3=(x-y)^3+3xy(x-y)$$

$\boxed{(a+b+2c)^3-a^3}\ \boxed{-b^3-8c^3}$

위와 같이 두 항씩 묶어 생각하면
$$(a+b+2c)^3-a^3$$
$$=(a+b+2c-a)^3+3(a+b+2c)a(a+b+2c-a)$$
$$=(b+2c)^3+3a(a+b+2c)(b+2c)$$
$$b^3+8c^3=(b+2c)^3-6bc(b+2c)$$

이므로
$$(주어진\ 식)$$
$$=3a(a+b+2c)(b+2c)+6bc(b+2c)$$
$$=3(b+2c)(a^2+ab+2ca+2bc)$$
$$=3(b+2c)\{a(a+b)+2c(a+b)\}$$
$$=3(a+b)(b+2c)(2c+a)$$

05 ▸ 답 ④

▸연속하는 네 수이다. 수를 인수분해 할 수는 없지만
$50=x$로 놓고 인수분해 하면 간단히 정리할 수 있다.

$x=50$이라 하면
$$50\times51\times52\times53+1=x(x+1)(x+2)(x+3)+1$$
$$=x(x+3)(x+1)(x+2)+1$$
$$=(x^2+3x)(x^2+3x+2)+1$$
$$=(x^2+3x)^2+2(x^2+3x)+1$$
$$=(x^2+3x+1)^2$$
$$\therefore \sqrt{50\times51\times52\times53+1}=\sqrt{(50^2+3\times50+1)^2}$$
$$=50^2+3\times50+1$$
$$=2651$$

따라서 $a=2$, $b=6$, $c=5$, $d=1$이므로
$$a+b+c+d=14$$

06 ▸ 답 ③

▸정리할 것이 보이지 않는다.
이런 경우는 각 항을 전개한 다음 한 문자에 대해 정리한다.

좌변을 전개하면
$$a^2b+ab^2-b^2c-bc^2-c^2a+ca^2=0$$
좌변을 a에 대해 정리하고 인수분해 하면
$$(b+c)a^2+(b^2-c^2)a-b^2c-bc^2=0$$
$$(b+c)a^2+(b+c)(b-c)a-bc(b+c)=0$$
$$(b+c)\{a^2+(b-c)a-bc\}=0$$
$$\therefore (b+c)(a+b)(a-c)=0$$
$b+c>0$, $a+b>0$이므로 $a-c=0$
따라서 삼각형 ABC는 $a=c$인 이등변삼각형이다.

07 ▸ 답 ②

▸$a+b+c=2$이므로 $ab(a+b)+bc(b+c)+ca(c+a)$는
$a+b=2-c$, $b+c=2-a$, $c+a=2-b$를 이용하여 전개한다.

$a+b=2-c$, $b+c=2-a$, $c+a=2-b$이므로
$$ab(a+b)+bc(b+c)+ca(c+a)$$
$$=ab(2-c)+bc(2-a)+ca(2-b)$$
$$=2(ab+bc+ca)-3abc \quad \cdots ❶$$
$(a+b+c)^2=a^2+b^2+c^2+2(ab+bc+ca)$이므로
$$2^2=10+2(ab+bc+ca) \quad \therefore ab+bc+ca=-3$$
따라서
$$a^3+b^3+c^3-3abc=(a+b+c)(a^2+b^2+c^2-ab-bc-ca)$$
에 대입하면
$$8-3abc=2\times(10+3) \quad \therefore abc=-6$$
❶에 대입하면
$$2\times(-3)-3\times(-6)=12$$

08 ▸ 답 ③

▸$\dfrac{1}{x}+\dfrac{1}{y}+\dfrac{1}{z}=2$는 좌변을 통분하여 정리하거나
양변에 xyz를 곱하여 다항식으로 만든다.

$\dfrac{1}{x}+\dfrac{1}{y}+\dfrac{1}{z}=2$의 양변에 xyz를 곱하면
$$xy+yz+zx=2xyz \quad \cdots ❶$$
$x+y+z=2$, $x^2+y^2+z^2=8$이므로
$$(x+y+z)^2=x^2+y^2+z^2+2(xy+yz+zx)$$
에서 $4=8+2(xy+yz+zx)$
$$\therefore xy+yz+zx=-2$$
❶에 대입하고 정리하면 $xyz=-1$

▸$x^3+y^3+z^3$이 주어지면 다음 공식을 생각한다.
$$x^3+y^3+z^3-3xyz=(x+y+z)(x^2+y^2+z^2-xy-yz-zx)$$

$$\therefore x^3+y^3+z^3$$
$$=(x+y+z)(x^2+y^2+z^2-xy-yz-zx)+3xyz$$
$$=2\times(8+2)+3\times(-1)$$
$$=17$$

09 ▸ 답 ⑤

▸$a^3+8b^3+27c^3-18abc=a^3+(2b)^3+(3c)^3-3a\times2b\times3c$
이므로
$$x^3+y^3+z^3-3xyz=(x+y+z)(x^2+y^2+z^2-xy-yz-zx)$$
를 이용할 수 있다.

$a^3+8b^3+27c^3-18abc=0$의 좌변을 인수분해 하면
$$(a+2b+3c)(a^2+4b^2+9c^2-2ab-6bc-3ca)=0$$
a, b, c가 모두 양수이므로 $a+2b+3c\neq0$
$$\therefore a^2+4b^2+9c^2-2ab-6bc-3ca=0$$

▸다음 변형도 공식처럼 기억해야 한다.
$$x^2+y^2+z^2-xy-yz-zx=\frac{1}{2}\{(x-y)^2+(y-z)^2+(z-x)^2\}$$

이때 $a^2+4b^2+9c^2-2ab-6bc-3ca$
$$=\frac{1}{2}\{(a-2b)^2+(2b-3c)^2+(3c-a)^2\}=0$$
이고 a, b, c가 모두 실수이므로
$$(a-2b)^2=(2b-3c)^2=(3c-a)^2=0$$
$$\therefore a=2b, \ 2b=3c, \ 3c=a$$
$$\therefore \frac{2b}{a}+\frac{6c}{b}+\frac{3a}{c}=\frac{2b}{2b}+\frac{4b}{b}+\frac{9c}{c}$$
$$=14$$

10 답 1

▸두 식은 a, b, c가 적당히 바뀐 꼴이다.
이런 경우 두 식을 더하거나 빼면 간단히 정리할 수 있다.

두 식을 변변 빼면
$$(a-b)^2-(c-a)^2=2(c-b)-3(c^2-b^2)$$
$$(-b+c)(2a-b-c)=2(c-b)-3(c+b)(c-b)$$
$$(c-b)(2a-b-c)=(c-b)(2-3c-3b)$$

▸a, b, c가 서로 다른 세 실수이므로 $c-b\neq0$이다.

양변을 $c-b$로 나누면
$$2a-b-c=2-3c-3b$$
$$2a+2b+2c=2$$
$$\therefore a+b+c=1$$

11 답 ②

▸이런 경우 a에 대한 다항식이라 생각하고
$a+b$나 $a-b$를 인수로 갖는지 확인한다.

$$f(x)=x^3-x^2b-3x^2-xb^2+10xb-10x+b^3-7b^2+10b$$
$$=x^3-(b+3)x^2-(b^2-10b+10)x+b^3-7b^2+10b$$

라 하면 $f(b)=0$이므로

b	1	$-b-3$	$-b^2+10b-10$	b^3-7b^2+10b
		b	$-3b$	$-b^3+7b^2-10b$
	1	-3	$-b^2+7b-10$	0

$$f(x)=(x-b)(x^2-3x-b^2+7b-10)$$
$$=(x-b)(x-b+2)(x+b-5)$$

따라서 주어진 식은
$$(a-b)(a-b+2)(a+b-5)=0$$
$a>b$이므로 $a+b-5=0$
a, b는 자연수이므로 가능한 (a, b)의 순서쌍은
$(4, 1), (3, 2)$의 2개이다.

12 답 5

▸좌변을 인수분해 하면, 좌변은 정수의 곱으로 생각할 수 있다.
따라서 70을 소인수분해 하면 가능한 경우를 모두 찾을 수 있다.

좌변을 a에 대해 정리하고 인수분해 하면
$$a^2(b+c)+b^2(a-c)-c^2(a+b)$$
$$=(b+c)a^2+(b^2-c^2)a-b^2c-bc^2$$
$$=(b+c)a^2+(b+c)(b-c)a-bc(b+c)$$
$$=(b+c)\{a^2+(b-c)a-bc\}$$
$$=(b+c)(a+b)(a-c)$$

···

$b+c$, $a+b$, $a-c$의 곱이 70이고 $b+c$, $a+b$가 자연수이므로
$a-c$도 자연수이다.
또 $70=2\times5\times7$이므로 $b+c$, $a+b$, $a-c$의 값은
> 2, 5, 7 또는 1, 7, 10 또는 1, 5, 14 또는 1, 2, 35
> 또는 1, 1, 70

중 하나씩이다.

▸$b+c$, $a+b$, $a-c$의 대소를 조사하면 경우를 줄일 수 있다.

이때 $a+b>a-c$이고 $(a-c)+(b+c)=a+b$이므로 가능한
경우는 다음 표와 같다.

	$a-c$	$a+b$	$b+c$
(i)	2	7	5
(ii)	5	7	2

···

각 경우 가능한 자연수 a, b, c를 찾으면
> (i) $(a, b, c)=(3, 4, 1), (4, 3, 2), (5, 2, 3), (6, 1, 4)$
> (ii) $(a, b, c)=(6, 1, 1)$

따라서 5개이다.

··· 다

단계	채점 기준	배점
가	주어진 식의 좌변 인수분해 하기	30%
나	$70=2\times5\times7$임을 이용하여 가능한 $a-c$, $a+b$, $b+c$의 값 구하기	40%
다	순서쌍 (a, b, c)의 개수 구하기	30%

13 답 30

▸$\dfrac{a^3+b^3}{a^3+c^3}$은 분자와 분모가 모두 인수분해 되는 꼴이다.

이와 같이 분자, 분모가 인수분해 되는 분수식은 인수분해 한 다음 간단히
할 수 있는지 확인한다.

좌변의 분모, 분자를 각각 인수분해 하면
$$\frac{(a+b)(a^2-ab+b^2)}{(a+c)(a^2-ac+c^2)}=\frac{a+b}{a+c}$$

$a+b\neq0$, $a+c\neq0$이므로 $\dfrac{a^2-ab+b^2}{a^2-ac+c^2}=1$
$$a^2-ab+b^2=a^2-ac+c^2$$
$$b^2-c^2-ab+ac=0$$
$$-(b-c)a+(b+c)(b-c)=0$$
$$(b-c)(b+c-a)=0$$

$b\neq c$이므로 $b+c=a$

▸a, b, c가 5 이하의 자연수이므로
가능한 경우를 차례로 모두 확인한다.

> $a=5$일 때, $(b, c)=(1, 4), (2, 3), (3, 2), (4, 1)$
> $a=4$일 때, $(b, c)=(1, 3), (3, 1)$
> $a=3$일 때, $(b, c)=(1, 2), (2, 1)$

따라서 abc의 최댓값은 $a=5$, $b=2$, $c=3$ 또는 $a=5$, $b=3$,
$c=2$일 때, 30이다.

14 .... 답 ④

▶상수항이 -1이므로 $(ax+1)(bx-1)$ 꼴로 인수분해 된다.
따라서 a, b가 정수일 때 ab와 $-a+b$가 각각 x^2, x의 계수가 되는 쌍을 모두 찾는다.

각 다항식은 상수항이 -1이므로
$$(ax+1)(bx-1)\ (a, b는\ 정수)$$
꼴로 인수분해 된다.
전개하면 $abx^2+(-a+b)x-1$
x의 계수가 -2이므로 $-a+b=-2$ $\quad\therefore b=a-2$
x^2의 계수는 $ab=a(a-2)$
$a(a-2)$가 1 이상 2000 이하인 경우를 찾으면
$$3\times1,\ 4\times2,\ ...,\ 45\times43$$
따라서 43개이다.

Think More
자연수 $a(a-2)$의 개수를 구하는 것이므로 $a, a-2$를 양의 정수라 생각하고 풀면 된다.

15 .... 답 ③

▶$f(n)$이 소수이므로 $f(n)=AB$ 꼴로 인수분해 한 다음, A, B 중 하나가 1일 때, 다른 하나가 소수인지 확인한다. 이때 A, B가 음수인 경우도 생각한다.

$$\begin{aligned}f(n)&=(n^2-7)^2-(2n)^2\\&=(n^2-2n-7)(n^2+2n-7)\quad\cdots\ \textbf{❶}\end{aligned}$$

$f(n)$이 소수이고 $n^2-2n-7<n^2+2n-7$이므로 다음 두 경우가 가능하다.
(ⅰ) $n^2-2n-7=1$이고, n^2+2n-7은 소수이다.
$\quad n^2-2n-7=1,\ (n-4)(n+2)=0$
$\quad n$은 자연수이므로 $n=4$
$\quad$이때 $n^2+2n-7=17$은 소수이다.
(ⅱ) $n^2+2n-7=-1$이고, $-(n^2-2n-7)$이 소수이다.
$\quad n$이 자연수일 때, 가능한 경우는 없다.
(ⅰ), (ⅱ)에서 $n=4$이므로
$$n+f(n)=4+f(4)=4+1\times17=21$$

16 .... 답 18

▶삼차식이나 사차식은 우선 인수분해가 되는지 확인한다.

$f(1)=0$이므로 $f(x)$를 $x-1$로 나누면

$$\begin{array}{r|rrrr}1 & 1 & 2 & -k-3 & k\\ & & 1 & 3 & -k\\ \hline & 1 & 3 & -k & 0\end{array}$$

$$f(x)=(x-1)(x^2+3x-k)$$

▶따라서 x^2+3x-k가 $(x+a)(x+b)$ (a, b는 정수) 꼴로 인수분해 되면 된다.
이때 a, b는 합이 3이고 곱이 $-k$인 두 정수이고, k는 400 이하의 자연수이므로 가능한 (a, b)의 쌍은
$$(4, -1), (5, -2), (6, -3), ...$$
임을 알 수 있다. 이것을 식으로 풀면 다음과 같다.

곧 x^2+3x-k가 x의 계수와 상수항이 정수인 두 일차식의 곱으로 인수분해 되면 된다.
$$\begin{aligned}x^2+3x-k&=(x+a)(x+b)\\&=x^2+(a+b)x+ab\ (a, b는\ 정수)\end{aligned}$$
이므로 $a+b=3$, $ab=-k$
b를 소거하면 $a(a-3)=k$
k는 400 이하의 자연수이므로
$$4\times1,\ 5\times2,\ ...,\ 21\times18$$
따라서 자연수 k는 18개이다.

Think More
14번과 마찬가지로 자연수 $k=a(a-3)$의 개수를 구하는 것이므로 $a, a-3$을 양의 정수라 생각하고 풀면 된다.

17 .... 답 23

▶문제를 잘 이해해야 한다.
$n^4+2n^2-3=(n-1)(n-2)\times\boxed{}$ 꼴로 인수분해 된다는 뜻은 아니다.
n^4+2n^2-3을 $(n-1)(n-2)$로 나눈 몫을 Q, 나머지를 R라 할 때, R가 $(n-1)(n-2)$의 배수가 되는 자연수 n을 구하는 문제이다.

$f(n)=n^4+2n^2-3$이라 하면
$$\begin{aligned}f(n)&=(n^2-1)(n^2+3)\\&=(n-1)(n+1)(n^2+3)\\&=(n-1)(n^3+n^2+3n+3)\\&=(n-1)\{(n-2)(n^2+3n+9)+21\}\quad\cdots\ \textbf{❶}\\&=(n-1)(n-2)(n^2+3n+9)+21(n-1)\end{aligned}$$
따라서 $f(n)$이 $(n-1)(n-2)$의 배수이면 $21(n-1)$이 $(n-1)(n-2)$의 배수이다.
곧, 21이 $n-2$의 배수이므로 $n-2$는 21의 약수이다.
따라서 n이 최대일 때
$$n-2=21\quad\therefore n=23$$

Think More
1. ❶에서 n^3+n^2+3n+3을 $n-2$로 나누면 몫이 n^2+3n+9, 나머지가 21임을 이용하였다.
2. n^4+2n^2-3을 $(n-1)(n-2)$로 직접 나눠도 된다.

18 ▸ 답 $9(x-1)^2$

▸　$x^3-1=(x-1)(x^2+x+1)$
이므로 $(x^3-1)^2$은 $(x-1)^2$으로 나누어떨어진다는 것을 이용한다.

$(x^3-1)^2$을 $(x-1)^3$으로 나눈 몫을 $Q(x)$, 나머지를 $R(x)$라 하면
$R(x)$는 이차식이고
$$(x^3-1)^2=(x-1)^3Q(x)+R(x)$$
$x^3-1=(x-1)(x^2+x+1)$이므로
$(x^3-1)^2$은 $(x-1)^2$으로 나누어떨어진다.
곧, $R(x)=a(x-1)^2$으로 놓을 수 있다.
$$\therefore (x^3-1)^2=(x-1)^3Q(x)+a(x-1)^2$$
양변을 $(x-1)^2$으로 나누면
$$(x^2+x+1)^2=(x-1)Q(x)+a$$
$x=1$을 대입하면 $a=9$
따라서 나머지는 $R(x)=9(x-1)^2$이다.

19 ▸ 답 ①

$f(x)=x^3-3b^2x+2c^3$이라 하자.
$f(x)$가 $(x-a)(x-b)$로 나누어떨어지므로
$f(a)=0, f(b)=0$이다.
$f(a)=0$이므로 $a^3-3b^2a+2c^3=0$　　… ❶
$f(b)=0$이므로 $b^3-3b^3+2c^3=0$　　… ❷

▸인수분해 할 수 있는 식을 찾아 정리하면
a, b, c의 관계를 쉽게 찾을 수 있다.
이와 같이 인수분해는 다항식을 정리하는 기본이다.

❷에서 $b^3-c^3=0$, $(b-c)(b^2+bc+c^2)=0$
b, c는 양수이므로 $b=c$
❶에 대입하면 $a^3-3b^2a+2b^3=0$　　… ❸
$g(x)=x^3-3b^2x+2b^3$이라 하면 $g(b)=0$이므로
$$g(x)=(x-b)(x^2+bx-2b^2)=(x-b)^2(x+2b)$$
곧, ❸은 $(a-b)^2(a+2b)=0$
a, b는 양수이므로 $a=b$
또 $b=c$이므로 $a=b=c$
따라서 한 변의 길이가 4인 정삼각형이므로 넓이는
$$\frac{\sqrt{3}}{4}\times4^2=4\sqrt{3}$$

20 ▸ 답 -2

$f(x+2)-f(x)$를 x^2-2x로 나눈 몫을 $Q(x)$라 하면
$$f(x+2)-f(x)=x(x-2)Q(x)+2$$
$x=0$을 대입하면 $f(2)-f(0)=2$
$x=2$를 대입하면 $f(4)-f(2)=2$

▸$f(x)=x^3+ax^2+bx+c$로 놓고
조건에 대입한 다음 계수를 찾는 것이 쉽지 않다.
이 문제에서는 $f(2), f(4)$를 $f(0)$으로 나타내고
$f(x)-f(0)$에 대해 생각한다.

$$f(2)=f(0)+2$$
$$f(4)=f(2)+2=f(0)+4$$
이므로 $g(x)=f(x)-f(0)-x$라 하면
$$g(0)=0, g(2)=0, g(4)=0$$
따라서 삼차식 $g(x)$는 $x(x-2)(x-4)$로 나누어떨어지고
최고차항의 계수가 1이므로
$$g(x)=x(x-2)(x-4)$$
$$\therefore f(x)=x(x-2)(x-4)+x+f(0)$$
(나)에서 $f(1)=0$이므로
$$3+1+f(0)=0, f(0)=-4$$
$$\therefore f(x)=x(x-2)(x-4)+x-4, f(2)=-2$$

21 ▸ 답 46

▸$f(a)=a^3$이면 a는 $f(x)-x^3=0$의 해이다.
곧, 1과 3은 $f(x)-x^3=0$의 해이므로
$f(x)-x^3$은 $x-1$과 $x-3$으로 나누어떨어진다.

$f(x)$가 삼차식이고 (나)에서 $f(a)=a^3$인 실수 a가 1과 3뿐이
므로 $f(x)-x^3$의 인수는 $x-1$과 $x-3$뿐이다.
(가)에서 $f(x)-x^3$은 삼차식이므로 다음 둘 중 하나이다.
$$f(x)-x^3=p(x-1)^2(x-3)　　\cdots\text{(i)}$$
$$f(x)-x^3=p(x-1)(x-3)^2　　\cdots\text{(ii)}$$
(i) (다)에서 $f(2)=10$이므로 $10-2^3=-p$, $p=-2$
$$\therefore f(x)=x^3-2(x-1)^2(x-3)$$
이는 (가)를 만족하므로
$$f(4)=64-2\times9\times1=46$$
(ii) (다)에서 $f(2)=10$이므로 $10-2^3=p$, $p=2$
$$\therefore f(x)=x^3+2(x-1)(x-3)^2$$
이는 (가)에 모순이다.
(i), (ii)에서 $f(4)=46$

22 ▸ 답 $a=-3, b=0$

▸주어진 식을 $f(x)$라 하고 $f(x)$를 $(x-3)^3$으로 나눈 몫을 $Q(x)$라 하면
$$f(x)=(x-3)^3Q(x)+3^{n+1}(x-3)^2$$
우변이 $(x-3)^2$으로 나누어떨어지므로 $f(x)$가 $(x-3)^2$을 인수로 가진다는 것을 이용한다.

$$f(x)=x^n\{x^3+(a-3)x^2+(b-3a)x-3b\},$$
$$g(x)=x^3+(a-3)x^2+(b-3a)x-3b$$라 하자.
$f(x)$를 $(x-3)^3$으로 나눈 몫을 $Q(x)$라 하면 나머지가
$3^{n+1}(x-3)^2$이므로
$$f(x)=(x-3)^3Q(x)+3^{n+1}(x-3)^2$$
$$=(x-3)^2\{(x-3)Q(x)+3^{n+1}\}　　\cdots❶$$
곧, $g(x)$는 $(x-3)^2$을 인수로 가진다.

$g(3)=0$이므로 $g(x)$를 $x-3$으로 나누면
$$x^3+(a-3)x^2+(b-3a)x-3b=(x-3)(x^2+ax+b)$$
이때 x^2+ax+b도 $x-3$으로 나누어떨어지므로
$$9+3a+b=0 \qquad \therefore b=-3a-9$$
$$x^2+ax+b=x^2+ax-3a-9$$
$$=(x-3)(x+3)+a(x-3)$$
$$=(x-3)(x+3+a)$$
$$\therefore x^n\{x^3+(a-3)x^2+(b-3a)x-3b\}$$
$$=x^n(x-3)^2(x+3+a)$$
$$=(x-3)^2(x^{n+1}+3x^n+ax^n) \qquad \cdots ❷$$
$h(x)=x^{n+1}+3x^n+ax^n$이라 하면 ❶, ❷에서
$$h(3)=3^{n+1}$$
$h(x)$에 $x=3$을 대입하면
$$3^{n+1}+3\times 3^n+a\times 3^n=3^{n+1}$$
$$\therefore a=-3,\ b=-3a-9=0$$

23 답 3, 5

▶인수정리에서
$f(1)g(1)=0$이고 $f(-1)g(-1)=0$이므로
$f(1)=0$일 때와 $g(1)=0$일 때,
$f(-1)=0$일 때와 $g(-1)=0$일 때
로 모두 나누어 생각해야 한다.

$x-1$과 $x+1$이 $f(x)g(x)$의 인수이므로
$$f(1)g(1)=0$이고 $f(-1)g(-1)=0$$
$f(1)=0$일 때 (가)에서 $g(1)=0$
$g(1)=0$일 때 (가)에서 $f(1)=0$
따라서 $x-1$은 $f(x)$와 $g(x)$의 인수이다.
그런데 $2f(x)-g(x)$가 일차식이므로
$$f(x)=a(x-1)(x-p),\ g(x)=2a(x-1)(x-q)\ (a\neq 0)$$
로 놓을 수 있다.
(ⅰ) $f(-1)=0$이면 $p=-1$
$f(0)=-1$이므로 $a=1$, $f(x)=(x-1)(x+1)$
이때 $2f(x)-g(x)=2(x-1)(1+q)$이므로
$$2(1+q)=1,\ q=-\frac{1}{2}$$
$$\therefore g(x)=2(x-1)\left(x+\frac{1}{2}\right)=(x-1)(2x+1)$$
$$\therefore g(2)=5$$
(ⅱ) $g(-1)=0$이면 $q=-1$
이때 $2f(x)-g(x)=-2a(x-1)(p+1)$이므로
$$-2a(p+1)=1$$
$f(0)=-1$이므로 $ap=-1$
대입하면 $2-2a=1$, $a=\frac{1}{2}$
$$\therefore g(x)=(x-1)(x+1)$$
$$\therefore g(2)=3$$

다른 풀이
(가)에서 $g(x)=2f(x)-x+1$이므로
$$f(x)g(x)=f(x)\{2f(x)-x+1\} \qquad \cdots ❶$$

$x-1$과 $x+1$이 $f(x)g(x)$의 인수이므로
$$f(1)g(1)=0$이고 $f(-1)g(-1)=0$$
❶에 $x=1$을 대입하면
$$f(1)\{2f(1)-1+1\}=0,\ 2\{f(1)\}^2=0$$
$$\therefore f(1)=0$$
❶에 $x=-1$을 대입하면
$$f(-1)\{2f(-1)+1+1\}=0,\ 2f(-1)\{f(-1)+1\}=0$$
$$\therefore f(-1)=0$ 또는 $f(-1)=-1$$
$f(x)$는 이차식이고 $f(0)=-1$, $f(1)=0$이므로
$f(x)=(x-1)(ax+1)\ (a\neq 0)$이라 하자.
(ⅰ) $f(-1)=0$일 때
$$-a+1=0,\ a=1$$
즉, $f(x)=(x-1)(x+1)$이므로
$$g(2)=2f(2)-2+1=5$$
(ⅱ) $f(-1)=-1$일 때
$$-2(-a+1)=-1,\ a=\frac{1}{2}$$
즉, $f(x)=(x-1)\left(\frac{1}{2}x+1\right)$이므로
$$g(2)=2f(2)-2+1=3$$

24 답 $f(x)=-(x^2-2x+2),$
$g(x)=(x-1)(x-2)$

▶$f(x)+g(x)$, $\{f(x)\}^3+\{g(x)\}^3$에 대한 조건이 있으므로
$$a^3+b^3=(a+b)^3-3ab(a+b)$$
$$a^3+b^3=(a+b)(a^2-ab+b^2)$$
을 먼저 생각한다.

$$\{f(x)\}^3+\{g(x)\}^3$$
$$=\{f(x)+g(x)\}^3-3f(x)g(x)\{f(x)+g(x)\}$이므로$$
$$-3x^5+15x^4-31x^3+30x^2-12x=-x^3-3f(x)g(x)\times(-x)$$
$$xf(x)g(x)=-x^5+5x^4-10x^3+10x^2-4x$$
x에 대한 항등식이므로 양변을 x로 나눈 후 인수분해 하면
$$f(x)g(x)=-(x^4-5x^3+10x^2-10x+4)$$
$$=-(x-1)(x-2)(x^2-2x+2)$$
$f(x)+g(x)$가 일차식이고
$f(x)g(x)$의 사차항의 계수가 -1이므로
$f(x)$와 $g(x)$의 이차항의 계수는 1과 -1 또는 -1과 1이다.
이때 $f(x)+g(x)=-x$인 두 이차식은
$$(x-1)(x-2),\ -(x^2-2x+2)$$
$f(1)<g(1)$이므로
$$f(x)=-(x^2-2x+2),\ g(x)=(x-1)(x-2)$$

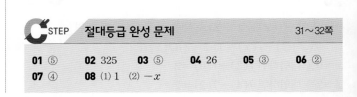

STEP 절대등급 완성 문제   31~32쪽

01

세제곱 꼴에 착안하여 다음을 이용한다.
$$a^3+b^3=(a+b)(a^2-ab+b^2)$$
$$a^3-b^3=(a-b)(a^2+ab+b^2)$$

$x+y-z=a$, $y+z-x=b$, $z+x-y=c$라 하면
$$a+b+c=x+y+z$$
$$\therefore (좌변)=(a+b+c)^3-a^3-b^3-c^3$$
$$=\{(a+b+c)^3-a^3\}-(b^3+c^3)$$
$$=(a+b+c-a)\{(a+b+c)^2+(a+b+c)a+a^2\}$$
$$-(b+c)(b^2-bc+c^2)$$
$$=(b+c)(3a^2+b^2+c^2+3ab+2bc+3ca)$$
$$-(b+c)(b^2-bc+c^2)$$
$$=(b+c)(3a^2+3ab+3bc+3ca)$$
$$=3(b+c)(a+b)(a+c)$$
$$=3\times2z\times2y\times2x=24xyz$$
$$\therefore 24xyz=144,\ xyz=6$$

이때 x, y, z는 서로 다른 자연수이므로 세 수는 1, 2, 3이고,
$$x+y+z=6$$

다른 풀이 1

다음과 같이 치환하여 풀 수도 있다.

$x+y=a$, $x-y=b$라 하면
$$(좌변)=(a+z)^3-(a-z)^3-(z-b)^3-(z+b)^3$$
$$=6za^2-6zb^2=6z(a+b)(a-b)$$
$$=6z\times2x\times2y=24xyz$$
$$\therefore 24xyz=144,\ xyz=6$$

다른 풀이 2

$$a^3+b^3=(a+b)^3-3ab(a+b)$$
$$a^3-b^3=(a-b)^3+3ab(a-b)$$
를 이용할 수도 있다.

$x+y+z=a$, $x+y-z=b$, $y+z-x=c$, $z+x-y=d$라 하면
$$(좌변)=(a-b)^3+3ab(a-b)-\{(c+d)^3-3cd(c+d)\}$$
$a-b=2z$, $c+d=2z$이므로
$$(좌변)=(2z)^3+3ab\times2z-(2z)^3+3cd\times2z$$
$$=6z(ab+cd)$$
이때 $ab+cd=(x+y)^2-z^2+z^2-(x-y)^2=4xy$이므로
$$(좌변)=24xyz$$
$$\therefore 24xyz=144,\ xyz=6$$

02

$x^5+y^5+z^5$이 나오는 곱을 생각하면
$$(x^2+y^2+z^2)(x^3+y^3+z^3)$$
이다. 이 식을 전개하고 필요한 값을 찾아보자.

$(x+y+z)^2=x^2+y^2+z^2+2(xy+yz+zx)$에서
$$5^2=15+2(xy+yz+zx) \qquad \therefore xy+yz+zx=5 \quad \cdots ㉮$$

또 $x^3+y^3+z^3-3xyz=(x+y+z)(x^2+y^2+z^2-xy-yz-zx)$
에서 $x^3+y^3+z^3=5\times(15-5)+3\times(-3)=41 \quad \cdots ㉯$
$$\therefore x^5+y^5+z^5$$
$$=(x^2+y^2+z^2)(x^3+y^3+z^3)$$
$$-\{x^2y^2(x+y)+y^2z^2(y+z)+z^2x^2(z+x)\}$$
$$=(x^2+y^2+z^2)(x^3+y^3+z^3)$$
$$-\{x^2y^2(5-z)+y^2z^2(5-x)+z^2x^2(5-y)\}$$
$$=(x^2+y^2+z^2)(x^3+y^3+z^3)$$
$$-5(x^2y^2+y^2z^2+z^2x^2)+xyz(xy+yz+zx)$$
$$=(x^2+y^2+z^2)(x^3+y^3+z^3)$$
$$-5\{(xy+yz+zx)^2-2xyz(x+y+z)\}$$
$$+xyz(xy+yz+zx)$$
$$=15\times41-5\{5^2-2\times(-3)\times5\}-3\times5=325 \quad \cdots ㉰$$

단계	채점 기준	배점
㉮	$xy+yz+zx$의 값 구하기	20%
㉯	$x^3+y^3+z^3$의 값 구하기	30%
㉰	$x^5+y^5+z^5$의 값 구하기	50%

03

$$f(x^2)=(x^4-3x^2+8)f(x)-12x^2-28 \quad \cdots ❶$$

$f(x)=a_nx^n+\cdots\ (a_n\neq0)$이라 하고
조건식에서 최고차항을 비교하여 n부터 구한다.

ㄱ. $f(x)=a_nx^n+\cdots\ (a_n\neq0)$이라 하면 ❶에서
좌변의 최고차항은 a_nx^{2n}
우변의 최고차항은 $x^4\times a_nx^n=a_nx^{n+4}$
$2n=n+4$이므로 $n=4$
곧, $f(x)$는 사차식이다. (참)

ㄴ. ❶의 x에 $-x$를 대입하면
$$f(x^2)=(x^4-3x^2+8)f(-x)-12x^2-28$$
❶과 비교하면 $f(x)=f(-x)$ (참)

ㄷ. $f(x)$가 사차식이므로
$$f(x)=ax^4+bx^3+cx^2+dx+e$$
로 놓고 ㄴ과 ❶을 이용하여 계수를 구한다.

$f(x)=ax^4+bx^3+cx^2+dx+e$라 하면
$$f(-x)=ax^4-bx^3+cx^2-dx+e$$
$f(x)=f(-x)$이므로
$$b=-b,\ d=-d \qquad \therefore b=d=0$$
$f(x)=ax^4+cx^2+e$를 ❶에 대입하면
$$(좌변)=ax^8+cx^4+e$$
$$(우변)=ax^8+(c-3a)x^6+(8a-3c+e)x^4$$
$$+(8c-3e-12)x^2+8e-28$$

양변의 계수를 비교하면
$$0=c-3a,\ c=8a-3c+e$$
$$0=8c-3e-12,\ e=8e-28$$

연립하여 풀면 $e=4$, $c=3$, $a=1$

$$\therefore f(x)=x^4+3x^2+4=(x^2+2)^2-x^2$$
$$=(x^2+x+2)(x^2-x+2)$$
곧, $f(x)$는 x^2+x+2를 인수로 가진다. (참)
따라서 옳은 것은 ㄱ, ㄴ, ㄷ이다.

Think More

$f(x)$가 다항식일 때
1. $f(x)=f(-x)$이면 $\Rightarrow f(x)=a+bx^2+cx^4+\cdots$ 꼴
2. $f(x)=-f(-x)$이면 $\Rightarrow f(x)=ax+bx^3+cx^5+\cdots$ 꼴

04 ▷ 답 26

▶ $f(x)g(x)$가 $(x-2)(x^2+2x+4)$로 나누어떨어지므로
$x-2$와 x^2+2x+4가 $f(x)$의 인수인지 $g(x)$의 인수인지로
나누어 생각한다.

$f(x)$는 x^3의 계수가 1인 삼차식이고
$f(x)-xg(x)$가 이차식이므로
$g(x)$는 x^2의 계수가 1인 이차식이다.
곧, $x^3-8=(x-2)(x^2+2x+4)$에서
$x-2$, x^2+2x+4가 동시에 이차식 $g(x)$의 인수일 수는 없다.

(i) x^2+2x+4가 $g(x)$의 인수일 때
$$g(x)=x^2+2x+4$$
이고 $x-2$는 $f(x)$의 인수이므로
$$f(x)=(x-2)(x^2+ax+b)$$
로 놓고 $f(x)-xg(x)=4x^2+12x+8$에 대입하여 정리하면
$$(a-4)x^2+(-2a+b-4)x-2b=4x^2+12x+8$$
양변의 계수를 비교하면
$$a-4=4,\ -2a+b-4=12,\ -2b=8$$
세 식을 동시에 만족시키는 a, b는 없다.

(ii) $x-2$가 $g(x)$의 인수일 때
x^2+2x+4는 $f(x)$의 인수이므로
$$f(x)=(x^2+2x+4)(x+a)$$
$$g(x)=(x-2)(x+b)$$
로 놓고 $f(x)-xg(x)=4x^2+12x+8$에 대입하여 정리하면
$$(a-b+4)x^2+(2a+2b+4)x+4a=4x^2+12x+8$$
양변의 계수를 비교하면
$$a-b+4=4,\ 2a+2b+4=12,\ 4a=8$$
연립하여 풀면 $a=2$, $b=2$
$$\therefore f(x)=(x+2)(x^2+2x+4),$$
$$g(x)=(x+2)(x-2)$$

(iii) $x-2$와 x^2+2x+4가 $f(x)$의 인수일 때
$$f(x)=(x-2)(x^2+2x+4) \quad \cdots \ ❶$$
❶에 $x=0$을 대입하면 $f(0)=-8$이고,
$f(x)-xg(x)=4x^2+12x+8$에 $x=0$을 대입하면
$f(0)=8$이므로 성립하지 않는다.
따라서 $f(x)=(x+2)(x^2+2x+4)$, $g(x)=(x+2)(x-2)$
이므로
$$f(1)+g(3)=21+5=26$$

05 ▷ 답 ③

▶ 직접 나누고 나머지가 0이 되는 조건을 찾는다.
또는 몫이 이차식이므로 몫을 x^2+ax+b라 하고
$$P(x)=(x^2+kx+1)(x^2+ax+b)$$
가 성립할 조건을 찾는다.

$P(x)$를 x^2+kx+1로 나눈 몫은 x^2+ax+b 꼴이므로
$$P(x)=(x^2+kx+1)(x^2+ax+b)$$
$P(x)$의 상수항은 1이므로 $b=1$
x^3의 계수는 $n-1=a+k \quad \cdots ❶$
x^2의 계수는 $n=2+ak \quad \cdots ❷$

▶ n을 소거할 수도 있고,
n과 k의 조건을 찾아야 하므로 a를 소거할 수도 있다.

❶에서 $a=n-k-1$을 ❷에 대입하면
$$n=2+k(n-k-1)$$
$$k^2+(1-n)k+n-2=0$$
$$(k-1)(k-n+2)=0$$
$k>1$이므로 $n=k+2 \quad \therefore f(k)=k+2$
$$\therefore f(3)+f(4)+f(5)+f(6)+f(7)$$
$$=5+6+7+8+9=35$$

다른 풀이

$P(x)$의 계수가 대칭이므로 다음과 같이 풀 수도 있다.
$$P(x)=x^4+(n-1)x^3+nx^2+(n-1)x+1$$
$$=x^2\left\{\left(x^2+\frac{1}{x^2}\right)+(n-1)\left(x+\frac{1}{x}\right)+n\right\}$$
$$=x^2\left\{\left(x+\frac{1}{x}\right)^2+(n-1)\left(x+\frac{1}{x}\right)+n-2\right\}$$
$$=x^2\left(x+\frac{1}{x}+1\right)\left(x+\frac{1}{x}+n-2\right)$$
$$=(x^2+x+1)\{x^2+(n-2)x+1\}$$
이고 $P(x)$가 $x^2+kx+1\ (k\neq1)$을 인수로 가지므로
$$k=n-2,\ n=k+2 \quad \therefore f(k)=k+2$$
$$\therefore f(3)+f(4)+f(5)+f(6)+f(7)$$
$$=5+6+7+8+9=35$$

06 ▷ 답 ②

▶ x에 대한 다항식, y를 계수라 생각하고
$$f(x)=x^3+kyx+y^3+8$$
로 놓자.

$f(x)$가 $px+qy+r$ 꼴의 인수를 가지면 $f\left(-\dfrac{q}{p}y-\dfrac{r}{p}\right)=0$이다.

따라서 $-\dfrac{q}{p}y-\dfrac{r}{p}$는 y^3+8의 인수이어야 한다.

$f(x)=x^3+y^3+kxy+8$이라 하면
$$f(x)=x^3+kyx+y^3+8$$
$$=x^3+kyx+(y+2)(y^2-2y+4)$$

따라서 $f(x)$의 x, y에 대한 일차식인 인수는
$$x-a(y+2) \ (a는 정수)$$
꼴이고, $f(a(y+2))=0$이므로
$$a^3(y+2)^3+aky(y+2)+y^3+8=0$$
$$(a^3+1)y^3+(6a^3+ak)y^2+2a(6a^2+k)y+8a^3+8=0$$
y에 대한 항등식이므로 $a=-1$, $k=-6$

다른 풀이

일차식인 인수를 $x+py+q$ $(p, q는 정수)$라 하면
$$x^3+y^3+kxy+8$$
$$=(x+py+q)(x^2+ay^2+bxy+cx+dy+e)$$
y^3의 계수는 $1=ap$, $a=\dfrac{1}{p}$
$$x^3+y^3+kxy+8$$
$$=(x+py+q)\left(x^2+\dfrac{1}{p}y^2+bxy+cx+dy+e\right)$$
x^2y의 계수는 $0=b+p$
xy^2의 계수는 $0=\dfrac{1}{p}+bp$

$b=-p$를 대입하면 $0=\dfrac{1}{p}-p^2$, $p^3-1=0$
$$(p-1)(p^2+p+1)=0$$
p는 정수이므로 $p=1$, $a=1$, $b=-1$
$$x^3+y^3+kxy+8$$
$$=(x+y+q)(x^2+y^2-xy+cx+dy+e)$$
x^2의 계수는 $0=c+q$, y^2의 계수는 $0=d+q$
x의 계수는 $0=e+cq$, y의 계수는 $0=e+dq$
상수항은 $8=eq$
$c=-q$이므로 $0=e-q^2$
$eq=8$이므로
$$0=\dfrac{8}{q}-q^2, \ q^3-8=0, \ (q-2)(q^2+2q+4)=0$$
q는 정수이므로 $q=2$, $c=d=-2$, $e=4$
따라서 xy의 계수는 $k=c+d-q=-6$

07 .... 답 ④

사차식이므로 인수 중 일차식이 있는 경우,
이차식 2개로 인수분해 되는 경우로 나눌 수 있다.
각 경우 인수의 최고차항의 계수가 1임을 이용하여 나머지 계수를 찾는다.

$f(x)=x^4+kx^2+16$이라 하자.
$f(x)$의 인수 중 일차식이 있는 경우
일차식을 $x-p$라 하면 $f(p)=0$이므로
$$p^4+kp^2+16=0$$
k가 자연수이면 $p^4+kp^2\geq 0$이므로 성립하지 않는다.
즉, $f(x)$는 두 이차식의 곱으로 인수분해 되고, 이때 x^2항의 계수는 1이므로
$$f(x)=(x^2+ax+b)(x^2+cx+d) \quad \cdots ❶$$
로 놓을 수 있다.

x^3의 계수는 $0=a+c$ $\quad \therefore c=-a$
x의 계수는 $0=ad+bc$
$c=-a$를 대입하면
$$0=a(d-b) \quad \therefore a=0 \text{ 또는 } b=d$$
(i) $a=0$일 때, $x^4+kx^2+16=(x^2+b)(x^2+d)$
$$bd=16, \ b+d=k$$
b, d는 정수이므로
$$k=1+16, \ 2+8, \ 4+4, \ -1-16, \ -2-8, \ -4-4$$
k는 자연수이므로 $k=17, \ 10, \ 8$
(ii) $b=d$일 때, $x^4+kx^2+16=(x^2+ax+b)(x^2-ax+b)$
$$(우변)=(x^2+b)^2-(ax)^2=x^4+(2b-a^2)x^2+b^2$$
$b^2=16$이고 b는 정수이므로 $b=\pm 4$
$k=2b-a^2$이므로 $k=8-a^2$ 또는 $k=-8-a^2$
k는 자연수이므로 $k=8-a^2$이고,
$$a^2=0 \text{ 또는 } a^2=1 \text{ 또는 } a^2=4$$
$$\therefore k=8, \ 7, \ 4$$
(i), (ii)에서 자연수 k는 5개이다.

08 .... 답 (1) 1 (2) $-x$

(1) x^2+x+1을 인수분해 할 수 없으므로
$$f(x)=(x^2+x+1)Q(x)+R(x)$$
를 이용하기가 쉽지 않다.
따라서 $(x-1)(x^2+x+1)=x^3-1$임을 이용하여 $f(x)$를 정리한다.

$$x^{11}+x^{10}+2$$
$$=(x^{11}+x^{10}+x^9)-x^9+1+1$$
$$=(x^{11}+x^{10}+x^9)-(x^9-1)+1$$
$$=x^9(x^2+x+1)-(x^3-1)(x^6+x^3+1)+1$$
$$=(x^2+x+1)x^9-(x^2+x+1)(x-1)(x^6+x^3+1)+1$$
$$=(x^2+x+1)\{x^9-(x-1)(x^6+x^3+1)\}+1$$
따라서 나머지 $R(x)=1$이다. $\quad \cdots ㉮$

(2) (1)과 마찬가지로
$$(x+1)(x^2-x+1)=x^3+1$$
임을 이용하여 $Q(x)$를 정리한다.

$$Q(x)=x^9-(x-1)(x^6+x^3+1)$$
$$=x^9-x^7+x^6-x^4+x^3-x+1 \quad \cdots ㉯$$
$(x+1)(x^2-x+1)=x^3+1$이고,
$$Q(x)=x^6(x^3+1)-x^4(x^3+1)+(x^3+1)-x$$
곧, $x^6(x^3+1)-x^4(x^3+1)+(x^3+1)$은 x^2-x+1로 나누어떨어지므로 $Q(x)$를 x^2-x+1로 나눈 나머지는 $-x$이다.
$$\cdots ㉰$$

단계	채점 기준	배점
㉮	$f(x)=(x^2+x+1)Q(x)+R(x)$ 꼴로 변형하여 $R(x)$ 구하기	40 %
㉯	㉮에서 구한 $Q(x)$의 식 전개하기	20 %
㉰	$(x+1)(x^2-x+1)=x^3+1$임을 이용하여 $Q(x)$를 x^2-x+1로 나눈 나머지 구하기	40 %

II. 방정식과 부등식

04 복소수와 이차방정식

STEP 시험에 꼭 나오는 문제   35~37쪽

01 16	**02** ②	**03** ②	**04** ⑤	**05** $2+2i$
06 $p=4,\ q=\dfrac{1}{2}$	**07** ②	**08** ②	**09** ③	**10** ⑤
11 6	**12** 50	**13** $50-50i$		**14** ⑤	**15** 10
16 ⑤	**17** ③	**18** ③	**19** ④	**20** $x=0$ 또는 $x=3$
21 ③	**22** $\dfrac{3}{4}$	**23** 2	**24** ②	

---

01 · 답 16

$$z^2+\bar{z}^2=(3+i)^2+(3-i)^2$$
$$=(9+6i+i^2)+(9-6i+i^2)$$
$$=9-1+9-1=16$$

다른 풀이

$z+\bar{z}=(3+i)+(3-i)=6$,

$z\bar{z}=(3+i)(3-i)=3^2+1=10$이므로

$$z^2+\bar{z}^2=(z+\bar{z})^2-2z\bar{z}=6^2-2\times10=16$$

---

02 · 답 ②

$$z=\frac{1+3i}{1-i}=\frac{(1+3i)(1+i)}{1^2-i^2}$$
$$=\frac{-2+4i}{2}=-1+2i$$

▶ 이 값을 바로 대입하여 정리하는 것보다
$z+1=2i$의 양변을 제곱하여 얻은 이차식으로 정리하는 것이 편하다.

$z+1=2i$이므로 양변을 제곱하면

$$z^2+2z+1=-4 \qquad \therefore z^2=-2z-5$$

양변에 z를 곱하면

$$z^3=-2z^2-5z=-2(-2z-5)-5z=-z+10$$
$$\therefore z^3+2z^2+7z+1=(-z+10)+2(-2z-5)+7z+1$$
$$=2z+1=2(-1+2i)+1$$
$$=-1+4i$$

---

03 · 답 ②

▶ x,y가 실수이므로 좌변을 정리한 다음
복소수의 상등을 이용한다.
$a+bi=c+di\ (a,b,c,d$는 실수$)$
$\Rightarrow a=c$이고 $b=d$

$$(x+i)(y+i)=xy+(x+y)i+i^2=(xy-1)+(x+y)i$$
$$(1+i)^2=1+2i+i^2=2i,\ (1+i)^4=(2i)^2=-4$$

따라서 주어진 식은 $(xy-1)+(x+y)i=-4$

x,y가 실수이므로

$$xy-1=-4,\ x+y=0$$
$$xy=-3,\ x+y=0$$
$$\therefore x^2+y^2=(x+y)^2-2xy=6$$

---

04 · 답 ⑤

▶ x,y가 실수이므로 좌변을 정리하고 복소수의 상등을 이용한다.
$a+bi=c+di\ (a,b,c,d$는 실수$)$
$\Rightarrow a=c$이고 $b=d$

주어진 식의 양변에 $(1-i)(1+i)$를 곱하고 정리하면

$$x(1+i)+y(1-i)=2(12-9i)$$
$$(x+y)+(x-y)i=24-18i$$

x,y가 실수이므로 $x+y=24,\ x-y=-18$

연립하여 풀면 $x=3,\ y=21$

$$\therefore x+10y=213$$

---

05 · 답 $2+2i$

▶ 복소수 z를 구하는 경우
$z=a+bi\ (a,b$는 실수$)$
로 놓고 복소수의 성질을 이용하는 것이 기본이다.

$z=a+bi\ (a,b$는 실수$)$라 하면 $\bar{z}=a-bi$

$(1+i)z+2\bar{z}=4$에 대입하면

$$(1+i)(a+bi)+2(a-bi)=4$$
$$a+(a+b)i+bi^2+2a-2bi=4$$
$$(3a-b)+(a-b)i=4$$

a,b가 실수이므로 $3a-b=4,\ a-b=0$

연립하여 풀면 $a=2,\ b=2$ $\therefore z=2+2i$

---

06 · 답 $p=4,\ q=\dfrac{1}{2}$

▶ 주어진 조건에서 $f(x)=(x^2+4)Q(x)$로 나타낼 수 있다.
항등식은 x에 복소수를 대입해도 성립한다.

$f(x)$를 x^2+4로 나눈 몫을 $Q(x)$라 하면

$$x^5+px^3+qx^2+2=(x^2+4)Q(x) \qquad \cdots ❶$$

$x=2i$를 대입하면

$$32i-8pi-4q+2=0,\ 8(4-p)i-4q+2=0$$

p,q가 실수이므로 $p=4,\ q=\dfrac{1}{2}$

Think More

❶에 $x=-2i$를 대입해도 성립하므로

$$-32i+8pi-4q+2=0,\ -8(4-p)i-4q+2=0$$

p,q가 실수이므로 $p=4,\ q=\dfrac{1}{2}$

07

답 ②

▶ $a>0$일 때 $\sqrt{-a}=\sqrt{a}\,i$로 고쳐 계산한다.

$$(좌변)=\left(\sqrt{2}\times 2i+\frac{4}{4\sqrt{2}i}\right)\left(2i\times 2\sqrt{2}i+\frac{8i}{8\sqrt{2}}\right)$$

$$=\left(2\sqrt{2}i+\frac{1}{\sqrt{2}i}\right)\left(-4\sqrt{2}+\frac{i}{\sqrt{2}}\right)$$

$$=\left(2\sqrt{2}i-\frac{\sqrt{2}i}{2}\right)\left(-4\sqrt{2}+\frac{\sqrt{2}i}{2}\right)$$

$$=\frac{3\sqrt{2}i}{2}\left(-4\sqrt{2}+\frac{\sqrt{2}i}{2}\right)$$

$$=-12i-\frac{3}{2}$$

이므로 $a=-\dfrac{3}{2}$, $b=-12$

$$\therefore \frac{b}{a}=-12\times\left(-\frac{2}{3}\right)=8$$

다른 풀이

$a<0$, $b<0$일 때 $\sqrt{a}\sqrt{b}=-\sqrt{ab}$

$a>0$, $b<0$일 때 $\dfrac{\sqrt{a}}{\sqrt{b}}=-\sqrt{\dfrac{a}{b}}$

임을 이용하여 다음과 같이 풀 수도 있다.

$$(좌변)=\left(\sqrt{-8}-\sqrt{-\frac{1}{2}}\right)\left(-\sqrt{32}+\sqrt{-\frac{1}{2}}\right)$$

$$=\left(2\sqrt{2}i-\frac{\sqrt{2}i}{2}\right)\left(-4\sqrt{2}+\frac{\sqrt{2}i}{2}\right)$$

$$=\frac{3\sqrt{2}i}{2}\left(-4\sqrt{2}+\frac{\sqrt{2}i}{2}\right)$$

$$=-12i-\frac{3}{2}$$

08

답 ②

▶ a, b가 0이 아닌 실수일 때

$$\sqrt{a}\sqrt{b}=-\sqrt{ab} \Rightarrow a<0, b<0$$

$$\frac{\sqrt{a}}{\sqrt{b}}=-\sqrt{\frac{a}{b}} \Rightarrow a>0, b<0$$

$\dfrac{\sqrt{z}}{\sqrt{y}}=-\sqrt{\dfrac{z}{y}}$이므로 $z>0$, $y<0$

$\sqrt{x}\sqrt{y}=\sqrt{xy}$이고 $y<0$이므로 $x>0$

이때 $x-y>0$, $y-z<0$, $x-y+z>0$

$$\therefore |x-y|+|y-z|-\sqrt{(x-y+z)^2}$$

$$=x-y-(y-z)-(x-y+z)=-y$$

Think More

$\sqrt{x}\sqrt{y}=\sqrt{xy}$만으로는 x, y의 부호를 알 수 없다.
이 문제에서는 $y<0$이므로 $x>0$이다.

09

답 ③

$$\frac{iz}{z-6}=\frac{i(a+bi)}{a+bi-6}=\frac{-b+ai}{(a-6)+bi}$$

$$=\frac{(-b+ai)(a-6-bi)}{(a-6)^2+b^2}$$

에서

$$(분자)=-b(a-6)+\{a(a-6)+b^2\}i-abi^2$$

$$=6b+(a^2+b^2-6a)i$$

$\dfrac{iz}{z-6}$가 실수이므로 분자의 허수부분이 0이다.

$$\therefore a^2+b^2-6a=0$$

10

답 ⑤

▶ $z=a+bi$라 하면 $z^2=a^2-b^2+2abi$이므로
z^2을 바로 계산하지 말고 다음 성질을 이용한다.
$z=a+bi$ (a, b는 실수)에 대하여

z^2이 음의 실수 $\Leftrightarrow$ z는 순허수 $\Leftrightarrow$ $a=0$, $b\neq0$
z^2이 양의 실수 $\Leftrightarrow$ z는 실수 $\Leftrightarrow$ $a\neq0$, $b=0$

주어진 식의 우변을 정리하면

$$z=(x^2-3x-18)+(x^2+4x+3)i$$

z^2이 음의 실수이면 z는 순허수이므로

$$x^2-3x-18=0, \quad x^2+4x+3\neq0$$

$$(x+3)(x-6)=0, \quad (x+1)(x+3)\neq0$$

$$\therefore x=6$$

11

답 6

▶ i를 포함한 식의 거듭제곱이다.
보통 $(1+i)^2$, $(1+i)^3$, ...을 차례로 구하면 규칙을 찾을 수 있다.

$$(1+i)^2=1+2i+i^2=2i$$

$$(1+i)^3=(1+i)^2(1+i)=2i(1+i)=2i-2$$

$$(1+i)^4=(1+i)^2(1+i)^2=(2i)^2=-4$$

$$(1+i)^5=(1+i)^4(1+i)=-4(1+i)=-4-4i$$

$$(1+i)^6=(1+i)^4(1+i)^2=-4\times 2i=-8i$$

따라서 $i(1+i)^6=i(-8i)=8$로 양의 실수이고, 이때 n의 최솟
값은 6이다.

Think More

$i(1+i)^n$이 양의 실수이려면 $(1+i)^n$이 ai ($a<0$) 꼴이어야 한다.

12 　　　　　　　　　　　　　　　　　　　　　답 50

▼먼저 $i^n+\left(\dfrac{1}{i}\right)^n$에 $n=1, 2, 3, \cdots$을 대입해 규칙을 찾는다.

$i^n+\left(\dfrac{1}{i}\right)^n$은

$n=1$일 때, $i+\dfrac{1}{i}=i+\dfrac{i}{-1}=0$

$n=2$일 때, $i^2+\dfrac{1}{i^2}=-1-1=-2$

$n=3$일 때, $i^3+\dfrac{1}{i^3}=-i+\dfrac{1}{-i}=-i+\dfrac{i}{1}=0$

$n=4$일 때, $i^4+\dfrac{1}{i^4}=1+1=2$

$n=5$일 때, $i^5+\dfrac{1}{i^5}=i+\dfrac{1}{i}=0$

$n=6$일 때, $i^6+\dfrac{1}{i^6}=i^2+\dfrac{1}{i^2}=-2$

▼$i^4=1$이므로 이후는 반복된다.

따라서 $\left\{i^n+\left(\dfrac{1}{i}\right)^n\right\}^m$이 음의 실수이면
$n=2, 6, 10, 14, 18$이고, m은 홀수이므로
구하는 순서쌍 (m, n)의 개수는
$$5\times 10=50$$

13 　　　　　　　　　　　　　　　　　　　　답 $50-50i$

$$z=\dfrac{1+i}{1-i}=\dfrac{(1+i)^2}{(1-i)(1+i)}=\dfrac{1+2i+i^2}{1-i^2}=i$$
이므로 $z^2=-1$, $z^3=-i$, $z^4=1$, $z^5=z$, $\cdots$

▼따라서 4개씩 묶어서 정리한다.

$z+2z^2+3z^3+4z^4=i-2-3i+4=2-2i$
$5z^5+6z^6+7z^7+8z^8=5i-6-7i+8=2-2i$
$\qquad\vdots$
$97z^{97}+98z^{98}+99z^{99}+100z^{100}=97i-98-99i+100$
$\qquad\qquad\qquad\qquad\qquad\qquad\quad =2-2i$
$\therefore z+2z^2+3z^3+\cdots+100z^{100}=(2-2i)\times 25$
$\qquad\qquad\qquad\qquad\qquad\qquad\quad =50-50i$

14 　　　　　　　　　　　　　　　　　　　　답 ⑤

ㄱ. $z_1=i+i^2=i-1$, $z_3=i^3+i^4=-i+1$, $\overline{z_3}=1+i$
　　이므로 거짓이다.

ㄴ. $i^4=1$, $i^{4n}=(i^4)^n=1$ (n은 자연수)이고
　　$z_{4k-1}=i^{4k-1}+i^{4k}=i^{4(k-1)}\times i^3+i^{4k}=i^3+1=-i+1$
　　$z_{4k}=i^{4k}+i^{4k+1}=i^{4k}+i^{4k}\times i=1+i$, $\overline{z_{4k}}=1-i$
　　이므로 참이다.

ㄷ. ▼$i^4=1$이고 $z_5=i^4(i+i^2)=i^4 z_1$, $z_6=i^4(i^2+i^3)=i^4 z_2$, $\cdots$이므로
　$z_1+z_2+z_3+z_4$의 값만 알면 충분하다.

$z_1+z_3=i+i^2+i^3+i^4=0$
$z_2+z_4=i^2+i^3+i^4+i^5=i(i+i^2+i^3+i^4)=0$
이므로
$\qquad z_1+z_2+z_3+z_4=0$
$\qquad z_5+z_6+z_7+z_8=i^4(z_1+z_2+z_3+z_4)=0$
$\qquad\qquad\vdots$
$\qquad z_{93}+z_{94}+z_{95}+z_{96}=0$
$\therefore z_1+z_2+z_3+\cdots+z_{97}+z_{98}+z_{99}$
$\qquad =z_{97}+z_{98}+z_{99}=z_1+z_2+z_3=z_2$

그런데 $z_6=i^4 z_2=z_2$이므로 참이다.
따라서 옳은 것은 ㄴ, ㄷ이다.

Think More

ㄷ. $z_1+z_2+z_3+z_4=(i-1)+(-1-i)+(-i+1)+(1+i)=0$과 같이
　계산해도 된다.

15 　　　　　　　　　　　　　　　　　　　　답 10

▼$\overline{\overline{\alpha}}=\alpha$, $\overline{\alpha\pm\beta}=\overline{\alpha}\pm\overline{\beta}$, $\overline{\alpha\beta}=\overline{\alpha}\,\overline{\beta}$, $\overline{\left(\dfrac{\beta}{\alpha}\right)}=\dfrac{\overline{\beta}}{\overline{\alpha}}$

이므로 조건에서 $\alpha+\beta$, $\alpha\beta$의 값을 알 수 있다.

$\alpha+\beta=\overline{\overline{\alpha}+\overline{\beta}}=3+i$, $\alpha\beta=\overline{\overline{\alpha}\,\overline{\beta}}=2-i$이므로
$\qquad (\alpha-\beta)^2=(\alpha+\beta)^2-4\alpha\beta$
$\qquad\qquad\qquad =(3+i)^2-4(2-i)$
$\qquad\qquad\qquad =9+6i+i^2-8+4i=10i$
따라서 허수부분은 10이다.

다른 풀이

▼$\overline{\alpha}+\overline{\beta}$, $\overline{\alpha}\,\overline{\beta}$의 값이 주어져 있으므로 $(\overline{\alpha}-\overline{\beta})^2$의 값부터 생각한다.

$\overline{(\alpha-\beta)^2}=(\overline{\alpha}-\overline{\beta})^2=\overline{\alpha}^2-2\overline{\alpha}\,\overline{\beta}+\overline{\beta}^2$
$\qquad\qquad =(\overline{\alpha}+\overline{\beta})^2-4\overline{\alpha}\,\overline{\beta}=(3-i)^2-4(2+i)$
$\qquad\qquad =9-6i+i^2-8-4i=-10i$
이므로 $(\alpha-\beta)^2=10i$이고, 허수부분은 10이다.

16 　　　　　　　　　　　　　　　　　　　　답 ⑤

▼두 식은 α, β가 바뀐 꼴이므로 변변끼리 더하거나 빼서 정리한다.

$\qquad \alpha^2-\beta=i \quad \cdots$ ❶,　$\beta^2-\alpha=i \quad \cdots$ ❷
❶$-$❷를 하면 $\alpha^2-\beta-\beta^2+\alpha=0$
$\qquad (\alpha+\beta)(\alpha-\beta)+(\alpha-\beta)=0$
$\qquad (\alpha+\beta+1)(\alpha-\beta)=0$
$\alpha\neq\beta$이므로 $\alpha+\beta=-1$
❶$+$❷를 하면 $\alpha^2-\beta+\beta^2-\alpha=2i$
$\qquad \alpha^2+\beta^2-\alpha-\beta=2i$
$\qquad \therefore \alpha^2+\beta^2=2i+\alpha+\beta=2i-1$

17 　　　　　　　　　　　　　　　　　　　답 ③

▶ $z_1=a+bi$ (a, b는 실수)라 하고 조건을 만족시키는 z_2부터 구한다.

$z_1=a+bi$ (a, b는 실수)라 하자.

ㄱ. $z_2=a+bi$이므로
$$z_1+\overline{z_2}=(a+bi)+(a-bi)=2a$$
$2a$는 실수이므로 참이다.

ㄴ. $z_1+\overline{z_2}=0$에서
$$\overline{z_2}=-z_1=-a-bi,\ z_2=-a+bi$$
이때 $z_1z_2=(a+bi)(-a+bi)=-a^2+b^2i^2=-a^2-b^2$
이므로 $z_1z_2=0$이면
$$a^2+b^2=0 \qquad \therefore a=0이고\ b=0$$
$z_2=0$이므로 참이다.

ㄷ. $\overline{z_1}=\overline{\overline{z_2}}$, 곧 $z_2=\overline{z_1}=a-bi$이므로
$$\begin{aligned}z_1{}^2+z_2{}^2&=(a+bi)^2+(a-bi)^2\\&=(a^2+2abi+b^2i^2)+(a^2-2abi+b^2i^2)\\&=2(a^2-b^2)\end{aligned}$$
곧, $a\neq\pm b$이면 $z_1{}^2+z_2{}^2\neq0$이므로 거짓이다.

따라서 옳은 것은 ㄱ, ㄴ이다.

Think More

ㄴ. $z_1+\overline{z_2}=0$이면 $\overline{z_2}=-z_1$, $z_2=-\overline{z_1}$이므로
$$\begin{aligned}z_1z_2&=z_1(-\overline{z_1})=-z_1\overline{z_1}\\&=-(a+bi)(a-bi)=-(a^2+b^2)\end{aligned}$$

18 　　　　　　　　　　　　　　　　　　　답 ③

▶ $z=a+bi$ (a, b는 실수)라 하고 조건을 정리한다.

$z=a+bi$ (a, b는 실수, $b\neq0$)라 하자.

ㄱ. $z-\overline{z}=(a+bi)-(a-bi)=2bi$이므로 순허수이고 참이다.

ㄴ. α가 $\overline{z}$ 또는 0이면 $z\alpha$는 실수이므로 거짓이다.

ㄷ. $z+\dfrac{1}{z}=a+bi+\dfrac{1}{a+bi}$
$$=a+bi+\dfrac{a-bi}{a^2+b^2}$$
$$=a+\dfrac{a}{a^2+b^2}+\left(b-\dfrac{b}{a^2+b^2}\right)i$$
가 실수이면
$$b-\dfrac{b}{a^2+b^2}=0,\ b\left(1-\dfrac{1}{a^2+b^2}\right)=0$$
$b\neq0$이므로 $a^2+b^2=1$
이때 $z\overline{z}=(a+bi)(a-bi)=a^2+b^2=1$ (참)

따라서 옳은 것은 ㄱ, ㄷ이다.

다른 풀이

ㄴ. $\alpha=x+yi$ (x, y는 실수)라 하면
$$z\alpha=(a+bi)(x+yi)=(ax-by)+(bx+ay)i$$
a, b의 값이 주어져도 $bx+ay=0$인 x, y는 무수히 많으므로
$z\alpha$가 실수인 α는 무수히 많다. (거짓)

ㄷ. $z+\dfrac{1}{z}$이 실수이면

$$z+\dfrac{1}{z}=\overline{\left(z+\dfrac{1}{z}\right)},\ z+\dfrac{1}{z}=\overline{z}+\dfrac{1}{\overline{z}}$$
$$z-\overline{z}+\dfrac{1}{z}-\dfrac{1}{\overline{z}}=0,\ z-\overline{z}+\dfrac{\overline{z}-z}{z\overline{z}}=0$$
$$(z-\overline{z})\left(1-\dfrac{1}{z\overline{z}}\right)=0$$
z가 실수가 아니면 $z-\overline{z}\neq0$이므로
$$1-\dfrac{1}{z\overline{z}}=0 \qquad \therefore z\overline{z}=1\ (참)$$

19 　　　　　　　　　　　　　　　　　　　답 ④

▶ $ax=b$에서 $a\neq0$이면 $x=\dfrac{b}{a}$
　　　　$a=0,\ b=0$이면 해가 무수히 많다.
　　　　$a=0,\ b\neq0$이면 해가 없다.

$(a-2)^2x=a-1+x$에서
$$(a^2-4a+4)x=a-1+x$$
$$(a^2-4a+3)x=a-1$$
$$\therefore (a-1)(a-3)x=a-1$$

ㄱ. $a=3$이면 $0\times x=2$이므로 해가 없다. (참)

ㄴ. $a=1$이면 $0\times x=0$이므로 해가 무수히 많다. (참)

ㄷ. $a=2$이면 $-x=1$에서 $x=-1$
　곧, 해가 한 개이다. (참)

ㄹ. $a=-1$이면 $8x=-2$에서 $x=-\dfrac{1}{4}$
　곧, 해가 한 개이다. (거짓)

따라서 옳은 것은 ㄱ, ㄴ, ㄷ이다.

Think More

$a\neq1,\ a\neq3$이면 $x=\dfrac{1}{a-3}$이므로 해가 한 개이다.

20 　　　　　　　　　　　　　　답 $x=0$ 또는 $x=3$

▶ x의 범위를 나누어 절댓값 기호를 없앤다.
$$|x-1|=\begin{cases}x-1 & (x\geq1)\\-(x-1) & (x<1)\end{cases}$$
$$|x-2|=\begin{cases}x-2 & (x\geq2)\\-(x-2) & (x<2)\end{cases}$$

(i) $x<1$일 때
$$-(x-1)-(x-2)=3 \qquad \therefore x=0$$

(ii) $1\leq x<2$일 때
$$x-1-(x-2)=3,\ 0\times x=2$$
따라서 해는 없다.

(iii) $x\geq2$일 때
$$x-1+x-2=3 \qquad \therefore x=3$$

(i), (ii), (iii)에서 $x=0$ 또는 $x=3$

21 답 ③

▶ $x<1$, $x\geq1$일 때로 나누어 절댓값 기호를 없앤다.

(i) $x<1$일 때 $x^2-3(x-1)-7=0$

$x^2-3x-4=0$, $(x+1)(x-4)=0$

∴ $x=-1$ 또는 $x=4$

$x<1$이므로 $x=-1$

(ii) $x\geq1$일 때 $x^2+3(x-1)-7=0$

$x^2+3x-10=0$, $(x+5)(x-2)=0$

∴ $x=-5$ 또는 $x=2$

$x\geq1$이므로 $x=2$

(i), (ii)에서 방정식의 근은 $x=-1$ 또는 $x=2$

∴ $|\alpha-\beta|=3$

22 답 $\dfrac{3}{4}$

▶ 세 점 D, E, F의 좌표와 도형의 넓이를 k에 대한 식으로 나타내 보자.

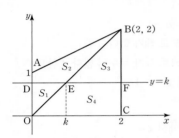

직선 OB의 방정식이 $y=x$이므로 E(k, k)이다.

∴ $S_1=\dfrac{1}{2}k^2$

삼각형 AOB의 넓이는 $\dfrac{1}{2}\times1\times2=1$이므로

$S_2=1-S_1=1-\dfrac{1}{2}k^2$

$\overline{BF}=2-k$, $\overline{EF}=2-k$이므로

$S_3=\dfrac{1}{2}(2-k)^2=\dfrac{1}{2}k^2-2k+2$

삼각형 BOC의 넓이는 $\dfrac{1}{2}\times2\times2=2$이므로

$S_4=2-S_3=2k-\dfrac{1}{2}k^2$

이것을 $(S_1-S_3)^2+(S_2-S_4)^2=\dfrac{1}{2}$에 대입하면

$(2k-2)^2+(1-2k)^2=\dfrac{1}{2}$, $8k^2-12k+5=\dfrac{1}{2}$

$16k^2-24k+9=0$, $(4k-3)^2=0$

∴ $k=\dfrac{3}{4}$

23 답 2

▶ 실근을 α라 하고 대입한 다음
(　)+(　)$i=0$ 꼴로 정리한다.

$x^2+(i-3)x+k-i=0$의 실근을 α라 하면

$\alpha^2+(i-3)\alpha+k-i=0$

$(\alpha^2-3\alpha+k)+(\alpha-1)i=0$

k, α가 실수이므로 $\alpha^2-3\alpha+k=0$, $\alpha-1=0$

∴ $\alpha=1$, $k=2$

24 답 ②

▶ a가 실수라는 조건이 없음에 주의한다.
양변에 $1-i$를 곱해 x^2의 계수를 실수로 고친 다음
$(x+2-i)(x-p)$ 꼴로 인수분해 됨을 이용한다.

주어진 방정식의 양변에 $1-i$를 곱하면

$(1-i^2)x^2+(1-i)ax-(1-i)(6+2i)=0$

$2x^2+(1-i)ax-(8-4i)=0$

$-2+i$가 근이고 x^2의 계수가 2이므로 나머지 한 근을 p라 하면

$2x^2+(1-i)ax-(8-4i)=2(x+2-i)(x-p)$

라 할 수 있다. 우변을 전개하면

$2x^2+2(2-i-p)x-2p(2-i)$

좌변과 계수를 비교하면

$(1-i)a=2(2-i-p)$, $8-4i=2p(2-i)$

∴ $p=2$, $a=\dfrac{-2i}{1-i}=\dfrac{-2i(1+i)}{1^2-i^2}=-i+1$

∴ $p+a=3-i$

다른 풀이

주어진 방정식의 양변에 $1-i$를 곱하면

$(1-i^2)x^2+(1-i)ax-(1-i)(6+2i)=0$

$2x^2+(1-i)ax-(8-4i)=0$

▶ $x=-2+i$를 대입하고 정리하여 a의 값을 구해 본다.

한 근이 $-2+i$이므로 대입하면

$2(-2+i)^2+(1-i)(-2+i)a-(8-4i)=0$

$6-8i+(-1+3i)a-(8-4i)=0$

∴ $a=\dfrac{2+4i}{-1+3i}=\dfrac{2(1+2i)(-1-3i)}{(-1)^2-(3i)^2}$

$=\dfrac{2(5-5i)}{10}=1-i$

주어진 방정식은 $2x^2+(1-i)^2x-(8-4i)=0$이므로

$2x^2-2ix-4(2-i)=0$, $x^2-ix-2(2-i)=0$

$(x+2-i)(x-2)=0$

곧, 나머지 한 근은 2

Think More

1. 05단원에서 공부하는 근과 계수의 관계를 이용하여 풀 수도 있다.

나머지 한 근을 β라 하면

$(-2+i)\beta=\dfrac{-6-2i}{1+i}$, $\beta=\dfrac{-6-2i}{(1+i)(-2+i)}$ ∴ $\beta=2$

2. 방정식의 좌변이 인수분해 된다고 생각하고 다음과 같이 놓고 풀어도 된다.

$(1+i)x^2+ax-6-2i=(1+i)(x+2-i)(x-p)$

01   답 50

▶ x, y가 실수이므로 다음 꼴로 정리한다.

  ( )$+$( )$i=$( )$+$( )i

주어진 식에서

$$(x^2+2xi-1)+(4+12i-9)=y+26i$$
$$(x^2-6)+(2x+12)i=y+26i$$

x, y가 실수이므로

$$x^2-6=y, \ 2x+12=26$$
$$\therefore x=7, \ y=43, \ x+y=50$$

02   답 24

▶ $z=2\pm i$에서 $z-2=\pm i$
양변을 제곱하여 정리하면 $z^2-4z+5=0$
이를 이용하여 z^3, z^2을 z에 대한 일차식으로 나타낸다.

$2+i=z$라 하면 $z-2=i$
양변을 제곱하면 $z^2-4z+4=-1$

$$\therefore z^2=4z-5$$

양변에 z를 곱하면

$$z^3=4z^2-5z=4(4z-5)-5z=11z-20$$
$$\therefore f(2+i)=f(z)=2z^3-6z^2+9z+8$$
$$=2(11z-20)-6(4z-5)+9z+8$$
$$=7z-2=7(2+i)-2=12+7i$$

$2-i=z$라 하면 $z-2=-i$
양변을 제곱하면 $z^2-4z+4=-1$, $z^2=4z-5$
따라서 같은 방법으로

$$f(z)=7z-2$$
$$f(2-i)=7(2-i)-2=12-7i$$
$$\therefore f(2+i)+f(2-i)=(12+7i)+(12-7i)$$
$$=24$$

03   답 2

▶ 바로 계산하지 말고 다음을 이용한다.
$z=a+bi$ (a, b는 실수)에 대하여
  z^2이 음의 실수 ⇨ $a=0, b\neq0$
  z^2이 양의 실수 ⇨ $a\neq0, b=0$

$$z=(n-2-ni)^2=(n-2)^2-2n(n-2)i-n^2$$
$$=-4n+4-2n(n-2)i \quad \cdots ㉮$$

z^2이 양의 실수이면 z의 실수부분이 0이 아니고, z의 허수부분이 0이므로 $\cdots ㉯$

$$-4n+4\neq0, \ -2n(n-2)=0$$

n은 자연수이므로 $n=2$ $\cdots ㉰$

단계	채점 기준	배점
㉮	z를 ( )$+$( )i 꼴로 정리하기	30%
㉯	z^2이 양의 실수일 조건 알기	40%
㉰	자연수 n의 값 구하기	30%

04   답 ④

$f(x^{12})$을 $f(x)$로 나눈 몫을 $Q_1(x)$라 하고, 나머지를 $R_1=ax+b$ (a, b는 실수)라 하면

$$f(x^{12})=f(x)Q_1(x)+ax+b \quad \cdots ❶$$

▶ a, b를 구하기 위해서는 $f(x)=0$인 x를 대입해야 한다.
$f(x)=0$의 해를 ω라 하면 $\omega^2+\omega+1=0$이므로
양변에 $\omega-1$을 곱한 식 $\omega^3-1=0$을 이용한다.
항등식에는 허수를 대입해도 된다.

$f(x)=0$의 해를 ω라 하면 $\omega^2+\omega+1=0$
양변에 $\omega-1$을 곱하면 $\omega^3-1=0$, $\omega^3=1$

$$\therefore \omega^{12}=(\omega^3)^4=1$$

❶에 $x=\omega$를 대입하면 $f(1)=a\omega+b$
$f(1)=3$, ω는 허수이므로 $a=0$, $b=3$ $\therefore R_1=3$
$f(-x^{12})$을 $f(-x)$로 나눈 몫을 $Q_2(x)$라 하고,
$R_2=cx+d$ (c, d는 실수)라 하면

$$f(-x^{12})=f(-x)Q_2(x)+cx+d \quad \cdots ❷$$

$f(-x)=x^2-x+1$이므로 $f(-x)=0$의 해를 δ라 하면

$$\delta^2-\delta+1=0$$

양변에 $\delta+1$을 곱하면 $\delta^3+1=0$, $\delta^3=-1$

$$\therefore \delta^{12}=(\delta^3)^4=1$$

❷에 $x=\delta$를 대입하면 $f(-1)=c\delta+d$
$f(-1)=1$, δ는 허수이므로 $c=0$, $d=1$ $\therefore R_2=1$

$$\therefore R_1+R_2=4$$

Think More

$f(x^{12})$, $f(x)$의 계수가 실수이므로 몫과 나머지의 계수도 실수이다.

05 · ◆ 답 ②

▶복소수를 구하는 문제이므로
$z=a+bi$ (a, b는 실수)를 조건에 대입한다.
허수는 대소 비교가 불가능하므로
$(z-3+i)^2<0$에서 $(z-3+i)^2$은 실수이다.

$z=a+bi$ (a, b는 실수, $b>0$)라 하자.
$(z-3+i)^2<0$이므로 $z-3+i$는 순허수이다.
그런데 $z-3+i=(a-3)+(b+1)i$이므로 $a=3$
$z=3+bi$이므로 $z\bar{z}+z+\bar{z}=19$에 대입하면
$$(3+bi)(3-bi)+(3+bi)+(3-bi)=19$$
$$9+b^2+6=19, \ b^2=4$$
$b>0$이므로 $b=2$ $\quad \therefore z=3+2i$
$$\therefore z-\bar{z}=(3+2i)-(3-2i)=4i$$

Think More
1. z^2이 양의 실수 또는 음의 실수일 조건을 기억하고 있어야 한다.
2. $z\bar{z}+z+\bar{z}=19$에서 $(z+1)\overline{(z+1)}=20$임을 이용하여 계산해도 된다.

06 · ◆ 답 ③

▶$z=a+bi, w=c+di$ (a, b, c, d는 실수)
로 놓고 조건에 대입한다.
이 문제에서는 $z+w$의 실수부분이 0이므로
$w=-a+di$로 놓는 것이 편하다.

$z=a+bi$ ($a\neq0, b\neq0$인 실수)라 하자.
$z+w$의 실수부분이 0이므로 $w=-a+di$ ($d\neq0$인 실수)
이때 $zw=(a+bi)(-a+di)=-(a^2+bd)+a(d-b)i$이고
zw의 허수부분이 0이므로 $a(d-b)=0$
$a\neq0$이므로 $b=d$
$$\therefore w=-a+bi$$
ㄱ. $z+\bar{w}=(a+bi)+(-a-bi)=0$이고 참이다.
ㄴ. $z^2+w^2=(a+bi)^2+(-a+bi)^2=2a^2-2b^2$
   $|a|\leq|b|$이면 $z^2+w^2\leq0$이므로 거짓이다.
ㄷ. $zw=(a+bi)(-a+bi)=-a^2-b^2$
   $a\neq0, b\neq0$이므로 $zw<0$이고 참이다.
따라서 옳은 것은 ㄱ, ㄷ이다.

07 · ◆ 답 ⑤

▶$\alpha=a+bi, \beta=c+di$ (a, b, c, d는 실수)
로 놓고 조건에 대입하여 a, b, c, d의 값이나 관계를 구한다.

$\alpha=a+bi, \beta=c+di$ (a, b, c, d는 실수)라 하자.
$\alpha\bar{\alpha}=3$이므로
$$(a+bi)(a-bi)=3 \quad \therefore a^2+b^2=3 \quad \cdots ❶$$
$\beta\bar{\beta}=3$이므로
$$(c+di)(c-di)=3 \quad \therefore c^2+d^2=3 \quad \cdots ❷$$

$\alpha+\beta=2i$이므로
$$(a+bi)+(c+di)=(a+c)+(b+d)i=2i$$
a, b, c, d는 실수이므로
$$a+c=0, \ b+d=2$$
이때 $a^2=c^2$이므로 ❶−❷를 하면
$$b^2-d^2=0, \ (b+d)(b-d)=0$$
$b+d=2$이므로 $2(b-d)=0$ $\quad \therefore b=d=1$
❶, ❷에 대입하면 $a^2=2, c^2=2$
α, β는 서로 다른 복소수이므로 $a=\sqrt{2}, c=-\sqrt{2}$라 할 수 있다.
$$\therefore \alpha=\sqrt{2}+i, \ \beta=-\sqrt{2}+i,$$
$$\alpha\beta=(\sqrt{2}+i)(-\sqrt{2}+i)=-2-1=-3$$

다른 풀이
$\alpha+\beta=2i$이므로 $\bar{\alpha}+\bar{\beta}=-2i$ $\qquad \cdots ❸$
$\alpha\bar{\alpha}=3, \beta\bar{\beta}=3$이므로 $\bar{\alpha}=\dfrac{3}{\alpha}, \bar{\beta}=\dfrac{3}{\beta}$ $\qquad \cdots ❹$
❹를 ❸에 대입하면
$$\frac{3}{\alpha}+\frac{3}{\beta}=-2i, \ \frac{3(\alpha+\beta)}{\alpha\beta}=-2i$$
$\alpha+\beta=2i$이므로 $\alpha\beta=-3$

08 · ◆ 답 8, 10

▶$z=a+bi, w=c+di$ (a, b, c, d는 자연수)
로 놓고 a, b, c, d의 값이나 관계식을 구한다.

$z=a+bi, w=c+di$ (a, b, c, d는 자연수)라 하면
$z\bar{z}+w\bar{w}+z\bar{w}+\bar{z}w=25$에서
$$(좌변)=z(\bar{z}+\bar{w})+w(\bar{z}+\bar{w})=(z+w)(\bar{z}+\bar{w})$$
$$=\{(a+c)+(b+d)i\}\{(a+c)-(b+d)i\}$$
$$=(a+c)^2+(b+d)^2=25$$
a, b, c, d는 자연수이므로
$$a+c=3, \ b+d=4 \ \text{또는} \ a+c=4, \ b+d=3$$
또 $z\bar{z}=5$이므로 $a^2+b^2=5$
$$\therefore a=1, b=2 \ \text{또는} \ a=2, b=1$$
(ⅰ) $a=1, b=2$일 때 $c=2, d=2$ 또는 $c=3, d=1$이므로
$$w\bar{w}=c^2+d^2=8 \ \text{또는} \ 10$$
(ⅱ) $a=2, b=1$일 때 $c=1, d=3$ 또는 $c=2, d=2$이므로
$$w\bar{w}=c^2+d^2=10 \ \text{또는} \ 8$$
(ⅰ), (ⅱ)에서 $w\bar{w}$의 값은 8 또는 10이다.

Think More
$z\bar{z}+w\bar{w}+z\bar{w}+\bar{z}w$에 $z=a+bi, w=c+di$를 대입하고 정리해도 된다.

09 ·········· 답 i, $\dfrac{\sqrt{3}}{4}+\dfrac{1}{4}i$, $-\dfrac{\sqrt{3}}{4}+\dfrac{1}{4}i$

$z=a+bi$ (a, b는 실수)로 놓고
등식을 ( )+( )$i=0$ 꼴로 정리한다.

$z=a+bi$ (a, b는 실수)라 하면
$$(a+bi)^2=(a+bi)(a-bi)+(a-bi)^2+(a+bi)i$$
$$a^2+2abi-b^2=a^2+b^2+a^2-2abi-b^2+ai-b$$
$$(a^2+b^2-b)+(a-4ab)i=0 \qquad \cdots ㉮$$

a, b는 실수이므로
$$a^2+b^2-b=0, \ a(1-4b)=0 \qquad \cdots ㉯$$

$a(1-4b)=0$에서 $a=0$ 또는 $b=\dfrac{1}{4}$

(i) $a=0$일 때 $b^2-b=0$ $\quad \therefore b=0$ 또는 $b=1$

(ii) $b=\dfrac{1}{4}$일 때 $a^2=\dfrac{3}{16}$ $\quad \therefore a=\dfrac{\sqrt{3}}{4}$ 또는 $a=-\dfrac{\sqrt{3}}{4}$

(i), (ii)에서 $z\neq0$이므로 $z=i$ 또는 $z=\pm\dfrac{\sqrt{3}}{4}+\dfrac{1}{4}i$ $\quad \cdots ㉰$

단계	채점 기준	배점
㉮	$z=a+bi$ (a, b는 실수)로 놓고 등식을 정리하기	40%
㉯	복소수의 상등 이용하기	20%
㉰	a, b의 값을 구한 후 복소수 z 모두 구하기	40%

10 ·········· 답 ④

$z=a+bi$ (a, b는 실수)를 조건식에 대입하여 좌변을
( )+( )i 꼴로 정리한다.

좌변을 정리하면
$$\dfrac{(\bar{z})^3+\bar{z}+z^3-z}{z\bar{z}}=2i \qquad \cdots ❶$$

$z=a+bi$ (a, b는 실수)이므로
$$z\bar{z}=a^2+b^2$$
$$\bar{z}-z=(a-bi)-(a+bi)=-2bi$$
이고
$$z^3=(a+bi)^3=a^3+3a^2bi-3ab^2-b^3i$$
$$=a^3-3ab^2+(3a^2b-b^3)i$$

$(\bar{z})^3=\overline{z^3}$이므로 z^3을 계산하면 $(\bar{z})^3$을 따로 계산할 필요는 없다.

$$(\bar{z})^3+z^3=2(a^3-3ab^2)$$
$$=2a(a^2-3b^2)$$

❶에 대입하면
$$\dfrac{2a(a^2-3b^2)-2bi}{a^2+b^2}=2i$$

a, b는 실수이므로
$$\dfrac{2a(a^2-3b^2)}{a^2+b^2}=0 \quad \cdots ❷, \qquad \dfrac{-2b}{a^2+b^2}=2 \quad \cdots ❸$$

❷에서 $a=0$ 또는 $a^2=3b^2$

(i) $a=0$일 때 ❸에서 $\dfrac{-2b}{b^2}=2$
$$\therefore b=-1$$

(ii) $a^2=3b^2$일 때 ❸에서 $\dfrac{-2b}{4b^2}=2$
$$\therefore b=-\dfrac{1}{4}, \ a=\pm\dfrac{\sqrt{3}}{4}$$

(i), (ii)에서 a의 최댓값은 $\dfrac{\sqrt{3}}{4}$이다.

11 ·········· 답 ④

$z_n=z_1{}^n$이다. $z_1{}^2$, $z_1{}^3$, ...을 차례로 구하면 반복되는 규칙을 찾을 수 있다.

$z_1=\dfrac{\sqrt{2}i}{1-i}$이므로 $z_2=z_1{}^2$, $z_3=z_1{}^3$, ..., $z_n=z_1{}^n$

ㄱ. $z_2=z_1{}^2=\left(\dfrac{\sqrt{2}i}{1-i}\right)^2=\dfrac{-2}{1-2i-1}=\dfrac{1}{i}=-i$ (거짓)

ㄴ. $z_2=-i$, $z_6=z_1{}^6=(z_1{}^2)^3=(-i)^3=i$이므로
$$z_2+z_6=-i+i=0 \ (참)$$

ㄷ. $z_1{}^4=(z_1{}^2)^2=(-i)^2=-1$, $z_1{}^8=(z_1{}^4)^2=1$이므로
$$z_{n+4}=z_1{}^{n+4}=z_1{}^n z_1{}^4=-z_1{}^n$$
$$z_{n+8}=z_1{}^{n+8}=z_1{}^n z_1{}^8=z_1{}^n$$
$$\therefore z_n+2z_{n+4}+z_{n+8}=z_1{}^n-2z_1{}^n+z_1{}^n=0 \ (참)$$

따라서 옳은 것은 ㄴ, ㄷ이다.

12 ·········· 답 ①

$z_2=iz_1$, $z_3=iz_2=i^2z_1$, ...로 생각하면 z_n의 규칙을 쉽게 찾을 수 있다.

$$z_2=iz_1$$
$$z_3=iz_2=i^2z_1$$
$$z_4=iz_3=i^3z_1$$
$$\vdots$$
$$\therefore z_{999}=i^{998}z_1=(i^4)^{249}i^2z_1=-z_1=-1-i$$

다른 풀이
$$z_1=1+i$$
$$z_2=iz_1=i(1+i)=-1+i$$
$$z_3=iz_2=i(-1+i)=-1-i$$
$$z_4=iz_3=i(-1-i)=1-i$$
$$z_5=iz_4=i(1-i)=1+i$$
$$\vdots$$
곧, $z_1=z_5$, $z_2=z_6$, $z_3=z_7$, ..., $z_n=z_{n+4}$이므로
$$z_{999}=z_3=-1-i$$

13
답 2

$z_n\overline{z_{n+1}}=i$에서 $\overline{z_2}=\dfrac{i}{z_1}$이므로 $\dfrac{1}{z_1}$의 값을 먼저 구해 규칙을 찾는다.

$$\frac{1}{z_1}=\frac{2}{1+\sqrt{3}i}=\frac{2(1-\sqrt{3}i)}{4}$$
$$=\frac{1-\sqrt{3}i}{2}=\overline{z_1}$$

이므로 $z_1\overline{z_2}=i$에서
$$\overline{z_2}=i\overline{z_1},\ z_2=-iz_1$$
$z_2\overline{z_3}=i$에서
$$-iz_1\overline{z_3}=i,\ \overline{z_3}=-\overline{z_1},\ z_3=-z_1$$
$$\therefore z_4=iz_1,\ z_5=z_1$$
따라서 $z_5=z_1,\ z_6=z_2,\ z_7=z_3,\ z_8=z_4,\ \dots$로 반복되고,
$z_1+z_2+z_3+z_4=z_1-iz_1-z_1+iz_1=0$
이므로
$$z_1+z_2+z_3+\cdots+z_{50}=z_{49}+z_{50}=z_1+z_2$$
$$=z_1-iz_1$$
$$=\frac{1+\sqrt{3}i}{2}-\frac{i-\sqrt{3}}{2}$$
$$=\frac{1+\sqrt{3}}{2}+\frac{-1+\sqrt{3}}{2}i$$

따라서 $p=\dfrac{1+\sqrt{3}}{2},\ q=\dfrac{-1+\sqrt{3}}{2}$이므로
$$p^2+q^2=\frac{4+2\sqrt{3}}{4}+\frac{4-2\sqrt{3}}{4}=2$$

다른 풀이

$n=1,2,3,\dots$을 대입하여
$z_2,z_3,z_4,\dots$를 직접 구해 규칙을 찾을 수도 있다.

$z_n\overline{z_{n+1}}=i$에서 $\overline{z_{n+1}}=\dfrac{1}{z_n}\times i$이므로

$$\overline{z_2}=\frac{2}{1+\sqrt{3}i}\times i=\frac{\sqrt{3}+i}{2}\qquad\therefore z_2=\frac{\sqrt{3}-i}{2}$$
$$\overline{z_3}=\frac{2}{\sqrt{3}-i}\times i=\frac{-1+\sqrt{3}i}{2}\qquad\therefore z_3=\frac{-1-\sqrt{3}i}{2}$$
$$\overline{z_4}=\frac{2}{-1-\sqrt{3}i}\times i=\frac{-\sqrt{3}-i}{2}\qquad\therefore z_4=\frac{-\sqrt{3}+i}{2}$$
$$\overline{z_5}=\frac{2}{-\sqrt{3}+i}\times i=\frac{1-\sqrt{3}i}{2}\qquad\therefore z_5=\frac{1+\sqrt{3}i}{2}$$

따라서 $z_5=z_1,\ z_6=z_2,\ z_7=z_3,\ z_8=z_4,\ \dots$로 반복되고,
$z_1+z_2+z_3+z_4=z_1-iz_1-z_1+iz_1=0$이다.

나머지 계산은 동일하다.

14
답 ③

분자, 분모의 거듭제곱 규칙이 다른 꼴이므로
 분자의 거듭제곱 $(1+i)^2,(1+i)^3,\dots$과
 분모의 거듭제곱 $(1-\sqrt{3}i)^2,(1-\sqrt{3}i)^3,\dots$
을 따로 생각한다.

$$(1+i)^2=1+2i-1=2i$$
이므로
$$(1+i)^{13}=\{(1+i)^2\}^6(1+i)=(2i)^6(1+i)=-2^6(1+i)$$

또 $(1-\sqrt{3}i)^2=1-2\sqrt{3}i-3=-2(1+\sqrt{3}i)$
$$(1-\sqrt{3}i)^3=-2(1+\sqrt{3}i)(1-\sqrt{3}i)=-2\times(1+3)=-2^3$$
이므로
$$(1-\sqrt{3}i)^{13}=\{(1-\sqrt{3}i)^3\}^4(1-\sqrt{3}i)$$
$$=(-2^3)^4(1-\sqrt{3}i)=2^{12}(1-\sqrt{3}i)$$
$$\therefore\left(\frac{1+i}{1-\sqrt{3}i}\right)^{13}=\frac{-2^6(1+i)}{2^{12}(1-\sqrt{3}i)}=-\frac{(1+i)(1+\sqrt{3}i)}{2^6\times(1+3)}$$
$$=-\frac{1-\sqrt{3}+(1+\sqrt{3})i}{2^8}$$

$x=\dfrac{\sqrt{3}-1}{2^8},\ y=-\dfrac{\sqrt{3}+1}{2^8}$이므로
$$|x|=\frac{\sqrt{3}-1}{2^8},\ |y|=\frac{\sqrt{3}+1}{2^8}$$
$$\therefore|x|+|y|=\frac{\sqrt{3}}{2^7}$$

15
답 27

거듭제곱에 대한 문제이므로
$\alpha^2,\alpha^3,\dots,\beta^2,\beta^3,\dots$
을 차례로 구해 규칙을 찾고, α와 β의 관계식을 구한다.

$$\alpha^2=\left(\frac{\sqrt{3}+i}{2}\right)^2=\frac{3+2\sqrt{3}i-1}{4}=\frac{1+\sqrt{3}i}{2}\qquad\cdots\ \text{❶}$$
$$\alpha^3=\left(\frac{1+\sqrt{3}i}{2}\right)\left(\frac{\sqrt{3}+i}{2}\right)$$
$$=\frac{\sqrt{3}+4i-\sqrt{3}}{4}=i$$
$$\alpha^6=(\alpha^3)^2=-1,\ \alpha^9=(\alpha^3)^3=-i,\ \alpha^{12}=(\alpha^3)^4=1\qquad\cdots\ \text{㉮}$$

❶에서 $\beta=\alpha^2$이므로
$$\alpha^m\beta^n=\alpha^m(\alpha^2)^n=\alpha^{m+2n}\qquad\cdots\ \text{㉯}$$
따라서 $\alpha^m\beta^n=i$이면
$$m+2n=3,\ 3+12,\ 3+2\times12,\ \dots$$
$m+2n\leq30$이므로 $m+2n$의 최댓값은 27이다. $\qquad\cdots\ \text{㉰}$

단계	채점 기준	배점
㉮	α의 거듭제곱을 구하여 규칙 찾기	40%
㉯	$\alpha^m\beta^n$을 α의 거듭제곱으로 나타내기	30%
㉰	$m+2n$의 최댓값 구하기	30%

16
답 ②

α,β가 서로 켤레복소수이다. $\alpha\beta=1$임을 이용하여 식을 간단히 한다.

$\alpha\beta=1$이므로
$$\alpha^{99}\beta=\alpha^{98}(\alpha\beta)=\alpha^{98},\ \alpha^{98}\beta^2=\alpha^{96}(\alpha\beta)^2=\alpha^{96},\ \dots,$$
$$\alpha^{51}\beta^{49}=\alpha^2(\alpha\beta)^{49}=\alpha^2,\ \alpha^{50}\beta^{50}=1,$$
$$\alpha^{49}\beta^{51}=(\alpha\beta)^{49}\beta^2=\beta^2,\ \dots,\ \alpha\beta^{99}=(\alpha\beta)\beta^{98}=\beta^{98}$$
$$\therefore\alpha^{100}+\alpha^{99}\beta+\alpha^{98}\beta^2+\cdots+\alpha\beta^{99}+\beta^{100}$$
$$=\alpha^{100}+\alpha^{98}+\cdots+\alpha^4+\alpha^2+1+\beta^2+\beta^4+\cdots+\beta^{98}+\beta^{100}$$

$\alpha^2=\left(\dfrac{\sqrt{2}}{2}+\dfrac{\sqrt{2}}{2}i\right)^2=i,\ \beta^2=\left(\dfrac{\sqrt{2}}{2}-\dfrac{\sqrt{2}}{2}i\right)^2=-i$이므로

$$\alpha^2+\alpha^4+\alpha^6+\alpha^8=i-1-i+1=0$$
$$\beta^2+\beta^4+\beta^6+\beta^8=-i-1+i+1=0$$
$$\therefore\ (주어진\ 식)=\alpha^{100}+\alpha^{98}+1+\beta^{98}+\beta^{100}$$
$$=\alpha^4+\alpha^2+1+\beta^2+\beta^4$$
$$=-1+i+1-i-1=-1$$

다른 풀이

$a^n-b^n=(a-b)(a^{n-1}+a^{n-2}b+\cdots+ab^{n-2}+b^{n-1})$임을 이용하여 풀 수도 있다.

$$(\alpha^{100}+\alpha^{99}\beta+\alpha^{98}\beta^2+\cdots+\alpha\beta^{99}+\beta^{100})(\alpha-\beta)=\alpha^{101}-\beta^{101}$$
$$\therefore\ \alpha^{100}+\alpha^{99}\beta+\alpha^{98}\beta^2+\cdots+\alpha\beta^{99}+\beta^{100}=\dfrac{\alpha^{101}-\beta^{101}}{\alpha-\beta}$$

$\alpha^2=i,\ \beta^2=-i$이므로

$$\alpha^{101}=(\alpha^2)^{50}\alpha=i^{50}\alpha=-\alpha$$
$$\beta^{101}=(\beta^2)^{50}\beta=(-i)^{50}\beta=-\beta$$
$$\therefore\ (주어진\ 식)=\dfrac{-\alpha+\beta}{\alpha-\beta}=-1$$

17 .... 답 $a=29,\ b=70$

$z^2-2iz+1=0$을 $z+\dfrac{1}{z}$에 대하여 정리하고 거듭제곱을 이용한다.

$z^2-2iz+1=0$에서 $z+\dfrac{1}{z}=2i$ ⋯ ❶

❶의 양변을 제곱하면

$z^2+2+\dfrac{1}{z^2}=-4,\ z^2+\dfrac{1}{z^2}=-6$ ⋯ ❷

❶의 양변을 세제곱하면

$z^3+\dfrac{1}{z^3}+3\left(z+\dfrac{1}{z}\right)=-8i,\ z^3+\dfrac{1}{z^3}=-14i$ ⋯ ❸

❷의 양변을 제곱하면

$z^4+2+\dfrac{1}{z^4}=36,\ z^4+\dfrac{1}{z^4}=34$

❷, ❸에서

$\left(z^2+\dfrac{1}{z^2}\right)\left(z^3+\dfrac{1}{z^3}\right)=84i$

$z^5+z+\dfrac{1}{z}+\dfrac{1}{z^5}=84i,\ z^5+\dfrac{1}{z^5}=82i$

$\therefore\ \dfrac{1}{z^5}(1+z+z^2+\cdots+z^{10})$

$=\left(\dfrac{1}{z^5}+z^5\right)+\left(\dfrac{1}{z^4}+z^4\right)+\left(\dfrac{1}{z^3}+z^3\right)+\left(\dfrac{1}{z^2}+z^2\right)$

$\quad+\left(\dfrac{1}{z}+z\right)+1$

$=82i+34-14i-6+2i+1$

$=29+70i$

$\therefore\ a=29,\ b=70$

18 .... 답 $1-i,\ -1-i$

조건식의 좌변에 z 대신 $\bar{z}$를 대입하면 0이 된다.

곧, $z-\bar{z}$를 인수로 가지므로 먼저 좌변을 인수분해 하자.

$(좌변)=z^3-(\bar{z})^3+z^2\bar{z}-z(\bar{z})^2-4z+4\bar{z}$

$=(z-\bar{z})\{z^2+z\bar{z}+(\bar{z})^2\}+z\bar{z}(z-\bar{z})-4(z-\bar{z})$

$=(z-\bar{z})\{z^2+2z\bar{z}+(\bar{z})^2-4\}$

$=(z-\bar{z})\{(z+\bar{z})^2-2^2\}$

$=(z-\bar{z})(z+\bar{z}-2)(z+\bar{z}+2)$

(i) $z=\bar{z}$이면 z는 실수이므로 성립하지 않는다.

(ii) $z+\bar{z}=2$이면 $z=1+bi$ 꼴이다.

(iii) $z+\bar{z}=-2$이면 $z=-1+bi$ 꼴이다.

가능한 z의 꼴을 찾았으므로 나머지 조건에 대입한다.

z^2+2zi가 실수이므로

(ii)에서 $z=1+bi$ 꼴일 때

$(1+bi)^2+2(1+bi)i=1-b^2+2bi+2i-2b$

$=1-b^2-2b+(2b+2)i$

에서 $2b+2=0,\ b=-1$

$\therefore\ z=1-i$

(iii)에서 $z=-1+bi$ 꼴일 때

$(-1+bi)^2+2(-1+bi)i=1-b^2-2bi-2i-2b$

$=1-b^2-2b-(2b+2)i$

에서 $2b+2=0,\ b=-1$

$\therefore\ z=-1-i$

다른 풀이

인수분해 대신 $z=a+bi$를 대입하여 풀 수도 있다.

$z=a+bi$ ($a,\ b$는 실수)라 하고

$z^3-(\bar{z})^3+z^2\bar{z}-z(\bar{z})^2-4z+4\bar{z}=0$에 대입하면

$(좌변)=(a+bi)^3-(a-bi)^3+(a+bi)^2(a-bi)$

$\quad-(a+bi)(a-bi)^2-4(a+bi)+4(a-bi)$

$=(a+bi)^2(a+bi+a-bi)$

$\quad-(a-bi)^2(a-bi+a+bi)-8bi$

$=8a^2bi-8bi=8b(a^2-1)i=0$

$\therefore\ b=0$ 또는 $a=\pm1$

$b=0$이면 z는 실수이므로 성립하지 않는다.

$b\neq0$이고 $a=1$ 또는 $a=-1$

$\therefore\ z=1+bi$ 또는 $z=-1+bi$

가능한 z의 꼴을 찾았으므로 나머지 조건에 대입한다.

나머지 계산은 위의 풀이와 동일하다.

19 .... 답 ③

▶ $\omega=\dfrac{-1+\sqrt{3}i}{2}$에서 $2\omega+1=\sqrt{3}i$

양변을 제곱하여 정리하면 $\omega^2+\omega+1=0$
양변에 $\omega-1$을 곱하면 $\omega^3-1=0$
이 관계를 이용하여 푸는 문제이다.
$x^3+y^3+z^3$의 값은 x^3, y^3, z^3을 바로 구하지 말고 $x^3+y^3+z^3-3xyz$의 인수분해를 이용한다.

$\omega=\dfrac{-1+\sqrt{3}i}{2}$에서 $2\omega+1=\sqrt{3}i$

양변을 제곱하면

$$4\omega^2+4\omega+1=-3 \qquad \therefore \omega^2+\omega+1=0$$

양변에 $\omega-1$을 곱하면

$$\omega^3-1=0 \qquad \therefore \omega^3=1$$

이때

$$x^3+y^3+z^3-3xyz$$
$$=(x+y+z)(x^2+y^2+z^2-xy-yz-zx)$$

이고

$$x+y+z=\alpha(\omega^2+\omega+1)-\beta(\omega^2+\omega+1)=0$$

이므로

$$x^3+y^3+z^3-3xyz=0$$
$$\therefore x^3+y^3+z^3=3xyz$$
$$=3(\alpha-\beta)(\alpha\omega-\beta\omega^2)(\alpha\omega^2-\beta\omega)$$
$$=3(\alpha-\beta)(\alpha^2\omega^3-\alpha\beta\omega^2-\alpha\beta\omega^4+\beta^2\omega^3)$$

$\omega^2+\omega=-1$, $\omega^4=\omega^3\omega=\omega$이므로

$$\alpha\beta\omega^2+\alpha\beta\omega^4=\alpha\beta\omega^2+\alpha\beta\omega$$
$$=\alpha\beta(\omega^2+\omega)=-\alpha\beta$$
$$\therefore x^3+y^3+z^3=3(\alpha-\beta)(\alpha^2+\alpha\beta+\beta^2)$$
$$=3(\alpha^3-\beta^3)$$

20 .... 답 ①

▶ $x^{100}+x^3=(x^2-2x+4)Q(x)+ax+b$로 놓고
$x^2-2x+4=0$의 해를 대입하여 a, b의 값을 구한다.
항등식은 x가 복소수일 때도 성립한다.

$x^{100}+x^3$을 x^2-2x+4로 나눈 몫을 $Q(x)$,
나머지를 $R(x)=ax+b$라 하면

$$x^{100}+x^3=(x^2-2x+4)Q(x)+ax+b \qquad \cdots ❶$$

▶ $(x^2-2x+4)(x+2)=x^3+8$이므로
양변에 $x+2$를 곱하고 식을 정리한다.

$x^2-2x+4=0$의 양변에 $x+2$를 곱하면

$$x^3+8=0$$

$x^2-2x+4=0$의 한 허근을 α라 하면

$$\alpha^3+8=0$$

❶에 $x=\alpha$를 대입하면 $\alpha^{100}+\alpha^3=a\alpha+b \qquad \cdots ❷$

$\alpha^3=-2^3$이므로 $\alpha^{100}=(\alpha^3)^{33}\alpha=-2^{99}\alpha$

❷에 대입하면 $-2^{99}\alpha-2^3=a\alpha+b$

$ax+b$는 계수가 실수인 다항식을 계수가 실수인 다항식으로 나눈
나머지이므로 a, b는 실수이다.
α는 허수이므로 $a=-2^{99}$, $b=-2^3$

$$\therefore R(0)=b=-2^3=-8$$

21 .... 답 $x=2\pm\sqrt{2}i$

▶ 방정식을 풀 때는 최고차항의 계수가 0일 때와 아닐 때로 나누어 푼다.

$ax=b$에서 $a\neq0$이면 $x=\dfrac{b}{a}$

$a=0$, $b=0$이면 해가 무수히 많다.
$a=0$, $b\neq0$이면 해가 없다.

$a(ax-1)-(x+1)=0$에서

$$(a^2-1)x=a+1, (a+1)(a-1)x=a+1$$

이 방정식의 해가 없으면

$$(a+1)(a-1)=0이고 a+1\neq0 \qquad \therefore a=1$$

이때 이차방정식은 $x^2-4x+6=0$
근의 공식을 쓰면 $x=2\pm\sqrt{-2}=2\pm\sqrt{2}i$

22 .... 답 $x=1-2i$

▶ 조건식의 계수가 실수가 아니므로 실근 α를 대입하여
$(\quad)+(\quad)i=0$
꼴로 정리하여 풀 수 있다.
실근이라는 조건이 없으면 이와 같이 풀 수 없다.

$(1+i)x^2-(p+i)x+6-2i=0$의 실근을 α라 하면

$$(1+i)\alpha^2-(p+i)\alpha+6-2i=0$$
$$(\alpha^2-p\alpha+6)+(\alpha^2-\alpha-2)i=0 \qquad \cdots ㉮$$

p, α가 실수이므로

$$\alpha^2-p\alpha+6=0 \qquad \cdots ❶$$
$$\alpha^2-\alpha-2=0 \qquad \cdots ❷$$

❷에서 $(\alpha+1)(\alpha-2)=0 \qquad \therefore \alpha=-1$ 또는 $\alpha=2$
(i) $\alpha=-1$이면 ❶에서 $p=-7$
(ii) $\alpha=2$이면 ❶에서 $p=5$
이때 $p>0$이므로 $p=5 \qquad \cdots ㉯$
주어진 방정식은

$$(1+i)x^2-(5+i)x+6-2i=0$$

양변에 $1-i$를 곱하면

$$(1-i)(1+i)x^2-(1-i)(5+i)x+(1-i)(6-2i)=0$$
$$2x^2-(6-4i)x+4-8i=0$$
$$x^2-(3-2i)x+2(1-2i)=0$$
$$(x-2)(x-1+2i)=0 \qquad \therefore x=2 \text{ 또는 } x=1-2i$$

따라서 다른 한 근은 $x=1-2i \qquad \cdots ㉰$

단계	채점 기준	배점
㉮	실근을 α라 하고, 주어진 이차방정식에 대입하여 $(\quad)+(\quad)i=0$ 꼴로 정리하기	30%
㉯	복소수의 상등을 이용하여 α, p의 값 구하기	30%
㉰	주어진 이차방정식을 풀어 다른 한 근 구하기	40%

23

답 ①

α는 허수, α^3은 실수이므로 $\alpha^2-p\alpha+3=0$을 이용하여
α^3을 α로 나타낸 다음 복소수의 성질을 이용한다.

주어진 식에 $x=\alpha$를 대입하면
$$\alpha^2-p\alpha+3=0 \qquad \therefore \alpha^2=p\alpha-3 \quad \cdots \ ❶$$
양변에 α를 곱하면 $\alpha^3=p\alpha^2-3\alpha$
❶을 대입하면
$$\alpha^3=p(p\alpha-3)-3\alpha=(p^2-3)\alpha-3p$$
α^3, p가 실수, α가 허수이므로
$$p^2=3 \qquad \therefore p=\pm\sqrt{3}$$
이때 방정식은 $x^2\pm\sqrt{3}x+3=0$이므로 허근을 가진다.
따라서 p의 값의 곱은 -3이다.

24

답 $x=\dfrac{1+\sqrt{5}}{2}$

가우스 기호 $[x]$를 정리하기 위해서는 $n\le x<n+1$ (n은 정수)로 범위를 나누어야 한다.
이 문제에서 $1<x^2<4$이므로
$$1<x^2<2,\ 2\le x^2<3,\ 3\le x^2<4$$
로 범위를 나누어 푼다.

(ⅰ) $1<x<\sqrt{2}$, 곧 $1<x^2<2$일 때
$[x^2]=1$이므로 $x^2-x=0$
$$x(x-1)=0 \qquad \therefore x=0 \text{ 또는 } x=1$$
$1<x<\sqrt{2}$이므로 해가 없다.

(ⅱ) $\sqrt{2}\le x<\sqrt{3}$, 곧 $2\le x^2<3$일 때
$[x^2]=2$이므로 $x^2-x=1$
$$x^2-x-1=0 \qquad \therefore x=\frac{1\pm\sqrt{5}}{2}$$
$\sqrt{2}\le x<\sqrt{3}$이므로 $x=\dfrac{1+\sqrt{5}}{2}$

(ⅲ) $\sqrt{3}\le x<2$, 곧 $3\le x^2<4$일 때
$[x^2]=3$이므로 $x^2-x=2$
$$(x+1)(x-2)=0$$
$$\therefore x=-1 \text{ 또는 } x=2$$
$\sqrt{3}\le x<2$이므로 해가 없다.

(ⅰ), (ⅱ), (ⅲ)에서 해는 $x=\dfrac{1+\sqrt{5}}{2}$

25

답 $1+\sqrt{22}$

$\overline{JC}=x$, $\overline{CI}=y$로 놓고
직사각형 EICJ의 둘레의 길이와 넓이를 각각 x, y로 나타낸다.

$\overline{JC}=x$, $\overline{CI}=y$라 하자.

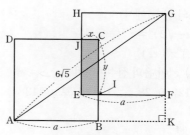

직사각형 EICJ의 둘레의 길이가 8이므로
$$2(x+y)=8$$
$$\therefore x+y=4$$
직사각형 EICJ의 넓이가 2이므로
$$xy=2$$
$\overline{AG}=6\sqrt{5}$이고 $\overline{AK}=2a-x$, $\overline{GK}=2a-y$이므로
직각삼각형 AKG에서
$$(2a-x)^2+(2a-y)^2=(6\sqrt{5})^2$$
$$8a^2-4(x+y)a+x^2+y^2-180=0$$
$x^2+y^2=(x+y)^2-2xy=4^2-2\times 2=12$이므로
$$a^2-2a-21=0$$
$a>0$이므로 $a=1+\sqrt{22}$

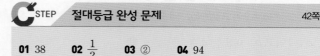

STEP C **절대등급 완성 문제** 42쪽

01 38   **02** $\dfrac{1}{2}$ **03** ②   **04** 94

01

답 38

$z^2, z^3, z^4, \cdots$을 구해 z^n의 규칙을 찾고
$(z-\sqrt{2})^2, (z-\sqrt{2})^3, (z-\sqrt{2})^4, \cdots$을 구해 $(z-\sqrt{2})^n$의 규칙을 찾는다.
이때 $z-\sqrt{2}=\dfrac{-1+i}{\sqrt{2}}$이므로 $z-\sqrt{2}$는 $-\bar{z}$로 간단히 나타낼 수 있다.

$z^2=i$이므로 $z^4=-1$, $z^8=1$이다.
또 $z-\sqrt{2}=\dfrac{-1+i}{\sqrt{2}}=-\bar{z}$이다.

(ⅰ) $z^n-(z-\sqrt{2})^n=0$에서
$$(\text{좌변})=z^n-(z-\sqrt{2})^n=z^n-(-\bar{z})^n$$
$$=z^n-(-1)^n(\bar{z})^n$$

복소수와 그 켤레복소수의
합이 0이면 두 수는 순허수이고,
차가 0이면 두 수는 실수이다.

n이 홀수일 때, $z^n+(\bar{z})^n=0$이려면 z는 순허수이다.
그런데 n이 홀수일 때는 z^n이 순허수일 수 없다.
n이 짝수일 때, $z^n-(\bar{z})^n=0$이려면 z^n은 실수이다.
따라서 n은 100 이하의 4의 배수이므로 $p=25$이다.

(ii) $z^{2n}(z-\sqrt{2})^n=$ (음의 실수)에서

$$(좌변)=z^{2n}(z-\sqrt{2})^n=z^{2n}(-\bar{z})^n$$
$$=(-1)^n z^n(z\bar{z})^n$$

$z\bar{z}=1$이므로 $(-1)^n z^n$이 음의 실수이려면

가능한 n은 $n=4, 12, 20, 28, ..., 100$이므로 $q=13$

(i), (ii)에서 $p+q=38$

02 답 $\dfrac{1}{2}$

▍ 복소수는 대소 관계가 없으므로 복소수를 포함한 식에서 부등식이 나올 때는 다음과 같이 특수한 경우이다.

$\alpha=a+bi$ (a, b는 실수)라 할 때

$\alpha^2<0$이면 $a=0$이고 $b\neq0$ (α는 순허수)

$\alpha^2>0$이면 $a\neq0$이고 $b=0$ (α는 0이 아닌 실수)

(i) (가)에서 $\alpha=\dfrac{1+\bar{z}}{1-z}+\dfrac{1-z}{1-\bar{z}}$라 하면

$\alpha^2>0$이므로 α의 실수부분은 0이 아니고 허수부분은 0이다.

$$\alpha=\frac{(1+\bar{z})(1-\bar{z})+(1-z)^2}{(1-z)(1-\bar{z})}$$

에서 (분모)$=(1-z)\overline{(1-z)}$이므로 실수이다.

$$(분자)=1-(\bar{z})^2+1-2z+z^2$$
$$=2-2(a+bi)+4abi$$
$$=2-2a+2b(2a-1)i$$

곧, $2-2a\neq0$이고 $2b(2a-1)=0$이므로

$a\neq1$이고 $b=0$ 또는 $a=\dfrac{1}{2}$ ··· ❶

(ii) (나)에서 $\beta=\dfrac{2z+1}{w^2}$이라 하면

$\beta^2<0$이므로 β의 실수부분은 0이고, 허수부분은 0이 아니다.

$\dfrac{1}{w}=z$이므로

$$\beta=\frac{2z+1}{w^2}=z^2(2z+1)=2z^3+z^2$$
$$=2a^3+6a^2bi-6ab^2-2b^3i+a^2-b^2+2abi$$
$$=(2a^3-6ab^2+a^2-b^2)+b(6a^2-2b^2+2a)i$$

곧, $2a^3-6ab^2+a^2-b^2=0$이고 $b(6a^2-2b^2+2a)\neq0$

이때 두 번째 식에서 $b\neq0$이다.

❶에서 $a=\dfrac{1}{2}$을 $2a^3-6ab^2+a^2-b^2=0$에 대입하면

$$\frac{1}{4}-3b^2+\frac{1}{4}-b^2=0, b=\pm\frac{1}{2\sqrt{2}}=\pm\frac{\sqrt{2}}{4}$$

$$\therefore z=\frac{1}{2}\pm\frac{\sqrt{2}}{4}i$$

따라서 $a^2+2b^2=\dfrac{1}{4}+\dfrac{1}{4}=\dfrac{1}{2}$

03 답 ②

▍ $\sqrt{3}+i=\alpha$, $-\sqrt{3}+i=\beta$라 하면 $\beta=-\bar{\alpha}$이므로

$$\alpha^n=2^m(-\bar{\alpha})$$

를 푸는 문제이다.

먼저 $\alpha^2, \alpha^3, ...$을 구해 α의 규칙을 찾는다.

$(\sqrt{3}+i)^n=2^m(-\sqrt{3}+i)$의 양변에 $\sqrt{3}+i$를 곱하면

$$(\sqrt{3}+i)^{n+1}=2^m(-\sqrt{3}+i)(\sqrt{3}+i)$$
$$=2^m(-3-1)=-2^{m+2}$$

또 $\sqrt{3}+i=\alpha$라 하면

$$\alpha^2=(\sqrt{3}+i)^2=3+2\sqrt{3}i-1=2(1+\sqrt{3}i)$$
$$\alpha^3=2(1+\sqrt{3}i)(\sqrt{3}+i)=8i=2^3i$$
$$\alpha^6=-2^6, \alpha^{12}=2^{12}$$
$$\alpha^{18}=-2^{18}, ...$$

곧, $n+1$이 6, 18, 30, ..., $6+12k$, ... 일 때

$\alpha^{n+1}=-2^{m+2}$이 성립하고, $n+1=m+2$이다.

m, n은 100 이하의 자연수이므로 $k=0, 1, 2, ..., 7$이고

가능한 순서쌍 (m, n)은 8개이다.

04 답 94

▍ $[x]$가 있는 경우 기본 해법

1. $n\leq x<n+1$ (n은 정수)일 때로 나누어 푼다.

2. $x=n+\alpha$ (n은 정수, $0\leq\alpha<1$)라 하면

$[x]=n$이다. 이를 대입하고,

정수 n에 대한 조건이나 $0\leq\alpha<1$을 이용한다.

$x[x]+187=[x^2]+[x]$에서 $[x^2]+[x]$가 정수이므로

$x[x]+187$도 정수이다.

따라서 $x[x]$가 정수이다.

$x=n+\alpha$ (n은 정수, $0\leq\alpha<1$)라 하면

$$[x]=n, x[x]=n^2+an$$

이때 $x[x]$가 정수이므로 an은 정수이다.

또 $x^2=(n+\alpha)^2=n^2+2an+\alpha^2$에서 $2an$은 정수,

$0\leq\alpha^2<1$이므로 $[x^2]=n^2+2an$

$x[x]+187=[x^2]+[x]$에 대입하면

$$n^2+an+187=n^2+2an+n \qquad \therefore a=\frac{187-n}{n}$$

$0\leq\alpha<1$이므로 $0\leq\dfrac{187-n}{n}<1$

n은 양수이므로 $0\leq187-n<n$

$0\leq187-n$에서 $n\leq187$ ··· ❶

$187-n<n$에서 $n>\dfrac{187}{2}$ ··· ❷

❶, ❷를 동시에 만족시키는 정수 n은 94, 95, 96, ..., 187이고 94개이므로 방정식의 실근도 94개이다.

Think More

방정식의 근은 $x=n+\dfrac{187-n}{n}$ ($n=94, 95, 96, ..., 187$)

05 판별식, 근과 계수의 관계

A STEP 시험에 꼭 나오는 문제   44~46쪽

01 ④	**02** ⑤	**03** -8	**04** ①
05 (1) 18 (2) 32 (3) $-i$ (4) $2\sqrt{5}$		**06** 112	**07** $\frac{1}{3}$ **08** ③
09 ⑤	**10** ③	**11** ⑤	**12** ⑤ **13** ⑤
14 $a=8$, $b=13$		**15** ⑤	**16** 13
17 $n=23$, 두 근: -12, -11		**18** ②	**19** $a=9$, $b=19$
20 ③	**21** $a=-1$, $b=1$	**22** 49	**23** ① **24** ③

01   답 ④

중근을 가지므로 $D=m^2-4(m-1)=0$
$\quad (m-2)^2=0 \qquad \therefore m=2$
이때 방정식은 $x^2+2x+1=0$
곧, $(x+1)^2=0$이므로 $\alpha=-1$
$\quad \therefore m+\alpha=1$

다른 풀이

▸$x=\alpha$가 중근이다. ➡ $(x-\alpha)^2$으로 인수분해 된다.

α가 중근이므로 $x^2+mx+m-1=(x-\alpha)^2$에서
$\quad x^2+mx+m-1=x^2-2\alpha x+\alpha^2$
양변의 계수를 비교하면
$\quad m=-2\alpha$, $m-1=\alpha^2$
두 식에서 m을 소거하면
$\quad -2\alpha-1=\alpha^2$, $(\alpha+1)^2=0$
따라서 $\alpha=-1$, $m=2$이므로 $m+\alpha=1$

02   답 ⑤

$2x^2+5x+k=0$이 실근을 가지므로 판별식을 D_1이라 하면
$\quad D_1=5^2-8k\geq0 \qquad \therefore k\leq\frac{25}{8} \qquad \cdots$ ❶

$x^2-2kx+k^2-k-1=0$이 실근을 가지므로 판별식을 D_2라 하면
$\quad \frac{D_2}{4}=k^2-(k^2-k-1)\geq0 \qquad \therefore k\geq-1 \qquad \cdots$ ❷

❶, ❷를 동시에 만족시키는 정수 k는 -1, 0, 1, 2, 3이고, 5개이다.

03   답 -8

$2x^2+(a-1)x+a-3=0$이 중근을 가지므로
판별식을 D_1이라 하면
$\quad D_1=(a-1)^2-8(a-3)=0$
$\quad a^2-10a+25=0$, $(a-5)^2=0 \qquad \therefore a=5$
$bx^2-2(b+3)x+b+5=0$이 서로 다른 두 실근을 가지므로
판별식을 D_2라 하면

$\quad \frac{D_2}{4}=(b+3)^2-b(b+5)>0$
$\quad b^2+6b+9-b^2-5b>0 \qquad \therefore b>-9$
따라서 정수 b의 최솟값은 -8이다.

04   답 ①

▸중근을 가지므로 $D=0$을 이용하고
'k의 값에 관계없이'가 있으므로 k에 대해 정리한다.

중근을 가지므로
$\quad \frac{D}{4}=(2k+m)^2-4(k^2-k+n)=0$
$\quad 4k^2+4km+m^2-4k^2+4k-4n=0$
$\quad 4km+m^2+4k-4n=0$
k에 대해 정리하면
$\quad 4(m+1)k+m^2-4n=0$
k의 값에 관계없이 성립하므로
$\quad m+1=0$, $m^2-4n=0$
$\quad \therefore m=-1$, $n=\frac{1}{4}$, $m+n=-\frac{3}{4}$

05   답 (1) 18 (2) 32 (3) $-i$ (4) $2\sqrt{5}$

근과 계수의 관계에서
$\quad \alpha+\beta=2$, $\alpha\beta=-4$
(1) $(\alpha+1)^2+(\beta+1)^2=\alpha^2+\beta^2+2(\alpha+\beta)+2$
$\qquad\qquad =(\alpha+\beta)^2-2\alpha\beta+2(\alpha+\beta)+2$
$\qquad\qquad =2^2-2\times(-4)+2\times2+2=18$
(2) $\alpha^3+\beta^3=(\alpha+\beta)^3-3\alpha\beta(\alpha+\beta)$
$\qquad\qquad =2^3-3\times(-4)\times2=32$
(3) $\alpha\beta<0$이므로 $\sqrt{\alpha}\sqrt{\beta}=\sqrt{\alpha\beta}=\sqrt{-4}=2i$
$\quad \therefore \frac{\sqrt{\alpha}}{\sqrt{\beta}}+\frac{\sqrt{\beta}}{\sqrt{\alpha}}=\frac{\alpha+\beta}{\sqrt{\alpha\beta}}=\frac{2}{2i}=-i$
(4) $(\alpha-\beta)^2=(\alpha+\beta)^2-4\alpha\beta=2^2-4\times(-4)=20$
$\quad \therefore |\alpha-\beta|=\sqrt{20}=2\sqrt{5}$

06   답 112

▸근과 계수의 관계와 $\alpha+\beta=10$을 이용하여 a의 값을 구한다.

근과 계수의 관계에서
$\quad \alpha+\beta=-2a$, $\alpha\beta=a-1$
조건에서 $-2a=10 \qquad \therefore a=-5$
이때 $\alpha\beta=a-1=-6$이므로
$\quad \alpha^2+\beta^2=(\alpha+\beta)^2-2\alpha\beta$
$\qquad\qquad =10^2-2\times(-6)=112$

07 ♦ 답 $\dfrac{1}{3}$

▸근과 계수의 관계를 이용하여 $\alpha^3+\beta^3$을 k에 대한 식으로 나타낸다.

근과 계수의 관계에서

$$\alpha+\beta=2,\ \alpha\beta=\dfrac{k}{2}$$

이므로

$$\alpha^3+\beta^3=(\alpha+\beta)^3-3\alpha\beta(\alpha+\beta)$$
$$=2^3-3\times\dfrac{k}{2}\times2=8-3k$$

조건에서 $8-3k=7$ $\therefore k=\dfrac{1}{3}$

08 ♦ 답 ③

▸$(\alpha_n+1)(\beta_n+1)$을 구한 다음 $n=1,2,3$을 대입하면 편하다.

$x^2-(4n+3)x+n^2=0$의 두 근이 $\alpha_n,\ \beta_n$이므로

근과 계수의 관계에서

$$\alpha_n+\beta_n=4n+3,\ \alpha_n\beta_n=n^2$$

이므로

$$\sqrt{(\alpha_n+1)(\beta_n+1)}=\sqrt{\alpha_n\beta_n+\alpha_n+\beta_n+1}$$
$$=\sqrt{n^2+4n+3+1}$$
$$=\sqrt{(n+2)^2}=n+2$$

$\therefore$ (주어진 식)$=(1+2)+(2+2)+(3+2)=12$

09 ♦ 답 ⑤

▸$\sqrt{\ }$ 를 포함한 식은 제곱부터 생각한다. 곧, $(\sqrt{\alpha}+\sqrt{\beta})^2$의 값부터 계산한다.

$x^2-3x+1=0$에서

$$D=(-3)^2-4\times1\times1>0$$

이므로 서로 다른 두 실근을 가진다.

또 근과 계수의 관계에서

$$\alpha+\beta=3>0,\ \alpha\beta=1>0$$

이므로 두 근 $\alpha,\ \beta$는 모두 양의 실수이다.

$$(\sqrt{\alpha}+\sqrt{\beta})^2=(\sqrt{\alpha})^2+(\sqrt{\beta})^2+2\sqrt{\alpha}\sqrt{\beta}$$
$$=\alpha+\beta+2\sqrt{\alpha\beta}=3+2=5$$

$\therefore \sqrt{\alpha}+\sqrt{\beta}=\sqrt{5}$

10 ♦ 답 ③

▸$\alpha^3-3\alpha^2$은 근과 계수의 관계를 이용할 수 없다. α가 방정식의 근이므로 $\alpha^2-3\alpha-2=0$임을 이용한다.

근과 계수의 관계에서

$$\alpha+\beta=3,\ \alpha\beta=-2$$

또 α는 $x^2-3x-2=0$의 근이므로

$$\alpha^2-3\alpha-2=0$$

양변에 α를 곱하면

$$\alpha^3-3\alpha^2-2\alpha=0,\ \alpha^3-3\alpha^2=2\alpha$$
$$\therefore \alpha^3-3\alpha^2+\alpha\beta+2\beta=2\alpha+\alpha\beta+2\beta$$
$$=2(\alpha+\beta)+\alpha\beta$$
$$=2\times3-2=4$$

11 ♦ 답 ⑤

근과 계수의 관계에서

$$(a+1)+(b+1)=-a \quad \therefore 2a+b+2=0 \quad \cdots ❶$$
$$(a+1)(b+1)=b \quad \therefore ab+a+1=0 \quad \cdots ❷$$

❶에서 $b=-2a-2$를 ❷에 대입하면

$$a(-2a-2)+a+1=0,\ 2a^2+a-1=0$$
$$(a+1)(2a-1)=0 \quad \therefore a=-1 \text{ 또는 } a=\dfrac{1}{2}$$

$a=-1$일 때 $b=0$이므로 $b\neq0$에 모순이다.

$a=\dfrac{1}{2}$일 때 $b=-3$ $\therefore a+b=-\dfrac{5}{2}$

12 ♦ 답 ⑤

▸주어진 두 식은 방정식 $x^2-3x-11=0$에 $a,\ b$를 대입한 꼴이다.

$a,\ b$는 이차방정식 $x^2-3x-11=0$의 두 근이므로 근과 계수의 관계에서

$$a+b=3,\ ab=-11$$
$$\therefore a^2+b^2=(a+b)^2-2ab$$
$$=3^2-2\times(-11)=31$$

13 ♦ 답 ③

▸$5x-7=\alpha,\ 5x-7=\beta$인 x가 $f(5x-7)=0$의 근이다.

$f(x)=0$의 두 근이 $\alpha,\ \beta$이므로 $f(\alpha)=0,\ f(\beta)=0$

$5x-7=\alpha$라 하면 $x=\dfrac{\alpha+7}{5}$

$f(5x-7)=0$에 대입하면

$$f\left(5\times\dfrac{\alpha+7}{5}-7\right)=f(\alpha)=0$$

곧, $x=\dfrac{\alpha+7}{5}$은 $f(5x-7)=0$의 근이다.

같은 이유로 $x=\dfrac{\beta+7}{5}$도 $f(5x-7)=0$의 근이다.

따라서 두 근의 합은

$$\dfrac{\alpha+7}{5}+\dfrac{\beta+7}{5}=\dfrac{\alpha+\beta+14}{5}=\dfrac{1+14}{5}=3$$

14 답 $a=8$, $b=13$

▪ a, b가 유리수라는 조건이 있어서 다른 한 근도 구할 수 있다.
방정식의 계수가 유리수일 때
$p+q\sqrt{3}$ (p, q는 유리수)이 근이면 $p-q\sqrt{3}$도 근이다.

계수가 유리수이므로 한 근이 $-4+\sqrt{3}$이면 다른 한 근은
$-4-\sqrt{3}$이다.
근과 계수의 관계에서
$$-a=(-4+\sqrt{3})+(-4-\sqrt{3})=-8 \qquad \therefore a=8$$
$$b=(-4+\sqrt{3})(-4-\sqrt{3})=16-3=13$$

다른 풀이

▪ 근을 대입하여 a, b의 값을 구할 수도 있다.

$x^2+ax+b=0$에 $x=-4+\sqrt{3}$을 대입하면
$$(-4+\sqrt{3})^2+a(-4+\sqrt{3})+b=0$$
$$(-4a+b+19)+(a-8)\sqrt{3}=0$$
a, b가 유리수이므로 $-4a+b+19=0$, $a-8=0$
$$\therefore a=8,\ b=13$$

15 답 ③

▪ a, b가 실수라는 조건이 있어서 다른 한 근도 구할 수 있다.
방정식의 계수가 실수일 때
$p+qi$ (p, q는 실수)가 근이면 $p-qi$도 근이다.

계수가 실수이므로 한 근이
$$\frac{2}{1-i}=\frac{2(1+i)}{(1-i)(1+i)}=1+i$$
이면 나머지 한 근은 $1-i$이다.
근과 계수의 관계에서
$$-\frac{1}{a}=(1+i)+(1-i)=2,\ a=-\frac{1}{2}$$
$$\frac{b}{a}=(1+i)(1-i)=2,\ b=2a=-1$$
$$\therefore ab=\frac{1}{2}$$

다른 풀이

▪ 근을 대입하여 a, b의 값을 구할 수도 있다.

$ax^2+x+b=0$에 $x=1+i$를 대입하면
$$a(1+i)^2+(1+i)+b=0$$
$$(b+1)+(2a+1)i=0$$
a, b가 실수이므로 $b+1=0$, $2a+1=0$
$$\therefore a=-\frac{1}{2},\ b=-1,\ ab=\frac{1}{2}$$

16 답 13

▪ 두 근을 α, β라 할 때,
$|\alpha-\beta|=4$이므로 $(\alpha-\beta)^2=16$을 이용한다.

두 근을 α, β라 하면 근과 계수의 관계에서
$$\alpha+\beta=3m-1,\ \alpha\beta=2m^2-4m-7$$
두 근의 차가 4이므로 $|\alpha-\beta|=4$에서
$$(\alpha-\beta)^2=(\alpha+\beta)^2-4\alpha\beta=16$$
$$(3m-1)^2-4(2m^2-4m-7)=16$$
$$m^2+10m+13=0$$
따라서 $\dfrac{D}{4}=25-13>0$이므로 방정식은 실근을 가지고,
실수 m의 값의 곱은 13이다.

Think More

두 근의 차가 4이므로 두 근을 α, $\alpha+4$라 하면
근과 계수의 관계에서
$$\alpha+\alpha+4=3m-1,\ \alpha(\alpha+4)=2m^2-4m-7$$
첫 번째 식에서 나온 $\alpha=\dfrac{3}{2}m-\dfrac{5}{2}$를 두 번째 식에 대입해도 m에 대한 식을
구할 수 있다.

17 답 $n=23$, 두 근: -12, -11

▪ 연속한 두 정수이므로 두 근을 α, $\alpha+1$로 놓는다.

두 근을 α, $\alpha+1$이라 하면 근과 계수의 관계에서
$$\alpha+\alpha+1=-n \qquad \cdots ❶$$
$$\alpha(\alpha+1)=132 \qquad \cdots ❷$$
❷에서 $\alpha^2+\alpha-132=0$, $(\alpha+12)(\alpha-11)=0$
$$\therefore \alpha=-12 \text{ 또는 } \alpha=11$$
$\alpha=-12$일 때 ❶에서 $n=23$
$\alpha=11$일 때 ❶에서 $n=-23$
n은 자연수이므로 $n=23$이고, 두 근은 -12, -11이다.

18 답 ②

▪ 한 근이 다른 한 근의 2배이므로 두 근을 α, 2α로 놓을 수 있다.

두 근을 α, 2α라 하면 근과 계수의 관계에서
$$\alpha+2\alpha=3k \qquad \cdots ❶$$
$$\alpha\times 2\alpha=4k-2 \qquad \cdots ❷$$
❶에서 $\alpha=k$이므로 ❷에 대입하면
$$2k^2=4k-2,\ k^2-2k+1=0$$
$$(k-1)^2=0 \qquad \therefore k=1$$

19 ······························ 답 $a=9$, $b=19$

x^2의 계수가 1이고 p, q가 두 근인 이차방정식은
$$x^2-(p+q)x+pq=0$$

$x^2+3x+1=0$의 두 근이 α, β이므로
$\alpha+\beta=-3$, $\alpha\beta=1$에서
$$(2\alpha+\beta)+(\alpha+2\beta)=3(\alpha+\beta)=-9$$
$$\begin{aligned}(2\alpha+\beta)(\alpha+2\beta)&=2\alpha^2+2\beta^2+5\alpha\beta\\&=2(\alpha+\beta)^2+\alpha\beta\\&=18+1=19\end{aligned}$$
따라서 구하는 이차방정식은 $x^2+9x+19=0$이므로
$$a=9, b=19$$

20 ······························ 답 ③

근과 계수의 관계를 이용하여 $\alpha+\beta$, $\alpha\beta$의 값만 구하면 된다.

$20x^2-x+1=0$의 두 근이 $\dfrac{1}{\alpha+1}$, $\dfrac{1}{\beta+1}$이므로

$$\frac{1}{\alpha+1}+\frac{1}{\beta+1}=\frac{1}{20} \qquad \cdots ❶$$
$$\frac{1}{\alpha+1}\times\frac{1}{\beta+1}=\frac{1}{20} \qquad \cdots ❷$$
❷에서 $(\alpha+1)(\beta+1)=20$ $\qquad \cdots ❸$
❶에서 $\dfrac{\alpha+\beta+2}{(\alpha+1)(\beta+1)}=\dfrac{1}{20}$ $\qquad \cdots ❹$
❸을 ❹에 대입하면
$$\frac{\alpha+\beta+2}{20}=\frac{1}{20} \qquad \therefore \alpha+\beta=-1$$
❸에서 $\alpha\beta+\alpha+\beta+1=20$이므로 $\alpha\beta=20$
따라서 x^2의 계수가 1이고 두 근이 α, β인 이차방정식은
$$x^2+x+20=0$$

21 ······························ 답 $a=-1$, $b=1$

$x^2-(2a-1)x+a+5=0$의
두 근의 합과 곱이 각각 $2a-1$, $a+5$이므로
$x^2-bx+12a=0$의 두 근이 $2a-1$, $a+5$이다.
근과 계수의 관계에서
$$(2a-1)+(a+5)=b \qquad \cdots ❶$$
$$(2a-1)(a+5)=12a \qquad \cdots ❷$$
❷에서 $2a^2-3a-5=0$, $(a+1)(2a-5)=0$
a는 정수이므로 $a=-1$이고, ❶에 대입하면 $b=1$

22 ······························ 답 49

두 이차방정식이 일치하면 두 근의 합과 곱이 각각 같다.

$x^2+ax+10=0$의 두 근이 α, β이므로
$$\alpha+\beta=-a, \alpha\beta=10$$
두 이차방정식이 일치하면 두 근의 합이 같으므로
$$(\alpha-1)+(\beta+1)=(\alpha-2)+(\beta+2)$$
이고 이 식은 항상 성립한다.

또 두 근의 곱이 같으므로
$$(\alpha-1)(\beta+1)=(\alpha-2)(\beta+2)$$
$$\alpha\beta+\alpha-\beta-1=\alpha\beta+2(\alpha-\beta)-4$$
$$\therefore \alpha-\beta=3$$
$(\alpha+\beta)^2=(\alpha-\beta)^2+4\alpha\beta$이므로
$$a^2=3^2+4\times10=49$$

다른 풀이
두 이차방정식의 근이 같고 $\alpha-1\neq\alpha-2$이므로
$$\alpha-1=\beta+2, \beta+1=\alpha-2$$
$$\therefore \alpha-\beta=3$$
$\alpha+\beta=-a$, $\alpha\beta=10$이므로
$$(\alpha-\beta)^2=(\alpha+\beta)^2-4\alpha\beta=9$$
에 대입하면 $a^2-40=9$ $\qquad \therefore a^2=49$

23 ······························ 답 ①

근의 부호에 대한 문제는
판별식, $\alpha+\beta$의 부호, $\alpha\beta$의 부호
를 조사한다.

이차방정식의 두 근을 α, β라 하자.
(i) 두 근이 실수이므로
$$\frac{D}{4}=(k-1)^2-k^2-7\geq0$$
$$-2k-6\geq0 \qquad \therefore k\leq-3$$
(ii) $\alpha+\beta<0$이므로
$$2(k-1)<0 \qquad \therefore k<1$$
(iii) $\alpha\beta>0$이므로 $k^2+7>0$
이 부등식은 항상 성립한다.
(i), (ii), (iii)에서 $k\leq-3$

24 ······························ 답 ③

두 근의 곱은 음, 합은 양이다.
두 근의 곱이 음이면 $D=b^2-4ac>0$이므로
이 문제에서 판별식은 생각하지 않아도 된다.

이차방정식의 두 근을 α, β라 하자.
두 근의 부호가 다르므로
$$\alpha\beta=3m-9<0 \qquad \therefore m<3 \qquad \cdots ❶$$
음의 근의 절댓값이 양의 근보다 작으므로
$$\alpha+\beta=-(2m+5)>0 \qquad \therefore m<-\frac{5}{2} \qquad \cdots ❷$$
❶, ❷에서 $m<-\dfrac{5}{2}$

01 ④	**02** ③	**03** ⑤	**04** -2, -1
05 $a=2$, $b=-2$		**06** ⑤	**07** $x=-4$ 또는 $x=-2$
08 -1	**09** 15	**10** 19	**11** ④ **12** ⑤
13 $x=1\pm\sqrt{7}$		**14** ④	**15** ⑤ **16** $a=3$, $b=-6$
17 ④	**18** ④	**19** ②	**20** $m=1$, $n=1$ **21** ②
22 ①	**23** 1	**24** -1	

01   답 ④

중근을 가지므로

$$\frac{D}{4}=(a+b)^2-(2ab-2a+4b-5)=0$$

▶ $(\quad)^2+(\quad)^2=0$ 꼴로 정리할 수 있는지 확인한다.

$$a^2+b^2+2a-4b+5=0$$
$$(a+1)^2+(b-2)^2=0$$

a, b가 실수이므로 $a+1=0$, $b-2=0$

$$\therefore a=-1,\ b=2,\ a+b=1$$

02   답 ③

▶ 이차방정식을 정리하고 $D=0$을 이용한다.

주어진 이차방정식을 정리하면

$$3x^2-2(a+b+c)x+ab+bc+ca=0$$

중근을 가지므로

$$\frac{D}{4}=(a+b+c)^2-3(ab+bc+ca)=0$$
$$a^2+b^2+c^2-ab-bc-ca=0$$
$$\frac{1}{2}\{(a-b)^2+(b-c)^2+(c-a)^2\}=0$$

a, b, c가 실수이므로 $a-b=0$, $b-c=0$, $c-a=0$

$$\therefore a=b=c$$

03   답 ⑤

▶ 세 이차방정식의 판별식부터 구한다.

$ax^2-2bx+c=0$의 판별식은 $\dfrac{D_1}{4}=b^2-ac$

$bx^2-2cx+a=0$의 판별식은 $\dfrac{D_2}{4}=c^2-ab$

$cx^2-2ax+b=0$의 판별식은 $\dfrac{D_3}{4}=a^2-bc$

$$\frac{D_1}{4}+\frac{D_2}{4}+\frac{D_3}{4}=a^2+b^2+c^2-ab-bc-ca$$
$$=\frac{1}{2}\{(a-b)^2+(b-c)^2+(c-a)^2\}\geq0$$

이때 $\dfrac{D_1}{4}$, $\dfrac{D_2}{4}$, $\dfrac{D_3}{4}$이 모두 음수일 수는 없으므로

적어도 하나는 0보다 크거나 같다.

따라서 적어도 하나의 방정식은 실근을 가진다.

04   답 -2, -1

▶ $x^2+2x+k=0$과 $x^2-4x-k=0$이
각각 서로 다른 두 실근을 가지고, 근이 겹치지 않아야 한다.

$x^2+2x+k=0$, $x^2-4x-k=0$의 판별식을 각각 D_1, D_2라 하자.

이차방정식이 각각 서로 다른 두 실근을 가지면

$$\frac{D_1}{4}=1-k>0\text{이고 }\frac{D_2}{4}=4+k>0$$
$$k<1\text{이고 }k>-4 \qquad \therefore -4<k<1$$

k는 정수이므로 $k=-3$, -2, -1, 0

(ⅰ) $k=-3$일 때

$x^2+2x-3=0$에서 $x=1$ 또는 $x=-3$

$x^2-4x+3=0$에서 $x=1$ 또는 $x=3$

이때 $x=1$이 중복되므로 조건을 만족시키지 않는다.

(ⅱ) $k=-2$일 때

$x^2+2x-2=0$에서 $x=-1\pm\sqrt{3}$

$x^2-4x+2=0$에서 $x=2\pm\sqrt{2}$

(ⅲ) $k=-1$일 때

$x^2+2x-1=0$에서 $x=-1\pm\sqrt{2}$

$x^2-4x+1=0$에서 $x=2\pm\sqrt{3}$

(ⅳ) $k=0$일 때

$x^2+2x=0$에서 $x=0$ 또는 $x=-2$

$x^2-4x=0$에서 $x=0$ 또는 $x=4$

이때 $x=0$이 중복되므로 조건을 만족시키지 않는다.

(ⅰ)~(ⅳ)에서 $k=-2$, -1

05   답 $a=2$, $b=-2$

▶ 이차식 $f(x)$가 완전제곱식이면
이차방정식 $f(x)=0$은 중근을 가지므로 $D=0$이다.
'완전제곱식', '중근', '$D=0$'은 모두 같은 뜻이다.

이차방정식 $x^2+2(m-a+2)x+m^2+a^2+2b=0$이 중근을
가지므로

$$\frac{D}{4}=(m-a+2)^2-(m^2+a^2+2b)=0 \qquad \cdots ㉮$$
$$-2am+4m-4a-2b+4=0$$

m에 대해 정리하면

$$(-2a+4)m+(-4a-2b+4)=0 \qquad \cdots ㉯$$

m의 값에 관계없이 성립하므로
$$-2a+4=0,\ -4a-2b+4=0$$
$$\therefore a=2,\ b=-2 \qquad \cdots \text{㉐}$$

단계	채점 기준	배점
㉮	이차식이 완전제곱식이 될 조건 찾기	40%
㉯	구한 식을 m에 대해 정리하기	40%
㉐	m의 값에 관계없이 성립하는 $a,\ b$의 값 구하기	20%

06   답 ⑤

$2x^2-3xy+my^2-3x+y+1$을 x에 대해 정리하면
$$2x^2-3(y+1)x+my^2+y+1 \qquad \cdots \text{❶}$$

❶에서 $2x^2-3(y+1)x+my^2+y+1=0$으로 놓고 근의 공식을 쓰면
$$x=\frac{3(y+1)\pm\sqrt{D_1}}{4} \ \left(\text{단},\ D_1=9(y+1)^2-8(my^2+y+1)\right)$$

이므로 ❶은
$$\left\{x-\frac{3(y+1)+\sqrt{D_1}}{4}\right\}\left\{x-\frac{3(y+1)-\sqrt{D_1}}{4}\right\}$$

로 인수분해된다.
이때 D_1이 완전제곱식이어야 위 식이 두 일차식의 곱이 된다.
$2x^2-3(y+1)x+my^2+y+1=0$의 판별식을 D_1이라 하면
$$D_1=9(y+1)^2-8(my^2+y+1)$$
$$=(9-8m)y^2+10y+1$$

이 식이 완전제곱식이어야 하므로
$(9-8m)y^2+10y+1=0$의 판별식을 D_2라 하면
$$\frac{D_2}{4}=5^2-(9-8m)=0 \qquad \therefore m=-2$$

07   답 $x=-4$ 또는 $x=-2$

▶ 계수와 상수항이 실수이므로 나머지 한 근은 $2+i$이다.
이를 이용하여 $a,\ b,\ c$의 관계를 구한다.

계수와 상수항이 실수이므로 나머지 한 근은 $2+i$이다.
근과 계수의 관계에서
$$(2+i)+(2-i)=-\frac{b}{a} \qquad \therefore b=-4a$$
$$(2+i)(2-i)=\frac{c}{a} \qquad \therefore c=5a$$

▶ 식이 2개이고 문자가 3개이므로 $a,\ b,\ c$의 값을 직접 구할 수는 없다.
$a,\ b,\ c$ 중 한 문자로 나타내어 정리한다.

따라서 $ax^2+(a+c)x-2b=0$은
$$ax^2+6ax+8a=0,\ a(x+4)(x+2)=0$$
$a\neq0$이므로 $x=-4$ 또는 $x=-2$

08   답 -1

▶ 두 근의 절댓값의 비가 $1:4$이므로
같은 부호이면 두 근을 $\alpha,\ 4\alpha$로 놓고
다른 부호이면 두 근을 $\alpha,\ -4\alpha$로 놓는다.

$x^2+(2m+1)x-36=0$에서
$$(\text{두 근의 곱})=-36<0$$
이므로 두 실근은 서로 다른 부호이다. $\qquad \cdots \text{㉮}$
두 근을 $\alpha,\ -4\alpha$로 놓으면 근과 계수의 관계에서
$$\alpha+(-4\alpha)=-2m-1 \qquad \cdots \text{❶}$$
$$\alpha\times(-4\alpha)=-36 \qquad \cdots \text{❷} \qquad \cdots \text{㉯}$$
❷에서 $\alpha=\pm3$
(ⅰ) $\alpha=3$을 ❶에 대입하면 $m=4$
(ⅱ) $\alpha=-3$을 ❶에 대입하면 $m=-5$
따라서 m의 값의 합은 -1이다. $\qquad \cdots \text{㉐}$

단계	채점 기준	배점
㉮	이차방정식의 두 실근의 부호 알기	20%
㉯	두 근을 $\alpha,\ -4\alpha$로 놓고 근과 계수의 관계 생각하기	40%
㉐	α를 구한 후 m의 값의 합 구하기	40%

09   답 15

▶ $\alpha+\beta=4$이고 $|\alpha|+|\beta|=6$이므로
한 근은 양, 한 근은 음이다.

두 근을 $\alpha,\ \beta\ (\alpha>\beta)$라 하자.
$\alpha+\beta=4$, $|\alpha|+|\beta|=6$이므로 $\alpha>0$, $\beta<0$이다.
곧, $|\alpha|+|\beta|=6$에서 $\alpha-\beta=6$
양변을 제곱하면
$$(\alpha-\beta)^2=36,\ (\alpha+\beta)^2-4\alpha\beta=36$$
$\alpha+\beta=4$, $\alpha\beta=-\dfrac{k}{3}$이므로
$$16+\frac{4k}{3}=36 \qquad \therefore k=15$$

10   답 19

▶ $(\alpha-\beta)^2=(\alpha+\beta)^2-4\alpha\beta$이므로 $(\alpha-\beta)^2<36$부터 푼다.

근과 계수의 관계에서
$$\alpha+\beta=a-1,\ \alpha\beta=-a-b$$
$|\alpha-\beta|<6$에서 $(\alpha-\beta)^2<36$이고
$(\alpha-\beta)^2=(\alpha+\beta)^2-4\alpha\beta$이므로
$$(a-1)^2+4(a+b)<36$$
$$(a+1)^2+4b<36$$

$a+1$에는 제곱이 있으므로, 자연수 a의 값을 먼저 찾는다.

a, b가 자연수이므로 가능한 a의 값은 1, 2, 3, 4

$a=1$일 때 $b=1, 2, 3, 4, 5, 6, 7$
$a=2$일 때 $b=1, 2, 3, 4, 5, 6$
$a=3$일 때 $b=1, 2, 3, 4$
$a=4$일 때 $b=1, 2$

따라서 순서쌍 (a, b)의 개수는 19이다.

11 ◆답 ④

바로 통분해서 근과 계수의 관계를 쓰는 문제는 아니다.
α, β가 근이므로
$$\alpha^2-4\alpha+1=0, \quad \beta^2-4\beta+1=0$$
임을 이용하여 분모를 간단히 해 보자.

α, β가 근이므로 $\alpha^2-4\alpha+1=0$, $\beta^2-4\beta+1=0$
$$\therefore \alpha^2-3\alpha+1=\alpha, \quad \beta^2-3\beta+1=\beta$$

근과 계수의 관계에서 $\alpha+\beta=4$, $\alpha\beta=1$

$$\therefore \frac{\beta}{\alpha^2-3\alpha+1}+\frac{\alpha}{\beta^2-3\beta+1}=\frac{\beta}{\alpha}+\frac{\alpha}{\beta}=\frac{\beta^2+\alpha^2}{\alpha\beta}$$
$$=\frac{(\alpha+\beta)^2-2\alpha\beta}{\alpha\beta}$$
$$=14$$

12 ◆답 ⑤

$\alpha^2-\alpha-1=0$이므로 $\alpha^2=\alpha+1$이다.
α^3, α^4을 구하고, 이를 이용하여 α^7을 α에 대한 일차식으로 나타낸다.

α가 방정식 $x^2-x-1=0$의 근이므로 $\alpha^2-\alpha-1=0$
$$\alpha^2=\alpha+1$$
$$\alpha^3=\alpha^2+\alpha=2\alpha+1$$
$$\alpha^4=2\alpha^2+\alpha=2(\alpha+1)+\alpha=3\alpha+2$$
$$\therefore \alpha^7=\alpha^3\alpha^4=(2\alpha+1)(3\alpha+2)$$
$$=6\alpha^2+7\alpha+2=6(\alpha+1)+7\alpha+2$$
$$=13\alpha+8$$

같은 방법으로 $\beta^7=13\beta+8$
근과 계수의 관계에서 $\alpha+\beta=1$이므로
$$\alpha^7+\beta^7=13(\alpha+\beta)+16=29$$

다른 풀이
근과 계수의 관계에서
$$\alpha+\beta=1, \quad \alpha\beta=-1$$
$a_n=\alpha^n+\beta^n$ (n은 자연수)이라 하면
$$a_{n+2}=(\alpha+\beta)(\alpha^{n+1}+\beta^{n+1})-\alpha\beta(\alpha^n+\beta^n)$$
$$=a_{n+1}+a_n$$
따라서 $a_1=\alpha+\beta=1$, $a_2=(\alpha+\beta)^2-2\alpha\beta=3$이므로

$a_3=1+3=4$ $a_4=3+4=7$
$a_5=4+7=11$ $a_6=7+11=18$
$a_7=11+18=29$
$$\therefore \alpha^7+\beta^7=29$$

13 ◆답 $x=1\pm\sqrt{7}$

a를 잘못 본 경우 b와 c의 값이나 관계만 찾고,
c를 잘못 본 경우 a와 b의 값이나 관계만 찾는다.

a를 m으로 보고 푼 근이 -2, 6이라 하면
근과 계수의 관계에서
$$4=-\frac{b}{m}, \quad -12=\frac{c}{m}$$
$$m=-\frac{b}{4}, \quad m=-\frac{c}{12}$$에서 $3b=c$ ···❶

c를 잘못 보고 푼 근이 -1, 3이므로 두 근의 합에서
$$2=-\frac{b}{a}, \quad a=-\frac{1}{2}b$$ ···❷

❶, ❷를 $ax^2+bx+c=0$에 대입하면
$$-\frac{1}{2}bx^2+bx+3b=0$$

$b=0$이면 $a=c=0$이므로 이차방정식이 아니다.

$b\neq0$이므로 양변을 b로 나누어 정리하면
$$x^2-2x-6=0 \qquad \therefore x=1\pm\sqrt{7}$$

14 ◆답 ④

$(x-a)(x-b)+(x-b)(x-c)+(x-c)(x-a)=0$에서
$$3x^2-2(a+b+c)x+ab+bc+ca=0$$
근과 계수의 관계에서
$$\frac{2(a+b+c)}{3}=4, \quad \frac{ab+bc+ca}{3}=-3$$
$$\therefore a+b+c=6, \quad ab+bc+ca=-9$$
또 $(x-a)^2+(x-b)^2+(x-c)^2=0$에서
$$3x^2-2(a+b+c)x+a^2+b^2+c^2=0$$
따라서 두 근의 곱은
$$\frac{a^2+b^2+c^2}{3}=\frac{1}{3}\{(a+b+c)^2-2(ab+bc+ca)\}$$
$$=\frac{1}{3}(36+18)=18$$

15 ◆답 ⑤

$2x-3=\alpha$ 또는 $2x-3=\beta$인 x가 $f(2x-3)=0$의 근이다.
이를 이용하여 $f(2x-3)=0$의 두 근을 α, β로 나타낸다.

$2x-3=\alpha$라 하면 $x=\dfrac{\alpha+3}{2}$

$f(2x-3)=0$에 대입하면
$$f\left(2\times\frac{\alpha+3}{2}-3\right)=f(\alpha)=0$$

곧, $\dfrac{\alpha+3}{2}$은 $f(2x-3)=0$의 근이다.

같은 이유로 $\dfrac{\beta+3}{2}$도 $f(2x-3)=0$의 근이다.

따라서 $\alpha+\beta=3$, $\alpha\beta=2$일 때, $f(2x-3)=0$의 두 근의 곱은

$$\frac{\alpha+3}{2}\times\frac{\beta+3}{2}=\frac{\alpha\beta+3(\alpha+\beta)+9}{4}$$
$$=\frac{2+9+9}{4}=5$$

16 ◆ 답 $a=3$, $b=-6$

$ax^2+bx+1=0$의 두 근이 α, β이므로 근과 계수의 관계에서

$$\alpha+\beta=-\frac{b}{a},\ \alpha\beta=\frac{1}{a}$$

또 $2x^2-4x-1=0$의 두 근이 $\dfrac{\alpha}{\alpha-1}$, $\dfrac{\beta}{\beta-1}$이므로

� 두 근의 합과 곱을 a, b에 대한 식으로 나타낸다.

$$\frac{\alpha}{\alpha-1}+\frac{\beta}{\beta-1}=\frac{\alpha(\beta-1)+\beta(\alpha-1)}{(\alpha-1)(\beta-1)}$$
$$=\frac{2\alpha\beta-(\alpha+\beta)}{\alpha\beta-(\alpha+\beta)+1}=\frac{\dfrac{2}{a}+\dfrac{b}{a}}{\dfrac{1}{a}+\dfrac{b}{a}+1}$$
$$=\frac{b+2}{a+b+1}=2 \qquad \cdots ❶$$

$$\frac{\alpha}{\alpha-1}\times\frac{\beta}{\beta-1}=\frac{\alpha\beta}{\alpha\beta-(\alpha+\beta)+1}=\frac{\dfrac{1}{a}}{\dfrac{1}{a}+\dfrac{b}{a}+1}$$
$$=\frac{1}{a+b+1}=-\frac{1}{2} \qquad \cdots ❷$$

❶에서 $b+2=2(a+b+1)$
$$\therefore 2a+b=0$$
❷에서 $a+b+1=-2$
$$\therefore a+b=-3$$
연립하여 풀면 $a=3$, $b=-6$

17 ◆ 답 ④

▸ $x^2+x+1=0$의 나머지 한 근은 $\overline{\omega}$이고,
$\omega+\overline{\omega}=-1$, $\omega\overline{\omega}=1$이다.

한 허근이 ω이므로 나머지 한 근은 $\overline{\omega}$이다.
따라서 근과 계수의 관계에서 $\omega+\overline{\omega}=-1$, $\omega\overline{\omega}=1$

$$\therefore z\overline{z}=\frac{2\omega-1}{\omega+1}\times\frac{2\overline{\omega}-1}{\overline{\omega}+1}$$
$$=\frac{4\omega\overline{\omega}-2(\omega+\overline{\omega})+1}{\omega\overline{\omega}+\omega+\overline{\omega}+1}$$
$$=\frac{4-2\times(-1)+1}{1-1+1}=7$$

18 ◆ 답 ④

▸ 이용할 수 있는 것은 다음 사실뿐이다.
1. 서로 다른 두 실근을 가지므로 $D>0$
2. $\alpha+\beta=a$, $\alpha\beta=1$

ㄱ. $\alpha\beta=1>0$이므로 α, β의 부호가 같다.
$$\therefore |\alpha+\beta|=|\alpha|+|\beta|\ (참)$$
ㄴ. $\alpha^2+\beta^2=(\alpha+\beta)^2-2\alpha\beta=a^2-2$
그런데 $x^2-ax+1=0$이 서로 다른 두 실근을 가지므로
$$D=a^2-4>0$$
곧, $a^2-2>2$이므로 $\alpha^2+\beta^2>2$이다. (거짓)
ㄷ. $\alpha\beta=1$이므로 $\alpha>1$이면 $0<\beta<1$이다. (참)
따라서 옳은 것은 ㄱ, ㄷ이다.

Think More

ㄴ. $\alpha\beta=1$에서 $\beta=\dfrac{1}{\alpha}$이므로
$$\alpha^2+\beta^2=\alpha^2+\frac{1}{\alpha^2} \qquad \cdots ❶$$
공통수학 2에서 배우는
산술평균과 기하평균의 관계에서 $a>0$, $b>0$일 때
$a+b\geq2\sqrt{ab}$ (단, 등호는 $a=b$일 때 성립)
이므로 ❶은 $\alpha^2+\beta^2\geq2\sqrt{\alpha^2\times\dfrac{1}{\alpha^2}}=2$
이때 $\alpha\neq\beta$이므로 $\alpha^2+\beta^2>2$이다.

19 ◆ 답 ②

▸ 근과 계수의 관계를 이용하여 $\dfrac{\beta}{\alpha}=ma+n$을
α 또는 β에 대한 식으로 정리한다.

$\dfrac{\beta}{\alpha}=ma+n$에서 $\beta=ma^2+na$
근과 계수의 관계에서
$\alpha+\beta=-3$이므로 $\beta=-3-\alpha$
$$\therefore -3-\alpha=ma^2+na$$
$$ma^2+(n+1)a+3=0 \qquad \cdots ❶$$
한편 α는 주어진 방정식의 근이므로
$$\alpha^2+3\alpha+4=0,\ \alpha^2=-3\alpha-4$$
❶에 대입하면
$$m(-3\alpha-4)+(n+1)\alpha+3=0$$
$$(-3m+n+1)\alpha-4m+3=0$$
$x^2+3x+4=0$에서 $D=9-16<0$이므로 α는 허수이고,
m, n은 실수이므로
$$-3m+n+1=0,\ -4m+3=0$$
$$\therefore m=\frac{3}{4},\ n=\frac{5}{4},\ m+n=2$$

20 ◆답 $m=1$, $n=1$

근과 계수의 관계를 이용하여 m, n에 대한 연립방정식을 세운다.

$x^2-mx+n=0$의 두 근이 α, β이므로
$$\alpha+\beta=m, \ \alpha\beta=n$$
$x^2+nx+m=0$의 두 근이 $\alpha-1$, $\beta-1$이므로
$$(\alpha-1)+(\beta-1)=-n \quad \cdots ❶$$
$$(\alpha-1)(\beta-1)=m \quad \cdots ❷$$
❶에서 $\alpha+\beta-2=-n$, $m-2=-n$ $\quad \therefore m+n=2$
❷에서 $\alpha\beta-(\alpha+\beta)+1=m$, $n-m+1=m$ $\quad \therefore 2m-n=1$
연립하여 풀면 $m=1$, $n=1$

21 ◆답 ②

α, β가 근이므로
$$f(\alpha)+2\alpha-14=0, \ f(\beta)+2\beta-14=0$$
이다. 또 $f(x)+2x-14$는 이차식이므로
$$f(x)+2x-14=a(x-\alpha)(x-\beta)$$
꼴임을 이용하자.

$f(x)+2x-14=0$의 두 근이 α, β이므로
$$f(x)+2x-14=a\{x^2-(\alpha+\beta)x+\alpha\beta\}$$
$$=a(x^2+2x-8)$$
이라 하면 $f(-1)=-11$이므로
$$-11-16=-9a \quad \therefore a=3$$
이때 $f(x)+2x-14=3(x^2+2x-8)$
$$\therefore f(x)=3x^2+4x-10, \ f(1)=-3$$

22 ◆답 ①

$\alpha+\beta=1$이므로 주어진 조건은
$$f(\alpha)=1-\alpha, \ f(\beta)=1-\beta$$
이와 같이 조건식을 한 문자로 나타내어 $f(x)$를 찾는다.

근과 계수의 관계에서 $\alpha+\beta=1$, $\alpha\beta=-1$
$f(\alpha)=\beta$에서 $f(\alpha)=1-\alpha$ $\quad \therefore f(\alpha)+\alpha-1=0$
$f(\beta)=\alpha$에서 $f(\beta)=1-\beta$ $\quad \therefore f(\beta)+\beta-1=0$
따라서 α, β는 이차방정식 $f(x)+x-1=0$의 두 근이다.
$$\therefore f(x)+x-1=a\{x^2-(\alpha+\beta)x+\alpha\beta\}$$
$$f(x)+x-1=a(x^2-x-1)$$
$f(0)=-1$이므로 $-1-1=-a$ $\quad \therefore a=2$
이때 $f(x)+x-1=2(x^2-x-1)$
$$\therefore f(x)=2x^2-3x-1$$

다른 풀이

$f(\alpha)=\beta$, $f(\beta)=\alpha$와 같은 꼴은 변변 더하거나 빼서 간단히 할 수 있다.

$f(x)=ax^2+bx+c$라 하면
$f(\alpha)=\beta$에서 $a\alpha^2+b\alpha+c=\beta$ $\quad \cdots ❶$
$f(\beta)=\alpha$에서 $a\beta^2+b\beta+c=\alpha$ $\quad \cdots ❷$

❶+❷를 하면 $a(\alpha^2+\beta^2)+b(\alpha+\beta)+2c=\alpha+\beta$
근과 계수의 관계에서
$$\alpha+\beta=1, \ \alpha\beta=-1, \ \alpha^2+\beta^2=(\alpha+\beta)^2-2\alpha\beta=3$$
이므로 $3a+b+2c=1$ $\quad \cdots ❸$
❶−❷를 하면 $a(\alpha^2-\beta^2)+b(\alpha-\beta)=\beta-\alpha$ $\quad \cdots ❹$
$(\alpha-\beta)^2=(\alpha+\beta)^2-4\alpha\beta=5$이고, $\alpha>\beta$라 해도 되므로
$$\alpha-\beta=\sqrt{5}, \ \alpha^2-\beta^2=(\alpha+\beta)(\alpha-\beta)=\sqrt{5}$$
❹에 대입하면
$$\sqrt{5}a+\sqrt{5}b=-\sqrt{5} \quad \therefore a+b=-1 \quad \cdots ❺$$
한편 $f(0)=-1$이므로 $c=-1$ $\quad \cdots ❻$
❸, ❺, ❻에서 $a=2$, $b=-3$, $c=-1$
$$\therefore f(x)=2x^2-3x-1$$

23 ◆답 1

두 식은 α, β를 서로 바꾼 꼴이다.
두 식을 변변 더하거나 빼서 간단히 한다.

$$\alpha^2-6\alpha+2=2\beta^2 \quad \cdots ❶$$
$$\beta^2-6\beta+2=2\alpha^2 \quad \cdots ❷$$
❶+❷를 하면
$$\alpha^2+\beta^2-6(\alpha+\beta)+4=2(\alpha^2+\beta^2)$$
$$\alpha^2+\beta^2+6(\alpha+\beta)-4=0$$
$\alpha+\beta=p$, $\alpha\beta=q$라 하면
$$p^2-2q+6p-4=0 \quad \cdots ❸$$
❶−❷를 하면
$$\alpha^2-\beta^2-6(\alpha-\beta)=-2(\alpha^2-\beta^2)$$
$$\alpha^2-\beta^2-2(\alpha-\beta)=0$$
$\alpha\neq\beta$이므로 양변을 $\alpha-\beta$로 나누면
$$\alpha+\beta-2=0 \quad \therefore p=2$$
❸에 대입하면 $q=6$
따라서 $f(x)=a(x^2-2x+6)$ 꼴이므로
$$\frac{f(2)}{f(0)}=\frac{6a}{6a}=1$$

다른 풀이

$g(x)=x^2-6x+2$라 하면 $g(\alpha)=2\beta^2$, $g(\beta)=2\alpha^2$
$\alpha+\beta=p$라 하면 $g(p-\beta)=2\beta^2$, $g(p-\alpha)=2\alpha^2$
따라서 α, β는 이차방정식 $g(p-x)-2x^2=0$의 근이다.
$$(좌변)=(p-x)^2-6(p-x)+2-2x^2$$
$$=-x^2+(6-2p)x+p^2-6p+2$$
이므로
$$-x^2+(6-2p)x+p^2-6p+2=-(x-\alpha)(x-\beta) \quad \cdots ❶$$
양변의 x의 계수를 비교하면
$$6-2p=\alpha+\beta, \ 6-2p=p \quad \therefore p=2$$
❶에 대입하고 정리하면
$$x^2-2x+6=(x-\alpha)(x-\beta)$$
따라서 $f(x)=a(x^2-2x+6)$ $(a\neq0)$ 꼴이므로
$$\frac{f(2)}{f(0)}=\frac{6a}{6a}=1$$

24 ⬦ 답 -1

적어도 하나가 양의 실근인 경우는
  (ⅰ) 두 근이 모두 양
  (ⅱ) 한 근은 양이고 한 근은 음
  (ⅲ) 한 근은 양이고 한 근은 0
이므로 세 가지 경우를 모두 생각한다.

두 근을 α, β라 하면
$$\frac{D}{4}=m^2+3m+5=\left(m+\frac{3}{2}\right)^2+\frac{11}{4}>0$$
이므로 주어진 이차방정식은 서로 다른 두 실근을 가진다.
(ⅰ) 두 근이 모두 양인 경우
$$\alpha+\beta=2m>0 \qquad \therefore m>0$$
$$\alpha\beta=-3m-5>0 \qquad \therefore m<-\frac{5}{3}$$
이런 경우는 없다.
(ⅱ) 한 근은 양이고 한 근은 음인 경우
$$\alpha\beta=-3m-5<0 \qquad \therefore m>-\frac{5}{3}$$
(ⅲ) 한 근은 양이고 한 근은 0인 경우
$$\alpha+\beta=2m>0 \qquad \therefore m>0$$
$$\alpha\beta=-3m-5=0 \qquad \therefore m=-\frac{5}{3}$$
이런 경우는 없다.
(ⅰ), (ⅱ), (ⅲ)에서 정수 m의 최솟값은 -1이다.

C STEP 절대등급 완성 문제   51~52쪽

01 $f(x)=x^2-x+1$, $f(x)=x^2-3x+3$ **02** 4
03 $a=-2$, $b=4$ **04** ④   **05** ④   **06** 64
07 x의 최솟값: 3, $y=\frac{1}{2}$, $z=\frac{1}{2}$ **08** $\sqrt{17}$

---

01 ⬦ 답 $f(x)=x^2-x+1$, $f(x)=x^2-3x+3$

$f(x)$의 조건은 이차항의 계수가 1인 것 밖에 없으므로,
$f(x)=x^2+ax+b$ 꼴이다. $f(x)$에 α, β를 대입해서
$f(\alpha)+f(\beta)$, $f(\alpha)f(\beta)$를 a, b에 대한 식으로 나타내 보자.

$f(x)=x^2+ax+b$라 하자.
$x^2-2x+3=0$의 두 근이 α, β이므로 근과 계수의 관계에서
$$\alpha+\beta=2, \quad \alpha\beta=3$$
$$\alpha^2+\beta^2=(\alpha+\beta)^2-2\alpha\beta=-2$$
(ⅰ) $f(\alpha)+f(\beta)=-2$이므로
$$(\alpha^2+a\alpha+b)+(\beta^2+a\beta+b)=-2$$
$$\alpha^2+\beta^2+a(\alpha+\beta)+2b=-2$$
$$-2+2a+2b=-2 \qquad \therefore b=-a$$

(ⅱ) $f(\alpha)f(\beta)=3$이므로
$$(\alpha^2+a\alpha+b)(\beta^2+a\beta+b)=3$$
$b=-a$를 대입하면
$$(\alpha^2+a\alpha-a)(\beta^2+a\beta-a)=3$$
$$\alpha^2\beta^2+a\alpha^2\beta-a\alpha^2+a\alpha\beta^2+a^2\alpha\beta-a^2\alpha-a\beta^2-a^2\beta+a^2=3$$
$$\alpha^2\beta^2+a^2(\alpha\beta-\alpha-\beta+1)+a\alpha\beta(\alpha+\beta)-a(\alpha^2+\beta^2)=3$$
$$9+2a^2+6a+2a=3, \quad 2a^2+8a+6=0$$
$$2(a+1)(a+3)=0$$
$$\therefore a=-1 \ \text{또는} \ a=-3$$
따라서 $a=-1$, $b=1$ 또는 $a=-3$, $b=3$이므로
$$f(x)=x^2-x+1 \ \text{또는} \ f(x)=x^2-3x+3$$

---

02 답 4

실근을 가지므로
⇨ 판별식을 조사하면 a, b에 대한 조건을 찾을 수 있고,
⇨ 근과 계수의 관계에서 얻은 식을 이용하여 α, β를 소거한 다음
  위의 조건을 적용한다.

$x^2-ax+b=0$의 서로 다른 두 실근이 α, β이므로
판별식을 D_1이라 하면
$$D_1=a^2-4b>0 \qquad \cdots ❶$$
$$\alpha+\beta=a, \quad \alpha\beta=b \qquad \cdots ❷$$
$x^2-9ax+2b^2=0$의 서로 다른 두 실근이 α^3, β^3이므로
판별식을 D_2라 하면
$$D_2=81a^2-8b^2>0 \qquad \cdots ❸$$
$$\alpha^3+\beta^3=9a, \quad \alpha^3\beta^3=2b^2$$
이때 $\alpha^3+\beta^3=(\alpha+\beta)^3-3\alpha\beta(\alpha+\beta)$, $\alpha^3\beta^3=(\alpha\beta)^3$이므로
❷를 대입하면
$$9a=a^3-3ab \qquad \cdots ❹$$
$$b^3=2b^2 \qquad \cdots ❺$$
❺에서 $b^2(b-2)=0 \qquad \therefore b=0 \ \text{또는} \ b=2$
(ⅰ) $b=0$일 때 ❹에서 $a^3-9a=0$, $a(a^2-9)=0$
$$\therefore a=0 \ \text{또는} \ a=\pm3$$
❶, ❸이 성립하는 경우는 $a=\pm3$, $b=0$
(ⅱ) $b=2$일 때 ❹에서 $a^3-15a=0$, $a(a^2-15)=0$
$$\therefore a=0 \ \text{또는} \ a=\pm\sqrt{15}$$
❶, ❸이 성립하는 경우는 $a=\pm\sqrt{15}$, $b=2$
(ⅰ), (ⅱ)에서 순서쌍 (a, b)는 $(-3, 0)$, $(3, 0)$, $(-\sqrt{15}, 2)$,
$(\sqrt{15}, 2)$이고, 4개이다.

03

$\dfrac{\beta^2}{\alpha}$이 실수라는 조건을 이용하는 기본 방법인 $\dfrac{\beta^2}{\alpha}=\overline{\left(\dfrac{\beta^2}{\alpha}\right)}$을 이용한다.
계수가 실수이므로 $\overline{\beta}=\alpha$, $\overline{\alpha}=\beta$도 같이 이용하여 정리한다.

a, b가 실수이므로 $\beta=\overline{\alpha}$ $\qquad$ ··· ㉮

이때 $\dfrac{\beta^2}{\alpha}=\dfrac{\overline{\alpha}^2}{\alpha}$이 실수이므로

$\qquad \overline{\left(\dfrac{\overline{\alpha}^2}{\alpha}\right)}=\left(\dfrac{\overline{\alpha}^2}{\alpha}\right)$, $\dfrac{\overline{\alpha}^2}{\alpha}=\dfrac{\alpha^2}{\overline{\alpha}}$, $\alpha^3=\overline{\alpha}^3$

$\qquad (\alpha-\overline{\alpha})(\alpha^2+\alpha\overline{\alpha}+\overline{\alpha}^2)=0$

α가 허수이므로 $\alpha\neq\overline{\alpha}$ $\quad\therefore \alpha^2+\alpha\overline{\alpha}+\overline{\alpha}^2=0$ ··· ❶ ··· ㉯

근과 계수의 관계에서 $\alpha+\overline{\alpha}=-a$, $\alpha\overline{\alpha}=b$

$\qquad \therefore \alpha^2+\overline{\alpha}^2=(\alpha+\overline{\alpha})^2-2\alpha\overline{\alpha}=a^2-2b$

❶에 대입하면 $a^2-b=0$ $\qquad$ ··· ㉰

$x^2+ax+b=0$이 허근을 가지므로 $D=a^2-4b<0$

$b=a^2$이므로 $a^2-4a^2<0$, $3a^2>0$ $\quad\therefore a\neq0$

또 $b=a^2$을 $2a+b=0$에 대입하면 $2a+a^2=0$, $a(a+2)=0$

$a\neq0$이므로 $a=-2$, $b=4$ $\qquad$ ··· ㉱

단계	채점 기준	배점
㉮	α와 β 사이의 관계 알기	10 %
㉯	$\dfrac{\beta^2}{\alpha}$이 실수임을 이용하여 α, $\overline{\alpha}$의 관계식 구하기	40 %
㉰	근과 계수의 관계를 이용하여 a, b의 관계식 구하기	30 %
㉱	주어진 방정식이 허근을 가지고, $2a+b=0$임을 이용하여 a, b의 값 구하기	20 %

04

$a^3+b^3+c^3-3abc=0$에서 좌변을 인수분해 하고
a, b, c가 양수임을 이용하여 조건을 찾는다.

$a^3+b^3+c^3-3abc=0$에서

$\qquad (a+b+c)(a^2+b^2+c^2-ab-bc-ca)=0$

$\qquad \dfrac{1}{2}(a+b+c)\{(a-b)^2+(b-c)^2+(c-a)^2\}=0$

a, b, c가 양수이므로

$\qquad (a-b)^2+(b-c)^2+(c-a)^2=0$ $\quad\therefore a=b=c$

이때 이차방정식은

$\qquad ax^2+ax+a=0$ $\quad\therefore x^2+x+1=0$ $\qquad$ ··· ❶

ㄱ. 한 허근이 α이면 나머지 근은 $\overline{\alpha}$이므로 근과 계수의 관계에서
$\qquad \alpha+\overline{\alpha}=-1$, $\alpha\overline{\alpha}=1$ (거짓)

ㄴ. ❶에 $x=\alpha$를 대입하면 $\alpha^2+\alpha+1=0$
이 식의 양변에 $\alpha-1$을 곱하고 정리하면 $\alpha^3=1$
$\qquad \therefore 1+\alpha+\alpha^2+\cdots+\alpha^{1001}+\alpha^{1002}$
$\qquad =(1+\alpha+\alpha^2)+(\alpha^3+\alpha^4+\alpha^5)+\cdots$
$\qquad\quad +(\alpha^{999}+\alpha^{1000}+\alpha^{1001})+\alpha^{1002}$
$\qquad =(1+\alpha+\alpha^2)+\alpha^3(1+\alpha+\alpha^2)+\cdots$
$\qquad\quad +\alpha^{999}(1+\alpha+\alpha^2)+(\alpha^3)^{334}$
$\qquad =1$ (참)

ㄷ. $\alpha\overline{\alpha}=1$에서 $\overline{\alpha}=\dfrac{1}{\alpha}=\dfrac{\alpha^3}{\alpha}=\alpha^2$이므로

$\qquad (\overline{\alpha})^{2n}=(\alpha^2)^{2n}=\alpha^{4n}=(\alpha^3)^n\alpha^n=\alpha^n$

$\alpha^2+\alpha+1=0$에서 $\alpha+1=-\alpha^2$이므로

$\qquad (\alpha+1)^{4n}=(-\alpha^2)^{4n}=\alpha^{8n}=(\alpha^3)^{2n}\alpha^{2n}=\alpha^{2n}$

$\qquad \therefore (\overline{\alpha})^{2n}+(\alpha+1)^{4n}=\alpha^n+\alpha^{2n}$

(i) $n=3k$ (k는 자연수)일 때
$\qquad \alpha^{3k}+\alpha^{6k}=(\alpha^3)^k+(\alpha^3)^{2k}=2$

(ii) $n=3k+1$ (k는 음이 아닌 정수)일 때
$\qquad \alpha^{3k+1}+\alpha^{6k+2}=(\alpha^3)^k\alpha+(\alpha^3)^{2k}\alpha^2=\alpha+\alpha^2=-1$

(iii) $n=3k+2$ (k는 음이 아닌 정수)일 때
$\qquad \alpha^{3k+2}+\alpha^{6k+4}=(\alpha^3)^k\alpha^2+(\alpha^3)^{2k+1}\alpha=\alpha^2+\alpha=-1$

(i), (ii), (iii)에서 $(\overline{\alpha})^{2n}+(\alpha+1)^{4n}=-1$이면 n은 3의 배수가
아니므로 n의 개수는 $100-33=67$이다. (참)

따라서 옳은 것은 ㄴ, ㄷ이다.

05

$f(x)=ax^2+bx$로 놓고 $f(\alpha^2)=-4\alpha$, $f(\beta^2)=-4\beta$를 정리한다.
이런 꼴의 식은 변변 더하거나 빼면 쉽게 정리할 수 있다.

$f(0)=0$이므로 $f(x)=ax^2+bx$라고 할 수 있다.
$\qquad f(\alpha^2)=-4\alpha$에서 $a\alpha^4+b\alpha^2=-4\alpha$

α, β는 $x^2+x+1=0$의 두 근이므로 $\alpha\neq0$, $\beta\neq0$이다.

$\alpha\neq0$이므로 $a\alpha^3+b\alpha+4=0$ $\qquad$ ··· ❶

$\qquad f(\beta^2)=-4\beta$에서 $a\beta^4+b\beta^2=-4\beta$

$\beta\neq0$이므로 $a\beta^3+b\beta+4=0$ $\qquad$ ··· ❷

❶+❷를 하면

$\qquad a(\alpha^3+\beta^3)+b(\alpha+\beta)+8=0$

근과 계수의 관계에서 $\alpha+\beta=-1$, $\alpha\beta=1$이므로

$\qquad \alpha^3+\beta^3=(\alpha+\beta)^3-3\alpha\beta(\alpha+\beta)=2$

$\qquad \therefore 2a-b+8=0$ $\qquad$ ··· ❸

❶−❷를 하면

$\qquad a(\alpha^3-\beta^3)+b(\alpha-\beta)=0$

$\alpha-\beta\neq0$이므로 양변을 $\alpha-\beta$로 나누면

$\qquad a(\alpha^2+\beta^2+\alpha\beta)+b=0$

$\alpha^2+\beta^2+\alpha\beta=(\alpha+\beta)^2-\alpha\beta=0$이므로 $b=0$

❸에 대입하면 $a=-4$, $f(x)=-4x^2$

따라서 $f(x)$를 $x+1$로 나눈 나머지는 $f(-1)=-4$

다른 풀이

이차방정식 $x^2+x+1=0$의 두 근이 α, β이므로
$\qquad \alpha^2+\alpha+1=0$, $\beta^2+\beta+1=0$
$\qquad \therefore \alpha^2=-\alpha-1$, $\beta^2=-\beta-1$

$f(\alpha^2)=-4\alpha$, $f(\beta^2)=-4\beta$에서
$\qquad f(-\alpha-1)+4\alpha=0$, $f(-\beta-1)+4\beta=0$

곧, 이차방정식 $f(-x-1)+4x=0$의 두 근은 α, β이다.

따라서 $f(-x-1)+4x=a(x-\alpha)(x-\beta)$로 놓을 수 있다.

한편 조건에서 $x^2+x+1=(x-\alpha)(x-\beta)$이므로
$$f(-x-1)+4x=a(x^2+x+1)$$
$f(0)=0$이므로 $x=-1$을 대입하면 $a=-4$
$$\therefore f(-x-1)=-4x^2-8x-4$$
$f(x)$를 $x+1$로 나눈 나머지는 $f(-1)$이므로
$x=0$을 대입하면 $f(-1)=-4$

06   답 64

$x^2+ax+b=0$의 두 근이 α, β이므로 근과 계수의 관계에서
$$\alpha+\beta=-a \qquad \cdots ❶$$
$$\alpha\beta=b \qquad \cdots ❷$$
$x^2-(a-b)x+a^2+b^2-4=0$의 두 근이 α^2, β^2이므로 근과 계수의 관계에서
$$\alpha^2+\beta^2=a-b \qquad \cdots ❸$$
$$\alpha^2\beta^2=a^2+b^2-4 \qquad \cdots ❹$$
❷를 ❹에 대입하면
$$b^2=a^2+b^2-4,\ a^2=4$$
$a>0$이므로 $a=2$
$\alpha^2+\beta^2=(\alpha+\beta)^2-2\alpha\beta$이므로 ❶, ❷, ❸에서
$$a-b=a^2-2b$$
$a=2$이므로 $b=2$
α^2이 $x^2-(a-b)x+a^2+b^2-4=0$, 곧 $x^2+4=0$의 근이므로
$$\alpha^4+4=0 \qquad \therefore \alpha^4=-4$$
같은 방법으로 $\beta^4=-4$

▷ $\alpha+\beta=-2,\ \alpha\beta=2$를 이용하여 $\alpha^n+\beta^n$을 차례로 구한다.
$$\alpha^1+\beta^1=-2$$
$$\alpha^2+\beta^2=a-b=0$$
$$\alpha^3+\beta^3=(\alpha+\beta)^3-3\alpha\beta(\alpha+\beta)$$
$$=-8+12=4$$
$$\therefore \alpha^{11}+\beta^{11}=(\alpha^4)^2\times\alpha^3+(\beta^4)^2\times\beta^3$$
$$=16(\alpha^3+\beta^3)=16\times4=64$$

Think More
α^4, β^4의 값은 다음과 같이 구할 수도 있다.
$x^2+2x+2=0$에 α를 대입하면 $\alpha^2+2\alpha+2=0$이므로
$$(\alpha^2-2\alpha+2)(\alpha^2+2\alpha+2)=0,\ \alpha^4+4=0 \qquad \therefore \alpha^4=-4$$
마찬가지 방법으로 $\beta^4=-4$이다.

07   답 x의 최솟값: 3, $y=\dfrac{1}{2}$, $z=\dfrac{1}{2}$

▷ $y+z=p, yz=q$이면 y, z는 t에 대한 이차방정식 $t^2-pt+q=0$의 두 근이다.
$y+z, yz$를 x에 대한 식으로 나타낸 다음 t에 대한 방정식이 실근을 가질 조건을 찾는다.
$$x+y+z=4 \qquad \cdots ❶$$
$$x^2-2y^2-2z^2=8 \qquad \cdots ❷$$

❶에서 $y+z=4-x$이고
❷에서 $x^2-2(y+z)^2+4yz=8$이므로
$$x^2-2(4-x)^2+4yz=8$$
$$\therefore yz=\frac{x^2-16x+40}{4}$$
따라서 y, z는 t에 대한 이차방정식
$$t^2-(4-x)t+\frac{x^2-16x+40}{4}=0 \qquad \cdots ❸$$
의 두 근이다.

▷ y, z가 실수이므로 실근을 갖는다. 따라서 판별식을 이용한다.

y, z가 실수이므로
$$D=(4-x)^2-(x^2-16x+40)\geq 0$$
$$8x-24\geq 0 \qquad \therefore x\geq 3$$
따라서 x의 최솟값은 3이다.
❸에 $x=3$을 대입하면
$$t^2-t+\frac{1}{4}=0,\ \left(t-\frac{1}{2}\right)^2=0$$
$t=\dfrac{1}{2}$(중근)이므로 $y=\dfrac{1}{2}$, $z=\dfrac{1}{2}$

Think More
$x+y, xy$를 z에 대한 식으로 나타내도 된다.

08   답 $\sqrt{17}$

▷ 다음 성질을 이용한다.
$$\overline{PA}^2=a^2+c^2,\ \overline{PC}^2=b^2+d^2$$
$$\overline{PB}^2=b^2+c^2,\ \overline{PD}^2=a^2+d^2$$
이므로
$$\overline{PA}^2+\overline{PC}^2=(a^2+c^2)+(b^2+d^2)$$
$$\overline{PB}^2+\overline{PD}^2=(b^2+c^2)+(a^2+d^2)$$
$$\therefore \overline{PA}^2+\overline{PC}^2=\overline{PB}^2+\overline{PD}^2$$

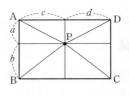

$\overline{PA}, \overline{PC}, \overline{PB}, \overline{PD}$의 길이를 각각 p, q, r, s라 하자.

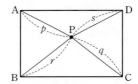

$x^2-5x+5=0$의 근은 p, q이고
$x^2-kx+1=0$의 근은 r, s이다.
또 $\overline{PA}^2+\overline{PC}^2=\overline{PB}^2+\overline{PD}^2$이므로
$$p^2+q^2=r^2+s^2 \qquad \cdots ❶$$
근과 계수의 관계에서
$p+q=5, pq=5$이므로 $p^2+q^2=(p+q)^2-2pq=15$
$r+s=k, rs=1$이므로 $r^2+s^2=(r+s)^2-2rs=k^2-2$
❶에 대입하면 $15=k^2-2,\ k^2=17$
$k=r+s>0$이므로 $k=\sqrt{17}$

06 이차함수

01 ④	**02** ④	**03** 2, 3, 4	**04** −4	**05** ③	**06** ①
07 1	**08** ⑤	**09** 3	**10** 27	**11** ③	
12 −4, −2√3, 2√3, 4			**13** 2	**14** 24	**15** ②
16 −32<k<−21	**17** ③	**18** ①	**19** ①	**20** 4	
21 최댓값: 17, 최솟값: −1		**22** ④			
23 $x=0$, $y=2$일 때 최댓값 12 / $x=\dfrac{3}{2}$, $y=\dfrac{1}{2}$일 때 최솟값 3					
24 ②	**25** $a=-1$, 최댓값: 0	**26** 3	**27** 10	**28** 28	
29 15명	**30** ⑤				

01
답 ④

▸그래프의 꼭짓점이 점 (p, q)인 이차함수의 식
⇨ $y=a(x-p)^2+q$

꼭짓점의 좌표가 $(2, 3)$이므로 $y=a(x-2)^2+3$이라 하자.
점 $(0, -1)$을 지나므로 $-1=4a+3$, $a=-1$
∴ $y=-(x-2)^2+3=-x^2+4x-1$
$a=-1$, $b=4$, $c=-1$이므로 $abc=4$

02
답 ④

▸이차함수의 계수와 상수항의 부호
⇨ 볼록한 방향, 축의 위치, y절편, 함숫값 등을 따진다.

ㄱ. 그래프가 위로 볼록하므로 $a<0$이고, 축이 y축의 왼쪽에
있으므로 $-\dfrac{b}{2a}<0$이다. ∴ $b<0$ (거짓)

ㄴ. y절편이 양수이므로 $c>0$이다. ∴ $ab+c>0$ (참)

ㄷ. $x=-1$일 때 $y>0$이므로 $a-b+c>0$ (참)

따라서 옳은 것은 ㄴ, ㄷ이다.

03
답 2, 3, 4

▸곡선 $y=f(x)$와 x축의 교점 ⇨ $f(x)=0$의 실근을 생각한다.

$f(x)=x^2+2x+5-2k$, $g(x)=2kx^2-6x+1$이라 하자.
(i) 방정식 $f(x)=0$이 실근을 가지므로
$\dfrac{D_1}{4}=1-5+2k\geq0$ ∴ $k\geq2$

(ii) $k=0$이면 $g(x)$는 일차식이므로 $k\neq0$이다.
또 $k\neq0$일 때, 방정식 $g(x)=0$이 실근을 가지므로
$\dfrac{D_2}{4}=9-2k\geq0$ ∴ $k<0$ 또는 $0<k\leq\dfrac{9}{2}$

(i), (ii)에서 정수 k는 2, 3, 4이다.

Think More
$k=0$일 때 $g(x)=-6x+1$이므로 $g(x)=0$은 실근을 가진다.
따라서 $y=g(x)$가 이차함수는 아니지만 그래프는 x축과 만난다.

04
답 −4

▸이차함수 $y=f(x)$의 그래프가 x축과 만나는 점의 x좌표는
방정식 $f(x)=0$의 해이다.

방정식 $x^2-2x+a=0$의 두 근을 α, β라 하면 이차함수의 그래
프와 x축이 만나는 점의 좌표가 $(\alpha, 0)$, $(\beta, 0)$이다.
두 점 사이의 거리가 $2\sqrt{5}$이므로
$|\alpha-\beta|=2\sqrt{5}$, $(\alpha-\beta)^2=20$
근과 계수의 관계에서 $\alpha+\beta=2$, $\alpha\beta=a$
$(\alpha-\beta)^2=(\alpha+\beta)^2-4\alpha\beta$이므로
$20=4-4a$ ∴ $a=-4$

05
답 ③

▸k의 값에 관계없이 x축에 접하므로
k의 값에 관계없이 $f(x)=0$의 판별식 $D=0$이다.

$x^2+2(k-a)x+k^2+2k+b=0$의 판별식을 D라 하면
x축에 접하므로
$\dfrac{D}{4}=(k-a)^2-(k^2+2k+b)=0$
$-2(a+1)k+a^2-b=0$
위 식이 k에 대한 항등식이므로
$a+1=0$, $a^2-b=0$
따라서 $a=-1$, $b=1$이므로 $ab=-1$

06
답 ①

▸곡선 $y=f(x)$와 직선 $y=g(x)$의 교점의 개수
⇨ $f(x)=g(x)$의 실근의 개수

(i) $y=2x^2-4x+k$의 그래프가 x축과 만나지 않으므로
$2x^2-4x+k=0$의 실근이 없다.
$\dfrac{D_1}{4}=4-2k<0$, $k>2$

(ii) $y=2x^2-4x+k$의 그래프가 직선 $y=2$와 서로 다른 두 점에
서 만나므로 $2x^2-4x+k=2$는 서로 다른 두 실근을 가진다.
$2x^2-4x+k-2=0$에서
$\dfrac{D_2}{4}=4-2(k-2)>0$, $k<4$

(i), (ii)에서 정수 k는 3이고, 1개이다.

07
답 1

▸적어도 한 점에서 만난다. ⇨ 적어도 한 실근을 가진다. ⇨ $D\geq0$

$y=-x^2+4x$의 그래프와 직선 $y=2x+k$가 적어도 한 점에서
만나면 방정식 $-x^2+4x=2x+k$가 실근을 가진다.
곧, $x^2-2x+k=0$에서 $\dfrac{D}{4}=1-k\geq0$ ∴ $k\leq1$

따라서 k의 최댓값은 1이다.

08
답 ⑤

▪접한다. ⇨ 중근을 가진다. ⇨ $D=0$

기울기가 1인 접선의 방정식을 $y=x+a$라 하자.
$y=x^2-2x$와 $y=x+a$에서 y를 소거하면
$$x^2-2x=x+a, \quad x^2-3x-a=0$$
이 방정식이 중근을 가지므로
$$D=9+4a=0 \qquad \therefore a=-\frac{9}{4}$$
따라서 접선의 방정식은 $y=x-\frac{9}{4}$이다.

09
답 3

▪$f(x)=k$의 실근
⇨ 곡선 $y=f(x)$와 직선 $y=k$의 교점의 x좌표

$\{f(x)\}^2-f(x)-2=0$에서
$$\{f(x)-2\}\{f(x)+1\}=0$$
$$\therefore f(x)=2 \text{ 또는 } f(x)=-1$$
곡선 $y=f(x)$와 직선 $y=2$는
한 점 $(1, 2)$에서 만나므로
$f(x)=2$의 실근은 1이다.
또 곡선 $y=f(x)$와 직선 $y=-1$이
만나는 점의 x좌표를 α, β라 하면
$$\frac{\alpha+\beta}{2}=1 \qquad \therefore \alpha+\beta=2$$
곧, $f(x)=-1$의 두 실근의 합은 2이다.
따라서 서로 다른 세 실근의 합은 3이다.

Think More
곡선 $y=f(x)$와 직선 $y=2$가 $x=1$에서 접하므로
$x=1$은 방정식 $f(x)=2$의 중근이다.

10
답 27

▪곡선 $y=f(x)$와 직선 $y=k$의 교점의 x좌표
⇨ $f(x)=k$의 실근

$y=x^2-6x+3$과 $y=3$에서
$$x^2-6x+3=3, \quad x^2-6x=0$$
$$\therefore x=0 \text{ 또는 } x=6$$
따라서 A$(0, 3)$, B$(6, 3)$이므로 $\overline{AB}=6$
또 $y=x^2-6x+3=(x-3)^2-6$에서 C$(3, -6)$
점 C와 선분 AB 사이의 거리가 9이므로
$$\triangle ABC=\frac{1}{2}\times 6\times 9=27$$

11
답 ③

▪곡선 $y=f(x)$, $y=g(x)$의 교점의 x좌표
⇨ $f(x)=g(x)$의 실근

$y=x^2-2x+1$, $y=-x^2+4x-1$에서 y를 소거하면
$$x^2-2x+1=-x^2+4x-1$$
$$x^2-3x+1=0$$
이 방정식의 해가 α, β이므로 근과 계수의 관계에서
$$\alpha+\beta=3, \quad \alpha\beta=1$$
$$\therefore \frac{1}{\alpha}+\frac{1}{\beta}=\frac{\alpha+\beta}{\alpha\beta}=3$$

12
답 $-4, -2\sqrt{3}, 2\sqrt{3}, 4$

▪a, b가 유리수이고 한 교점의 x좌표가 $-1+\sqrt{3}$이므로
다른 교점의 x좌표는 $-1-\sqrt{3}$이다.

$y=x^2+ax$와 $y=-x^2+b$ 그래프의 교점의 x좌표는
$$x^2+ax=-x^2+b, \text{ 곧 } 2x^2+ax-b=0$$
의 실근이다.
한 근이 $-1+\sqrt{3}$이고 a, b는 유리수이므로 나머지 한 근은
$-1-\sqrt{3}$이다.
근과 계수의 관계에서
$$(-1+\sqrt{3})+(-1-\sqrt{3})=-\frac{a}{2} \qquad \therefore a=4$$
$$(-1+\sqrt{3})(-1-\sqrt{3})=-\frac{b}{2} \qquad \therefore b=4$$

▪교점의 x좌표가 각각 $-1+\sqrt{3}$, $-1-\sqrt{3}$이므로
$y=-x^2+4$에 대입하면 y좌표는 각각 $2\sqrt{3}$, $-2\sqrt{3}$이다.

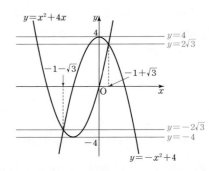

따라서 직선 $y=k$가 주어진 두 그래프와 세 점에서 만날 때
k는 $-4, -2\sqrt{3}, 2\sqrt{3}, 4$이다.

13

▶좌표평면에서 도형 문제는 우선 좌표를 구한다.

점 A의 좌표를 이용하여 다른 점의 좌표를 a로 나타내고 정사각형의 변의 길이를 생각한다.

$D\left(a, \frac{1}{2}a^2\right)$이고 $\overline{AD}=\overline{BC}$이므로 점 C의 y좌표는 $\frac{1}{2}a^2$이다.

점 C의 x좌표는 $\frac{1}{2}a^2=\frac{1}{8}x^2$에서 $x^2=4a^2$

$x>0$이므로 $x=2a$

$\therefore \overline{CD}=2a-a=a$

$\overline{AD}=\frac{1}{2}a^2$이고 $\overline{AD}=\overline{CD}$이므로

$$\frac{1}{2}a^2=a,\ a^2-2a=0$$

$a>0$이므로 $a=2$

14

▶점 A의 좌표를 이용하여 나머지 점의 필요한 좌표를 구한다.

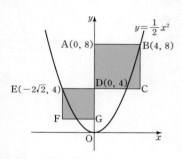

점 B의 y좌표가 8이므로

$\frac{1}{2}x^2=8$에서 $x=\pm4$　　$\therefore B(4, 8)$

곧 정사각형 ABCD의 한 변의 길이는 4이다.

점 D의 y좌표는 $8-4=4$　　$\therefore D(0, 4)$

이때 점 E의 y좌표도 4이므로

$\frac{1}{2}x^2=4$에서 $x=\pm2\sqrt{2}$　　$\therefore E(-2\sqrt{2}, 4)$

곧 정사각형 DEFG의 한 변의 길이는 $2\sqrt{2}$이다.

따라서 두 정사각형의 넓이의 합은

$$4^2+(2\sqrt{2})^2=24$$

15

▶$f(x)=0$의 근의 범위에 대한 문제

⇨ $y=f(x)$의 그래프와 x절편을 생각한다.

$f(x)=2x^2-mx+3(m-6)$이라 하면 $y=f(x)$의 그래프가 x축과 만나는 점의 x좌표가 α, β이다.

따라서 $y=f(x)$의 그래프가 오른쪽 그림과 같으므로

$f(0)>0, f(2)<0$

$f(0)>0$에서 $3(m-6)>0$

$\quad \therefore m>6$　　❶

$f(2)<0$에서 $8-2m+3(m-6)<0$

$\quad \therefore m<10$　　❷

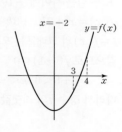

❶, ❷에서 정수 m은 7, 8, 9이고, 3개이다.

다른 풀이

▶주어진 방정식이 인수분해 되는 문제는 다음과 같이 쉽게 풀 수 있다.

$2x^2-mx+3(m-6)=0$에서

$\quad (x-3)(2x-m+6)=0$

$\quad \therefore x=3$ 또는 $x=\dfrac{m-6}{2}$

따라서 $0<\dfrac{m-6}{2}<2$이므로 $6<m<10$

16

▶해의 범위에 대한 문제이다.

$f(x)=x^2+4x+k$의 그래프를 그리고 x절편을 생각한다.

$x^2-7x+12=0$에서 $x=3$ 또는 $x=4$

$f(x)=x^2+4x+k$라 하면 오른쪽 그림과 같이 $y=f(x)$의 그래프가 $3<x<4$에서 x축과 한 점에서 만난다.

그런데 $y=f(x)$의 그래프의 축이 직선 $x=-2$이므로

$\quad f(3)<0, f(4)>0$

(ⅰ) $f(3)<0$에서

$\quad 21+k<0$　　$\therefore k<-21$

(ⅱ) $f(4)>0$에서

$\quad 32+k>0$　　$\therefore k>-32$

(ⅰ), (ⅱ)에서 $-32<k<-21$

17 ····· 답 ③

▶$y=x^2-6x+k+5$의 그래프를 생각한다.
이때 판별식, 축, 경계에서 함숫값의 부호를 확인한다.

$f(x)=x^2-6x+k+5$라 하면 $y=f(x)$의 그래프의 축이
직선 $x=3$이다.
따라서 오른쪽 그림과 같이 $y=f(x)$의
그래프가 x축과 두 점에서 만나고
$f(1)>0$이다.

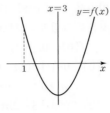

(ⅰ) $\dfrac{D}{4}=9-k-5>0$ ∴ $k<4$

(ⅱ) $f(1)>0$에서
$\qquad 1-6+k+5>0$ ∴ $k>0$

(ⅰ), (ⅱ)에서 정수 k는 1, 2, 3이고, 합은 6이다.

Think More
판별식을 꼭 확인해야 한다.
$f(1)>0$만 생각하면 $y=f(x)$의 그래프가 오른쪽
그림과 같은 경우가 있다. 이때는 실근을 갖지 않는다.

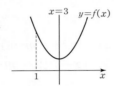

18 ····· 답 ①

▶방정식 $f(x)=g(x)$의 해의 범위에 대한 문제이다.
$y=f(x)-g(x)$의 그래프를 그리고 x절편을 생각한다.

곡선과 직선이 서로 다른 두 점에서 만나므로
$\qquad x^2+3kx-2=kx-3k-6$, 곧 $x^2+2kx+3k+4=0$
은 서로 다른 두 실근을 가진다.
또 두 실근 사이에 -1이 있다.
$f(x)=x^2+2kx+3k+4$라 하면
$y=f(x)$의 그래프는 오른쪽 그림과
같으므로 $f(-1)<0$
$\qquad\qquad$ ∴ $k+5<0$, $k<-5$
따라서 정수 k의 최댓값은 -6이다.

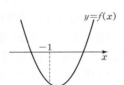

19 ····· 답 ①

▶$x<0$, $0\le x<1$, $x\ge 1$일 때로 나누어 그래프를 그린다.

$x<0$일 때
$\qquad y=-(x-1)-2x=-3x+1$
$0\le x<1$일 때
$\qquad y=-(x-1)+2x=x+1$
$x\ge 1$일 때
$\qquad y=x-1+2x=3x-1$
따라서 함수의 그래프는 오른쪽 그림과
같고, 최솟값은 $x=0$일 때 1이다.

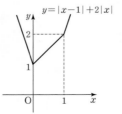

20 ····· 답 4

▶$f(x)=2(x-p)^2+q$ 꼴로 고쳐 $g(m)$부터 구한다.

$$f(x)=2(x^2-2mx+m^2-m^2)-m^2-6m+1$$
$$=2(x-m)^2-3m^2-6m+1$$

이므로 $f(x)$의 최솟값은 $x=m$일 때 $-3m^2-6m+1$이다.
$$∴\ g(m)=-3m^2-6m+1$$
$$=-3(m+1)^2+4$$

따라서 $g(m)$의 최댓값은 $m=-1$일 때 4이다.

21 ····· 답 최댓값: 17, 최솟값: -1

▶$\dfrac{\sqrt{b}}{\sqrt{a}}=-\sqrt{\dfrac{b}{a}}$이면 $b=0$ 또는 ($a<0$이고 $b>0$)

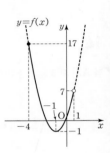

$\dfrac{\sqrt{x+4}}{\sqrt{x-1}}=-\sqrt{\dfrac{x+4}{x-1}}$이면
$\qquad x+4=0$ 또는
$\qquad x-1<0$이고 $x+4>0$
$\qquad∴ -4\le x<1$ ··· ❶
$f(x)=2(x+1)^2-1$이므로
❶의 범위에서
최댓값은 $f(-4)=17$,
최솟값은 $f(-1)=-1$

22 ····· 답 ④

▶$x^2-2x+3=t$로 놓으면 $f(x)$는 t에 대한 이차함수이다.
이 함수의 최대, 최소를 구하면 된다.
먼저 t의 범위부터 구한다.

$x^2-2x+3=t$로 놓으면 $t=(x-1)^2+2$
$-1\le x\le 2$에서 $2\le t\le 6$ ··· ❶
한편 $f(x)$에서 x^2-2x+3을 t로 치환한 함수를 $g(t)$라 하면
$\qquad g(t)=t^2-6t+1=(t-3)^2-8$
이므로 ❶의 범위에서 $g(t)$의
최댓값은 $M=g(6)=1$,
최솟값은 $m=g(3)=-8$
$\qquad∴ M-m=9$

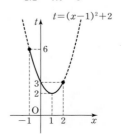
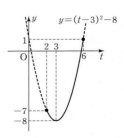

23

답 풀이 참조

▶ $x+y=2$에서 $y=2-x$를 x^2+3y^2에 대입하여 y를 소거한다.
이때 x, y의 범위에 주의한다.

$x+y=2$에서 $y=2-x$

x, y가 음이 아닌 실수이므로

$x \geq 0$, $2-x \geq 0$

$\therefore 0 \leq x \leq 2$ ··· ❶

$y=2-x$를 x^2+3y^2에 대입하면

$x^2+3y^2 = x^2+3(2-x)^2$

$\qquad = 4\left(x-\dfrac{3}{2}\right)^2+3$

$t=4\left(x-\dfrac{3}{2}\right)^2+3$이라 하면

❶의 범위에서 t의 최댓값, 최솟값은

$x=0$일 때 최댓값은 12,

$x=\dfrac{3}{2}$일 때 최솟값은 3

곧, $x=0$, $y=2$일 때 최댓값은 12,

$x=\dfrac{3}{2}$, $y=\dfrac{1}{2}$일 때 최솟값은 3

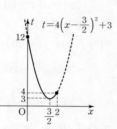

24

답 ②

▶ 주어진 범위에서 $y=f(x)$의 그래프를 그린다.

$f(x) = x^2-2x+a$

$\qquad = (x-1)^2+a-1$

이므로 $-2 \leq x \leq 2$에서 $y=f(x)$의

그래프는 오른쪽 그림과 같다.

최솟값은 $f(1)=a-1$,

최댓값은 $f(-2)=a+8$이고

최댓값과 최솟값의 합이 21이므로

$(a+8)+(a-1)=21$

$\therefore a=7$

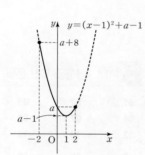

25

답 $a=-1$, 최댓값: 0

▶ $a>0$, $a<0$으로 나누어 생각한다.

$f(x)=ax^2-2ax+2a+1$이라 하면

$\quad f(x)=a(x^2-2x+1)+a+1=a(x-1)^2+a+1$

(i) $a>0$일 때

$\quad 0 \leq x \leq 3$에서 $f(x)$는

$\quad x=1$에서 최소이므로

$\qquad f(1)=-4$

$\qquad a+1=-4$, $a=-5$

$\quad a>0$에 모순이다.

(ii) $a<0$일 때

$\quad 0 \leq x \leq 3$에서 $f(x)$는

$\quad x=3$에서 최소이므로

$\qquad f(3)=-4$

$\qquad 5a+1=-4$, $a=-1$

따라서 $f(x)=-(x-1)^2$이므로

최댓값은 $f(1)=0$

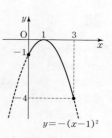

26

답 3

▶ $y=f(x)$의 그래프를 그리고

k의 값을 변화시키면서 최댓값과 최솟값을 조사한다.

$$f(x)=(x-3)^2+1$$

이므로 $x \geq 1$에서 $y=f(x)$의 그래프

는 오른쪽 그림과 같다.

그래프의 꼭짓점의 좌표가 $(3, 1)$이므로

최솟값이 1이면 $k \geq 3$ ··· ❶

또 $f(1)=5$이므로 최댓값이 5이면

$\qquad f(k) \leq 5$

그런데 $f(5)=5$이므로 $k \leq 5$ ··· ❷

❶, ❷에서 정수 k는 3, 4, 5이고, 3개이다.

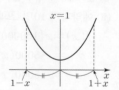

27

답 10

▶ $f(x)$가 이차함수이고

$f(1-x)=f(1+x)$이므로

$y=f(x)$의 그래프는

직선 $x=1$에 대칭이다.

$f(1-x)=f(1+x)$이므로 $y=f(x)$의 그래프는 직선 $x=1$에

대칭이다.

$f(x)=a(x-1)^2+b$라 하자.

▶ 최솟값이 존재하면 ⇨ 그래프는 아래로 볼록 ⇨ $a>0$

최댓값이 존재하면 ⇨ 그래프는 위로 볼록 ⇨ $a<0$

$f(x)$의 최솟값이 -2이므로

$\qquad f(1)=-2$ $\quad \therefore b=-2$

$f(0)=1$이므로 $a-2=1$ $\quad \therefore a=3$

따라서 $f(x)=3(x-1)^2-2$이므로

$\qquad f(3)=10$

28

답 28

▼이차함수 $y=f(x)$의 그래프의 축을
$x=p$라 하면
$x=a$와 $x=2p-a$는 축에 대칭이므로
방정식 $f(x)=f(a)$의 해는
$$x=a \text{ 또는 } x=2p-a$$

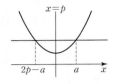

$y=f(x)$의 그래프는 직선 $x=-1$에 대칭이므로
$$f(1)=f(-3)$$
곧 $f(x^2+4x)=f(1)$이면
$$x^2+4x=1 \text{ 또는 } x^2+4x=-3$$
$x^2+4x=1$의 해를 α, β라 하면 $\alpha+\beta=-4, \alpha\beta=-1$
$x^2+4x=-3$의 해를 γ, δ라 하면 $\gamma+\delta=-4, \gamma\delta=3$
$$\alpha^2+\beta^2=(\alpha+\beta)^2-2\alpha\beta=(-4)^2-2\times(-1)=18$$
$$\gamma^2+\delta^2=(\gamma+\delta)^2-2\gamma\delta=(-4)^2-2\times3=10$$
$$\therefore \alpha^2+\beta^2+\gamma^2+\delta^2=28$$

Think More

$x^2+4x=1$의 해를 γ, δ라 하고 $x^2+4x=-3$의 해를 α, β라 해도 된다.

29

답 15명

▼예약자가 10명 이하일 때와 10명 초과일 때로 나누어 생각한다.

예약자가 x명일 때, 총 판매 가격을 $f(x)$라 하자.
(i) 예약자가 10명 이하일 때
$$f(x)=100000x$$
$x=10$일 때 $f(x)$의 최댓값은 1000000이다.
(ii) 예약자가 10명 초과일 때
$$f(x)=x\{100000-5000(x-10)\}$$
$$=-5000(x^2-30x)$$
$$=-5000(x-15)^2+1125000$$
$x=15$일 때 $f(x)$의 최댓값은 1125000이다.
(i), (ii)에서 예약자가 15명일 때 총 판매 가격이 최대이다.

Think More

예약자가 10명 초과일 때 예약자를 $(10+x)$명이라 하면
$$f(x)=(10+x)(100000-5000x)$$
$$=-5000(x-5)^2+1125000$$
이므로 $x=5$일 때, 곧 예약자가 $10+5=15$(명)일 때 최대이다.
이렇게 식을 세운 경우 예약자를 5명으로 쓰지 않도록 주의한다.

30

답 ⑤

▼좌표평면 위에 로켓이 움직이는 포물선을 그려 보고 식으로 나타낸다.

건물의 아랫부분과 물로켓이 떨어진
지점을 이은 직선을 x축, 물로켓의 높
이가 최고에 도달했을 때 그 지점에서
x축에 내린 수선을 포함하는 직선을 y
축이라 하자.
물로켓이 최고 높이에서 땅에 떨어질
때까지 x축 방향으로 60 m 이동했으므로 물로켓이 움직인 포물
선의 식은
$$f(x)=a(x-60)(x+60)$$
으로 놓을 수 있다.
이때 $f(0)=f(-40)+50$이므로
$$-3600a=-2000a+50, \ a=-\frac{1}{32}$$
$$\therefore f(x)=-\frac{1}{32}(x-60)(x+60)$$
따라서 건물의 높이는
$$f(-40)=-\frac{1}{32}\times(-100)\times20=62.5\text{(m)}$$

STEP B **1등급 도전 문제** 58~61쪽

01 ③	02 ③	03 ④	04 $a=3, b=8$	05 ③
06 ⑤	07 0	08 $-4, 4$	09 4	10 ⑤	11 5
12 ①	13 $2\sqrt{2}$	14 -12	15 ①, ④	16 ③	17 ④
18 ④	19 ⑤	20 $\frac{9}{2}$	21 750 m²	22 ②	23 $-\frac{9}{4}$

01

답 ③

▼x의 범위를 나누어 절댓값 기호를 없애고,
$y=f(x)$의 그래프를 그린다.

ㄱ. $f(-1)=4, f(1)=4$이다. (참)
ㄴ. (i) $x<-1$일 때
$$f(x)=-(x+1)-2x-(x-1)=-4x$$
  (ii) $-1\leq x<0$일 때
$$f(x)=x+1-2x-(x-1)=-2x+2$$
  (iii) $0\leq x<1$일 때
$$f(x)=x+1+2x-(x-1)=2x+2$$
  (iv) $x\geq1$일 때
$$f(x)=x+1+2x+x-1=4x$$

(ⅰ)~(ⅳ)에서 $y=f(x)$의 그래프는 다음 그림과 같고 y축에 대칭이다. (참)

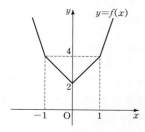

ㄷ. $y=f(x)$의 그래프에서 $x=0$일 때 최솟값은 2이다. (거짓)
따라서 옳은 것은 ㄱ, ㄴ이다.

Think More

$$f(-x)=|-x+1|+2|-x|+|-x-1|$$
$$=|x-1|+2|x|+|x+1|$$
이므로 $f(-x)=f(x)$이다.
따라서 $y=f(x)$의 그래프는 y축에 대칭이다.

02 .... 답 ③

$y=f(x)$의 그래프와 x축이 만나는 점의 x좌표
$\Rightarrow$ 방정식 $f(x)=0$의 실근

$x^2+ax+b=0$의 실근이 k, $k+2$이므로
$$k+(k+2)=-a \quad \cdots ❶$$
$$k(k+2)=b \quad \cdots ❷$$
$x^2+bx+a=0$의 실근이 $k-5$, k이므로
$$(k-5)+k=-b \quad \cdots ❸$$
$$k(k-5)=a \quad \cdots ❹$$
❶, ❹에서 $-2k-2=k^2-5k$이므로
$$k^2-3k+2=0, (k-1)(k-2)=0$$
$$\therefore k=1 \text{ 또는 } k=2$$
❷, ❸에서 $k^2+2k=-2k+5$이므로
$$k^2+4k-5=0, (k+5)(k-1)=0$$
$$\therefore k=-5 \text{ 또는 } k=1$$
$k=2$이면 ❷, ❸에 모순이고
$k=-5$이면 ❶, ❹에 모순이다.
$k=1$이면 ❶~❹가 모두 성립하고
$$a=-4, b=3 \quad \therefore abk=-12$$

Think More

방정식 $x^2-4x+3=0$과 $x^2+3x-4=0$은 각각 서로 다른 두 실근을 가진다.

03 .... 답 ④

$ax^2+bx+c=-x+5$가 $x=-2$를 중근으로 가진다.

이차함수 $y=ax^2+bx+c$의 그래프와 직선 $y=-x+5$의 교점의 x좌표는
$$ax^2+bx+c=-x+5$$
$$곧, ax^2+(b+1)x+c-5=0 \quad \cdots ❶$$
의 실근이고, 그래프와 직선이 $x=-2$인 점에서 접하므로 ❶은 $x=-2$를 중근으로 가진다.
$$\therefore ax^2+(b+1)x+c-5=a(x+2)^2$$
우변을 전개하면 $ax^2+4ax+4a$
좌변과 계수를 비교하면 $b+1=4a$, $c-5=4a$
$$\therefore \frac{5b+c}{a}=\frac{5(4a-1)+(4a+5)}{a}$$
$$=\frac{24a}{a}=24$$

04 .... 답 $a=3$, $b=8$

곡선과 직선이 접하면 두 식에서 y를 소거하고 $D=0$을 계산한다.

(ⅰ) $y=x^2+ax+b$의 그래프와 직선 $y=-x+4$가 접할 때
　$x^2+ax+b=-x+4$에서
　$$x^2+(a+1)x+b-4=0$$
　그래프와 직선이 접하므로
　$$D_1=(a+1)^2-4(b-4)=0$$
　$$\therefore a^2+2a-4b+17=0 \quad \cdots ❶ \qquad \cdots ㉮$$
(ⅱ) $y=x^2+ax+b$의 그래프와 직선 $y=5x+7$이 접할 때
　$x^2+ax+b=5x+7$에서
　$$x^2+(a-5)x+b-7=0$$
　그래프와 직선이 접하므로
　$$D_2=(a-5)^2-4(b-7)=0$$
　$$\therefore a^2-10a-4b+53=0 \quad \cdots ❷ \qquad \cdots ㉯$$
❶-❷를 하면 $12a-36=0$ $\quad \therefore a=3$
❶에 대입하면 $b=8$ $\qquad \cdots ㉰$

단계	채점 기준	배점
㉮	$y=x^2+ax+b$의 그래프와 직선 $y=-x+4$가 접할 때 판별식을 이용하여 a, b에 대한 식 세우기	40%
㉯	$y=x^2+ax+b$의 그래프와 직선 $y=5x+7$이 접할 때 판별식을 이용하여 a, b에 대한 식 세우기	40%
㉰	a, b의 값 구하기	20%

A, B는 고정된 점이고, C는 곡선 위를 움직이는 점이다.
점 C가 직선 AB에서 가장 멀리 있을 때 삼각형의 넓이가 최대이다.
직선 AB에 평행한 접선을 생각해 보자.

삼각형 ABC의 넓이가 최대일 때, 점 C는 직선 AB에 평행한 직선이 그래프에 접하는 점이다.

직선 AB의 기울기는 $\dfrac{3-0}{4-1}=1$이므로

접선의 방정식을 $y=x+n$이라 하자.

$-x^2+6x-5=x+n$에서 $x^2-5x+n+5=0$ ··· ❶

그래프와 직선이 접하므로

$$D=5^2-4(n+5)=0 \qquad \therefore n=\frac{5}{4}$$

이때 접선의 방정식은 $y=x+\dfrac{5}{4}$이다.

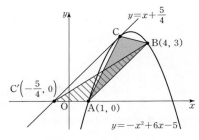

이 접선이 x축과 만나는 점을 $C'\left(-\dfrac{5}{4},\,0\right)$이라 하면 삼각형 ABC와 ABC′의 넓이가 같으므로 넓이의 최댓값은

$$\frac{1}{2}\times\left(1+\frac{5}{4}\right)\times3=\frac{27}{8}$$

Think More

❶에서 $x^2-5x+\dfrac{25}{4}=0$ $\qquad \therefore x=\dfrac{5}{2}$(중근)

곧, 점 C의 x좌표가 $\dfrac{5}{2}$이므로

$y=x+\dfrac{5}{4}$에 대입하면 $C\left(\dfrac{5}{2},\,\dfrac{15}{4}\right)$

따라서 오른쪽 그림에서

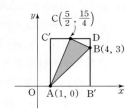

$$B'(4,\,0),\,C'\left(1,\,\frac{15}{4}\right),\,D\left(4,\,\frac{15}{4}\right)$$

라 하고 직사각형 AB′DC′의 넓이에서 삼각형 AB′B, BCD, ACC′의 넓이를 빼도 된다.

꼭짓점의 x좌표가 주어지면 식을 $y=a(x-p)^2+q$ 꼴로 나타낸다.

$f(x)=(x-\alpha)^2+m,\,g(x)=-2(x-\beta)^2+n$이라 하자.

$y=f(x),\,y=g(x)$의 그래프가 접하므로

$$(x-\alpha)^2+m=-2(x-\beta)^2+n$$

곧, $3x^2-2(\alpha+2\beta)x+\alpha^2+2\beta^2+m-n=0$

은 중근을 가진다.

이때 중근은 $x=\dfrac{\alpha+2\beta}{3}$이므로 접점의 x좌표는 $\dfrac{\alpha+2\beta}{3}$이다.

$f(x)$와 $g(x)$의 대소를 알면 $h(x)$를 구할 수 있다.
$y=f(x)$와 $y=g(x)$의 그래프를 그리고 교점을 찾아
$y=h(x)$의 그래프를 그려 보자.

$f(x)=g(x)$에서

$$x^2-x+1=-2x^2+5x+1$$
$$3x^2-6x=0 \qquad \therefore x=0 \text{ 또는 } x=2$$

$y=h(x)$의 그래프는 다음 그림과 같다.

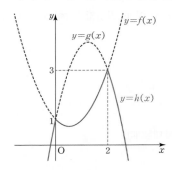

$y=x+k$는 기울기가 1인 직선이다.
직선을 위, 아래로 움직이며 세 점에서 만나는 경우를 찾아보자.

직선 $y=x+k$는
$k=1$일 때 점 $(0,\,1)$과 $(2,\,3)$의 두 점에서 만나고,
곡선 $y=f(x)$와 접할 때 세 점에서 만난다.

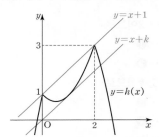

곡선 $y=f(x)$에 접할 때
$x+k=x^2-x+1$에서 $x^2-2x-k+1=0$
곡선과 직선이 접하므로

$$\frac{D}{4}=1-(-k+1)=0 \qquad \therefore k=0$$

08
답 $-4, 4$

$y=|x^2+ax+3|$의 그래프와 직선 $y=1$의 교점을 생각한다.
$y=|f(x)|$ 꼴의 그래프를 그릴 때는
x축과 만나는 점과 꼭짓점의 위치에 주의한다.

$f(x)=x^2+ax+3$이라 하자.
(i) $y=f(x)$의 그래프가 x축에 접하거나
　만나지 않는 경우

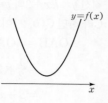

　$f(x)\geq0$이므로 $|f(x)|=f(x)$
　$y=f(x)$의 그래프와 직선 $y=1$은 세
　점에서 만날 수 없으므로 주어진 방정
　식은 서로 다른 세 실근을 갖지 않는다.
(ii) $y=f(x)$의 그래프가 x축과 x좌표가 α, β $(\alpha<\beta)$인 두 점에
　서 만나는 경우

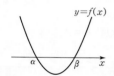 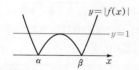

　$x\leq\alpha$ 또는 $x\geq\beta$일 때 $f(x)\geq0$이므로 $|f(x)|=f(x)$
　$\alpha<x<\beta$일 때 $f(x)<0$이므로 $|f(x)|=-f(x)$
　따라서 $y=|f(x)|$의 그래프는 위의 오른쪽 그림과 같다.
　직선 $y=1$이 $y=-f(x)$의 그래프와 접하면 $y=|f(x)|$의
　그래프와 직선 $y=1$은 세 점에서 만나고 주어진 방정식은 서
　로 다른 세 실근을 가진다.
　$-x^2-ax-3=1$에서 $x^2+ax+4=0$
　그래프와 직선이 접하므로
　　$D=a^2-4\times4=0$　　$\therefore a=\pm4$

09
답 4

원점을 지나는 직선의 방정식은 $y=mx$ $(m>0)$
A, B의 x좌표는 각각 α, β라 하자.

다음 그림과 같이 A, B의 x좌표를 각각 α, β $(\alpha<0<\beta)$라 하면

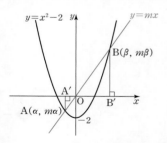

α, β가 $x^2-2=mx$의 두 근이므로 근과 계수의 관계에서
　$\alpha+\beta=m$, $\alpha\beta=-2$

선분 AA'과 BB'의 길이를 m, α, β로 나타낸다.

$A(\alpha, m\alpha)$, $B(\beta, m\beta)$이므로 $\overline{AA'}=-m\alpha$, $\overline{BB'}=m\beta$
조건에서 $|\overline{AA'}-\overline{BB'}|=16$이므로
　$|-m\alpha-m\beta|=16$
$-m\alpha-m\beta=-m(\alpha+\beta)=-m^2$이므로 $m^2=16$
$m>0$이므로 $m=4$

10
답 ⑤

이차함수 $f(x)$가 모든 실수 x에 대하여 $f(x)\geq f(1)$이므로
$f(x)$는 $x=1$에서 최소이고, 그래프의 꼭짓점의 x좌표가 1이다.

$f(x)\geq f(1)$이므로 $f(x)$는 $x=1$에서 최소이고, 직선 $x=1$은
그래프의 축이다.

이차함수의 그래프가 직선 $x=1$에 대칭임을 이용하자.

　ㄱ. 직선 $x=1$이 축이고 $f(-1)=0$이므로 $f(3)=0$이다. (참)
　ㄴ. 직선 $x=1$이 축이므로
　　　$f(0)=f(2)$이고
　　　$f(2)<f\left(\dfrac{5}{2}\right)<f(4)$이므로
　　　$f(0)<f\left(\dfrac{5}{2}\right)<f(4)$ (참)

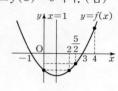

$f(x)$의 식을 구할 때는
축이 직선 $x=1$임을 이용하여 식을 세우는 것보다
$f(-1)=f(3)=0$을 이용하여 식을 세우는 것이 간단하다.

　ㄷ. $f(x)=0$의 두 근이 -1, 3이므로
　　　$f(x)=a(x+1)(x-3)$ $(a>0)$
　　으로 놓을 수 있다.
　　$f(0)=k$이므로 $-3a=k$, $a=-\dfrac{k}{3}$
　　　$\therefore f(x)=-\dfrac{k}{3}(x+1)(x-3)=-\dfrac{k}{3}x^2+\dfrac{2}{3}kx+k$
　　$f(x)=kx$에서 $-\dfrac{k}{3}x^2+\dfrac{2}{3}kx+k=kx$
　　　$\dfrac{k}{3}x^2+\dfrac{k}{3}x-k=0$, $x^2+x-3=0$

　근과 계수의 관계에서 두 근의 합은 -1이다. (참)
따라서 옳은 것은 ㄱ, ㄴ, ㄷ이다.

11
답 5

반올림하여 3이므로 한 근의 범위는 $\dfrac{5}{2}\leq x<\dfrac{7}{2}$이다.
그래프가 이 범위에서 x축과 만날 조건을 찾는다.
이때 등호의 포함 유무에 주의한다.

$f(x)=x^2-4x+k$라 하자.
$y=f(x)$의 그래프의 축이 직선 $x=2$
이고, x축과 $\dfrac{5}{2}\leq x<\dfrac{7}{2}$인 범위에서
만나므로 그래프는 오른쪽 그림과 같다.

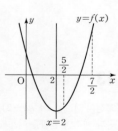

(i) $f\left(\dfrac{5}{2}\right)\leq0$이므로
　　$-\dfrac{15}{4}+k\leq0$　　$\therefore k\leq\dfrac{15}{4}$
(ii) $f\left(\dfrac{7}{2}\right)>0$이므로 $-\dfrac{7}{4}+k>0$　　$\therefore k>\dfrac{7}{4}$
(i), (ii)에서 정수 k는 2, 3이고, 합은 5이다.

다른 풀이

$x^2-4x+k=0$에서 $x=2\pm\sqrt{4-k}$

이 중 반올림하여 3이 될 수 있는 근은 $x=2+\sqrt{4-k}$이다.

$$\frac{5}{2}\le 2+\sqrt{4-k}<\frac{7}{2},\ \frac{1}{2}\le\sqrt{4-k}<\frac{3}{2}$$

$4-k>0$이므로

$$\frac{1}{4}\le 4-k<\frac{9}{4}\qquad \therefore\ \frac{7}{4}<k\le\frac{15}{4}$$

따라서 정수 k는 2, 3이고, 합은 5이다.

12 .... 답 ①

교점의 좌표는 $(\alpha, 2\alpha+1)$, $(\beta, 2\beta+1)$ 꼴이다.
근과 계수의 관계를 이용하여 교점 사이의 거리를 a로 나타낸다.

$y=x^2-2ax$와 $y=2x+1$에서

$$x^2-2ax=2x+1,\ x^2-2(a+1)x-1=0$$

이므로 이 방정식은 서로 다른 두 실근을 가진다.

따라서 두 실근을 α, β $(\alpha<\beta)$라 하면

$$\alpha+\beta=2(a+1),\ \alpha\beta=-1$$

그래프와 직선의 교점을 P, Q라 하면

$$\mathrm{P}(\alpha, 2\alpha+1),\ \mathrm{Q}(\beta, 2\beta+1)$$

$\mathrm{A}(x_1, y_1)$, $\mathrm{B}(x_2, y_2)$일 때
오른쪽 그림과 같이 직각삼각형 ABC에서

$\overline{\mathrm{AC}}=|x_2-x_1|$

$\overline{\mathrm{BC}}=|y_2-y_1|$

$\overline{\mathrm{AB}}^2=(x_2-x_1)^2+(y_2-y_1)^2$

이다. 이를 이용하여 $\overline{\mathrm{PQ}}$의 길이를 구한다.
이 내용은 공통수학2에서 자세히 배운다.

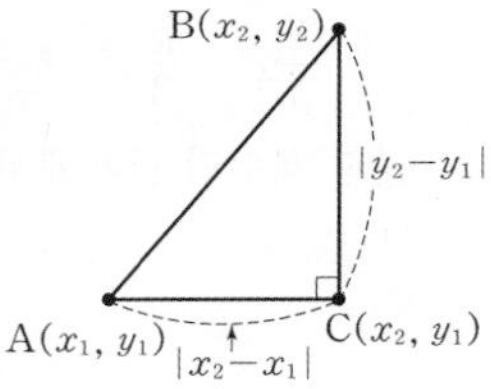

$$\overline{\mathrm{PQ}}=\sqrt{(\beta-\alpha)^2+(2\beta+1-2\alpha-1)^2}$$
$$=\sqrt{5(\alpha-\beta)^2}=\sqrt{5\{(\alpha+\beta)^2-4\alpha\beta\}}$$
$$=\sqrt{20(a+1)^2+20}$$

따라서 $a=-1$일 때 두 교점 사이의 거리가 최소이고 최솟값은

$$\sqrt{20}=2\sqrt{5}$$

13 .... 답 $2\sqrt{2}$

교점의 좌표는 $(\alpha, k\alpha+2)$, $(\beta, k\beta+2)$ 꼴이다.
근과 계수의 관계를 이용하여 삼각형의 넓이를 k로 나타낸다.

$y=x^2+2x$와 $y=kx+2$에서

$$x^2+2x=kx+2,\ x^2+(2-k)x-2=0$$

이므로 이 방정식은 서로 다른 두 실근을 가진다.

따라서 두 실근을 α, β $(\alpha<\beta)$라 하면

$$\alpha+\beta=k-2,\ \alpha\beta=-2\quad\cdots ❶\qquad\cdots ㉮$$

한편 오른쪽 그림에서

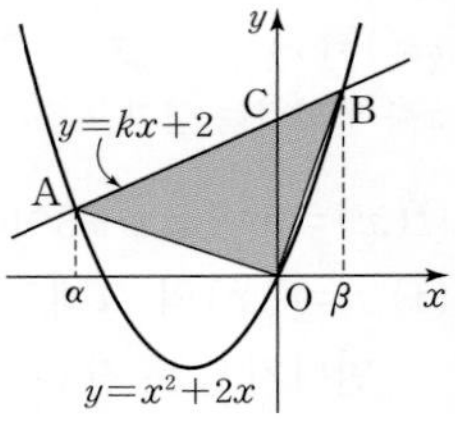

$$\mathrm{A}(\alpha, k\alpha+2),\ \mathrm{B}(\beta, k\beta+2)$$

이고, $\alpha<0<\beta$

직선 $y=kx+2$와 y축의 교점을 C라 하면 C(0, 2)이므로

$$\triangle\mathrm{OAB}=\triangle\mathrm{OAC}+\triangle\mathrm{OBC}$$
$$=\frac{1}{2}\times2\times(-\alpha)+\frac{1}{2}\times2\times\beta$$
$$=\beta-\alpha\qquad\cdots ㉯$$

❶에서

$$(\beta-\alpha)^2=(\alpha+\beta)^2-4\alpha\beta=(k-2)^2+8$$

이므로

$$\triangle\mathrm{OAB}=\sqrt{(k-2)^2+8}$$

따라서 삼각형 OAB의 넓이의 최솟값은 $k=2$일 때

$$\sqrt{8}=2\sqrt{2}\qquad\cdots ㉰$$

단계	채점 기준	배점
㉮	$x^2+2x=kx+2$의 서로 다른 두 실근을 α, β라 하고 $\alpha+\beta$, $\alpha\beta$의 값 구하기	30%
㉯	삼각형 OAB의 넓이를 α, β로 간단히 나타내기	40%
㉰	삼각형 OAB의 넓이를 k에 대한 식으로 나타내고, 넓이의 최솟값 구하기	30%

Think More

위의 그림의 A, B에서 x축에 내린 수선의 발을 각각 A′, B′이라 하자.

$$\triangle\mathrm{OAB}=\square\mathrm{AA'B'B}-(\triangle\mathrm{OAA'}+\triangle\mathrm{OBB'})$$
$$=\frac{1}{2}(\beta-\alpha)(k\alpha+2+k\beta+2)-\left\{\frac{1}{2}(-\alpha)(k\alpha+2)+\frac{1}{2}\beta(k\beta+2)\right\}$$
$$=(\beta-\alpha)\left(\frac{k}{2}\alpha+\frac{k}{2}\beta+2\right)-\left\{\frac{k}{2}(\beta^2-\alpha^2)+(\beta-\alpha)\right\}$$
$$=(\beta-\alpha)\left(\frac{k}{2}\alpha+\frac{k}{2}\beta+2\right)-(\beta-\alpha)\left(\frac{k}{2}\alpha+\frac{k}{2}\beta+1\right)$$
$$=\beta-\alpha$$

14 .... 답 −12

$f(a)=b$, $f(b)=a$ 식을 정리한다.
이런 꼴의 식은 변변 더하거나 빼면 쉽게 정리할 수 있다.

$f(a)=b$에서 $a^2-7a+3=b\quad\cdots ❶$

$f(b)=a$에서 $b^2-7b+3=a\quad\cdots ❷$

❶−❷를 하면

$$a^2-b^2-7(a-b)=-(a-b)$$
$$(a+b)(a-b)-6(a-b)=0$$
$$(a-b)(a+b-6)=0$$

$a-b\ne0$이므로 $a+b=6$

❶+❷를 하면
$$a^2+b^2-7(a+b)+6=a+b$$
$$(a+b)^2-2ab-8(a+b)+6=0$$
$a+b=6$을 대입하면
$$36-2ab-48+6=0 \qquad \therefore ab=-3$$
곧,
$$\begin{aligned} y&=(x-a)(x-b)\\ &=x^2-(a+b)x+ab\\ &=x^2-6x-3\\ &=(x-3)^2-12 \end{aligned}$$
따라서 $y=(x-a)(x-b)$의 최솟값은
$x=3$일 때 -12이다.

---

15 답 ①, ④

▶ $f(0)=f(2)$이므로 $y=f(x)$의 그래프는 직선 $x=1$에 대칭이다.
x^2의 계수가 양수일 때와 음수일 때로 나누어 그래프를 그린다.

$f(0)=f(2)$에서 $y=f(x)$의 그래프는 직선 $x=1$에 대칭이므로
$$f(x)=a(x-1)^2+b$$
로 놓을 수 있다.
(i) $a<0$일 때
　　$f(x)$의 최댓값은
　　$f(1)=4$이므로 $b=4$
　　$f(x)=a(x-1)^2+4$이므로
　　$f(-2)+f(2)=0$에서
　　　$9a+4+a+4=0$
　　　$10a=-8,\ a=-\dfrac{4}{5}$
　　　$\therefore f(x)=-\dfrac{4}{5}(x-1)^2+4$

　　곧, 최솟값은 $f(-2)=-\dfrac{16}{5}$
(ii) $a>0$일 때
　　$f(x)$의 최댓값은 $f(-2)=4$이므로
　　　$9a+b=4 \qquad \cdots$ ❶
　　$f(-2)+f(2)=0$에서
　　$f(2)=-4$이므로
　　　$a+b=-4 \qquad \cdots$ ❷
　　❶, ❷를 연립하여 풀면
　　　$a=1,\ b=-5$
　　　$\therefore f(x)=(x-1)^2-5$
　　곧, 최솟값은 $f(1)=-5$

---

16 답 ③

$$y=x^2-2ax+a^2+b=(x-a)^2+b$$

▶ 그래프의 축 $x=a$의 위치에 따라 최솟값을 갖는 x의 값이 달라진다.
$a<2,\ 2\le a<4,\ a\ge4$인 경우로 나눈다.

(i) $a<2$인 경우
　　최솟값은 $x=2$일 때 4이므로
　　　$(2-a)^2+b=4$
　　　$\therefore b=-(a-2)^2+4$

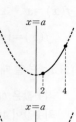

(ii) $2\le a<4$인 경우
　　최솟값은 $x=a$일 때 4이므로
　　　$b=4$

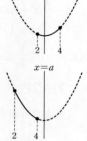

(iii) $a\ge4$인 경우
　　최솟값은 $x=4$일 때 4이므로
　　　$(4-a)^2+b=4$
　　　$\therefore b=-(a-4)^2+4$

(i), (ii), (iii)에서
$$b=\begin{cases} -(a-2)^2+4 & (a<2)\\ 4 & (2\le a<4)\\ -(a-4)^2+4 & (a\ge4) \end{cases}$$

▶ $a+b$의 최댓값을 구해야 한다.
$a+b=k$라 할 때, $b=-a+k$는 기울기가 -1인 직선이다.
직선을 위, 아래로 움직여 k가 최대일 때를 찾아보자.

$a+b=k$라 하면 $b=-a+k$
다음 그림과 같이 곡선 $b=-(a-4)^2+4$와 직선 $b=-a+k$가
접할 때 k가 최대이다.

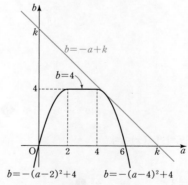

$-(a-4)^2+4=-a+k$에서
$$a^2-9a+12+k=0$$
곡선과 직선이 접하므로
$$D=81-4(12+k)=0$$
$$-4k+33=0 \qquad \therefore k=\dfrac{33}{4}$$

따라서 $a+b$의 최댓값은 $\dfrac{33}{4}$이다.

17 ·· 답 ④

그래프의 축인 직선 $x=\dfrac{3}{2}$이 $a-1\le x\le a$에 포함될 때와 아닐 때로
나누어 생각한다.

$f(x)=x^2-3x+a+5$라 하면

$$f(x)=\left(x-\dfrac{3}{2}\right)^2+a+\dfrac{11}{4}$$

(i) $a<\dfrac{3}{2}$일 때

최솟값은 $f(a)=a^2-2a+5$
최솟값이 4이므로
$$a^2-2a+5=4$$
$$(a-1)^2=0 \qquad \therefore a=1$$

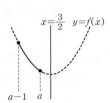

(ii) $a-1<\dfrac{3}{2}\le a$, 곧 $\dfrac{3}{2}\le a<\dfrac{5}{2}$일 때

최솟값은 $f\left(\dfrac{3}{2}\right)=a+\dfrac{11}{4}$
최솟값이 4이므로
$$a+\dfrac{11}{4}=4 \qquad \therefore a=\dfrac{5}{4}$$

$\dfrac{3}{2}\le a<\dfrac{5}{2}$에 모순이다.

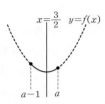

(iii) $a-1\ge\dfrac{3}{2}$, 곧 $a\ge\dfrac{5}{2}$일 때

최솟값은 $f(a-1)=a^2-4a+9$
최솟값이 4이므로
$$a^2-4a+9=4$$
$$\therefore a^2-4a+5=0$$
$D<0$이므로 가능한 실수 a는 없다.

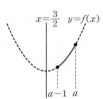

(i), (ii), (iii)에서 $a=1$

18 ·· 답 ④

$f(1-x)$의 x에 $1-x$를 대입하면 $f(x)$이다.
이를 이용하는 문제이다.

$$2f(x)+f(1-x)=3x^2 \qquad \cdots ❶$$

x에 $1-x$를 대입하면

$$2f(1-x)+f(x)=3(1-x)^2 \qquad \cdots ❷$$

❶×2−❷를 하면

$$3f(x)=6x^2-3(1-x)^2=3x^2+6x-3$$
$$\therefore f(x)=x^2+2x-1$$

ㄱ. $f(0)=-1$ (참)

ㄴ. $f(x)=(x+1)^2-2$이므로 최솟값은 -2이다. (거짓)

ㄷ. $y=f(x)$의 그래프의 축이 직선 $x=-1$이므로
$$f(-1+x)=f(-1-x)$$
x에 $x+1$을 대입하면 $f(x)=f(-2-x)$ (참)

따라서 옳은 것은 ㄱ, ㄷ이다.

$f(x)=ax^2+bx+c$라 하고 ❶에 대입하면
$$2(ax^2+bx+c)+a(1-x)^2+b(1-x)+c=3x^2$$
$$3ax^2+(b-2a)x+a+b+3c=3x^2$$

x에 대한 항등식이므로

$$3a=3,\ b-2a=0,\ a+b+3c=0$$
$$\therefore a=1,\ b=2,\ c=-1$$
$$\therefore f(x)=x^2+2x-1$$

다른 풀이

ㄷ. $f(x)=(x+1)^2-2$이므로
$$f(-2-x)=(-1-x)^2-2$$
$$=(x+1)^2-2$$
$$=f(x)\ (참)$$

19 ·· 답 ⑤

$y=|f(x)|$의 그래프를 그릴 때에는
$$f(x)\ge0일\ 때\ y=f(x)$$
$$f(x)<0일\ 때\ y=-f(x)$$
의 그래프를 그린다.
이때 $y=f(x)$의 그래프와 $y=-f(x)$의 그래프는 x축에 대칭임을
이용하면 보다 쉽게 그릴 수 있다.

$f(x)=x^2+4x-1=(x+2)^2-5$라 하면
$f(x)\ge0$일 때 $y=f(x)$,
$f(x)<0$일 때 $y=-f(x)$이므로
$y=|f(x)|$의 그래프는 다음 그림과 같다.

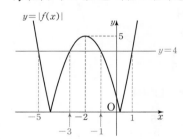

또 $|f(x)|=4$에서 $x^2+4x-1=\pm4$
$$\therefore x^2+4x-5=0\ 또는\ x^2+4x+3=0$$
$x^2+4x-5=0$에서 $x=-5$ 또는 $x=1$
$x^2+4x+3=0$에서 $x=-3$ 또는 $x=-1$
위의 그림에서 $t\le x\le t+1$일 때, $f(x)$의 최댓값이 4이려면 범위의
오른쪽 경계의 값이 $t+1=-3$ 또는 $t+1=1$
왼쪽 경계의 값이 $t=-5$ 또는 $t=-1$
$$\therefore t=-4,\ 0,\ -5,\ -1$$
따라서 t의 값의 제곱의 합은
$$(-4)^2+0^2+(-5)^2+(-1)^2=42$$

20

▶꼭짓점의 좌표를 (a, ka)라 하고 $f(x)$의 식을 세운 다음 $f(x)=kx+5$의 해가 α, β임을 이용한다.

$y=f(x)$의 그래프의 꼭짓점이 직선 $y=kx$ 위에 있으므로 꼭짓점의 좌표를 (a, ka)라 하면
$$f(x)=(x-a)^2+ka$$
로 놓을 수 있다. ··· ㉮

$y=f(x)$의 그래프와 직선 $y=kx+5$가 만나는 두 점의 x좌표는
$$(x-a)^2+ka=kx+5$$
곧, $x^2-(2a+k)x+a^2+ka-5=0$
의 해이므로
$$\alpha+\beta=2a+k \quad \text{··· ❶}$$
$$\alpha\beta=a^2+ka-5 \quad \text{··· ❷} \qquad \text{··· ㉯}$$

$y=f(x)$의 그래프의 축이 직선 $x=\dfrac{\alpha+\beta}{2}-\dfrac{1}{4}$이므로
$$\dfrac{\alpha+\beta}{2}-\dfrac{1}{4}=a \qquad \therefore \alpha+\beta=2a+\dfrac{1}{2}$$

❶에서 $2a+\dfrac{1}{2}=2a+k \qquad \therefore k=\dfrac{1}{2}$ ··· ㉰

❷에서 $\alpha\beta=a^2+ka-5=a^2+\dfrac{1}{2}a-5$
$$(\alpha-\beta)^2=(\alpha+\beta)^2-4\alpha\beta$$
$$=\left(2a+\dfrac{1}{2}\right)^2-4\left(a^2+\dfrac{1}{2}a-5\right)=\dfrac{81}{4}$$

이므로 $|\alpha-\beta|=\dfrac{9}{2}$ ··· ㉱

단계	채점 기준	배점
㉮	꼭짓점의 좌표를 이용하여 이차함수의 식 세우기	20%
㉯	$\alpha+\beta$, $\alpha\beta$의 값 구하기	30%
㉰	그래프의 축을 이용하여 k의 값 구하기	20%
㉱	$|\alpha-\beta|$의 값 구하기	30%

21

▶직사각형의 세로, 가로의 길이를 각각 x, y라 하고 넓이에 대한 조건을 이용하여 x, y에 대한 식을 구한다.

X의 세로, 가로의 길이를 각각 x m, y m라 하자.

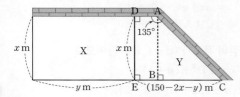

철망의 길이가 150 m이므로
$$\overline{EC}=(150-2x-y) \text{ m}$$
위의 그림에서 $\angle BAC=45°$이므로
$$\overline{BC}=\overline{BA}=x \text{ m},$$
$$\overline{DA}=\overline{EB}=(150-3x-y) \text{ m}$$

X의 넓이는 $xy \text{ m}^2$
Y의 넓이는
$$\dfrac{1}{2}x(150-2x-y+150-3x-y)$$
$$=\dfrac{1}{2}x(300-5x-2y)(\text{m}^2) \qquad \text{··· ㉮}$$
X의 넓이가 Y의 넓이의 2배이므로
$$xy=x(300-5x-2y) \qquad \therefore y=100-\dfrac{5}{3}x \quad \text{··· ㉯}$$
이때 Y의 넓이는
$$\dfrac{1}{2}xy=\dfrac{1}{2}x\left(100-\dfrac{5}{3}x\right)=-\dfrac{5}{6}x^2+50x$$
$$=-\dfrac{5}{6}(x-30)^2+750(\text{m}^2)$$
따라서 Y의 넓이는 $x=30$일 때 최대이고,
최댓값은 750 m^2이다. ··· ㉰

단계	채점 기준	배점
㉮	X의 세로, 가로의 길이를 x, y로 놓고 X, Y의 넓이 구하기	50%
㉯	넓이를 이용하여 x, y의 관계식 구하기	20%
㉰	Y의 넓이의 최댓값 구하기	30%

22

▶$\overline{DE}=x$로 놓고 정삼각형 A'DE의 넓이와 삼각형 ABC의 외부에 있는 정삼각형의 넓이를 구한다.

$\overline{DE}=x$라 하면 $\dfrac{1}{2}<x<1$

오른쪽 그림에서
$$\overline{DB}=\overline{BF}=\overline{GC}=1-x$$
이므로 $\overline{FG}=2x-1$
겹치는 부분의 넓이를 y라 하면
$$y=\triangle A'DE-\triangle A'FG$$
$$=\dfrac{\sqrt{3}}{4}x^2-\dfrac{\sqrt{3}}{4}(2x-1)^2$$
$$=\dfrac{\sqrt{3}}{4}(-3x^2+4x-1)$$
$$=\dfrac{\sqrt{3}}{4}\left\{-3\left(x-\dfrac{2}{3}\right)^2+\dfrac{1}{3}\right\}$$

$x=\dfrac{2}{3}$일 때 y는 최대이다.
곧, 겹치는 부분의 넓이가 최대일 때
$\overline{DE}$의 길이는 $\dfrac{2}{3}$이다.

23 ······ 답 $-\dfrac{9}{4}$

▶ 모든 실수 x에 대하여 $f(x) \geq f(3)$이므로
$f(x)$는 $x=3$에서 최솟값 $f(3)$을 가진다.

$f(x) \geq f(3)$이므로 $f(3)$이 $f(x)$의 최솟값이다.
곧 점 $(3, f(3))$이 그래프의 꼭짓점이다.

▶ $f(x)=(x-3)^2+q$로 놓는 것보다
x축과 만나는 점의 x좌표가 $3+a$, $3-a$ 꼴임을 이용하여
$f(x)=(x-3)^2-a^2$으로 놓는 것이 편하다.

$y=f(x)$의 그래프가 x축과 만나는 두 점의 좌표를
A$(3-a, 0)$, B$(3+a, 0)$ $(a>0)$이라 하면
$$f(x)=(x-3)^2-a^2$$
으로 놓을 수 있다.
$y=f(x)$의 그래프의 꼭짓점의 좌표는 $(3, -a^2)$이므로

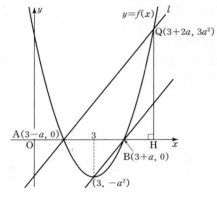

그래프의 꼭짓점과 점 B를 지나는 직선의 기울기는
$$\frac{0-(-a^2)}{3+a-3}=a$$
점 A$(3-a, 0)$을 지나는 직선 l의 방정식은
$$y=a(x-3+a)$$
이 직선과 $y=f(x)$의 그래프가 만나는 점의 x좌표는
$$(x-3)^2-a^2=a(x-3+a)$$
의 해이다.
$$(x-3-a)(x-3+a)=a(x-3+a)$$
$$(x-3+a)(x-3-2a)=0$$
따라서 점 Q의 x좌표는 $3+2a$이므로 y좌표는 $3a^2$이다.
$$\therefore \text{Q}(3+2a, 3a^2)$$
삼각형 BQH의 넓이가 $\dfrac{81}{16}$이므로
$$\frac{1}{2} \times a \times 3a^2 = \frac{81}{16}, \ a^3 = \frac{27}{8}$$
$$\therefore a = \frac{3}{2}$$
따라서 $f(x)=(x-3)^2-\dfrac{9}{4}$이므로

최솟값은 $-\dfrac{9}{4}$이다.

---

01 -5	**02** $m=1$, $n=\dfrac{7}{4}$	**03** ④	**04** 9	**05** ③
06 $x=-3$ 또는 $x=0$ 또는 $x=1$		**07** $2\sqrt{7}$	**08** $\dfrac{3}{8}$	

01 ······ 답 -5

▶ (나)에서 $\dfrac{(x+1)+(-x+3)}{2}=2$이므로
$x+1$과 $-x+3$은 $x=2$에 대칭인 값이다.
또는 $f(x+1)=f(-x+3)$의 x에 $x+1$을 대입하면
$f(2+x)=f(2-x)$이므로 $y=f(x)$의 그래프는 직선 $x=2$에 대칭이다.

(나)의 x에 $x+1$을 대입하면
$$f(x+2)=f(-x+2), \ 곧 \ f(2+x)=f(2-x)$$
이므로 $y=f(x)$의 그래프의 축은 직선 $x=2$이다.
따라서 $f(x)=k(x-2)^2+n$ $(k \neq 0)$으로 놓을 수 있다.
(다)에서 $f(3)=3$이므로 $k+n=3$
$$\therefore f(x)=k(x-2)^2+3-k=kx^2-4kx+3k+3$$

▶ (가)의 식은 $\alpha+\beta$와 $\alpha-\beta$가 반복되므로
치환하여 간단히 해 보자.

(가)에서 $\alpha+\beta=p$, $\alpha-\beta=q$라 하면
$$(k+p)^3+(k-p)^3-(k-q)^3-(k+q)^3=0$$
앞의 두 항과 뒤의 두 항을 묶어서 전개하면
$$(2k^3+6kp^2)-(2k^3+6kq^2)=0$$
$$6k(p^2-q^2)=0$$
$k \neq 0$이므로 $p^2-q^2=0$
$$(\alpha+\beta)^2-(\alpha-\beta)^2=0 \qquad \therefore \alpha\beta=0$$
α, β는 $f(x)=0$, 곧 $kx^2-4kx+3k+3=0$의 해이므로
$$\alpha\beta=\frac{3k+3}{k}=0 \qquad \therefore k=-1$$
$f(x)=-x^2+4x$이므로 $f(5)=-5$

02 ······ 답 $m=1$, $n=\dfrac{7}{4}$

▶ 이차함수의 식은 $y=\{x-(a-1)\}^2+(a+1)$이다.
이 그래프와 직선 $y=mx+n$이 접할 조건과
a의 값에 관계없이 성립할 조건을 찾는다.

그래프의 꼭짓점의 좌표가 $(a-1, a+1)$이므로
$$y=\{x-(a-1)\}^2+(a+1)$$
$$=x^2-2(a-1)x+(a^2-a+2) \qquad \cdots ㉮$$
이 그래프와 직선 $y=mx+n$에서
$$x^2-2(a-1)x+(a^2-a+2)=mx+n$$
$$x^2+(2-2a-m)x+(a^2-a+2-n)=0$$
그래프와 직선이 접하므로
$$D=(2-2a-m)^2-4(a^2-a+2-n)=0 \qquad \cdots ㉯$$

a에 대한 항등식이므로 a에 대해 정리하면

$$a(4m-4)+(m^2-4m+4n-4)=0$$

따라서 $4m-4=0$이고 $m^2-4m+4n-4=0$

$$\therefore m=1,\ n=\frac{7}{4}$$ … ㉰

단계	채점 기준	배점
㉮	꼭짓점의 좌표를 이용하여 이차함수의 식 세우기	20%
㉯	그래프와 직선이 접하므로 판별식을 이용하여 식 세우기	40%
㉰	a에 대한 항등식임을 이용하여 m, n의 값 구하기	40%

03 ········· 답 ④

곡선에 접하는 직선이 점 $(0, -1)$을 지나므로
직선의 방정식을 $y=mx-1$로 놓는다.
$D=0$을 이용하면 m에 대한 방정식을 얻을 수 있다.
이 방정식의 해를 생각해 보자.

곡선에 접하는 직선의 방정식을 $y=mx-1$이라 하자.

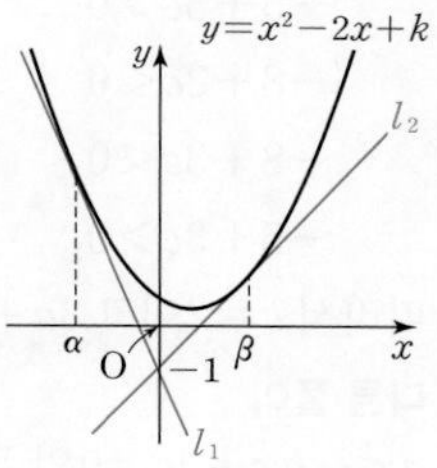

$y=x^2-2x+k$와 $y=mx-1$에서

$$x^2-2x+k=mx-1$$

$$x^2-(m+2)x+k+1=0 \quad \cdots ❶$$

곡선과 직선이 접하므로

$$D=(m+2)^2-4(k+1)=0$$

$$\therefore m^2+4m-4k=0 \quad \cdots ❷$$

ㄱ. l_1, l_2의 기울기를 각각 m_1, m_2라 하면
m_1, m_2는 ❷의 두 근이다.
따라서 $m_1m_2=-12$이면 근과 계수의 관계에서
$-4k=-12 \quad \therefore k=3$ (거짓)

ㄴ. ❷에 $k=3$을 대입하면
$m^2+4m-12=0$, $(m+6)(m-2)=0$
$\therefore m=-6$ 또는 $m=2$
위의 그림에서 α는 l_1과 곡선의 접점의 x좌표이므로
l_1의 기울기가 음수이고 $m=-6$
❶에 대입하면
$x^2+4x+4=0$, $x=-2$(중근)
$\therefore \alpha=-2$ (참)

ㄷ. ❷의 두 근을 m_1, m_2라 하고,
α, β를 m_1, m_2로 나타내어 본다.

❷의 두 근을 m_1, m_2 $(m_1<m_2)$라 하자.
$m_1+m_2=-4$이고, ❶에서
α는 방정식 $x^2-(m_1+2)x+k+1=0$의 중근,
β는 방정식 $x^2-(m_2+2)x+k+1=0$의 중근이므로

$$\alpha+\beta=\frac{m_1+2}{2}+\frac{m_2+2}{2}=\frac{m_1+m_2+4}{2}=0 \text{ (참)}$$

따라서 옳은 것은 ㄴ, ㄷ이다.

다른 풀이

ㄷ. ❷의 두 근을 각각 ❶에 대입하면
❶은 중근을 갖고, 이 근이 α, β이다.
두 근을 구한 다음 직접 대입해도 된다.

❷에서 근의 공식을 쓰면
$m=-2\pm2\sqrt{k+1}$
α는 $m=-2-2\sqrt{k+1}$일 때 ❶의 근이므로 대입하면
$x^2+2\sqrt{k+1}x+k+1=0$
$(x+\sqrt{k+1})^2=0$
$\therefore \alpha=-\sqrt{k+1}$
β는 $m=-2+2\sqrt{k+1}$일 때 ❶의 근이므로 대입하면
$x^2-2\sqrt{k+1}x+k+1=0$
$(x-\sqrt{k+1})^2=0$
$\therefore \beta=\sqrt{k+1}$
$\therefore \alpha+\beta=0$ (참)

04 ········· 답 9

$y=f(x)$의 그래프는 꼭짓점이 $(t, 14)$인 포물선이고,
$y=g(x)$의 그래프는 점 $(2, 2)$에서 꺾인 ∨ 모양 직선이다.

$f(x)\ge g(x)$, $f(x)<g(x)$일 때로 나누어 생각한다.

$f(x)\ge g(x)$일 때

$$h(x)=\frac{f(x)-g(x)+f(x)+g(x)}{2}=f(x)$$

$f(x)<g(x)$일 때

$$h(x)=\frac{-f(x)+g(x)+f(x)+g(x)}{2}=g(x)$$

곧, $y=h(x)$의 그래프는 $y=f(x)$와 $y=g(x)$ 중 위에 있는 부분이다.

변수 t가 있으므로 $y=f(x)$와 $y=g(x)$의 두 그래프의 교점을 구하기는 어렵다.
t의 값에 따라 $y=f(x)$의 그래프를 좌우로 움직여 보며
교점이 없는 경우, 있는 경우로 나누어 $y=h(x)$의 개형을 그리고,
직선 $y=k$와 세 점에서 만날 수 있는지 확인한다.

(i) $y=f(x)$와 $y=g(x)$의 그래프가 만나지 않거나 접할 때

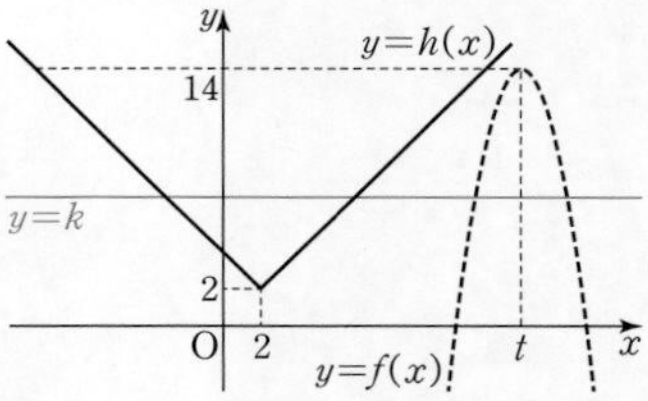

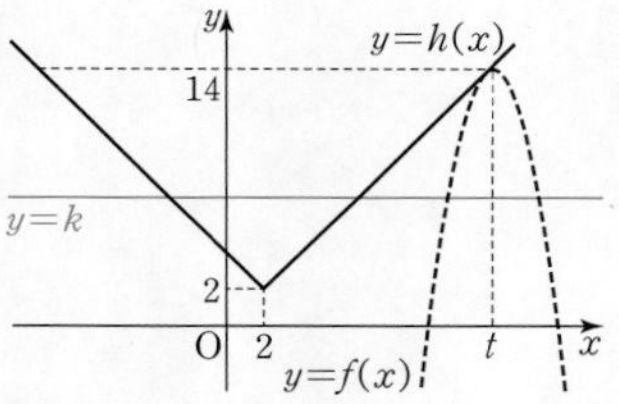

$h(x)=g(x)$이므로 직선 $y=k$와 $y=h(x)$의 그래프는 서로 다른 세 점에서 만날 수 없다.

(ii) $y=f(x)$와 $y=g(x)$의 그래프가 두 점에서 만날 때
두 교점의 x좌표를 α, β ($\alpha<\beta$)라 하자.

▷ $t=14$ 또는 $t=-10$이면 포물선 $y=f(x)$의 꼭짓점이 $y=g(x)$의
그래프 위에 있다.

① 두 점에서 만나고 $t\geq14$ 또는 $t\leq-10$인 경우

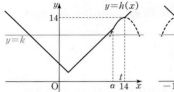 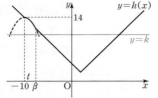

그림과 같이 직선 $y=k$와 $y=h(x)$의 그래프는 서로 다른
세 점에서 만날 수 없다.

② $h(\alpha)=h(\beta)$인 경우

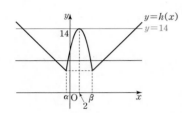

$k=14$일 때만 직선 $y=k$와 $y=h(x)$의 그래프가 세 점에
서 만난다.

③ $h(\alpha)\neq h(\beta)$인 경우

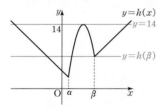 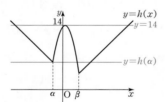

$k=14$일 때와 k가 $h(\alpha)$와 $h(\beta)$ 중 큰 값일 때 직선 $y=k$
와 $y=h(x)$의 그래프가 세 점에서 만난다.

②, ③에서 $h(\alpha)=h(\beta)$이면 $t=2$이고,
$$f(x)=-(x-2)^2+14$$
이때 $\beta>2$이므로 β는 방정식 $-(x-2)^2+14=x-2+2$의
해이다.
$$x^2-3x-10=0, \ (x+2)(x-5)=0$$
$$\therefore \beta=5, f(\beta)=5$$
곧, $f(\alpha)$ 또는 $f(\beta)$가 5보다 크면 직선 $y=k$와 $y=h(x)$의
그래프와 세 점에서 만날 수 있다.

따라서 정수 k는 6, 7, 8, …, 14이고, 9개이다.

---

05 답 ③

▷ $f(x)=ax^2-bx+3c$로 놓고 $y=f(x)$의 그래프가
x축과 $1<x<2$, $4<x<5$에서 만날 조건을 생각한다.

$f(x)=ax^2-bx+3c$라 하자.
(나)에서 $y=f(x)$의 그래프가
x축과
$1<x<2$, $4<x<5$인 범위에서 만나
고, x^2의 계수가 양수이므로

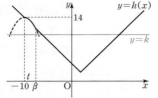

$$f(1)=a-b+3c>0 \quad \cdots ❶$$
$$f(2)=4a-2b+3c<0 \quad \cdots ❷$$
$$f(4)=16a-4b+3c<0 \quad \cdots ❸$$
$$f(5)=25a-5b+3c>0 \quad \cdots ❹$$

❶-❷에서
$$-3a+b>0 \qquad \therefore b>3a$$
❶-❸에서
$$-15a+3b>0 \qquad \therefore b>5a$$
a, b, c는 한 자리 자연수이므로 $a=1$이고 $b>5$
❷-❹에서
$$-21a+3b<0, \ b<7 \qquad \therefore b=6$$
$a=1$, $b=6$을 ❶, ❷, ❸, ❹에 대입하면
$$-5+3c>0$$
$$-8+3c<0$$
$$-8+3c<0$$
$$-5+3c>0$$
따라서 $c=2$이고 $3a+2b-c=13$

다른 풀이

$ax^2-bx+3c=0$의 두 근이 α, β ($\alpha\neq\beta$)이므로
$$\alpha+\beta=\frac{b}{a}, \ \alpha\beta=\frac{3c}{a}$$
(나)에서 $5<\alpha+\beta<7$, $4<\alpha\beta<10$이므로
$$5<\frac{b}{a}<7, \ 4<\frac{3c}{a}<10$$
(가)에서 a, b는 한 자리 자연수이므로 $a=1$, $b=6$
또 $4<\frac{3c}{a}<10$에서 $4<3c<10$이므로
$$c=2 \ \text{또는} \ c=3$$
그런데 $c=3$이면 $x^2-6x+9=0$이므로 $x=3$(중근)을 가진다.
곧, $\alpha\neq\beta$라는 조건에 모순이므로 $c=2$
$$\therefore a=1, b=6, c=2, 3a+2b-c=13$$

06 ········· 답 $x=-3$ 또는 $x=0$ 또는 $x=1$

x의 범위를 나누어 $f(x)$의 절댓값을 없애고,
t의 범위를 나누어 $f(x)$의 최댓값을 구한다.

$$f(x)=\begin{cases} x^2+2x-2t & (x<t) \\ x^2-2x+2t & (x\ge t) \end{cases} \text{에서}$$

$f_1(x)=x^2+2x-2t$, $f_2(x)=x^2-2x+2t$라 하자.

(i) $t<-1$일 때 $f(x)$의 최댓값은
$$f(-1)=f_2(-1)=2t+3$$

(ii) $-1\le t\le1$일 때 $f(x)$의 최댓값은
$$f(t)=f_1(t)=f_2(t)=t^2$$

(iii) $t>1$일 때 $f(x)$의 최댓값은
$$f(1)=f_1(1)=3-2t$$

(i), (ii), (iii)에서

$$g(t)=\begin{cases} 2t+3 & (t<-1) \\ t^2 & (-1\le t\le1) \\ 3-2t & (t>1) \end{cases}$$

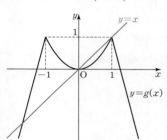

방정식 $g(x)=x$의 해는
$x<-1$일 때
$$2x+3=x \qquad \therefore x=-3$$
$-1\le x\le1$일 때
$$x^2=x \qquad \therefore x=0 \text{ 또는 } x=1$$
$x>1$일 때
$$3-2x=x \qquad \therefore x=1 \ (x>1\text{에 모순})$$
따라서 방정식의 해는
$$x=-3 \text{ 또는 } x=0 \text{ 또는 } x=1$$

07 ········· 답 $2\sqrt{7}$

$y=|f(x)|$의 그래프는 직선 $x=2$에 대칭인 그래프이다.
$g(k)=t$를 만족시키는 실수 k의 최댓값이 5이므로
$k=5$일 때 $|f(x)|$의 최댓값이 t이다.
곧, $4\le x\le6$에서 $|f(x)|$의 최댓값이 t이므로
$y=|f(x)|$의 그래프는 다음 그림과 같다.

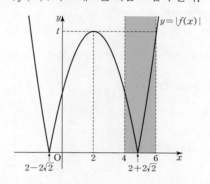

그래프에서 최댓값은 $f(6)$이므로 $f(6)=t$에서 t의 값을 구한다.

$f(6)=t$이므로
$$(6-2)^2-t=t$$
$$\therefore t=8, f(x)=(x-2)^2-8$$
$|f(x)|=0$의 해는 $(x-2)^2-8=0$에서
$$x=2\pm2\sqrt{2}$$
$-f(k-1)=f(k+1)$의 해는
$$-(k-3)^2+8=(k-1)^2-8, k^2-4k-3=0$$
$$\therefore k=2\pm\sqrt{7}$$

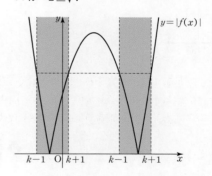

k는 $2\pm\sqrt{7}$을 기준으로 k를 좌우로 움직여보며 $|f(x)|$의 최댓값을 생각한다.

k의 값의 범위를 $k<2-\sqrt{7}$, $2-\sqrt{7}\le k<1$, $1\le k<3$, $3\le k<2+\sqrt{7}$, $k\ge2+\sqrt{7}$인 경우로 나누어 최댓값 $g(k)$를 생각해 보면
$|f(k-1)|=|f(k+1)|$, 곧 $-f(k-1)=f(k+1)$일 때 $g(k)$가 최솟값을 가진다.
따라서 $g(k)$는 $k=2-\sqrt{7}$과 $k=2+\sqrt{7}$에서 최솟값 $2\sqrt{7}$을 가진다.

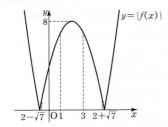

(ⅰ) $k<2-\sqrt{7}$이면
$$g(k)=|f(k-1)|=(k-3)^2-8$$
(ⅱ) $2-\sqrt{7}\leq k<1$이면
$$g(k)=|f(k+1)|=-(k-1)^2+8$$
(ⅲ) $1\leq k<3$이면
$$g(k)=|f(2)|=8$$
(ⅳ) $3\leq k<2+\sqrt{7}$이면
$$g(k)=|f(k-1)|=-(k-3)^2+8$$
(ⅴ) $k\geq 2+\sqrt{7}$이면
$$g(k)=|f(k+1)|=(k-1)^2-8$$
(ⅰ)~(ⅴ)에서
$$g(k)=\begin{cases}(k-3)^2-8 & (k<2-\sqrt{7}) \\ -(k-1)^2+8 & (2-\sqrt{7}\leq k<1) \\ 8 & (1\leq k<3) \\ -(k-3)^2+8 & (3\leq k<2+\sqrt{7}) \\ (k-1)^2-8 & (k\geq 2+\sqrt{7})\end{cases}$$

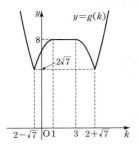

08 ⬥답 $\dfrac{3}{8}$

$\overline{AH}=a$, $\overline{BG}=b$라 하면 $\overline{AB}=1$이므로
사다리꼴 ABGH의 넓이는 $\dfrac{a+b}{2}$이다.

이때 □EFGH≡□ABGH이므로
선분 EG를 긋고, 직각삼각형을 이용하여 $a+b$를 다른 문자로 나타낸다.

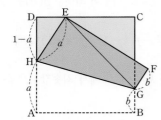

$\overline{AH}=a$라 하면
$$\overline{HE}=a,\ \overline{HD}=1-a$$
이므로 직각삼각형 DHE에서
$$a^2=(1-a)^2+\overline{DE}^2$$
$$\therefore \overline{DE}^2=2a-1 \quad \cdots ❶$$

$\overline{BG}=b$라 하면 $\overline{GF}=b$이므로 직각삼각형 EFG에서
$$\overline{EG}^2=1+b^2$$
또 $\overline{CG}=1-b$이므로 직각삼각형 ECG에서
$$\overline{EC}^2=\overline{EG}^2-\overline{CG}^2=(1+b^2)-(1-b)^2=2b \quad \cdots ❷$$

$\overline{DE}=c$라 하면 ❶에서 $a=\dfrac{c^2+1}{2}$

$\overline{EC}=1-c$이므로 ❷에서 $b=\dfrac{(1-c)^2}{2}$

$$\square ABGH=\dfrac{a+b}{2}$$
$$=\dfrac{1}{2}(c^2-c+1)=\dfrac{1}{2}\left(c-\dfrac{1}{2}\right)^2+\dfrac{3}{8}$$

$0<c<1$이므로 $c=\dfrac{1}{2}$일 때 최솟값은 $\dfrac{3}{8}$

따라서 □EFGH의 넓이의 최솟값은 $\dfrac{3}{8}$이다.

다른 풀이
▶삼각형의 닮음을 이용하여 $a+b$를 다른 문자로 나타낼 수도 있다.

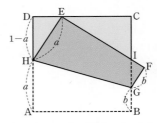

선분 BC와 EF의 교점을 I라 하면
직각삼각형 DHE, CEI, FGI는 서로 닮음이다.
$\overline{AH}=a$, $\overline{BG}=b$라 하면
$\overline{HE}=a$, $\overline{HD}=1-a$, $\overline{FG}=b$이므로
△DHE와 △FGI에서
$$a:(1-a)=\overline{GI}:b \qquad \therefore \overline{GI}=\dfrac{ab}{1-a}$$
또
$$\overline{CI}=1-b-\dfrac{ab}{1-a}=\dfrac{(1-b)(1-a)-ab}{1-a}=\dfrac{1-a-b}{1-a}$$
$\overline{DE}=c$라 하면 $\overline{EC}=1-c$이므로 △DHE와 △CEI에서
$$c:(1-a)=\dfrac{1-a-b}{1-a}:(1-c),\ c-c^2=1-a-b$$
$$\therefore a+b=c^2-c+1$$
$$\therefore \square ABGH=\dfrac{a+b}{2}$$
$$=\dfrac{1}{2}(c^2-c+1)=\dfrac{1}{2}\left(c-\dfrac{1}{2}\right)^2+\dfrac{3}{8}$$

$0<c<1$이므로 $c=\dfrac{1}{2}$일 때 최솟값은 $\dfrac{3}{8}$

따라서 □EFGH의 넓이의 최솟값은 $\dfrac{3}{8}$이다.

07 여러 가지 방정식

A STEP 시험에 꼭 나오는 문제 65~68쪽

01 ③
02 (1) $x=\pm\sqrt{2}$ 또는 $x=\pm2i$ (2) $x=-1\pm\sqrt{3}$ 또는 $x=1\pm\sqrt{3}$
03 ⑤ **04** ⑤ **05** ⑤ **06** 2 **07** ③ **08** ②
09 1 **10** ② **11** ① **12** 15 **13** ③ **14** ②
15 8 **16** 3 **17** $-5, -4, 4, 5$
18 $x=7, y=1, z=-2$ **19** 2 **20** ② **21** 4
22 ④ **23** $a\geq-\dfrac{1}{6}$ **24** 14 **25** ①
26 $(1, 3), (-2, 3)$ **27** ④ **28** ② **29** ⑤ **30** ②
31 $-3, 0$

01 ▶ 답 ③

▶고차방정식 풀이의 기본은 인수분해이다.
공식이나 인수정리를 이용하여 인수분해 한다.

$f(x)=x^4-x^3-x^2-x-2$라 하면
$f(-1)=0$이므로 $f(x)$는 $x+1$로 나누어떨어진다.

$$
\begin{array}{r|rrrrr}
-1 & 1 & -1 & -1 & -1 & -2 \\
 & & -1 & 2 & -1 & 2 \\
\hline
 & 1 & -2 & 1 & -2 & 0
\end{array}
$$

$\therefore f(x)=(x+1)(x^3-2x^2+x-2)$ ⋯ ❶
$\qquad =(x+1)\{x^2(x-2)+(x-2)\}$
$\qquad =(x+1)(x-2)(x^2+1)$

따라서 $f(x)=0$의 해는
$x=-1$ 또는 $x=2$ 또는 $x=\pm i$

Think More

❶에서 $g(x)=x^3-2x^2+x-2$라 하면 $g(2)=0$이므로
$g(x)$는 $x-2$로 나누어떨어진다.
$g(x)$를 $x-2$로 나눈 몫이 x^2+1이므로
$g(x)=(x-2)(x^2+1)$

02 ▶ 답 (1) $x=\pm\sqrt{2}$ 또는 $x=\pm2i$
(2) $x=-1\pm\sqrt{3}$ 또는 $x=1\pm\sqrt{3}$

▶$ax^4+bx^2+c=0$ 꼴이므로
$x^2=t$로 놓고 좌변을 인수분해 하거나
$(\quad)^2-(\quad)^2=0$ 꼴로 변형한다.

(1) $(x^2-2)(x^2+4)=0$에서 $x^2=2$ 또는 $x^2=-4$
$\qquad \therefore x=\pm\sqrt{2}$ 또는 $x=\pm2i$

(2) $x^4-4x^2+4-4x^2=0$, $(x^2-2)^2-(2x)^2=0$
$\qquad(x^2+2x-2)(x^2-2x-2)=0$
$\qquad x^2+2x-2=0$일 때 $x=-1\pm\sqrt{3}$
$\qquad x^2-2x-2=0$일 때 $x=1\pm\sqrt{3}$

03 ▶ 답 ⑤

▶$x^2-5x=t$로 놓고 전개하면 편하다.

$x^2-5x=t$라 하면
$\qquad t(t+13)+42=0$, $t^2+13t+42=0$
$\qquad \therefore t=-6$ 또는 $t=-7$

(ⅰ) $t=-6$일 때, $x^2-5x=-6$에서 $x^2-5x+6=0$
$\qquad \therefore x=2$ 또는 $x=3$

(ⅱ) $t=-7$일 때, $x^2-5x=-7$에서 $x^2-5x+7=0$
$\qquad D=5^2-4\times7<0$이므로 허근을 가진다.

(ⅰ), (ⅱ)에서 실근의 합은 5이다.

Think More

$x^2-5x+7=0$의 두 근의 합은 5이지만, 두 근이 실근은 아니다.

04 ▶ 답 ⑤

▶네 항의 곱을 전개할 때에는
공통부분이 나오게 두 항씩 묶어 전개하는 것이 기본이다.

$\{x(x-3)\}\{(x-1)(x-2)\}-24=0$에서
$\qquad(x^2-3x)(x^2-3x+2)-24=0$
$x^2-3x=t$라 하면
$\qquad t(t+2)-24=0$, $t^2+2t-24=0$
$\qquad \therefore t=-6$ 또는 $t=4$

(ⅰ) $t=-6$일 때, $x^2-3x=-6$에서 $x^2-3x+6=0$
$\qquad D=3^2-4\times6<0$이므로 허근을 가지고, 허근의 곱은 6이다.

(ⅱ) $t=4$일 때, $x^2-3x=4$에서 $x^2-3x-4=0$
$\qquad \therefore x=-1$ 또는 $x=4$

(ⅰ), (ⅱ)에서 허근의 곱은 6이다.

Think More

상수항이 -24이므로 모든 근의 곱은 -24이지만 허근만의 곱은 아니다.

05 ▶ 답 ⑤

▶계수가 좌우 대칭이다.
이런 방정식은 양변을 x^2으로 나누면
$x+\dfrac{1}{x}, x^2+\dfrac{1}{x^2}$을 이용할 수 있는 꼴로 정리할 수 있다.

$x^4-3x^3-2x^2-3x+1=0$에 $x=0$을 대입하면 성립하지 않으므로 $x\neq0$이다.
방정식의 양변을 x^2으로 나누면
$$x^2-3x-2-\frac{3}{x}+\frac{1}{x^2}=0, \left(x^2+\frac{1}{x^2}\right)-3\left(x+\frac{1}{x}\right)-2=0$$
$x^2+\dfrac{1}{x^2}=\left(x+\dfrac{1}{x}\right)^2-2$이므로
$\qquad t^2-2-3t-2=0$, $t^2-3t-4=0$ ⋯ ❶
따라서 t의 값의 곱은 -4이다.

❶에서 $t=-1$ 또는 $t=4$

(i) $t=-1$일 때, $x+\dfrac{1}{x}=-1$에서 $x^2+x+1=0$ $\quad\therefore x=\dfrac{-1\pm\sqrt{3}i}{2}$

(ii) $t=4$일 때, $x+\dfrac{1}{x}=4$에서 $x^2-4x+1=0$ $\quad\therefore x=2\pm\sqrt{3}$

06   답 2

▶삼차, 사차방정식은 인수분해부터!

$f(x)=x^3+x+2$라 하면
$f(-1)=0$이므로 $f(x)$는 $x+1$로 나누어떨어진다.

$$
\begin{array}{r|rrrr}
-1 & 1 & 0 & 1 & 2 \\
  &   & -1 & 1 & -2 \\
\hline
  & 1 & -1 & 2 & \,0 \\
\end{array}
$$

곧, 주어진 방정식은 $(x+1)(x^2-x+2)=0$
따라서 α는 $x^2-x+2=0$의 허근이고, $\overline{\alpha}$도 이 방정식의 근이다.
$$\alpha+\overline{\alpha}=1,\ \alpha\overline{\alpha}=2$$
이므로
$$\alpha^2\overline{\alpha}+\alpha\overline{\alpha}^2=\alpha\overline{\alpha}(\alpha+\overline{\alpha})=2$$

07   답 ③

▶계수가 유리수이므로 $-1-\sqrt{2}$도 근이다.
곧, 나머지 한 근을 α라 하면 주어진 방정식은
$$(x+1-\sqrt{2})(x+1+\sqrt{2})(x-\alpha)=0$$
임을 이용한다.

계수가 유리수이므로 $-1-\sqrt{2}$도 근이다.
주어진 방정식은 x^3의 계수가 1인 삼차방정식이므로 나머지 한 근을 α라 하면
$$x^3+ax^2+bx+1=(x+1-\sqrt{2})(x+1+\sqrt{2})(x-\alpha)$$
이때
$$(\text{우변})=(x^2+2x-1)(x-\alpha)$$
좌변과 상수항을 비교하면 $\alpha=1$이므로
$$(\text{우변})=(x^2+2x-1)(x-1)=x^3+x^2-3x+1$$
따라서 좌변과 계수를 비교하면
$$a=1,\ b=-3,\ a+b=-2$$

다른 풀이 1

▶계수가 유리수이므로 $-1+\sqrt{2}$를 대입하고
$(\ \ )+(\ \ )\sqrt{2}=0$ 꼴로 정리하면 풀 수 있다.

$-1+\sqrt{2}$가 근이므로 대입하면
$$(-1+\sqrt{2})^3+a(-1+\sqrt{2})^2+b(-1+\sqrt{2})+1=0$$
$$-1+3\sqrt{2}-6+2\sqrt{2}+a(3-2\sqrt{2})+b(-1+\sqrt{2})+1=0$$
$$3a-b-6+(-2a+b+5)\sqrt{2}=0$$
$a,\ b$가 유리수이므로
$$3a-b-6=0,\ -2a+b+5=0$$
연립하여 풀면 $a=1,\ b=-3$ $\quad\therefore a+b=-2$

다른 풀이 2

▶삼차방정식의 근과 계수의 관계를 이용한다.

$-1-\sqrt{2}$도 근이므로 나머지 한 근을 α라 하면
$$(-1+\sqrt{2})+(-1-\sqrt{2})+\alpha=-a \qquad\cdots❶$$
$$(-1+\sqrt{2})(-1-\sqrt{2})+(-1+\sqrt{2})\alpha+(-1-\sqrt{2})\alpha=b \qquad\cdots❷$$
$$(-1+\sqrt{2})(-1-\sqrt{2})\alpha=-1 \qquad\therefore \alpha=1$$
$\alpha=1$을 ❶, ❷에 대입하면 $a=1,\ b=-3$ $\quad\therefore a+b=-2$

08   답 ②

▶계수가 실수이므로 $1-i$도 근이다.
곧, 나머지 한 근을 α라 하면 주어진 방정식은
$$(x-1-i)(x-1+i)(x-\alpha)=0$$
임을 이용한다.

계수가 실수이므로 $1-i$도 근이다.
주어진 방정식은 x^3의 계수가 1인 삼차방정식이므로 나머지 한 근을 α라 하면
$$x^3+(k^3-2k)x^2+(2-2k)x+2k$$
$$=(x-1-i)(x-1+i)(x-\alpha)$$
이때 $(\text{우변})=(x^2-2x+2)(x-\alpha)$
좌변과 상수항을 비교하면 $\alpha=-k$이므로
$$(\text{우변})=(x^2-2x+2)(x+k)$$
$$=x^3+(k-2)x^2+(2-2k)x+2k$$
좌변과 x^2의 계수를 비교하면 $k^3-2k=k-2$에서
$$k^3-3k+2=0$$
$f(k)=k^3-3k+2$라 하면
$f(1)=0$이므로 $f(k)$는 $k-1$로 나누어떨어진다.

$$
\begin{array}{r|rrrr}
1 & 1 & 0 & -3 & 2 \\
  &   & 1 & 1 & -2 \\
\hline
  & 1 & 1 & -2 & \,0 \\
\end{array}
$$

$$\therefore f(k)=(k-1)(k^2+k-2)$$
곧, $(k-1)^2(k+2)=0$이므로
$$k=1(\text{중근}) \text{ 또는 } k=-2$$
따라서 k의 최댓값은 1이다.

다른 풀이

▶계수가 실수이므로 $1+i$를 대입하고
$(\ \ )+(\ \ )i=0$
꼴로 정리하면 풀 수 있다.

$1+i$가 근이므로 대입하면
$$(1+i)^3+(k^3-2k)(1+i)^2+(2-2k)(1+i)+2k=0$$
$$(2k^3-6k+4)i=0,\ k^3-3k+2=0$$
$$(k-1)^2(k+2)=0$$
$$\therefore k=1(\text{중근}) \text{ 또는 } k=-2$$

09 답 1

$x^3-x^2+2x-k=(x-\alpha)(x-\beta)(x-\gamma)$라 하면

(우변)$=x^3-(\alpha+\beta+\gamma)x^2+(\alpha\beta+\beta\gamma+\gamma\alpha)x-\alpha\beta\gamma$

좌변과 비교하면

$\alpha+\beta+\gamma=1, \alpha\beta+\beta\gamma+\gamma\alpha=2, \alpha\beta\gamma=k$

다음을 공식처럼 기억하고 이용해도 된다.

$ax^3+bx^2+cx+d=0$의 세 근을 α, β, γ라 하면

$\alpha+\beta+\gamma=-\dfrac{b}{a}, \alpha\beta+\beta\gamma+\gamma\alpha=\dfrac{c}{a}, \alpha\beta\gamma=-\dfrac{d}{a}$

근과 계수의 관계에서

$\alpha+\beta+\gamma=1, \alpha\beta+\beta\gamma+\gamma\alpha=2, \alpha\beta\gamma=k$

$(\alpha+\beta)(\beta+\gamma)(\gamma+\alpha)=\alpha\beta\gamma$에서

$(1-\gamma)(1-\alpha)(1-\beta)=k$

$1-(\alpha+\beta+\gamma)+(\alpha\beta+\beta\gamma+\gamma\alpha)-\alpha\beta\gamma=k$

$1-1+2-k=k \qquad \therefore k=1$

10 답 ②

1, 2, 100이 삼차방정식 $f(x)-x=0$의 세 근임을 이용한다.

1, 2, 100은 방정식 $f(x)-x=0$의 세 근이고,
$f(x)-x$는 x^3의 계수가 1인 삼차식이므로

$f(x)-x=(x-1)(x-2)(x-100)$

으로 놓을 수 있다.

$\therefore f(x)=(x-1)(x-2)(x-100)+x$
$\qquad =(x^2-3x+2)(x-100)+x$
$\qquad =x^3-103x^2+303x-200$

따라서 근과 계수의 관계에서

$a=103, b=200 \qquad \therefore a+b=303$

 Think More

세 근의 합과 곱을 구하므로 $f(x)$에서 x의 계수는 구하지 않아도 된다.

11 답 ①

$x^3-1=(x-1)(x^2+x+1)=0$이므로

$\omega^3-1=0, \omega^2+\omega+1=0$

$x^3-1=0$에서 $(x-1)(x^2+x+1)=0$이고
ω는 허근이므로 $x^2+x+1=0$의 근이다.

$\therefore \omega^2+\omega+1=0$

$(2+\omega)(1+\omega)=a+b\omega$에서

(좌변)$=2+3\omega+\omega^2=2+3\omega+(-\omega-1)=1+2\omega$

ω가 실수가 아닌 허수이므로 a, b가 실수일 때
$a+b\omega=0$이면 $a=0$이고 $b=0$

a, b가 실수, ω는 허수이므로 우변과 비교하면

$a=1, b=2 \qquad \therefore a+b=3$

12 답 15

$x^3+1=(x+1)(x^2-x+1)=0$이므로

$\omega^3+1=0, \omega^2-\omega+1=0$

ω가 $x^3+1=0$의 근이므로 $\omega^3=-1$

또 $x^3+1=0$에서 $(x+1)(x^2-x+1)=0$이고 ω는 허근이므로
$x^2-x+1=0$의 근이다.

$\therefore \omega^2-\omega+1=0$

이때 $\omega^{3n}=(\omega^3)^n=(-1)^n$,
$(\omega-1)^{2n}=(\omega^2)^{2n}=(\omega^4)^n=(-\omega)^n$

이므로

$\omega^{3n}\times(\omega-1)^{2n}=(-1)^n\times(-\omega)^n=\omega^n$

ω^n이 양의 실수인 경우는 $\omega^6=\omega^{12}=\omega^{18}=\cdots=1$일 때이다.

n은 두 자리 자연수이므로 12, 18, 24, ..., 96이고, 15개이다.

13 답 ③

$x^2-x+1=0$의 근은 $\omega, \overline{\omega}$이고, $\omega^2-\omega+1=0$이다.

$x^2-x+1=0$의 한 허근이 ω이므로 $\omega^2-\omega+1=0$

양변에 $\omega+1$을 곱하면

$(\omega+1)(\omega^2-\omega+1)=0 \qquad \therefore \omega^3+1=0$

ㄱ. $\omega^3+1=0$에서 $\omega^3=-1$ (참)

ㄴ. $\omega+\overline{\omega}=1, \omega\overline{\omega}=1$이므로

$\omega^2+\overline{\omega}^2=(\omega+\overline{\omega})^2-2\omega\overline{\omega}=-1$ (거짓)

ㄷ. $\omega+\dfrac{1}{\omega}, \omega^2+\dfrac{1}{\omega^2}, \omega^3+\dfrac{1}{\omega^3}, \ldots$을 차례로 계산하고
　규칙을 찾아 간단히 한다.

$\omega^2-\omega+1=0$에서 양변을 ω로 나누면

$\omega-1+\dfrac{1}{\omega}=0 \qquad \therefore \omega+\dfrac{1}{\omega}=1$

$\omega^2+\dfrac{1}{\omega^2}=\left(\omega+\dfrac{1}{\omega}\right)^2-2=-1$

$\omega^3=-1$이므로

$\omega^3+\dfrac{1}{\omega^3}=-1+\dfrac{1}{-1}=-2$

$\omega^4+\dfrac{1}{\omega^4}=-\left(\omega+\dfrac{1}{\omega}\right)=-1$

$\omega^5+\dfrac{1}{\omega^5}=-\left(\omega^2+\dfrac{1}{\omega^2}\right)=1$

$\omega^6=1$이므로

$\omega^6+\dfrac{1}{\omega^6}=1+1=2$

$\omega^7+\dfrac{1}{\omega^7}=\omega+\dfrac{1}{\omega}=1$

$\vdots$

$\therefore \left(\omega+\dfrac{1}{\omega}\right)+\left(\omega^2+\dfrac{1}{\omega^2}\right)+\cdots+\left(\omega^{10}+\dfrac{1}{\omega^{10}}\right)$
$\qquad =1+(-1)+(-2)+(-1)+1+2$
$\qquad\quad +1+(-1)+(-2)+(-1)$
$\qquad =-3$ (참)

따라서 옳은 것은 ㄱ, ㄷ이다.

다른 풀이

ㄷ. $\omega + \omega^2 + \cdots + \omega^{10}$과

$\dfrac{1}{\omega} + \dfrac{1}{\omega^2} + \cdots + \dfrac{1}{\omega^{10}} = \dfrac{\omega^9 + \omega^8 + \cdots + \omega + 1}{\omega^{10}}$ 을

따로 계산한다.

$\omega^3 = -1$, $\omega^6 = 1$이므로

$\omega + \omega^2 + \omega^3 + \omega^4 + \omega^5 + \omega^6 = \omega + \omega^2 - 1 - \omega - \omega^2 + 1$
$\qquad\qquad\qquad\qquad\qquad = 0$

$\omega + \omega^2 + \cdots + \omega^{10} = \omega^7 + \omega^8 + \omega^9 + \omega^{10}$
$\qquad\qquad\qquad\quad = \omega + \omega^2 - 1 - \omega = \omega^2 - 1$

$\dfrac{1}{\omega} + \dfrac{1}{\omega^2} + \cdots + \dfrac{1}{\omega^{10}} = \dfrac{\omega^9 + \omega^8 + \cdots + \omega + 1}{\omega^{10}}$

$\qquad\qquad\qquad\qquad\quad = \dfrac{\omega^9 + \omega^8 + \omega^7 + 1}{\omega^{10}}$

$\qquad\qquad\qquad\qquad\quad = \dfrac{-1 + \omega^2 + \omega + 1}{-\omega} = -\omega - 1$

$\therefore \left(\omega + \dfrac{1}{\omega}\right) + \left(\omega^2 + \dfrac{1}{\omega^2}\right) + \cdots + \left(\omega^{10} + \dfrac{1}{\omega^{10}}\right)$

$\quad = \omega^2 - 1 - \omega - 1 = \omega^2 - \omega - 2$

$\quad = -1 - 2 = -3$ (참)

14 .... 답 ②

▶ 인수분해 할 수 있는지부터 확인한다.
삼차 이상의 방정식을 푸는 기본은 인수분해이다.

$x^4 + x^3 + x + 1 = 0$에서 $x^3(x+1) + (x+1) = 0$
$(x^3 + 1)(x+1) = 0$, $(x^2 - x + 1)(x+1)^2 = 0$

ω는 $x^2 - x + 1 = 0$의 허근이므로 $\omega^2 - \omega + 1 = 0$
양변에 $\omega + 1$을 곱하면 $\omega^3 + 1 = 0$

ㄱ. $\omega^2 = \omega - 1$ (참)

ㄴ. $\omega^2 - \omega + 1 = 0$의 양변을 ω로 나누면 $\omega + \dfrac{1}{\omega} = 1$

$\qquad \therefore \omega^2 + \dfrac{1}{\omega^2} = \left(\omega + \dfrac{1}{\omega}\right)^2 - 2 = -1$ (참)

ㄷ. $\omega^3 = -1$이므로

$\quad 1 + \omega + \omega^2 + \omega^3 + \omega^4 + \omega^5 = 1 + \omega + \omega^2 - 1 - \omega - \omega^2 = 0$

$\quad \omega^6 + \omega^7 + \cdots + \omega^{11} = \omega^6(1 + \omega + \cdots + \omega^5) = 0$

$\qquad\qquad\qquad \vdots$

$\quad \therefore 1 + \omega + \omega^2 + \omega^3 + \cdots + \omega^{99} = \omega^{96} + \omega^{97} + \omega^{98} + \omega^{99}$

$\qquad\qquad\qquad\qquad\qquad\qquad\quad = 1 + \omega + \omega^2 - 1$

$\qquad\qquad\qquad\qquad\qquad\qquad\quad = \omega + (\omega - 1)$

$\qquad\qquad\qquad\qquad\qquad\qquad\quad = 2\omega - 1$ (거짓)

따라서 옳은 것은 ㄱ, ㄴ이다.

15 .... 답 8

▶ $f(x) = x^3 + (2+a)x^2 + ax - a^2$이라 하고
인수정리를 이용해서 인수분해 할 수 있는지 확인한다.
이때 대입할 수 있는 x의 값은 a^2의 약수 꼴이므로
$\qquad \pm 1$, $\pm a$, $\pm a^2$
이다.

$f(x) = x^3 + (2+a)x^2 + ax - a^2$이라 하면
$f(-a) = 0$이므로 $f(x)$는 $x + a$로 나누어떨어진다.

$$
\begin{array}{r|rrrr}
-a & 1 & 2+a & a & -a^2 \\
   &   & -a & -2a & a^2 \\
\hline
   & 1 & 2 & -a & 0 \\
\end{array}
$$

주어진 방정식은 $(x+a)(x^2 + 2x - a) = 0$

▶ 서로 다른 세 실근을 가지므로
$x^2 + 2x - a = 0$이 서로 다른 두 실근을 가지고,
이 근이 $x + a = 0$의 해가 아니어야 한다.

따라서 서로 다른 세 실근을 가지면 $x^2 + 2x - a = 0$은
$x = -a$가 아닌 서로 다른 두 실근을 가진다.

(i) $\dfrac{D}{4} = 1 + a > 0$ $\qquad \therefore a > -1$

(ii) $a^2 - 2a - a \neq 0$이므로 $a(a-3) \neq 0$ $\qquad \therefore a \neq 0$이고 $a \neq 3$

(i), (ii)에서 a는 10보다 작은 정수이므로
1, 2, 4, 5, 6, 7, 8, 9이고, 8개이다.

16 .... 답 3

▶ 방정식을 인수분해 한 다음,
삼중근을 갖거나 실근 하나와 허근 두 개를 가지는 경우를 조사한다.

$f(x) = x^3 + x^2 + (k^2 - 5)x - k^2 + 3$이라 하면
$f(1) = 0$이므로 $f(x)$는 $x - 1$로 나누어떨어진다.

$$
\begin{array}{r|rrrr}
1 & 1 & 1 & k^2-5 & -k^2+3 \\
  &   & 1 & 2 & k^2-3 \\
\hline
  & 1 & 2 & k^2-3 & 0 \\
\end{array}
$$

주어진 방정식은 $(x-1)(x^2 + 2x + k^2 - 3) = 0$
곧, 서로 다른 실근의 개수가 1이면 $x^2 + 2x + k^2 - 3 = 0$이
$x = 1$을 중근으로 갖거나 허근 두 개를 가진다.

(i) $x = 1$이 중근일 때
$\qquad x^2 + 2x + k^2 - 3 = (x-1)^2$
우변을 전개하면 $x^2 - 2x + 1$이므로 성립하지 않는다.

(ii) 허근 두 개를 가질 때
$\qquad \dfrac{D}{4} = 1 - (k^2 - 3) = -k^2 + 4 < 0$, $k^2 > 4$ $\qquad \cdots$ ❶

k는 자연수이므로 3, 4, 5, ...

(i), (ii)에서 자연수 k의 최솟값은 3이다.

Think More

k가 실수이면 부등식 ❶의 해는 $k < -2$ 또는 $k > 2$이다.

17

▶사차방정식은 인수분해부터 생각한다.

$f(x)=x^4-ax^3+3x^2+ax-4$라 하면 $f(1)=0, f(-1)=0$이
므로 $f(x)$는 $x-1$과 $x+1$로 나누어떨어진다.

$$
\begin{array}{r|rrrrr}
1 & 1 & -a & 3 & a & -4 \\
  &   & 1 & -a+1 & -a+4 & 4 \\
\hline
-1 & 1 & -a+1 & -a+4 & 4 & 0 \\
  &   & -1 & a & -4 & \\
\hline
  & 1 & -a & 4 & 0 & \\
\end{array}
$$

$\therefore f(x)=(x-1)(x+1)(x^2-ax+4)$

$g(x)=x^2-ax+4$라 하면

방정식 $f(x)=0$이 서로 다른 세 실근을 가지면

이차방정식 $g(x)=0$이 중근을 갖거나,

$g(x)=0$의 두 근 중 하나가 $x=1$ 또는 $x=-1$일 때이다.

(i) $g(x)=0$이 중근을 가질 때

$D=a^2-16=0 \qquad \therefore a=\pm 4$

$g(x)=0$의 중근은 $x=2$ 또는 $x=-2$이므로

$f(x)=0$은 서로 다른 세 실근을 가진다.

(ii) $g(x)=0$이 $x=1$을 해로 가질 때

$g(1)=1-a+4=0 \qquad \therefore a=5$

이때 $g(x)=x^2-5x+4=(x-1)(x-4)$이므로

$f(x)=0$은 서로 다른 세 실근을 가진다.

(iii) $g(x)=0$이 $x=-1$을 해로 가질 때

$g(-1)=1+a+4=0 \qquad \therefore a=-5$

이때 $g(x)=x^2+5x+4=(x+1)(x+4)$이므로

$f(x)=0$은 서로 다른 세 실근을 가진다.

(i), (ii), (iii)에서 가능한 a의 값은 $-5, -4, 4, 5$이다.

18

▶연립방정식 ⇨ 미지수를 하나씩 줄인다.

주어진 식에서

$x-y=6 \qquad \cdots ❶$

$y-z=3 \qquad \cdots ❷$

$z+x=5 \qquad \cdots ❸$

❶+❷를 하면 $x-z=9 \qquad \cdots ❹$

❸+❹를 하면 $2x=14 \qquad \therefore x=7$

❶에 대입하면 $y=1$

❷에 대입하면 $z=-2$

19

▶한 문자를 소거할 때

$0=a \, (a\neq 0)$ 꼴 ⇨ 해가 없다.

$0=0$ 꼴 ⇨ 해가 무수히 많다.

$ax+2y=4 \qquad \cdots ❶$

$x+(a-1)y=a \qquad \cdots ❷$

❶$-$❷$\times a$를 하면 $(2+a-a^2)y=4-a^2$

$(a+1)(a-2)y=(a+2)(a-2)$

$a=-1$이면 $0\times y=-3$이므로 해가 없다.

$a=2$이면 $0\times y=0$이므로 해가 무수히 많다.

$\therefore a=2$

Think More

y를 소거해도 결과는 같다.

한편, 해가 무수히 많은 경우는 $\dfrac{a}{1}=\dfrac{2}{a-1}=\dfrac{4}{a}$일 때이다.

20

▶꼭짓점 위치에 있는 수를 a, b, c라 하고 방정식을 세운다.

꼭짓점 위치에 있는 수를 각각
a, b, c라 하면

$a+b=26 \qquad \cdots ❶$

$b+c=18 \qquad \cdots ❷$

$c+a=30 \qquad \cdots ❸$

❶+❷+❸을 하면 $2(a+b+c)=74$

$\therefore a+b+c=37 \qquad \cdots ❹$

❶과 ❹에서 $c=11$

❷와 ❹에서 $a=19$

❸과 ❹에서 $b=7$

따라서 가장 큰 수는 19이다.

Think More

❶$-$❷에서 b를 소거한 다음, ❸과 연립하여 풀어도 된다.

21

▶일차방정식과 이차방정식을 연립하여 풀어야 한다.

일차방정식 $x-y+1=0$을 이용하여 x나 y를 소거한다.

$\begin{cases} x-y+1=0 & \cdots ❶ \\ x^2+3x-y-1=0 & \cdots ❷ \end{cases}$

❶에서 $y=x+1$을 ❷에 대입하면

$x^2+3x-(x+1)-1=0$

$x^2+2x-2=0 \qquad \therefore x=-1\pm\sqrt{3}$

이때 $y=x+1=\pm\sqrt{3}$

$x=-1+\sqrt{3}$, $y=\sqrt{3}$일 때
$$\alpha^2+2\beta=(-1+\sqrt{3})^2+2\sqrt{3}=4$$
$x=-1-\sqrt{3}$, $y=-\sqrt{3}$일 때
$$\alpha^2+2\beta=(-1-\sqrt{3})^2-2\sqrt{3}=4$$

Think More

$x-y+1=0$에서 $\beta=\alpha+1$이므로
$$\alpha^2+2\beta=\alpha^2+2(\alpha+1)=\alpha^2+2\alpha+2=2+2=4$$

22 · 답 ④

▶ 이차방정식과 이차방정식을 연립하여 풀어야 한다.
인수분해가 가능한 이차방정식이 있는지 찾는다.

$$\begin{cases} x^2-4xy+3y^2=0 & \cdots ❶ \\ 2x^2+xy+3y^2=24 & \cdots ❷ \end{cases}$$

❶에서
$$(x-y)(x-3y)=0 \qquad \therefore x=y \text{ 또는 } x=3y$$

(i) $x=y$를 ❷에 대입하면 $6y^2=24$
$$\therefore y=2,\ x=2 \text{ 또는 } y=-2,\ x=-2$$

(ii) $x=3y$를 ❷에 대입하면 $24y^2=24$
$$\therefore y=1,\ x=3 \text{ 또는 } y=-1,\ x=-3$$

(i), (ii)에서 $\alpha_i\beta_i=3$ 또는 $\alpha_i\beta_i=4$이므로 최댓값은 4이다.

23 · 답 $a\geq-\dfrac{1}{6}$

▶ $x+y=p$, $xy=q$이면 x, y는 t에 대한 이차방정식
$t^2-pt+q=0$의 해이다.

x, y는 t에 대한 이차방정식 $t^2-2(a+2)t+a^2-2a+3=0$의 해이다.
따라서 x, y가 실수이면 이 방정식은 실근을 가진다.

$$\frac{D}{4}=(a+2)^2-(a^2-2a+3)\geq0$$
$$a^2+4a+4-a^2+2a-3\geq0$$
$$\therefore a\geq-\frac{1}{6}$$

다른 풀이

$x+y=2(a+2)$에서 $y=2a+4-x$
$xy=a^2-2a+3$에 대입하면 $x(2a+4-x)=a^2-2a+3$
$$\therefore x^2-2(a+2)x+a^2-2a+3=0$$
이 방정식의 해가 실수이므로
$$\frac{D}{4}=(a+2)^2-(a^2-2a+3)\geq0$$
$$a^2+4a+4-a^2+2a-3\geq0$$
$$\therefore a\geq-\frac{1}{6}$$

24 · 답 14

▶ $x+y$와 xy를 구하는 문제이다.

$x+y=u$, $xy=v$라 하면 방정식은
$$u+v=1,\ u^2-v=5$$
변변 더하면
$$u^2+u=6,\ (u+3)(u-2)=0$$
$$\therefore u=-3 \text{ 또는 } u=2$$

(i) $u=-3$일 때, $v=4$이므로
$$x+y=-3,\ xy=4$$
x, y는 방정식 $t^2+3t+4=0$의 근이고,
$D<0$이므로 실수가 아니다.

(ii) $u=2$일 때, $v=-1$이므로
$$x+y=2,\ xy=-1$$
x, y는 방정식 $t^2-2t-1=0$의 근이고,
$D>0$이므로 실수이다.

(i), (ii)에서 $\alpha+\beta=2$, $\alpha\beta=-1$이므로
$$\alpha^3+\beta^3=(\alpha+\beta)^3-3\alpha\beta(\alpha+\beta)$$
$$=8-3\times(-1)\times2=14$$

25 · 답 ①

▶ $2x+y=k$이므로 x나 y의 값이 정해지면 나머지 값도 하나로 정해진다.
따라서 $2x+y=k$를 이용하여 한 문자를 소거한 다음
방정식의 해가 1개일 조건을 찾는다.

$y=k-2x$를 $x^2+xy+y^2=1$에 대입하면
$$x^2+x(k-2x)+(k-2x)^2=1$$
$$3x^2-3kx+k^2-1=0$$
이 방정식의 해가 1개이면 연립방정식의 해가 한 쌍이다.
곧, 중근을 가지므로
$$D=(-3k)^2-12(k^2-1)=0$$
$$-3k^2+12=0 \qquad \therefore k=\pm2$$
따라서 실수 k의 값의 곱은 -4이다.

26 · 답 $(1, 3)$, $(-2, 3)$

▶ 공통인 근이 두 개이므로 이차방정식의 해가 모두 삼차방정식의 해이다.
이차식을 인수분해 할 수 있으면, 해를 구한 다음 삼차방정식의 해가 될 조건을 찾는다.
인수분해 할 수 없으면, 삼차식이 이차식으로 나누어떨어진다는 것을 이용한다.

$x^2+(a-3)x-3a=0$에서
$$(x+a)(x-3)=0 \qquad \therefore x=-a \text{ 또는 } x=3$$

$x^3-(b+1)x^2+(b-2)x+2b=0$에서

$f(x)=x^3-(b+1)x^2+(b-2)x+2b$라 하면

$f(-1)=0$이므로

$$f(x)=(x+1)\{x^2-(b+2)x+2b\}$$
$$=(x+1)(x-2)(x-b)$$

따라서 $f(x)=0$의 해는 $x=-1$ 또는 $x=2$ 또는 $x=b$

공통인 근이 2개이면 $b=3$이고 $-a=-1$ 또는 $-a=2$이다.

$$\therefore (a, b)=(1, 3), (-2, 3)$$

27   답 ④

�\ 공통인 근을 α라 하면

$$\alpha^2-4\alpha+a=0, \alpha^2+a\alpha-4=0$$

두 식에서 α^2을 소거하면 a나 α의 값을 구할 수 있다.
이와 같이 공통인 근이 있으면 α로 놓고
α를 대입한 다음 연립방정식을 풀면 된다.

공통인 근을 α라 하면

$$\alpha^2-4\alpha+a=0 \quad \cdots ❶$$
$$\alpha^2+a\alpha-4=0 \quad \cdots ❷$$

❶$-$❷를 하면

$$(-4-a)\alpha+a+4=0, (a+4)(\alpha-1)=0$$
$$\therefore a=-4 \text{ 또는 } \alpha=1$$

(i) $a=-4$이면 두 방정식은 모두 $x^2-4x-4=0$이고,
    공통인 근은 2개이다.

(ii) $\alpha=1$일 때 ❶에 대입하면 $a=3$
    이때 방정식 $x^2-4x+3=0$의 해는 $x=1$ 또는 $x=3$
          방정식 $x^2+3x-4=0$의 해는 $x=1$ 또는 $x=-4$
    따라서 공통인 근은 1개이다.

(i), (ii)에서 a의 값은 3이다.

28   답 ②

▸ 곱해서 6이 되는 두 수는 무수히 많지만
정수나 자연수 조건이 있으면 몇 개로 추릴 수 있다.

곱해서 6인 두 정수의 쌍은 1과 6, -1과 -6, 2와 3, -2와 -3
이다.
그리고 $x-2$는 -2보다 큰 정수, $y+1$은 1보다 큰 정수이므로

$$x-2=1, y+1=6 \text{ 또는 } x-2=2, y+1=3$$
$$\text{ 또는 } x-2=3, y+1=2$$
$$\therefore x=3, y=5 \text{ 또는 } x=4, y=2 \text{ 또는 } x=5, y=1$$

따라서 $\alpha\beta$의 최댓값은 $\alpha=3$, $\beta=5$일 때 15이다.

29   답 ⑤

▸ 자연수, 정수에 대한 문제이다.
    (   )$\times$(   )=(정수)
꼴로 정리하고 가능한 쌍을 모두 찾는다.

주어진 식의 양변에 $11ab$를 곱하면 $11b+11a=2ab$

$$a(2b-11)-11b=0 \quad \cdots ❶$$
$$2a(2b-11)-22b=0$$
$$2a(2b-11)-11(2b-11)=11^2$$
$$(2a-11)(2b-11)=11^2$$

a, b가 자연수이므로 $2a-11, 2b-11$은 -11보다 큰 정수이다.

$$\therefore \begin{cases} 2a-11=1 \\ 2b-11=11^2 \end{cases}, \begin{cases} 2a-11=11^2 \\ 2b-11=1 \end{cases}, \begin{cases} 2a-11=11 \\ 2b-11=11 \end{cases}$$

a, b는 서로 다르므로 $a=6, b=66$ 또는 $a=66, b=6$

$$\therefore a+b=72$$

Think More

❶에서 $2b-11$로 묶어야 하므로

$$a(2b-11)-\frac{11}{2}(2b-11)=\frac{11^2}{2}, \left(a-\frac{11}{2}\right)(2b-11)=\frac{11^2}{2}$$
$$\therefore (2a-11)(2b-11)=11^2$$

30   답 ②

▸ x, y가 실수이고 조건식이 이차식이므로
    (   )^2+(   )^2=0
꼴로 정리할 수 있는지 확인한다.

$$x^2-4x+4+9x^2-6xy+y^2=0$$
$$(x-2)^2+(3x-y)^2=0$$

x, y는 실수이므로 $x-2=0, 3x-y=0$

$$\therefore x=2, y=6, x+y=8$$

31   답 $-3, 0$

▸ 자연수, 정수에 대한 문제이다. 어떤 자연수를 n이라 하고
    (   )$\times$(   )=(정수)
꼴로 정리할 수 있는지 확인한다.

$4x^2+12x+4$가 어떤 자연수 n의 제곱이라 하면

$$4x^2+12x+4=n^2, 4x^2+12x+9-n^2=5$$
$$(2x+3)^2-n^2=5$$
$$\therefore (2x+3+n)(2x+3-n)=5$$

▸ 곱해서 5가 되는 정수를 찾는다.
이때 n은 자연수이므로 $2x+3+n$이 $2x+3-n$보다 크다.

$2x+3+n, 2x+3-n$은 정수이고,
$2x+3+n>2x+3-n$이므로 가능한 쌍은

$$(-1, -5) \text{ 또는 } (5, 1)$$

(i) $2x+3+n=-1$, $2x+3-n=-5$일 때

두 식을 연립하여 풀면

$x=-3$, $n=2$

(ii) $2x+3+n=5$, $2x+3-n=1$일 때

두 식을 연립하여 풀면

$x=0$, $n=2$

(i), (ii)에서 $x=-3$ 또는 $x=0$

t가 양수이면 x는 서로 다른 두 실수이고

t가 음수이면 x는 서로 다른 두 허수이므로

❶이 양근 하나와 음근 하나를 가진다.

곧, ❶의 두 근의 곱이 음수이므로 $3k+4<0$ $\therefore k<-\dfrac{4}{3}$

따라서 정수 k의 최댓값은 -2이다.

Think More

$ax^2+bx+c=0$에서 $\dfrac{c}{a}<0$이면 $D=b^2-4ac>0$이므로

이 문제에서는 $D>0$을 풀지 않아도 된다.

🅱 **STEP** 1등급 도전 문제   69~72쪽

01 ④	**02** ①	**03** $-\dfrac{4}{3}$	**04** ④	**05** 4
06 3, 6, 6	**07** ②	**08** ④	**09** ⑤	**10** 18	**11** ③
12 ⑤	**13** ⑤	**14** $a=-2$, $b=9$	**15** ③	**16** ②
17 6	**18** $k\leq4$	**19** ②	**20** $a=-\dfrac{5}{8}$, $b=-\dfrac{3}{8}$	**21** ⑤
22 1	**23** ②	**24** ①		

---

01   답 ④

▶ 바로 전개하면 인수분해 하기가 쉽지 않다.

x^2-5x+6, $x^2-9x+20$을 각각 인수분해 한 다음

공통부분이 나오도록 묶는다.

$(x^2-5x+6)(x^2-9x+20)=35$에서

    $(x-2)(x-3)(x-4)(x-5)=35$

    $\{(x-2)(x-5)\}\{(x-3)(x-4)\}=35$

    $(x^2-7x+10)(x^2-7x+12)-35=0$

$x^2-7x=t$라 하면

    $(t+10)(t+12)-35=0$, $t^2+22t+85=0$

    $\therefore t=-5$ 또는 $t=-17$

(i) $t=-5$일 때,

    $x^2-7x=-5$에서 $x^2-7x+5=0$

    $D_1=49-4\times5>0$이므로 실근을 가진다.

(ii) $t=-17$일 때,

    $x^2-7x=-17$에서 $x^2-7x+17=0$

    $D_2=49-4\times17<0$이므로 허근을 가진다.

(i), (ii)에서 $\omega^2-7\omega=-17$

---

02   답 ①

▶ $x^2=t$라 하면 t에 대한 이차방정식이다.

이 방정식의 근이 어떤 꼴인지 생각한다.

$x^2=t$라 하면 주어진 방정식은

    $t^2+2kt+3k+4=0$ ⋯ ❶

---

03   답 $-\dfrac{4}{3}$

▶ 식을 정리한 다음 인수분해가 가능한지부터 확인한다.

$(x^2+a)(2x+a^2+1)=(x^2+2a+1)(x+a^2)$에서

$2x^3+a^2x^2+x^2+2ax+a^3+a=x^3+2ax+x+a^2x^2+2a^3+a^2$

    $\therefore x^3+x^2-x-a^3-a^2+a=0$

$f(x)=x^3+x^2-x-a^3-a^2+a$라 하면

$f(a)=0$이므로 $f(x)$는 $x-a$로 나누어떨어진다.

a	1	1	-1	$-a^3-a^2+a$
		a	a^2+a	a^3+a^2-a
	1	$a+1$	a^2+a-1	0

따라서 주어진 방정식은

    $(x-a)\{x^2+(a+1)x+a^2+a-1\}=0$ ⋯ ㉮

중근을 가지므로 $g(x)=x^2+(a+1)x+a^2+a-1$이라 할 때,

$g(a)=0$이거나 $D=0$이다.

(i) $g(a)=0$일 때

    $g(a)=a^2+a^2+a+a^2+a-1=0$

    $3a^2+2a-1=0$, $(a+1)(3a-1)=0$

    $\therefore a=-1$ 또는 $a=\dfrac{1}{3}$ ⋯ ㉯

(ii) $D=0$일 때

    $D=(a+1)^2-4a^2-4a+4=0$

    $3a^2+2a-5=0$, $(3a+5)(a-1)=0$

    $\therefore a=-\dfrac{5}{3}$ 또는 $a=1$ ⋯ ㉰

(i), (ii)에서 실수 a의 값의 합은 $-\dfrac{4}{3}$ ⋯ ㉱

단계	채점 기준	배점
㉮	주어진 식을 정리한 후 인수분해 하여 $(x-a)\{x^2+(a+1)x+a^2+a-1\}=0$으로 나타내기	50%
㉯	$g(x)=x^2+(a+1)x+a^2+a-1$이라 하고 $g(a)=0$일 때 a의 값 모두 구하기	20%
㉰	$g(x)=0$의 판별식 D가 0일 때 a의 값 모두 구하기	20%
㉱	a의 값의 합 구하기	10%

04 ····· <답> ④

인수분해 할 수 없으므로 근과 계수의 관계를 이용해야 한다.
$$\alpha+\beta=a+2,\ \alpha\beta=5a-9$$
에서 a를 소거하고 α와 β가 자연수임을 이용한다.

두 근을 α, β라 하면
$$\alpha+\beta=a+2 \quad \cdots ❶$$
$$\alpha\beta=5a-9 \quad \cdots ❷$$
❶에서
$$a=\alpha+\beta-2 \quad \cdots ❸$$
❸을 ❷에 대입하면
$$\alpha\beta=5(\alpha+\beta-2)-9$$
$$\alpha\beta-5\alpha-5\beta=-19$$
$$\alpha(\beta-5)-5(\beta-5)=-19+25$$
$$(\alpha-5)(\beta-5)=6$$
α, β가 자연수이므로 $\alpha-5$, $\beta-5$는 모두 -5보다 큰 정수이다.

$\alpha-5$	-3	-2	1	2	3	6
$\beta-5$	-2	-3	6	3	2	1

∴	α	2	3	6	7	8	11
	β	3	2	11	8	7	6

❸에서 $\alpha+\beta$가 최대일 때 a가 최대이다. 곧,
$$\alpha=6,\ \beta=11\ 또는\ \alpha=11,\ \beta=6$$
일 때 a의 최댓값은 15이다.

05 ····· <답> 4

주어진 식을 전개한 다음 삼차방정식의 근과 계수의 관계를 이용하기가 쉽지 않다.
삼차방정식의 좌변을 인수분해 할 수 있는지부터 확인한다.

주어진 삼차방정식의 좌변을 인수분해 하면
$$(x-1)(x^2-3x+1)=0$$
따라서 $\alpha=1$이라 하고 β, γ는 $x^2-3x+1=0$의 두 근이라 해도 된다.
$\beta\gamma=1$이고 $\beta^2-3\beta+1=0$, $\gamma^2-3\gamma+1=0$이므로
$$(\alpha^2-\alpha+1)(\beta^2-\beta+1)(\gamma^2-\gamma+1) \quad \cdots ❶$$
$$=1\times(3\beta-\beta)\times(3\gamma-\gamma)$$
$$=4\beta\gamma=4$$

Think More
❶에서 $(\beta^2-\beta+1)(\gamma^2-\gamma+1)$을 전개한 다음 근과 계수의 관계를 이용해도 된다.

06 ····· <답> 3, 6, 6

이등변삼각형이므로 중근을 가진다.
우선 인수분해 할 수 있는지 확인한다.

$f(x)=x^3-15x^2+(36+a)x-3a$라 하면
$f(3)=0$이므로 $f(x)$는 $x-3$으로 나누어떨어진다.

```
3 | 1   -15    36+a    -3a
  |        3    -36     3a
  --------------------------
    1   -12     a       0
```

곧, 주어진 방정식은
$$(x-3)(x^2-12x+a)=0$$
세 근이 이등변삼각형의 세 변의 길이이므로 중근을 가진다.

(i) $x^2-12x+a=0$이 중근을 가질 때
$$\frac{D}{4}=(-6)^2-a=0 \qquad \therefore a=36$$
이때 $(x-3)(x-6)^2=0$이므로 삼각형의 세 변의 길이는 3, 6, 6이다.

(ii) $x^2-12x+a=0$이 $x=3$을 근으로 가질 때
$$9-36+a=0 \qquad \therefore a=27$$
이때
$$(x-3)(x^2-12x+27)=0,\ 곧\ (x-3)^2(x-9)=0$$
그런데 3, 3, 9는 삼각형의 세 변의 길이가 아니다.

(i), (ii)에서 이등변삼각형의 세 변의 길이는 3, 6, 6이다.

다른 풀이
삼차방정식의 근과 계수의 관계를 이용하여 풀 수도 있다.

이등변삼각형의 세 변의 길이를 α, α, β라 하면
근과 계수의 관계에서
$$2\alpha+\beta=15 \quad \cdots ❶$$
$$\alpha^2+\alpha\beta+\alpha\beta=36+a \quad \cdots ❷$$
$$\alpha^2\beta=3a \quad \cdots ❸$$

문자가 α, β, a의 3개이고, 식도 3개이므로 복잡하지만 직접 대입하면 풀 수 있다.

❷에서 $a=\alpha^2+2\alpha\beta-36$이므로 ❸에 대입하면
$$\alpha^2\beta=3(\alpha^2+2\alpha\beta-36)$$
$$3\alpha^2+6\alpha\beta-\alpha^2\beta-108=0 \quad \cdots ❹$$
❶에서 $\beta=-2\alpha+15$이므로 ❹에 대입하면
$$3\alpha^2+6\alpha(-2\alpha+15)-\alpha^2(-2\alpha+15)-108=0$$
$$2\alpha^3-24\alpha^2+90\alpha-108=0$$
$$\therefore 2(\alpha-6)(\alpha-3)^2=0$$
(i) $\alpha=3$일 때 $\beta=9$
그런데 3, 3, 9는 삼각형의 세 변의 길이가 아니다.
(ii) $\alpha=6$일 때 $\beta=3$
이등변삼각형의 세 변의 길이는 6, 6, 3이다.

07 ·· 답 ②

▶ 계수가 실수이므로 α가 해이면 $\bar{\alpha}$도 해이다.

두 허근 α, α^2은 서로 켤레복소수이므로 $\alpha^2=\bar{\alpha}$
$\alpha=a+bi$ (a, b는 실수, $b\neq0$)라 하면
$$(a+bi)^2=a-bi, \ a^2-b^2+2abi=a-bi$$
$$\therefore a^2-b^2=a \quad \cdots ❶$$
$$2ab=-b \quad \cdots ❷$$

❷에서 $a=-\dfrac{1}{2}$

❶에 대입하면 $b^2=\dfrac{3}{4}$ $\quad \therefore b=\pm\dfrac{\sqrt{3}}{2}$

따라서 방정식의 두 허근은 $-\dfrac{1}{2}+\dfrac{\sqrt{3}}{2}i$, $-\dfrac{1}{2}-\dfrac{\sqrt{3}}{2}i$

나머지 한 실근을 β라 하면
$$x^3+px^2-x-2=\left(x+\dfrac{1}{2}-\dfrac{\sqrt{3}}{2}i\right)\left(x+\dfrac{1}{2}+\dfrac{\sqrt{3}}{2}i\right)(x-\beta)$$
$$=(x^2+x+1)(x-\beta)$$
$$=x^3+(1-\beta)x^2+(1-\beta)x-\beta$$

양변의 계수를 비교하면
$$p=1-\beta, \ -2=-\beta \quad \therefore \beta=2, \ p=-1$$

Think More
근과 계수의 관계에서
$\alpha+\bar{\alpha}+\beta=-p$, $\alpha\bar{\alpha}+\alpha\beta+\bar{\alpha}\beta=-1$, $\alpha\bar{\alpha}\beta=2$
$\alpha+\bar{\alpha}=-1$, $\alpha\bar{\alpha}=1$이므로 β와 p의 값을 구할 수 있다.

08 ·· 답 ④

▶ 좌변을 인수분해 하면 이차방정식에서 해의 범위를 구하는 문제가 된다.

$f(x)=x^3-5x^2+(k-9)x+k-3$이라 하면
$f(-1)=0$이므로 $f(x)$는 $x+1$로 나누어떨어진다.

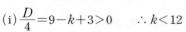

주어진 방정식은 $(x+1)(x^2-6x+k-3)=0$
이때 $x=-1$이 근이므로 $x^2-6x+k-3=0$은 1보다 큰 서로 다른 두 실근을 가진다.
$g(x)=x^2-6x+k-3$이라 하면
축이 직선 $x=3$이므로 $y=g(x)$의
그래프는 오른쪽 그림과 같다.
따라서 조건을 만족시키려면

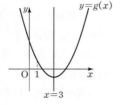

(i) $\dfrac{D}{4}=9-k+3>0 \quad \therefore k<12$

(ii) $g(1)=1-6+k-3>0 \quad \therefore k>8$

(i), (ii)에서 정수 k는 9, 10, 11이고, 합은 30이다.

09 ·· 답 ⑤

▶ 계수가 좌우 대칭이고 항이 짝수 개이므로
$x=-1$을 대입하면 0이 된다.

$f(x)=ax^3+bx^2+bx+a$라 하자.

ㄱ. ▶ $f(x)$는 항의 개수가 짝수이고, 계수가 좌우 대칭인 다항식이다.
　　이와 같은 경우 항상 $f(-1)=0$이므로
　　$f(x)$는 $x+1$로 나누어떨어진다.

　　$f(-1)=0$이므로 -1은 근이다. (참)

ㄴ. α가 근이면 $f(\alpha)=0$이므로 $a\alpha^3+b\alpha^2+b\alpha+a=0$
　　$f(0)=a\neq0$이므로 $a\neq0$이고
$$f\left(\dfrac{1}{\alpha}\right)=\dfrac{a}{\alpha^3}+\dfrac{b}{\alpha^2}+\dfrac{b}{\alpha}+a=\dfrac{1}{\alpha^3}(a+b\alpha+b\alpha^2+a\alpha^3)$$
$$=\dfrac{1}{\alpha^3}f(\alpha)=0$$

　　곧, $\dfrac{1}{\alpha}$도 $f(x)=0$의 근이다. (참)

ㄷ. ㄱ에서 $f(x)=a(x^3+1)+bx(x+1)$
$$=(x+1)\{ax^2+(b-a)x+a\}$$
　　$ax^2+(b-a)x+a=0$에서
$$D=(b-a)^2-4a^2=(b+a)(b-3a)$$
　　$-a<b<3a$이면 $D<0$이므로 허근을 가진다. (참)

따라서 옳은 것은 ㄱ, ㄴ, ㄷ이다.

10 ·· 답 **18**

▶ $x=-1$을 대입하면 식이 성립하므로
$(x+1)(이차식)=0$ 꼴로 인수분해 하고 이차방정식의 해를 생각한다.

$f(x)=ax^3-bx^2-(5a+b)x-4a$라 하면
$f(-1)=0$이므로 $f(x)$는 $x+1$로 나누어떨어진다.

$$
\begin{array}{r|cccc|c}
-1 & a & -b & -5a-b & -4a \\
 & & -a & a+b & 4a \\
\hline
 & a & -a-b & -4a & 0 \\
\end{array}
$$

$$\therefore f(x)=(x+1)\{ax^2-(a+b)x-4a\}$$

$g(x)=ax^2-(a+b)x-4a \ (a\neq0)$ $\quad \cdots ❶$라 하면
이차방정식 $g(x)=0$은 -1이 아닌 서로 다른 두 정수 근을 가진다.

▶ 이차방정식 $g(x)=0$에서 두 근의 곱이 -4이므로
가능한 정수 근의 쌍을 모두 구할 수 있다.
이때 -1은 정수 근이 될 수 없음에 주의한다.

$g(x)=0$의 근과 계수의 관계에서 두 근의 곱이 -4이므로
가능한 정수 근은 1과 -4, 2와 -2이다.

(i) $g(x)=0$의 두 근이 1, -4일 때
　　$g(x)=a(x-1)(x+4)=a(x^2+3x-4)$
　　❶과 계수를 비교하면 $b=-4a$
　　$a^2+b^2\leq100$에 대입하면 $17a^2\leq100$
　　$a\neq0$인 정수 a는 -2, -1, 1, 2이고 4개이므로
　　순서쌍 (a, b)도 4개이다.

(ii) $g(x)=0$의 두 근이 2, -2일 때

$\quad g(x)=a(x-2)(x+2)=a(x^2-4)$

❶과 계수를 비교하면 $b=-a$

$a^2+b^2\leq100$에 대입하면 $2a^2\leq100$

$a\neq0$인 정수 a는 -7, -6, ..., -1, 1, ..., 6, 7이고 14개이므로 순서쌍 (a, b)도 14개이다.

(i), (ii)에서 순서쌍 (a, b)의 개수는

$\quad 4+14=18$

다른 풀이

세 근의 곱이 $-\dfrac{-4a}{a}=4$이므로

가능한 세 정수 근의 쌍을 찾아 풀 수도 있다.

$ax^3-bx^2-(5a+b)x-4a=0$의 근과 계수의 관계에서

세 근의 곱은 4이고, 세 근이 서로 다른 정수이므로

가능한 세 정수 근은 $(-1, 1, -4)$ 또는 $(-1, 2, -2)$이다.

(i) 세 근이 -1, 1, -4인 경우

$\quad a(x+1)(x-1)(x+4)=a(x^3+4x^2-x-4)$

$\quad \therefore b=-4a$

$a^2+b^2\leq100$에 대입하면 $17a^2\leq100$

$a\neq0$인 정수 a는 -2, -1, 1, 2이고 4개이므로

순서쌍 (a, b)도 4개이다.

(ii) 세 근이 -1, 2, -2인 경우

$\quad a(x+1)(x-2)(x+2)=a(x^3+x^2-4x-4)$

$\quad \therefore b=-a$

$a^2+b^2\leq100$에 대입하면 $2a^2\leq100$

$a\neq0$인 정수 a는 -7, -6, ..., -1, 1, ..., 6, 7이고 14개이므로 순서쌍 (a, b)도 14개이다.

(i), (ii)에서 순서쌍 (a, b)의 개수는

$\quad 4+14=18$

11   답 ③

세 근을 $n-1$, n, $n+1$로 놓고 근과 계수의 관계를 이용한다.

세 근을 $n-1$, n, $n+1$이라 하면 근과 계수의 관계에서

$\quad n-1+n+n+1=-a$ ··· ❶

$\quad (n-1)n+n(n+1)+(n+1)(n-1)=11$ ··· ❷

$\quad (n-1)n(n+1)=b$ ··· ❸

❷에서 $3n^2-1=11$, $n^2=4$

n은 2 이상인 자연수이므로 $n=2$

❶, ❸에 각각 대입하면 $a=-6$, $b=6$

또 $f(x)=0$의 세 근이 1, 2, 3이므로 $f(2x-1)=0$의 세 근은

$2x-1=1$, 2, 3에서 $x=1$, $\dfrac{3}{2}$, 2

따라서 $f(2x-1)=0$의 세 근의 곱은 $p=3$

$\quad \therefore a+b+p=3$

12   답 ⑤

$\alpha+\beta+\gamma=a$이므로 $\beta+\gamma$, $\gamma+\alpha$, $\alpha+\beta$를 각각 $a-\alpha$, $a-\beta$, $a-\gamma$로 나타낼 수 있다.

근과 계수의 관계에서 $\alpha+\beta+\gamma=a$이므로

$\quad \beta+\gamma=a-\alpha$, $\gamma+\alpha=a-\beta$, $\alpha+\beta=a-\gamma$

이때 주어진 조건은

$\quad f(\alpha)=a-\alpha$, $f(\beta)=a-\beta$, $f(\gamma)=a-\gamma$

따라서 α, β, γ는 $f(x)=a-x$, 곧 $f(x)+x-a=0$의 세 근이다.

$f(x)+x-a$는 x^3의 계수가 1인 삼차식이므로

$\quad f(x)+x-a=(x-\alpha)(x-\beta)(x-\gamma)$

이때 $x^3-ax^2+bx+1=(x-\alpha)(x-\beta)(x-\gamma)$이므로

$\quad f(x)=x^3-ax^2+bx+1-x+a$

$\quad\quad\quad =x^3-ax^2+(b-1)x+1+a$

$\quad \therefore f(1)+f(-1)=(b+1)+(-b+1)=2$

13   답 ⑤

해가 x_1, x_2, x_3, x_4인 사차방정식은

$\Rightarrow (x-x_1)(x-x_2)(x-x_3)(x-x_4)=0$

해가 x_1, x_2, x_3, x_4이므로

$\quad x^4-4x-2=(x-x_1)(x-x_2)(x-x_3)(x-x_4)$ ··· ❶

❶에 $x=1$을 대입하면 $-5=A$

또 x_1이 $x^4-4x-2=0$의 해이므로

$\quad x_1^4-4x_1-2=0$ $\therefore x_1^4=4x_1+2$

같은 이유로

$\quad x_2^4=4x_2+2$, $x_3^4=4x_3+2$, $x_4^4=4x_4+2$

$\quad \therefore B=x_1^4+x_2^4+x_3^4+x_4^4$

$\quad\quad\quad =4(x_1+x_2+x_3+x_4)+8$

❶의 우변을 전개하고 양변의 x^3의 계수를 비교하면

$\quad 0=x_1+x_2+x_3+x_4$ $\therefore B=8$, $A+B=3$

Think More

❶의 양변의 상수항을 비교하면 $x_1x_2x_3x_4=-2$

이와 같이 하면 해의 합과 곱은 간단히 구할 수 있다.

14   답 $a=-2$, $b=9$

$x^3-1=0$에서 $(x-1)(x^2+x+1)=0$

ω는 $x^3-1=0$, $x^2+x+1=0$의 해이므로

$\quad \omega^3=1$, $\omega^2+\omega+1=0$

$\omega^3=1$이므로

$\quad f(n+3)=\omega^{2(n+3)}-\omega^{n+3}+1=\omega^{2n}-\omega^n+1=f(n)$

따라서

$\quad f(1)+f(2)+f(3)$ 또는 $f(n)+f(n+1)+f(n+2)$

가 반복됨을 이용하여 식을 정리한다.

이때
$$\omega^n+\omega^{n+1}+\omega^{n+2}=\omega^n(1+\omega+\omega^2)=0$$
$$\omega^{2n}+\omega^{2n+2}+\omega^{2n+4}=\omega^{2n}(1+\omega^2+\omega^4)$$
$$=\omega^{2n}(1+\omega^2+\omega)=0$$
이므로
$$f(n)+f(n+1)+f(n+2)$$
$$=\{\omega^{2n}+\omega^{2(n+1)}+\omega^{2(n+2)}\}-(\omega^n+\omega^{n+1}+\omega^{n+2})+3$$
$$=3$$
$$\therefore\ f(1)+f(2)+f(3)+\cdots+f(10) \qquad \cdots\ ❶$$
$$=3\times3+f(10)=9+\omega^{20}-\omega^{10}+1$$
$$=\omega^2-\omega+10$$
$$=(-\omega-1)-\omega+10$$
$$=-2\omega+9$$
$a,\ b$가 실수이므로 $a=-2,\ b=9$

Think More

❶에서
$$f(1)+\{f(2)+f(3)+f(4)\}+\cdots+\{f(8)+f(9)+f(10)\}$$
$$=f(1)+9$$
를 계산해도 된다.

15 ··· 답 ③

$x^3+1=0$에서 $(x+1)(x^2-x+1)=0$
ω는 $x^3+1=0,\ x^2-x+1=0$의 해이므로
$$\omega^3=-1,\ \omega^2-\omega+1=0$$
ㄱ. $\omega^3=-1$이므로
$$\omega^{13}=(\omega^3)^4\omega=(-1)^4\omega=\omega\ (참)$$
ㄴ. $\omega^2-\omega+1=0$에서 $1-\omega=-\omega^2$,
$\overline{\omega}^2-\overline{\omega}+1=0$에서 $1+\overline{\omega}^2=\overline{\omega}$이므로
$$\frac{\omega^2}{1-\omega}+\frac{\overline{\omega}}{1+\overline{\omega}^2}=\frac{\omega^2}{-\omega^2}+\frac{\overline{\omega}}{\overline{\omega}}=-1+1=0\ (거짓)$$
ㄷ. ▶$\omega^3=-1$이므로 $f(n)=\omega^{2n}+(1-\omega)^{2n}+1$이라 하고
$f(n+3)$을 정리해서 $f(n)$으로 나타내 본다.

$f(n)=\omega^{2n}+(1-\omega)^{2n}+1$이라 하자.
$$1-\omega=-\omega^2$$
$$(1-\omega)^{2n}=(-\omega^2)^{2n}=(\omega^4)^n=(-\omega)^n$$
이므로
$$f(n)=\omega^{2n}+(-\omega)^n+1$$
$$\therefore\ f(1)=\omega^2-\omega+1=0$$
$$f(2)=\omega^4+\omega^2+1=\omega^3\omega+\omega^2+1=\omega^2-\omega+1=0$$
$$f(3)=\omega^6-\omega^3+1=(\omega^3)^2+1+1=3$$
또 $f(n+3)=\omega^{2n+6}+(-\omega)^{n+3}+1$
$$=\omega^{2n}\omega^6+(-\omega)^n(-1)^3\omega^3+1$$
$$=\omega^{2n}+(-\omega)^n+1=f(n)$$
따라서 n이 3의 배수가 아니면 $f(n)=0$이다.
곧, 50 이하의 자연수 중 3의 배수는 16개이므로
구하는 n은 34개이다. (참)
따라서 옳은 것은 ㄱ, ㄷ이다.

16 ··· 답 ②

▶공통인 근을 $x=\alpha,\ y=\beta$라 하면
$\alpha,\ \beta$는 네 방정식을 동시에 만족시키는 해이다.

$x=\alpha,\ y=\beta$를 주어진 두 연립방정식의 공통인 근이라 하면
$$\begin{cases}\alpha^2-\beta^2=8 & \cdots\ ❶\\ m\alpha+\beta=2 & \cdots\ ❷\end{cases}\qquad\begin{cases}\alpha-\beta=4 & \cdots\ ❸\\ \alpha^2+2\beta^2=n & \cdots\ ❹\end{cases}$$
❶, ❸에서 $(\alpha+\beta)(\alpha-\beta)=8,\ \alpha-\beta=4$
$$\therefore\ \alpha+\beta=2$$
❸과 연립하여 풀면 $\alpha=3,\ \beta=-1$
❷, ❹에 대입하면 $3m-1=2,\ 9+2=n$
$$\therefore\ m=1,\ n=11,\ m+n=12$$

17 ··· 답 6

▶두 식은 인수분해 할 수도 없고,
두 식을 적당히 더하거나 빼서 일차식으로 만들 수도 없다.
$x,\ y$에 대한 대칭 꼴이므로
$x+y=u,\ xy=v$로 놓고 $u,\ v$부터 구할 수 있는지 확인한다.

$x+y=u,\ xy=v$라 하자.
$xy+x+y=1$에서 $v+u=1$ ························· ❶
$x^2+y^2+2x+2y=3$에서
$(x+y)^2-2xy+2(x+y)=3$이므로
$$u^2-2v+2u=3$$
❶에서 $v=1-u$를 대입하면 $u^2-2+2u+2u=3$
$$u^2+4u-5=0 \qquad \therefore\ u=1\ 또는\ u=-5$$
❶에 대입하면 $v=0$ 또는 $v=6$
$x+y=1,\ xy=0$일 때 $(x,\ y)=(1,\ 0),\ (0,\ 1)$
$x+y=-5,\ xy=6$일 때 $(x,\ y)=(-2,\ -3),\ (-3,\ -2)$

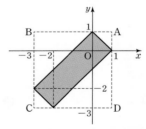

따라서 네 점이 꼭짓점인 사각형은 위의 그림과 같으므로
정사각형 ABCD의 넓이에서 네 삼각형의 넓이를 빼면
$$4^2-2\times\left(\frac{1}{2}\times3^2\right)-2\times\left(\frac{1}{2}\times1^2\right)=6$$

다른 풀이

$xy+x+y=1$에서 $(x+1)(y+1)=2$
$x^2+y^2+2x+2y=3$에서 $(x+1)^2+(y+1)^2=5$
이때 $x+1=X,\ y+1=Y$라 하면
$$XY=2,\ X^2+Y^2=5$$
$(X+Y)^2=X^2+Y^2+2XY=9$이므로 $X+Y=\pm3$
곧, $X,\ Y$는 $t^2-3t+2=0,\ t^2+3t+2=0$의 해이므로
$$(X,\ Y)=(1,\ 2),\ (2,\ 1),\ (-1,\ -2),\ (-2,\ -1)$$
$$\therefore\ (x,\ y)=(0,\ 1),\ (1,\ 0),\ (-2,\ -3),\ (-3,\ -2)$$

18
답 $k \leq 4$

▶ 두 식에서 k를 소거하면 x, y에 대한 식을 얻을 수 있다.
이 식을 이용하여 x나 y를 소거하고, 실근을 가질 조건을 찾는다.

$$(x+3)(y+2)=k \quad \cdots ❶$$
$$(x-1)(y-2)=k \quad \cdots ❷$$

❶, ❷에서 k를 소거하면
$$(x+3)(y+2)=(x-1)(y-2)$$
$$xy+2x+3y+6=xy-2x-y+2$$
$$x+y+1=0 \quad \cdots ㉮$$

$y=-x-1$을 ❶에 대입하면
$$(x+3)(-x+1)=k, \ x^2+2x+k-3=0 \quad \cdots ㉯$$

실근을 가지므로
$$\frac{D}{4}=1-(k-3)\geq 0 \qquad \therefore k\leq 4 \quad \cdots ㉰$$

단계	채점 기준	배점
㉮	주어진 두 식을 연립하여 k를 소거한 식 세우기	40%
㉯	㉮에서 구한 식을 주어진 두 식 중 한 식에 대입하여 이차방정식 세우기	30%
㉰	㉯에서 구한 이차방정식의 판별식을 이용하여 k의 값의 범위 구하기	30%

Think More

$y=-x-1$을 ❷에 대입하여 정리해도 $x^2+2x+k-3=0$이다.

19
답 ②

▶ $x \geq y$이면 $\max(x, y)=x$, $\min(x, y)=y$
$x < y$이면 $\max(x, y)=y$, $\min(x, y)=x$
따라서 $x \geq y$일 때와 $x < y$일 때로 나누어 푼다.

(i) $x \geq y$일 때 $\begin{cases} x=x^2+y^2 & \cdots ❶ \\ y=2x-y+1 & \cdots ❷ \end{cases}$

❷에서 $y=x+\dfrac{1}{2}$을 ❶에 대입하면
$$x^2+\left(x+\frac{1}{2}\right)^2=x, \ x^2=-\frac{1}{8}$$
따라서 가능한 정수 x는 없다.

(ii) $x < y$일 때 $\begin{cases} y=x^2+y^2 & \cdots ❸ \\ x=2x-y+1 & \cdots ❹ \end{cases}$

❹에서 $x=y-1$을 ❸에 대입하면
$$(y-1)^2+y^2=y, \ 2y^2-3y+1=0$$
$$(2y-1)(y-1)=0$$
y는 정수이므로 $y=1$, $x=0$

(i), (ii)에서 $x=0$, $y=1$
$$\therefore x+y=1$$

Think More

$x=y$이면 $\max(x, y)$, $\min(x, y)$는 모두 x라 해도 되고 y라 해도 된다.

20
답 $a=-\dfrac{5}{8}$, $b=-\dfrac{3}{8}$

▶ 공통인 근을 α라 하고 두 식에 대입한 다음 변변 더하거나 빼서 정리한다.

공통인 근을 α라 하면
$$\alpha^2+a\alpha+b=0 \quad \cdots ❶$$
$$\alpha^2+b\alpha+a=0 \quad \cdots ❷$$

❶ $-$ ❷를 하면
$$(a-b)\alpha-(a-b)=0, \ (a-b)(\alpha-1)=0$$

$a=b$이면 두 방정식이 일치하므로 공통이 아닌 두 근의 비가 $3:5$일 수 없다.
따라서 $a \neq b$이고 $\alpha=1$
$\alpha=1$을 ❶에 대입하면 $1+a+b=0$ $\qquad \therefore b=-a-1$
이때 두 방정식은
$$x^2+ax-a-1=0, \ x^2-(a+1)x+a=0$$

$x^2+ax-a-1=0$에서 $(x-1)(x+a+1)=0$
$$\therefore x=1 \ \text{또는} \ x=-a-1$$

$x^2-(a+1)x+a=0$에서 $(x-1)(x-a)=0$
$$\therefore x=1 \ \text{또는} \ x=a$$

$(-a-1):a=3:5$이므로
$$-5a-5=3a, \ a=-\frac{5}{8}$$

$b=-a-1$이므로 $b=-\dfrac{3}{8}$

21
답 ⑤

▶ 공통인 근을 α라 하면 $\alpha^3+p\alpha+2=0$, $\alpha^3+\alpha+2p=0$
두 식에서 α^3이나 p를 소거하고 식을 정리한다.

공통인 근을 α라 하면
$$\alpha^3+p\alpha+2=0 \quad \cdots ❶$$
$$\alpha^3+\alpha+2p=0 \quad \cdots ❷$$

❶ $-$ ❷를 하면
$$(p-1)\alpha-2(p-1)=0$$
$$(p-1)(\alpha-2)=0$$

$p=1$이면 두 방정식은 모두 $x^3+x+2=0$이고,
공통인 근은 3개이다.
따라서 $p \neq 1$이고 $\alpha=2$이다.
$\alpha=2$를 ❶에 대입하면
$$8+2p+2=0 \qquad \therefore p=-5$$
곧, 두 방정식은
$$x^3-5x+2=0, \ x^3+x-10=0$$

$x^3-5x+2=0$에서 $(x-2)(x^2+2x-1)=0$이고
$x^3+x-10=0$에서 $(x-2)(x^2+2x+5)=0$이므로
공통인 근은 $x=2$뿐이다.
따라서 p와 공통인 근의 합은 $-5+2=-3$

07 여러 가지 방정식 **95**

22

답 1

계수가 실수이므로 $1-\sqrt{3}i$도 근이다.
$1+\sqrt{3}i$가 공통인 근일 때와 아닐 때로 나누어 생각한다.

$1+\sqrt{3}i$가 $x^2+ax+2=0$의 근이면 $1-\sqrt{3}i$도 근이다.
그런데 $(1+\sqrt{3}i)(1-\sqrt{3}i)=4$이므로 근과 계수의 관계에서
$1+\sqrt{3}i$는 근일 수 없다.
따라서 $m\neq 1+\sqrt{3}i$이고 $x^3+ax^2+bx+c=0$의 세 근은
$1+\sqrt{3}i,\ 1-\sqrt{3}i,\ m$이다. $\qquad\cdots$ ㉮

$$x^3+ax^2+bx+c=(x-1-\sqrt{3}i)(x-1+\sqrt{3}i)(x-m)$$
$$=(x^2-2x+4)(x-m)$$

양변의 x^2의 계수를 비교하면 $a=-m-2$ $\qquad\cdots$ ㉯
이때 $x^2+ax+2=0$은 $x^2-(m+2)x+2=0$
m이 이 방정식의 근이므로
$$m^2-(m+2)m+2=0 \qquad \therefore m=1 \qquad\cdots ㉰$$

단계	채점 기준	배점
㉮	켤레근, 근과 계수의 관계를 이용하여 $m\neq 1+\sqrt{3}i$임을 알고, 주어진 삼차방정식의 세 근이 $m,1+\sqrt{3}i,1-\sqrt{3}i$임을 알기	40%
㉯	x^3+ax^2+bx+c $=(x-1-\sqrt{3}i)(x-1+\sqrt{3}i)(x-m)$ 에서 x^2의 계수를 비교하여 a,m에 대한 식 세우기	30%
㉰	m이 $x^2+ax+2=0$의 근임을 이용하여 m의 값 구하기	30%

23

답 ②

p는 두 근의 합, q는 두 근의 곱임을 이용한다.

ㄱ. q는 두 자연수 근의 곱이고 홀수이므로 두 자연수 근은 모두 홀수이다. 곧, 두 자연수 근의 합 p는 짝수이다. (참)
ㄴ. 합과 곱이 모두 홀수인 두 자연수는 없다. (참)
ㄷ. 두 자연수 근이 모두 짝수이면 합 p도 짝수이고 곱 q도 짝수이다. (거짓)

따라서 옳은 것은 ㄱ, ㄴ이다.

24

답 ①

자연수 근을 k라 하고 대입한 다음 p가 소수임을 이용한다.

자연수 근을 k라 하면
$$k^3+nk^2+(n-5)k+p=0$$
$$p=-k(k^2+nk+n-5)$$
p는 소수, k는 자연수이므로
$$k=1 \text{ 또는 } k=p$$
(ⅰ) $k=1$일 때, $k^2+nk+n-5=-p$
$k=1$을 대입하면
$$1+n+n-5=-p,\ 2n+p=4$$
n이 자연수이므로 가능한 값은 $n=1,\ p=2$

(ⅱ) $k=p$일 때, $k^2+nk+n-5=-1$
$k=p$를 대입하면
$$p^2+np+n-5=-1$$
$$p^2+np+n=4$$
$p^2\geq 4$이고, $np+n>0$이므로 성립하지 않는다.
(ⅰ), (ⅱ)에서 $n=1,\ p=2$
$$\therefore n+p=3$$

C STEP 절대등급 완성 문제 73~74쪽

| **01** ② | **02** 8 | **03** 12 | **04** 21 | **05** 15, 17 |
| **06** x^2+x-1 | **07** ④ | **08** ③ |

01

답 ②

A, B, C, D 중 적당한 점의 x좌표를 a라 하고, 나머지 점의 좌표를 구한다.

$y=x^2$과 $y=-x^2+2x$에서
$$x^2=-x^2+2x,\ 2x(x-1)=0 \qquad \therefore x=0 \text{ 또는 } x=1$$
따라서 교점의 좌표는 $(0,0),\ (1,1)$이고 교점을 지나는 직선의 방정식은 $y=x$이다.

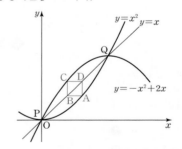

A의 x좌표를 a라 하면 $A(a,a^2)$이므로
$B(a^2,a^2),\ D(a,a),\ C(a^2,a)$
한편 C가 곡선 $y=-x^2+2x$ 위의 점이므로
$$a=-a^4+2a^2,\ a(a^3-2a+1)=0$$
$$a(a-1)(a^2+a-1)=0$$
$$\therefore a=0 \text{ 또는 } a=1 \text{ 또는 } a=\frac{-1\pm\sqrt{5}}{2}$$
$0<a<1$이므로 $a=\dfrac{-1+\sqrt{5}}{2}$

따라서 정사각형 ABCD의 한 변의 길이는
$$\overline{AD}=a-a^2=a-(-a+1) \qquad\cdots ❶$$
$$=2a-1=\sqrt{5}-2$$

Think More
❶에서 $a^2+a-1=0$임을 이용하였다.
$a-a^2$에 $a=\dfrac{-1+\sqrt{5}}{2}$를 바로 대입하고 정리해도 된다.

02
답 8

▶복잡해 보이는 방정식일수록 인수분해 되는지가 중요하다.
m에 대해 정리하거나 인수정리를 이용한다.

$$f(x)=x^4-(2m+1)x^3+(m-2)x^2+2m(m+3)x-4m^2$$

이라 하면 $f(2)=0$이므로 $f(x)$는 $x-2$로 나누어떨어진다.

2	1	$-2m-1$	$m-2$	$2m^2+6m$	$-4m^2$
		2	$-4m+2$	$-6m$	$4m^2$
	1	$-2m+1$	$-3m$	$2m^2$	0

$$\therefore f(x)=(x-2)\{x^3-(2m-1)x^2-3mx+2m^2\}$$

$g(x)=x^3-(2m-1)x^2-3mx+2m^2$이라 하면
$g(2m)=0$이므로 $g(x)$는 $x-2m$으로 나누어떨어진다.

$2m$	1	$-2m+1$	$-3m$	$2m^2$
		$2m$	$2m$	$-2m^2$
	1	1	$-m$	0

$$\therefore f(x)=(x-2)(x-2m)(x^2+x-m)$$

따라서 $f(x)=0$이 서로 다른 네 실근을 가지면 $2m\neq2$이고,
$h(x)=x^2+x-m$이라 할 때 $h(x)=0$이 서로 다른 두 실근을
가지며 $h(2)\neq0$, $h(2m)\neq0$이다.

(i) $2m\neq2$에서 $m\neq1$

(ii) $h(x)=0$에서 $D=1+4m>0$ $\therefore m>-\dfrac{1}{4}$

(iii) $h(2)\neq0$에서 $4+2-m\neq0$ $\therefore m\neq6$

(iv) $h(2m)\neq0$에서 $4m^2+2m-m\neq0$

$$m(4m+1)\neq0 \quad \therefore m\neq0, m\neq-\dfrac{1}{4}$$

(i)~(iv)에서 10 이하인 정수 m은 2, 3, 4, 5, 7, 8, 9, 10이고,
8개이다.

03
답 12

▶방정식의 좌변을 인수분해 한 다음
α를 허근으로 가지는 이차방정식을 찾는다.
그리고 근과 계수의 관계와 켤레근의 성질을 이용한다.

$x^4-2x^3-x+2=0$에서
$$(x-1)(x-2)(x^2+x+1)=0$$
따라서 허근 α는 $x^2+x+1=0$의 근이므로
$$\alpha^2+\alpha+1=0 \quad \therefore \alpha^2+1=-\alpha \quad \cdots ㉮$$
또 $\alpha^2+\alpha+1=0$의 양변에 $\alpha-1$을 곱하면 $\alpha^3=1$
한편 $\bar{\alpha}$도 $x^2+x+1=0$의 근이므로 근과 계수의 관계에서
$$\alpha+\bar{\alpha}=-1, \alpha\bar{\alpha}=1$$
$\alpha\bar{\alpha}=1$에서 $\bar{\alpha}=\dfrac{1}{\alpha}$이므로

$$\dfrac{1}{1+\bar{\alpha}^2}=\dfrac{1}{1+\dfrac{1}{\alpha^2}}=\dfrac{\alpha^2}{\alpha^2+1}=\dfrac{\alpha^2}{-\alpha}=-\alpha$$

$$\therefore f(m,n)=(1+\alpha^2)^m+\left(\dfrac{1}{1+\bar{\alpha}^2}\right)^n$$
$$=(-\alpha)^m+(-\alpha)^n \quad \cdots ㉯$$

따라서

$$f(1,2)=(-\alpha)^1+(-\alpha)^2=-\alpha+\alpha^2$$
$$f(2,3)=(-\alpha)^2+(-\alpha)^3=\alpha^2-\alpha^3=\alpha^2-1$$
$$f(3,4)=(-\alpha)^3+(-\alpha)^4=-\alpha^3+\alpha^4=-1+\alpha$$
$$f(4,5)=(-\alpha)^4+(-\alpha)^5=\alpha^4-\alpha^5=\alpha-\alpha^2$$
$$f(5,6)=(-\alpha)^5+(-\alpha)^6=-\alpha^5+\alpha^6=-\alpha^2+1$$
$$f(6,7)=(-\alpha)^6+(-\alpha)^7=\alpha^6-\alpha^7=1-\alpha$$
$$f(7,8)=(-\alpha)^7+(-\alpha)^8=-\alpha^7+\alpha^8=-\alpha+\alpha^2$$
$$\vdots$$

이고
$f(1,2)+f(2,3)+f(3,4)+\cdots+f(6,7)=0$이므로

$$f(1,2)+f(2,3)+f(3,4)+\cdots+f(15,16)$$
$$=f(13,14)+f(14,15)+f(15,16)$$
$$=f(1,2)+f(2,3)+f(3,4)$$
$$=(-\alpha+\alpha^2)+(\alpha^2-1)+(-1+\alpha)$$
$$=2(\alpha^2-1)=2(-\alpha-1-1)$$
$$=-2(\alpha+2) \quad \cdots ㉰$$

그런데 $\alpha^2+\alpha+1=0$에서 $\alpha=\dfrac{-1\pm\sqrt{3}i}{2}$이므로

$$-2(\alpha+2)=-2\left(\dfrac{-1\pm\sqrt{3}i}{2}+2\right)=-3\pm\sqrt{3}i$$

$$\therefore p=-3, q=\pm\sqrt{3}$$
$$\therefore p^2+q^2=(-3)^2+(\pm\sqrt{3})^2=12 \quad \cdots ㉱$$

단계	채점 기준	배점
㉮	주어진 사차방정식의 좌변을 인수분해 하고 α를 허근으로 가지는 이차방정식 찾기	20%
㉯	켤레근, 근과 계수의 관계를 이용하여 $f(m,n)$ 간단히 하기	30%
㉰	$f(1,2)+f(2,3)+f(3,4)+\cdots+f(15,16)$을 α에 대해 정리하기	40%
㉱	허근 α와 p, q의 값, p^2+q^2의 값 구하기	10%

Think More

$$f(m+6,m+7)=(-\alpha)^{m+6}+(-\alpha)^{m+7}$$
$$=(-\alpha)^m(-\alpha)^6+(-\alpha)^{m+1}(-\alpha)^6$$
$$=(-\alpha)^m+(-\alpha)^{m+1}=f(m,m+1)$$

04
답 21

$x^3-3x^2+4x-4=0$에서 $(x-2)(x^2-x+2)=0$
따라서 z와 $\bar{z}$는 $x^2-x+2=0$의 허근이고,
$$z^2-z+2=0, \bar{z}^2-\bar{z}+2=0$$
또 근과 계수의 관계에서 $z+\bar{z}=1, z\bar{z}=2$

▶$f(z)=\dfrac{1}{\bar{z}^4+4\bar{z}-2}$에서 우변을 z에 대한 식으로,

$f(\bar{z})=\dfrac{1}{z^3+2z+2}$에서 우변을 $\bar{z}$에 대한 식으로
나타내면 $f(x)$를 구할 수 있다.

$\bar{z}^2-\bar{z}+2=0$에서 $\bar{z}^2=\bar{z}-2$
양변을 제곱하면 $\bar{z}^4=\bar{z}^2-4\bar{z}+4$

$$\overline{z}^4 + 4\overline{z} - 2 = \overline{z}^2 + 2 = \overline{z}$$

$$\therefore f(z) = \frac{1}{\overline{z}^4 + 4\overline{z} - 2} = \frac{1}{\overline{z}} = \frac{z}{z\overline{z}} = \frac{z}{2} \qquad \cdots \text{❶}$$

한편 $z^2 - z + 2 = 0$에서 $z^2 = z - 2$

$$z^3 = z^2 - 2z = (z-2) - 2z = -z - 2$$

$$z^3 + 2z + 2 = z$$

$$\therefore f(\overline{z}) = \frac{1}{z^3 + 2z + 2} = \frac{1}{z} = \frac{\overline{z}}{z\overline{z}} = \frac{\overline{z}}{2} \qquad \cdots \text{❷}$$

곧, ❶, ❷에서 $f(x) = \dfrac{x}{2}$는 z, $\overline{z}$가 근인 삼차방정식이다.

x^3의 계수가 1이므로 나머지 한 근을 α라 하면

$$f(x) - \frac{x}{2} = (x - z)(x - \overline{z})(x - \alpha)$$

$f(0) = 6$이므로 $6 = (-z) \times (-\overline{z}) \times (-\alpha)$

$z\overline{z} = 2$이므로 $\alpha = -3$

$$\therefore f(x) = (x - z)(x - \overline{z})(x + 3) + \frac{x}{2}$$

$$= (x^2 - x + 2)(x + 3) + \frac{x}{2}$$

$$\therefore f(2) = 4 \times 5 + 1 = 21$$

05 ⋯⋯⋯⋯⋯⋯⋯⋯⋯⋯ 답 15, 17

✎ $x^2 + x + 1$, $x^2 - x + 1$이 포함된 문제는
방정식 $x^3 - 1 = 0$, $x^3 + 1 = 0$의 근의 성질을 이용하는 경우가 많다.
허근의 성질을 먼저 떠올린다.

$f_n(x)$를 $x^2 + x + 1$로 나눈 몫을 $Q_n(x)$라 하면 나머지가 32이므로
$$f_n(x) = (x^2 + x + 1)Q_n(x) + 32$$

✎ $x^2 + x + 1 = 0$의 한 근을 ω라 하면
ω는 허근이고, 위의 식에 대입하면 성립한다.
따라서 ω를 대입하여 $\omega^2 + \omega + 1 = 0$을 이용한다.

$x^2 + x + 1 = 0$의 한 근을 ω라 하면
$$\omega^2 + \omega + 1 = 0$$

✎ $f_n(\omega) = 32$가 되는 n을 찾는다.

양변에 $\omega - 1$을 곱하면
$$\omega^3 - 1 = 0 \qquad \therefore \omega^3 = 1$$
$$1 + \omega^2 = -\omega$$
$$1 + \omega^4 = 1 + \omega^3 \omega = 1 + \omega = -\omega^2$$
$$1 + \omega^6 = 1 + (\omega^3)^2 = 1 + 1 = 2$$
$$1 + \omega^8 = 1 + (\omega^3)^2 \omega^2 = 1 + \omega^2 = -\omega$$
$$1 + \omega^{10} = 1 + (\omega^3)^3 \omega = 1 + \omega = -\omega^2$$
$$1 + \omega^{12} = 1 + (\omega^3)^4 = 1 + 1 = 2$$
$$\vdots$$

와 같이 반복되므로
$$f_1(\omega) = -\omega, \qquad f_2(\omega) = 1, \quad f_3(\omega) = 2,$$
$$f_4(\omega) = -2\omega, \quad f_5(\omega) = 2, \quad f_6(\omega) = 2^2$$
$$f_7(\omega) = -2^2 \times \omega, \ f_8(\omega) = 2^2, \ f_9(\omega) = 2^3$$
$$\vdots$$

따라서 $f_n(x)$를 $x^2 + x + 1$로 나눈 나머지가 32일 때는
$n = 15$ 또는 $n = 17$이다.

다른 풀이
$$(1 + \omega^2)(1 + \omega^4) = (-\omega)(1 + \omega)$$
$$= (-\omega) \times (-\omega^2) = \omega^3 = 1$$

이므로 $f_2(\omega) = 1$
$$1 + \omega^6 = 2$$
$$(1 + \omega^8)(1 + \omega^{10}) = (1 + \omega^2)(1 + \omega)$$
$$= (-\omega) \times (-\omega^2) = \omega^3 = 1$$

이므로 $f_3(\omega) = 2$, $f_5(\omega) = 2$
$$1 + \omega^{12} = 2$$
$$(1 + \omega^{14})(1 + \omega^{16}) = (1 + \omega^2)(1 + \omega) = 1$$

이므로 $f_6(\omega) = 2^2$, $f_8(\omega) = 2^2$

같은 이유로
$$f_9(\omega) = 2^3, \ f_{11}(\omega) = 2^3$$
$$f_{12}(\omega) = 2^4, \ f_{14}(\omega) = 2^4$$
$$f_{15}(\omega) = 2^5, \ f_{17}(\omega) = 2^5$$

따라서 $n = 15$ 또는 $n = 17$이다.

Think More

$1 + \omega^{2n}$은 3개씩 반복되므로 $f_n(\omega)$는 다음과 같이 정리할 수 있다.
$$f_{3k}(\omega) = 2^k, \ f_{3k+2}(\omega) = 2^k, \ f_{3k+1}(\omega) = -2^k \omega$$

06 ⋯⋯⋯⋯⋯⋯⋯⋯⋯⋯ 답 $x^2 + x - 1$

$f(x)$를 $x^2 - x + 1$로 나눈 몫을 $Q_1(x)$라 하면 $R_1(x)$는 일차식이므로
$$f(x) = (x^2 - x + 1)Q_1(x) + ax + b \qquad \cdots \text{❶}$$
로 놓을 수 있다.

✎ $x^2 - x + 1 = 0$의 한 근을 ω라 하면
ω는 허근이고, 위의 식에 대입하면 성립한다.
따라서 ω를 대입하여 $\omega^2 - \omega + 1 = 0$을 이용한다.

$x^2 - x + 1 = 0$의 한 근을 ω라 하면
$$\omega^2 - \omega + 1 = 0$$

양변에 $\omega + 1$을 곱하면
$$\omega^3 + 1 = 0 \qquad \therefore \omega^3 = -1$$

$f(x) = (x^{100} + 2x^{50} + 2)^2$에 $x = \omega$를 대입하면
$f(\omega) = (\omega^{100} + 2\omega^{50} + 2)^2$이고, 이때
$$\omega^{100} = (\omega^3)^{33}\omega = -\omega, \ \omega^{50} = (\omega^3)^{16}\omega^2 = \omega^2$$

이므로
$$f(\omega) = (-\omega + 2\omega^2 + 2)^2$$
$$= (-\omega + 2\omega)^2 = \omega^2 = \omega - 1 \qquad \cdots \text{❷}$$

❶에서 $ax + b$는 계수가 실수인 다항식을 계수가 실수인 다항식으로 나눈 나머지이므로 a, b는 실수이다.

❶에 $x = \omega$를 대입하면 $f(\omega) = a\omega + b$

❷와 비교하면 $\omega - 1 = a\omega + b$에서 $a = 1$, $b = -1$

$$\therefore R_1(x) = x - 1$$

$$\therefore f(x) = (x^2 - x + 1)Q_1(x) + x - 1$$

$x^4+x^2+1=(x^2+x+1)(x^2-x+1)$이다.

$f(x)$를 x^2-x+1로 나눈 나머지는 구했으므로 이것을 이용한다.

$f(x)$를 x^4+x^2+1로 나눈 몫을 $Q_2(x)$라 하면
$$f(x)=(x^4+x^2+1)Q_2(x)+R_2(x) \qquad \cdots ❸$$
그런데 $x^4+x^2+1=(x^2+x+1)(x^2-x+1)$이므로

$f(x)$를 x^2-x+1로 나눈 나머지는 $R_2(x)$를 x^2-x+1로 나눈 나머지와 같다.

$R_2(x)$는 삼차 이하의 다항식이므로
$$R_2(x)=(x^2-x+1)(cx+d)+x-1 \qquad \cdots ❹$$
로 놓을 수 있다.

$x^2+x+1=0$의 한 근을 δ라 하면
$$\delta^2+\delta+1=0$$
양변에 $\delta-1$을 곱하면
$$\delta^3-1=0 \qquad \therefore \delta^3=1$$
$f(x)=(x^{100}+2x^{50}+2)^2$에 $x=\delta$를 대입하면

$f(\delta)=(\delta^{100}+2\delta^{50}+2)^2$이고, 이때
$$\delta^{100}=(\delta^3)^{33}\delta=\delta,\ \delta^{50}=(\delta^3)^{16}\delta^2=\delta^2$$
이므로
$$f(\delta)=(\delta+2\delta^2+2)^2$$
$$=(\delta-2\delta)^2=\delta^2=-\delta-1$$
❸에 $x=\delta$를 대입하면 $f(\delta)=R_2(\delta)$이므로

❹에 $x=\delta$를 대입하면
$$-\delta-1=(\delta^2-\delta+1)(c\delta+d)+\delta-1$$
$\delta^2-\delta+1=-2\delta$이므로
$$-2\delta=-2\delta(c\delta+d),\ c\delta+d=1$$
a, b와 같은 이유로 c, d는 실수이므로 $c=0$, $d=1$
$$\therefore R_2(x)=(x^2-x+1)+x-1=x^2$$
$$\therefore R_1(x)+R_2(x)=x^2+x-1$$

07 .... 답 ④

두 식에서 상수항을 소거하면 x^2, xy, y^2만 남는다.

이 식을 인수분해 하거나 x^2 또는 y^2으로 양변을 나눈 다음 이차방정식의 성질을 이용한다.

$$x^2-xy+2y^2=1 \qquad \cdots ❶$$
$$x^2+xy+4y^2=k \qquad \cdots ❷$$
두 식에서 k를 소거하기 위해 ❶$\times k-$❷를 하면
$$(k-1)x^2-(k+1)xy+2(k-2)y^2=0 \qquad \cdots ❸$$
(i) $k=1$일 때, $-2xy-2y^2=0$에서 $-2y(x+y)=0$
$$\therefore y=0 \text{ 또는 } y=-x$$
❶에서 $y=0$이면 $x=\pm1$이므로 해가 2쌍
$$y=-x\text{이면 } x=\pm\frac{1}{2}\text{이므로 해가 2쌍}$$
따라서 해가 4쌍이다.

(ii) $k=2$일 때, $x^2-3xy=0$에서 $x(x-3y)=0$
$$\therefore x=0 \text{ 또는 } x=3y$$
❶에서 $x=0$이면 $y=\pm\dfrac{\sqrt{2}}{2}$이므로 해가 2쌍
$$x=3y\text{이면 } y=\pm\frac{\sqrt{2}}{4}\text{이므로 해가 2쌍}$$
따라서 해가 4쌍이다.

(iii) $k\neq1$, 2일 때
$y=0$이면 $x=0$이므로 ❶이 성립하지 않는다.

따라서 $y\neq0$이므로 ❸의 양변을 y^2으로 나누고
$\dfrac{x}{y}=t$라 하면
$$(k-1)t^2-(k+1)t+2(k-2)=0 \qquad \cdots ❹$$
이때 $x=ty$이므로 ❶에 대입하면 $y^2(t^2-t+2)=1$
$$t^2-t+2=\left(t-\frac{1}{2}\right)^2+\frac{7}{4}>0\text{이므로}$$
$$y^2=\frac{1}{t^2-t+2}>0$$
곧, t의 값에 대응하는 y의 값이 2개이므로 해가 2쌍이기 위해서는 ❹의 방정식이 중근을 가져야 한다.
$$D=(k+1)^2-4(k-1)\times2(k-2)=0$$
$$7k^2-26k+15=0$$
근과 계수의 관계에서 k의 값의 곱은 $\dfrac{15}{7}$이므로 $a=\dfrac{15}{7}$

(i), (ii), (iii)에서 $a=\dfrac{15}{7}$이므로 $7a=15$

08 .... 답 ③

근이 α, β, γ이므로 근과 계수의 관계를 이용하거나
주어진 방정식이
$$(x-\alpha)(x-\beta)(x-\gamma)=0$$
꼴임을 이용한다.

이때에는 m을 소거하여 α, β, γ에 대한 식을 구하는 것이 기본이다.

세 근이 α, β, γ이므로
$$x^3-3x^2-(m-1)x+m+7$$
$$=(x-\alpha)(x-\beta)(x-\gamma) \qquad \cdots ❶$$
$x=1$을 대입하면
$$6=(1-\alpha)(1-\beta)(1-\gamma)$$
❶에서 양변의 x^2의 계수를 비교하면 $3=\alpha+\beta+\gamma$
$$\therefore 0=(1-\alpha)+(1-\beta)+(1-\gamma)$$
$1-\alpha$, $1-\beta$, $1-\gamma$가 정수이고 $1-\alpha\leq1-\beta\leq1-\gamma$라 해도 되므로 곱이 6, 합이 0인 경우는
$$1-\alpha=-2,\ 1-\beta=-1,\ 1-\gamma=3$$
$$\therefore \alpha=3,\ \beta=2,\ \gamma=-2$$
❶에서 양변의 상수항을 비교하면 $m+7=-\alpha\beta\gamma=12$, $m=5$
$$\therefore \alpha^2+\beta^2+\gamma^2+m^2=42$$

08 부등식

01 ⑤	**02** ①	**03** 5	**04** ⑤	**05** ③	**06** $a \geq 4$
07 $1 \leq a < 2$		**08** ②	**09** 4	**10** ④	
11 $-2 \leq a \leq 1$		**12** ②	**13** $2 \leq k < 6$		
14 $x < 3 - 2\sqrt{2}$ 또는 $x > 3 + 2\sqrt{2}$		**15** ⑤		**16** $-4 < x < 3$	
17 $a=4, b=3$		**18** ⑤	**19** $4 < a \leq 5$		
20 $-1 \leq k \leq 0$		**21** ②	**22** ②	**23** ③	
24 $3 < a \leq 4$		**25** ②	**26** $a=2, b=1$		**27** 18
28 ②	**29** ⑤	**30** ③	**31** $\dfrac{11}{7} < a < 5$		
32 $1 < x < 3$					

01　답 ⑤

$2x-1 \geq 0$, $2x-1 < 0$일 때로 나누어 푼다.
또는 다음을 이용한다.
$|x| \leq a \Rightarrow -a \leq x \leq a$
$|x| \geq a \Rightarrow x \leq -a$ 또는 $x \geq a$

$|2x-1| \leq a$에서 $-a \leq 2x-1 \leq a$

$\qquad -a+1 \leq 2x \leq a+1$

$\qquad \therefore \dfrac{-a+1}{2} \leq x \leq \dfrac{a+1}{2}$

$b \leq x \leq 3$과 비교하면

$\qquad \dfrac{-a+1}{2} = b$, $\dfrac{a+1}{2} = 3$

$\qquad -a+1 = 2b$, $a+1 = 6$

$\qquad \therefore a = 5, b = -2, a+b = 3$

02　답 ①

$x+2$와 $x-1$의 부호가 바뀌는 x의 값을 기준으로 범위를 나눈다.

(ⅰ) $x < -2$일 때, $-3(x+2)-(x-1) \leq 5$

$\qquad -4x \leq 10 \qquad \therefore x \geq -\dfrac{5}{2}$

$\quad x < -2$이므로 $-\dfrac{5}{2} \leq x < -2$

(ⅱ) $-2 \leq x < 1$일 때, $3(x+2)-(x-1) \leq 5$

$\qquad 2x \leq -2 \qquad \therefore x \leq -1$

$\quad -2 \leq x < 1$이므로 $-2 \leq x \leq -1$

(ⅲ) $x \geq 1$일 때, $3(x+2)+(x-1) \leq 5$

$\qquad 4x \leq 0 \qquad \therefore x \leq 0$

$\quad x \geq 1$이므로 해는 없다.

(ⅰ), (ⅱ), (ⅲ)에서 $-\dfrac{5}{2} \leq x \leq -1$

따라서 정수 x는 -2, -1이고, 합은 -3이다.

03　답 5

$a < b < c$는 '$a < b$이고 $b < c$이다.'를 한 개의 식으로 나타낸 것이다.

$2x-7 < \dfrac{3x+2}{5}$에서 $5(2x-7) < 3x+2$

$\qquad 7x < 37 \qquad \therefore x < \dfrac{37}{7}$ $\qquad \cdots$ ❶

$\dfrac{3x+2}{5} \leq 4x-3$에서 $3x+2 \leq 5(4x-3)$

$\qquad -17x \leq -17 \qquad \therefore x \geq 1$ $\qquad \cdots$ ❷

❶, ❷에서 $1 \leq x < \dfrac{37}{7}$

따라서 자연수 x는 1, 2, 3, 4, 5이고, 5개이다.

04　답 ⑤

정리하면 $(2-b)x < 3+a$
양변을 $2-b$로 나누어야 하므로
$2-b > 0$, $2-b < 0$, $2-b = 0$일 때로 나누어 생각한다.

$2x-a < bx+3$에서 $(2-b)x < 3+a$

$2-b > 0$일 때 $x < \dfrac{3+a}{2-b}$

$2-b < 0$일 때 $x > \dfrac{3+a}{2-b}$

$2-b = 0$일 때 $0 \times x < 3+a$이므로 $3+a > 0$이면 해가 모든 실수
이고 $3+a \leq 0$이면 해가 없다.

$\qquad \therefore b=2, a \leq -3$

05　답 ③

부등식에서 문자를 포함한 식으로 나눌 때에는 부호에 주의한다.
곧, $a+2b$가 양수일 때와 음수일 때로 나누어 푼다.

$(a+2b)x+a-b > 0$에서 $(a+2b)x > -(a-b)$

$a+2b > 0$일 때 $x > -\dfrac{a-b}{a+2b}$

$a+2b < 0$일 때 $x < -\dfrac{a-b}{a+2b}$

해가 $x < \dfrac{1}{2}$이므로

$\qquad a+2b < 0$ $\quad \cdots$ ❶,　$-\dfrac{a-b}{a+2b} = \dfrac{1}{2}$ $\quad \cdots$ ❷

❷에서 $-2(a-b) = a+2b$ $\quad \therefore a=0$
이때 $(2a-3b)x+a+6b < 0$은
$\qquad -3bx+6b < 0$, $-3b(x-2) < 0$
❶에서 $b < 0$이므로 $x < 2$

06

답 $a \geq 4$

연립부등식의 해의 조건에 대한 문제이다.
수직선 위에 나타내 본다.

$3x+2<2x+6$에서 $x<4$ ⋯ ❶
$2x-a \geq x$에서 $x \geq a$ ⋯ ❷

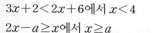

❶, ❷의 공통부분이 없으므로 $a \geq 4$

07

답 $1 \leq a < 2$

연립부등식의 해의 조건에 대한 문제이다.
수직선 위에 공통부분을 나타내고 필요한 조건을 찾는다.

$3x-5<4$에서
$3x<9$ $\therefore x<3$ ⋯ ❶
$3-2x \leq 2a-1$에서
$-2x \leq 2a-4$ $\therefore x \geq -a+2$ ⋯ ❷

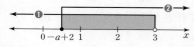

❶, ❷의 공통인 부분에 정수가 2개이므로
❷는 1, 2를 포함하고 0을 포함하지 않는다. 곧,
$0 < -a+2 \leq 1$ $\therefore 1 \leq a < 2$

08

답 ②

부등식 $x^2-x-3<0$의 해는 방정식 $x^2-x-3=0$의 해를
이용하여 부등식으로 나타낼 수 있다.

x^2의 계수가 1이고 부등식의 해가 $\alpha < x < \beta$이므로
$x^2-x-3=(x-\alpha)(x-\beta)$
$=x^2-(\alpha+\beta)x+\alpha\beta$
계수를 비교하면 $\alpha+\beta=1$, $\alpha\beta=-3$이므로
$\alpha^2+\beta^2=(\alpha+\beta)^2-2\alpha\beta$
$=1^2-2 \times (-3)=7$

Think More
이차방정식 $x^2-x-3=0$의 두 근이 α, β이므로 근과 계수의 관계에서
$\alpha+\beta=1$, $\alpha\beta=-3$
이라 해도 된다.

09

답 4

완전제곱 꼴의 부등식을 풀 때에는 등호를 포함하는지에 주의해야 한다.
$(x-\alpha)^2>0 \Rightarrow x \neq \alpha$인 실수
$(x-\alpha)^2 \leq 0 \Rightarrow x=\alpha$

$x^2-4x+2 \leq 2x-3$에서 $x^2-6x+5 \leq 0$
$(x-1)(x-5) \leq 0$ $\therefore 1 \leq x \leq 5$ ⋯ ❶
$x^2-4x+4>0$에서
$(x-2)^2>0$ $\therefore x \neq 2$인 실수 ⋯ ❷

❶, ❷를 만족시키는 정수 x는 1, 3, 4, 5이고, 4개이다.

10

답 ④

$x \geq 0$, $x<0$일 때로 나누어 푼다.

(i) $x \geq 0$일 때, $x^2+x-2 \geq 0$
$(x+2)(x-1) \geq 0$
$\therefore x \leq -2$ 또는 $x \geq 1$
$x \geq 0$이므로 $x \geq 1$

(ii) $x<0$일 때, $-x^2+x-2 \geq 0$
$x^2-x+2 \leq 0$
$\left(x-\dfrac{1}{2}\right)^2+\dfrac{7}{4} \leq 0$
이 부등식의 해는 없다.

(i), (ii)에서 $x \geq 1$

Think More
$x^2-x+2=0$에서 $D=(-1)^2-4 \times 2<0$이므로
$x^2-x+2 \leq 0$의 해는 없다.

11

답 $-2 \leq a \leq 1$

이차부등식의 해가 $-1<x<1$을 포함한다는 뜻이다.

$(x-a+2)(x-a-3)<0$에서 $a-2<a+3$이므로
$a-2<x<a+3$ ⋯ ❶

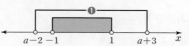

그림과 같이 $-1<x<1$이 ❶에 포함되면 조건을 만족시킨다.
따라서 $a-2 \leq -1$이고 $a+3 \geq 1$이므로
$a \leq 1$이고 $a \geq -2$ $\therefore -2 \leq a \leq 1$

12   답 ②

계수가 실수이므로 허근을 가질 조건은 $D<0$이다.

$x^2+2(a+1)x+a+7=0$이 허근을 가지므로

$$\frac{D_1}{4}=(a+1)^2-(a+7)<0$$
$$a^2+a-6<0,\ (a+3)(a-2)<0$$
$$\therefore -3<a<2 \quad \cdots ❶$$

또 $x^2-2(a-3)x-a+15=0$도 허근을 가지므로

$$\frac{D_2}{4}=(a-3)^2-(-a+15)<0$$
$$a^2-5a-6<0,\ (a+1)(a-6)<0$$
$$\therefore -1<a<6 \quad \cdots ❷$$

❶, ❷의 공통부분은 $-1<a<2$
따라서 정수 a는 0, 1이고, 2개이다.

13   답 $2\leq k<6$

이차방정식의 두 근이 양수일 조건은
$$D\geq 0,\ \alpha+\beta>0,\ \alpha\beta>0$$

$x^2-2kx-k+6=0$에서

(i) $\dfrac{D}{4}=k^2+k-6\geq 0$이므로
$$(k+3)(k-2)\geq 0$$
$$\therefore k\leq -3\ 또는\ k\geq 2$$

(ii) 두 근의 합이 양수이므로
$$2k>0 \quad \therefore k>0$$

(iii) 두 근의 곱이 양수이므로
$$-k+6>0 \quad \therefore k<6$$

(i), (ii), (iii)의 공통부분은 $2\leq k<6$

14   답 $x<3-2\sqrt{2}$ 또는 $x>3+2\sqrt{2}$

해가 주어진 이차부등식은 다음을 이용하여 구한다.
해가 $\alpha<x<\beta$이면 $(x-\alpha)(x-\beta)<0$
해가 $x<\alpha$ 또는 $x>\beta$이면 $(x-\alpha)(x-\beta)>0$

해가 $-3<x<2$인 이차부등식은
$$(x+3)(x-2)<0,\ x^2+x-6<0$$
$x^2+ax+b<0$과 비교하면 $a=1$, $b=-6$
이때 $x^2+bx+a>0$은 $x^2-6x+1>0$
$x^2-6x+1=0$의 해가 $x=3\pm 2\sqrt{2}$이므로
$$x<3-2\sqrt{2}\ 또는\ x>3+2\sqrt{2}$$

15   답 ⑤

$x-100=t$로 놓으면 t의 범위를 구할 수 있다.

$x-100=t$로 놓으면 주어진 식은
$$at^2+bt+c>0$$
$ax^2+bx+c>0$의 해가 $3<x<5$이므로 $3<t<5$
$$3<x-100<5 \qquad \therefore 103<x<105$$
따라서 정수 x의 값은 104이다.

16   답 $-4<x<3$

해가 주어진 이차부등식은 다음을 이용하여 구한다.
해가 $\alpha<x<\beta$이면 $(x-\alpha)(x-\beta)<0$
해가 $x<\alpha$ 또는 $x>\beta$이면 $(x-\alpha)(x-\beta)>0$

$(x-a)(x-b)-10<0$의 해가 $-3<x<4$이므로
$$(x-a)(x-b)-10=(x+3)(x-4)$$
$$x^2-(a+b)x+ab-10=x^2-x-12$$
$$\therefore a+b=1,\ ab-10=-12 \quad \cdots ❶$$
이때 $(x+a)(x+b)<10$은 $x^2+(a+b)x+ab-10<0$
❶을 대입하면
$$x^2+x-12<0,\ (x+4)(x-3)<0$$
$$\therefore -4<x<3$$

Think More

곡선 $y=(x-a)(x-b)$는 x축과 $x=a$, $x=b$에서 만나고
곡선 $y=(x+a)(x+b)$는 x축과 $x=-a$, $x=-b$에서 만난다.
따라서 두 그래프는 y축에 대칭이다.

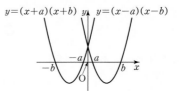

17   답 $a=4$, $b=3$

$|x+1|\leq 2$에서 $-2\leq x+1\leq 2$
$$\therefore -3\leq x\leq 1 \quad \cdots ❶$$
$x^2-x-2\geq 0$에서 $(x+1)(x-2)\geq 0$
$$\therefore x\leq -1\ 또는\ x\geq 2 \quad \cdots ❷$$
❶, ❷의 공통부분은 $-3\leq x\leq -1$
이 부등식이 해인 이차부등식은
$$(x+3)(x+1)\leq 0,\ x^2+4x+3\leq 0$$
$$\therefore a=4,\ b=3$$

18 ▸ 답 ⑤

▸부등식의 해가 $x=2$인 경우 다음 그래프를 기억한다.

$a>0$일 때 $a(x-2)^2\leq0$ 　　　$a<0$일 때 $a(x-2)^2\geq0$

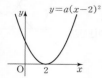 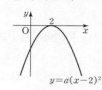

$ax^2+bx+c\geq0$의 해가 $x=2$이므로
주어진 부등식은 $a(x-2)^2\geq0$이고 $a<0$이다.
$$\therefore ax^2+bx+c=a(x-2)^2$$
전개하고 계수를 비교하면 $b=-4a$, $c=4a$

ㄱ. $a<0$ (참)

ㄴ. $ax^2+bx+c=0$의 해가 $x=2$(중근)이므로
　　　$D=b^2-4ac=0$ (참)

ㄷ. $b+c=-4a+4a=0$ (참)

따라서 옳은 것은 ㄱ, ㄴ, ㄷ이다.

19 ▸ 답 $4<a\leq5$

▸해의 범위에 대한 문제는 경계가 포함되는지 꼭 확인한다.

$x^2-(a-1)x-a<0$에서 $(x+1)(x-a)<0$
a가 양수이므로 해는 $-1<x<a$

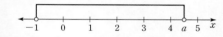

따라서 정수 x가 5개이려면 $4<a\leq5$

20 ▸ 답 $-1\leq k\leq0$

▸이차부등식은 인수분해가 되는지부터 확인한다.

$x^2+x-20<0$에서 $(x+5)(x-4)<0$
$$\therefore -5<x<4 \qquad \cdots ❶$$
$x^2-2kx+k^2-25>0$에서
　　$\{x-(k-5)\}\{x-(k+5)\}>0$
$$\therefore x<k-5 \ \text{또는} \ x>k+5 \qquad \cdots ❷$$

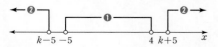

❶, ❷의 공통부분이 없으므로 위의 그림에서
　　$k-5\leq-5$이고 $4\leq k+5$ 　　$\therefore -1\leq k\leq0$

21 ▸ 답 ②

$x^2-2x-3>0$에서 $(x+1)(x-3)>0$
$$\therefore x<-1 \ \text{또는} \ x>3 \qquad \cdots ❶$$

▸조건을 만족시키는 경우를 수직선 위에 나타낸다.

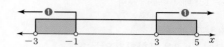

위의 그림에서 $x^2+ax+b<0$의 해가 $-3<x<5$이므로
　　$x^2+ax+b=(x+3)(x-5)=x^2-2x-15$
$$\therefore a=-2, b=-15, a+b=-17$$

22 ▸ 답 ②

$x^2-2x-24\leq0$에서 $(x+4)(x-6)\leq0$
$$\therefore -4\leq x\leq6 \qquad \cdots ❶$$
$x^2+(1-2a)x-2a\leq0$에서 $(x-2a)(x+1)\leq0$

▸$2a$와 -1의 대소를 모르므로
$2a<-1$, $2a=-1$, $2a>-1$일 때로 나누어 푼다.

(ⅰ) $2a<-1$일 때, $2a\leq x\leq-1$
　　❶과 공통부분이 $-1\leq x\leq6$일 수 없다.

(ⅱ) $2a=-1$일 때, $x=-1$
　　❶과 공통부분이 $-1\leq x\leq6$일 수 없다.

(ⅲ) $2a>-1$일 때, $-1\leq x\leq2a$
　　❶과 공통부분이 $-1\leq x\leq6$이므로
　　　　$2a\geq6$ 　　$\therefore a\geq3$

따라서 실수 a의 최솟값은 3이다.

23 ▸ 답 ③

▸해에 등호를 포함하는 부등호와 포함하지 않는 부등호가 있음을 이용한다.

연립부등식의 해가 $2<x\leq3$이므로
$x^2+px+q\leq0$의 해는 $\alpha\leq x\leq3$ 꼴이고
$x^2-x+p>0$의 해는 $x<\beta$ 또는 $x>2$ 꼴이다.

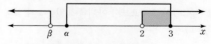

$x=2$가 $x^2-x+p=0$의 해이므로
　　$2+p=0$ 　　$\therefore p=-2$
$x=3$이 $x^2+px+q=0$의 해이므로
　　$9+3p+q=0$ 　　$\therefore q=-3, p+q=-5$

Think More

$p=-2$, $q=-3$일 때
$x^2+px+q\leq0$은 $x^2-2x-3\leq0$ 　　$\therefore -1\leq x\leq3$
$x^2-x+p>0$은 $x^2-x-2>0$ 　　$\therefore x<-1$ 또는 $x>2$
따라서 연립부등식의 해는 $2<x\leq3$이다.

24 · 답 $3 < a \leq 4$

$x^2 - 4 > 0$에서 $x < -2$ 또는 $x > 2$ · · · ❶

$x^2 + (1-a)x - a < 0$에서 $(x+1)(x-a) < 0$

▶ a와 -1의 대소를 모르므로
$a < -1$, $a = -1$, $a > -1$일 때로 나누어 푼다.

(ⅰ) $a < -1$일 때, $a < x < -1$
　　❶과의 공통부분이 $x = 3$을 포함하지 않는다.

(ⅱ) $a = -1$일 때, $(x+1)^2 < 0$이므로 해가 없다.

(ⅲ) $a > -1$일 때, $-1 < x < a$ · · · ❷

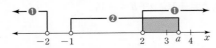

❶, ❷의 공통부분에 있는 정수가 $x = 3$뿐이려면
　　$3 < a \leq 4$

25 · 답 ②

▶ $f(1-x) \geq 0$에서 $1-x = t$로 놓고 t의 범위부터 구한다.

$1 - x = t$라 하면 $f(t) \geq 0$에서 $-1 \leq t \leq 3$
　　$-1 \leq 1 - x \leq 3$, $-2 \leq -x \leq 2$
　　∴ $-2 \leq x \leq 2$

다른 풀이

▶ 이차함수의 그래프가 x축과 $x = -1$, $x = 3$에서 만나므로
$f(x) = a(x+1)(x-3)$으로 놓고 풀 수도 있다.

$f(x) = a(x+1)(x-3)$ $(a < 0)$이라 하면
　　$f(1-x) = a(2-x)(-2-x) = a(x-2)(x+2)$
$f(1-x) \geq 0$에서 $a(x-2)(x+2) \geq 0$
$a < 0$이므로 $(x-2)(x+2) \leq 0$
　　∴ $-2 \leq x \leq 2$

26 · · · · · · · · · · · · · · · · · · · 답 $a = 2$, $b = 1$

▶ $y = f(x)$의 그래프가 $y = g(x)$의 그래프보다 아래쪽에 있는 x의 값의
범위는 부등식 $f(x) < g(x)$의 해이다.

$f(x) = x^2 + ax - b$, $g(x) = 3x + 1$
이라 하자.

$f(x) < g(x)$에서 $x^2 + ax - b < 3x + 1$
　　∴ $x^2 + (a-3)x - b - 1 < 0$
해가 $-1 < x < 2$이므로
　　$x^2 + (a-3)x - b - 1$
　　　$= (x+1)(x-2) = x^2 - x - 2$
곧, $a - 3 = -1$, $-b - 1 = -2$
　　∴ $a = 2$, $b = 1$

27 · 답 18

▶ 부등식 $f(x) \geq 0$의 해가 모든 실수이면
$y = f(x)$의 그래프가 오른쪽 그림과 같다.
x축에 접하는 경우도 가능함에 주의한다.

$x^2 + (a-2)x + 4 \geq 0$에서 x^2의 계수가 1이므로
　　$D = (a-2)^2 - 4 \times 4 \leq 0$
　　$(a-2+4)(a-2-4) \leq 0$
　　∴ $-2 \leq a \leq 6$
따라서 정수 a는 -2, -1, 0, 1, 2, 3, 4, 5, 6이고, 합은 18이다.

28 · 답 ②

▶ 부등식 $f(x) < 0$의 해가 모든 실수이면
$y = f(x)$의 그래프가 오른쪽 그림과 같다.

$ax^2 + (a+3)x + a < 0$에서
(ⅰ) $a < 0$
(ⅱ) $D = (a+3)^2 - 4a^2 < 0$
　　　$3a^2 - 6a - 9 > 0$
　　　$(a+1)(a-3) > 0$
　　　∴ $a < -1$ 또는 $a > 3$
(ⅰ), (ⅱ)의 공통부분은 $a < -1$
따라서 정수 a의 최댓값은 -2이다.

29 · 답 ⑤

▶ $y = f(x)$의 그래프가 $y = g(x)$의 그래프보다
아래쪽에 있으면
부등식 $f(x) < g(x)$의 해는 모든 실수이다.
또는 그래프가 만나지 않을 조건을 생각해도
된다.

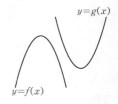

$f(x) - g(x) < 0$에서 $-3x^2 + (2a-4)x - 3 < 0$
　　∴ $3x^2 - (2a-4)x + 3 > 0$
이 부등식의 해가 모든 실수이므로
　　$\dfrac{D}{4} = (a-2)^2 - 9 < 0$
　　$(a-2+3)(a-2-3) < 0$
　　∴ $-1 < a < 5$

30 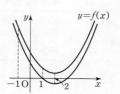 답 ③

주어진 범위에서 $x^2-4x-a^2+4a\geq0$일 조건을 찾는다.
좌변을 $f(x)$로 놓고 그래프를 생각한다.

$f(x)=x^2-4x-a^2+4a$라 하면
$$f(x)=(x-2)^2-a^2+4a-4$$

오른쪽 그림과 같이 $-1\leq x\leq1$에서
$f(x)\geq0$이면 $y=f(x)$의 그래프가
$x=1$에서 x축과 만나거나
$-1\leq x\leq1$에서 x축보다 위쪽에 있다.
곧, $f(1)\geq0$이므로
$$-a^2+4a-3\geq0,\ (a-1)(a-3)\leq0$$
$$\therefore\ 1\leq a\leq3$$
따라서 정수 a는 1, 2, 3이고, 3개이다.

31 답 $\dfrac{11}{7}<a<5$

$f(x)=x^2+2ax+a-5$라 하고
$-4\leq x\leq0$에서 $y=f(x)$의 그래프를 생각한다.

$f(x)=x^2+2ax+a-5$라 하면
오른쪽 그림과 같이 $-4\leq x\leq0$에서
$f(x)<0$이면 이 범위에서 $y=f(x)$의
그래프가 x축보다 아래쪽에 있다.
$f(0)<0$, $f(-4)<0$이므로
$f(0)=a-5<0$에서 $a<5$ ⋯ ❶
$f(-4)=16-8a+a-5<0$에서 $a>\dfrac{11}{7}$ ⋯ ❷

❶, ❷의 공통부분은 $\dfrac{11}{7}<a<5$

32 답 $1<x<3$

a, b, c 중 c가 가장 긴 변의 길이일 때,
삼각형이 되려면 $a+b>c$이고,
둔각삼각형이 되려면 $a^2+b^2<c^2$이다.

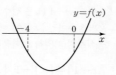

$x+2$가 가장 긴 변의 길이이다.
삼각형의 변의 길이이므로
$$x+(x+1)>x+2$$
$$\therefore\ x>1$$ ⋯ ❶
둔각삼각형의 변의 길이이므로
$$x^2+(x+1)^2<(x+2)^2,\ x^2-2x-3<0$$
$$(x+1)(x-3)<0$$
$x>0$이므로 $0<x<3$ ⋯ ❷

❶, ❷의 공통부분은 $1<x<3$

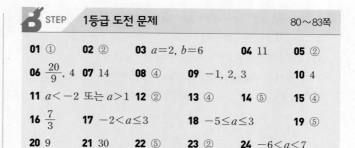

01 ①	**02** ②	**03** $a=2,\ b=6$	**04** 11	**05** ②
06 $\dfrac{20}{9}$, 4	**07** 14	**08** ④	**09** $-1,\ 2,\ 3$	**10** 4
11 $a<-2$ 또는 $a>1$	**12** ②	**13** ④	**14** ⑤	**15** ④
16 $\dfrac{7}{3}$	**17** $-2<a\leq3$	**18** $-5\leq a\leq3$	**19** ⑤	
20 9	**21** 30	**22** ⑤	**23** ②	**24** $-6<a<7$

01 답 ①

$a<x<\beta$인 실수 x가 있으면 $a<\beta$이고,
$a\leq x\leq\beta$인 실수 x가 있으면 $a\leq\beta$이다.

$-x-a<2x-1<x+a$이므로
$-x-a<2x-1$에서 $x>\dfrac{1-a}{3}$
$2x-1<x+a$에서 $x<a+1$
이때 부등식이 해를 가지려면
$$\dfrac{1-a}{3}<a+1\qquad\therefore\ a>-\dfrac{1}{2}$$

다른 풀이

$y=|2x-1|$과 $y=x+a$의 그래프를 이용할 수도 있다.

$y=|2x-1|$에서
$x\geq\dfrac{1}{2}$일 때 $y=2x-1$
$x<\dfrac{1}{2}$일 때 $y=-2x+1$

따라서 $y=|2x-1|$의 그래프는 오른쪽
그림에서 꺾인 선이다.
이때 주어진 부등식의 해가 있으려면 직
선 $y=x+a$가 $y=|2x-1|$의 그래프와
두 점에서 만나야 한다.

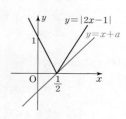

$y=x+a$에 $x=\dfrac{1}{2}$, $y=0$을 대입하면
$a=-\dfrac{1}{2}$이므로 해가 있으려면 $a>-\dfrac{1}{2}$

02 답 ②

문자를 포함한 식이므로 $y=|x-a|+|x-b|$의 그래프를 이용하는 것이
편하다.
a, b가 바뀌어도 관계없으므로 $a\leq b$라 해도 된다.
따라서 $a=b$일 때와 $a<b$일 때로 나누어 생각한다.

$a\leq b$라 생각해도 된다.
(i) $a=b$일 때, $2|x-a|\leq10$, $|x-a|\leq5$
$$-5\leq x-a\leq5,\ a-5\leq x\leq a+5$$
해가 $-2\leq x\leq8$이므로
$$a-5=-2,\ a+5=8$$
$$\therefore\ a=3,\ b=3,\ a+b=6$$

(ii) $a<b$일 때, $y=|x-a|+|x-b|$라 하자.

$x<a$에서 $y=-(x-a)-(x-b)=-2x+a+b$

$a\le x<b$에서 $y=x-a-(x-b)=-a+b$

$x\ge b$에서 $y=x-a+x-b=2x-a-b$

따라서 $y=|x-a|+|x-b|$의 그래프는 다음 그림과 같다.

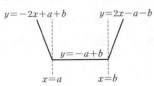

$|x-a|+|x-b|\le10$의 해가 $-2\le x\le8$이면

점 $(-2, 10)$이 직선 $y=-2x+a+b$ 위에 있으므로

$\qquad 10=4+a+b,\ a+b=6$

점 $(8, 10)$이 직선 $y=2x-a-b$ 위에 있으므로

$\qquad 10=16-a-b,\ a+b=6$

(i), (ii)에서 $a+b=6$

---

03   답 $a=2$, $b=6$

▌이차함수의 최대, 최소 문제는 x^2의 부호와 축의 위치부터 확인한다. 이 문제에서는 a의 부호를 모르므로 $a>0$일 때와 $a<0$일 때로 나누어 생각한다.

$|2x-3|+|3-x|+|x+2|\le16$에서

$\qquad |2x-3|+|x-3|+|x+2|\le16$

(i) $x<-2$일 때

$\qquad -2x+3-x+3-x-2\le16,\ x\ge-3$

$\qquad \therefore -3\le x<-2$

(ii) $-2\le x<\dfrac{3}{2}$일 때

$\qquad -2x+3-x+3+x+2\le16,\ x\ge-4$

$\qquad \therefore -2\le x<\dfrac{3}{2}$

(iii) $\dfrac{3}{2}\le x<3$일 때

$\qquad 2x-3-x+3+x+2\le16,\ x\le7$

$\qquad \therefore \dfrac{3}{2}\le x<3$

(iv) $x\ge3$일 때

$\qquad 2x-3+x-3+x+2\le16,\ x\le5$

$\qquad \therefore 3\le x\le5$

(i)$\sim$(iv)에서 $-3\le x\le5$ … ㉮

$f(x)=ax^2+2ax+b=a(x+1)^2-a+b$에서

$a>0$이면 $f(-1)$이 최솟값, $f(5)$가 최댓값이다.

$\qquad f(-1)=-a+b=4$

$\qquad f(5)=36a-a+b=76$

연립하여 풀면 $a=2$, $b=6$

$a<0$이면 $f(-1)$이 최댓값, $f(5)$가 최솟값이다.

$\qquad f(-1)=-a+b=76$

$\qquad f(5)=36a-a+b=4$

연립하여 풀면 $a=-2$, $b=74$ … ㉯

$ab>0$이므로 $a=2$, $b=6$ … ㉰

단계	채점 기준	배점
㉮	부등식을 만족시키는 x의 값의 범위 구하기	60%
㉯	$a>0$, $a<0$일 때로 나누어 $f(x)$의 최댓값이 76, 최솟값이 4인 a, b의 값 구하기	30%
㉰	$ab>0$인 a, b의 값 구하기	10%

---

04   답 11

▌$|x-a|\ge0$이고 우변이 0임을 이용한다.

$|x-a|\ge0$이므로 $x-10\le0$ 또는 $x=a$

자연수 x가 11개이므로 a는 10보다 큰 자연수이다.

따라서 a의 최솟값은 11이다.

---

05   답 ②

▌$n\le x<n+1$ (n은 정수)일 때, $n+k\le x+k<n+k+1$

k가 정수이면 $[x+k]=n+k$ $\therefore [x+k]=[x]+k$

공식처럼 기억하고 이용해도 된다.

$[x-1]=[x]-1$, $[x+1]=[x]+1$이므로 주어진 부등식은

$\qquad 2([x]-1)^2-5([x]+1)+7<0$

$\qquad 2[x]^2-9[x]+4<0$

$\qquad (2[x]-1)([x]-4)<0$

$\qquad \therefore \dfrac{1}{2}<[x]<4$

$[x]$는 정수이므로 $[x]=1, 2, 3$

$\qquad [x]=1$일 때 $1\le x<2$

$\qquad [x]=2$일 때 $2\le x<3$

$\qquad [x]=3$일 때 $3\le x<4$

$\qquad \therefore 1\le x<4,\ \alpha=1,\ \beta=4,\ \beta-\alpha=3$

---

06   답 $\dfrac{20}{9}$, 4

▌(가)에서 부등식의 해가 주어져 있으므로 이를 이용하여 $f(x)+2x-2$에 대한 식부터 구한다.

(가)에서 이차부등식 $f(x)+2x-2\ge0$의 해가

$-2\le x\le1$이므로

$\qquad f(x)+2x-2=a(x+2)(x-1)$ $(a<0)$

로 놓을 수 있다.

$\qquad f(x)=a(x+2)(x-1)-2x+2$

$\qquad\qquad =ax^2+(a-2)x-2a+2$ … ❶

$y=f(x)$, $y=g(x)$의 그래프가 접하면 방정식 $f(x)=g(x)$는 중근을 가진다.

(나)에서 이차방정식 $f(x)=-x+5$가 중근을 가지므로
$$ax^2+(a-2)x-2a+2=-x+5$$
$$ax^2+(a-1)x-2a-3=0$$
에서
$$D=(a-1)^2+4a(2a+3)=0$$
$$(9a+1)(a+1)=0$$
$$\therefore a=-\frac{1}{9} \text{ 또는 } a=-1$$

❶에 대입하면
$$f(x)=-\frac{1}{9}x^2-\frac{19}{9}x+\frac{20}{9}$$
$$\text{또는 } f(x)=-x^2-3x+4$$

따라서 $f(0)=\dfrac{20}{9}$ 또는 $f(0)=4$

07 ···················· 답 14

$f(x)=k$의 해가 $x=2$ 또는 $x=12$이다.

$f(x)-k=0$의 두 근이 2, 12이고
$f(x)$의 x^2의 계수가 -1이므로
$$f(x)-k=-(x-2)(x-12)$$
$$\therefore f(x)=-x^2+14x-24+k$$
$f(3)=9+k$이므로 $f(x)>f(3)-2$에서
$$-x^2+14x-24+k>7+k$$
$$x^2-14x+31<0$$
$x^2-14x+31=0$의 해가 α, β이므로
$$\alpha+\beta=14$$

08 ···················· 답 ④

$bx^2+2x+a=b(x-\alpha)(x-\beta)$이고 $b>0$이다.
이를 이용하여 a, b를 α, β로 나타낸다.

부등식 $bx^2+2x+a<0$의 해가
$\alpha<x<\beta$이고 $\alpha\beta<0$이므로
$$b>0,\ a<0$$
또 $\alpha+\beta=-\dfrac{2}{b}$, $\alpha\beta=\dfrac{a}{b}$ ··· ❶

부등식 $4ax^2-4x+b>0$의 양변을 $4a$로 나누면
$$x^2-\frac{1}{a}x+\frac{b}{4a}<0 \qquad \cdots ❷$$
❶에서 $\dfrac{1}{a}=-\dfrac{\alpha+\beta}{2\alpha\beta}$, $\dfrac{b}{4a}=\dfrac{1}{4\alpha\beta}$

이때 합이 $-\dfrac{\alpha+\beta}{2\alpha\beta}$, 곱이 $\dfrac{1}{4\alpha\beta}$인 두 수는 $-\dfrac{1}{2\alpha}$, $-\dfrac{1}{2\beta}$이고,
$-\dfrac{1}{2\beta}<-\dfrac{1}{2\alpha}$이므로 ❷의 해는 $-\dfrac{1}{2\beta}<x<-\dfrac{1}{2\alpha}$

09 ···················· 답 -1, 2, 3

두 그래프가 x축과
두 점에서 만날 때, 접할 때, 만나지 않을 때
로 나누어 생각한다.

$x^2-4x+k^2+3=0$에서
$$\frac{D_1}{4}=4-(k^2+3)=-k^2+1$$
$$=-(k+1)(k-1)$$
$x^2+4x-k^2+3k+8=0$에서
$$\frac{D_2}{4}=4-(-k^2+3k+8)=k^2-3k-4$$
$$=(k+1)(k-4)$$

(i) 두 그래프 모두 x축과 접할 때,
$$\frac{D_1}{4}=0\text{이므로 } k=\pm1$$
$$\frac{D_2}{4}=0\text{이므로 } k=-1 \text{ 또는 } k=4$$
동시에 만족시키는 정수 k는 -1이다.

(ii) 두 그래프 모두 x축과 두 점에서 만날 때,
$$\frac{D_1}{4}>0\text{이므로 } -1<k<1$$
$$\frac{D_2}{4}>0\text{이므로 } k<-1 \text{ 또는 } k>4$$
동시에 만족시키는 정수 k는 없다.

(iii) 두 그래프 모두 x축과 만나지 않을 때,
$$\frac{D_1}{4}<0\text{이므로 } k<-1 \text{ 또는 } k>1$$
$$\frac{D_2}{4}<0\text{이므로 } -1<k<4$$
동시에 만족시키는 정수 k는 2, 3이다.

(i), (ii), (iii)에서 정수 k는 -1, 2, 3이다.

10 ···················· 답 4

이차방정식의 계수가 실수이면
실근을 가지는 경우는 $D>0$과 $D=0$임에 주의한다.

$x^2+kx=t$라 하면 $(t+2)(t+11)+14=0$
$$t^2+13t+36=0,\ (t+4)(t+9)=0$$
$$(x^2+kx+4)(x^2+kx+9)=0$$
실근과 허근을 모두 갖는 것은 다음 두 경우가 있다.

(i) $x^2+kx+4=0$이 실근, $x^2+kx+9=0$이 허근을 가질 때,
$D_1=k^2-16\geq0$에서 $k\leq-4$ 또는 $k\geq4$
$D_2=k^2-36<0$에서 $-6<k<6$
동시에 만족시키는 k의 값의 범위는
$$-6<k\leq-4 \text{ 또는 } 4\leq k<6$$

(ii) $x^2+kx+4=0$이 허근, $x^2+kx+9=0$이 실근을 가질 때,
$D_1=k^2-16<0$에서 $-4<k<4$
$D_2=k^2-36\geq0$에서 $k\leq-6$ 또는 $k\geq6$
동시에 만족시키는 k는 없다.

(i), (ii)에서 정수 k는 -5, -4, 4, 5이고, 4개이다.

11

답 $a<-2$ 또는 $a>1$

수직선 위에서 두 부등식의 해를 비교한다.

$x^2+x-6>0$에서 $(x+3)(x-2)>0$

$\quad\therefore x<-3$ 또는 $x>2$ $\quad\cdots$ ❶ $\quad\cdots$ ㉮

$|x-a|\le 1$에서 $-1\le x-a\le 1$

$\quad\therefore a-1\le x\le a+1$ $\quad\cdots$ ❷ $\quad\cdots$ ㉯

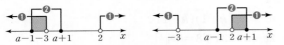

위의 그림과 같이 ❶, ❷의 공통부분이 있으려면

$a-1<-3$ 또는 $a+1>2$

$\quad\therefore a<-2$ 또는 $a>1$ $\quad\cdots$ ㉰

단계	채점 기준	배점
㉮	$x^2+x-6>0$의 해 구하기	20%
㉯	$|x-a|\le 1$의 해 구하기	30%
㉰	연립부등식이 해를 갖기 위한 a의 값의 범위 구하기	50%

12

답 ②

$(x+a)(x-3)<0$에서

$\quad -a>3, \ -a=3, \ -a<3$

일 때로 나누어야 해를 구할 수 있다.

$(x-a)(x-2)>0$도 마찬가지이다.

$(x+a)(x-3)<0$에서 $-a>3$이면 $3<x<-a$이므로 연립부등식의 해가 $2<x<3$일 수 없다.

따라서 $-a<3$, 곧 $a>-3$이고, 부등식의 해는

$\quad -a<x<3$ $\quad\cdots$ ❶

$(x-a)(x-2)>0$에서 $a>2$이면 $x<2$ 또는 $x>a$이므로 연립부등식의 해가 $2<x<3$일 수 없다.

따라서 $a<2$이고, 부등식의 해는

$\quad x<a$ 또는 $x>2$ $\quad\cdots$ ❷

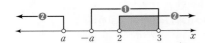

위의 그림에서 $-a\le 2, \ a\le -a$이므로

$\quad -2\le a\le 0$

따라서 a의 최댓값은 0, 최솟값은 -2이고, 합은 -2이다.

Think More

a가 경계에서의 값일 때는 따로 생각하는 것이 좋다.

$-a=3$이면 $(x+a)(x-3)<0$의 해가 없으므로 연립부등식의 해가 $2<x<3$일 수 없다.

$a=2$이면 $(x-a)(x-2)>0$의 해는 $x\ne 2$인 모든 실수이고, $(x+a)(x-3)<0$의 해는 $-2<x<3$이므로 연립부등식의 해가 $2<x<3$일 수 없다.

13

답 ④

$x^2-6|x|+8\le 0$에서 $x^2=|x|^2$이므로 $|x|=t$로 놓고 t의 범위부터 구한다.

$|x-2|<k$에서 $-k+2<x<k+2$ $\quad\cdots$ ❶

$x^2-6|x|+8\le 0$에서 $x^2=|x|^2$이므로

$|x|=t \ (t\ge 0)$로 놓으면

$\quad t^2-6t+8\le 0, \ (t-2)(t-4)\le 0 \quad\therefore 2\le t\le 4$

곧, $2\le |x|\le 4$이므로

$\quad -4\le x\le -2$ 또는 $2\le x\le 4$ $\quad\cdots$ ❷

k가 양수이므로 ❶, ❷를 만족시키는 정수 x가 3개이려면

$\quad -2\le -k+2<2$이고 $k+2>4$ $\quad\therefore 2<k\le 4$

따라서 k의 최댓값은 4이다.

Think More

$x^2-6|x|+8\le 0$은 $|x|$가 있으므로 $x\ge 0, \ x<0$일 때로 나누어 풀어도 된다.

$x\ge 0$일 때, $x^2-6x+8\le 0 \quad\therefore 2\le x\le 4$

$x<0$일 때, $x^2+6x+8\le 0 \quad\therefore -4\le x\le -2$

14

답 ⑤

$x^2+ax+b=0$의 해를 $\alpha, \beta \ (\alpha<\beta)$라 하고 $x^2+ax+b<0$과 $x^2+ax+b\ge 0$의 해에 대한 조건을 수직선에서 생각한다.

$x^2-8x+12\le 0$에서 $(x-2)(x-6)\le 0$

$\quad\therefore 2\le x\le 6$ $\quad\cdots$ ❶

$x^2+ax+b=0$의 실근을 $\alpha, \beta \ (\alpha<\beta)$라 하자.

$x^2+ax+b<0$의 해 $\alpha<x<\beta$와 ❶의 공통부분이 없으므로 위의 그림에서

$\quad \alpha<\beta\le 2$ 또는 $6\le \alpha<\beta$ $\quad\cdots$ ❷

$x^2-8x+12>0$에서 $(x-2)(x-6)>0$

$\quad\therefore x<2$ 또는 $x>6$ $\quad\cdots$ ❸

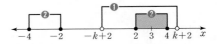

$x^2+ax+b\ge 0$의 해 $x\le \alpha$ 또는 $x\ge \beta$와 ❸의 공통부분이 $x\le -1$ 또는 $x>6$이므로 위의 그림에서

$\quad \alpha=-1, \ 2\le \beta\le 6$ $\quad\cdots$ ❹

❷와 ❹의 공통부분을 생각하면 $\alpha=-1, \ \beta=2$이므로

$\quad x^2+ax+b=(x+1)(x-2)=x^2-x-2$

$\quad\therefore a=-1, \ b=-2, \ a+b=-3$

Think More

$x^2+ax+b=0$이 중근이나 허근을 가지는 경우

$\begin{cases} x^2-8x+12>0 \\ x^2+ax+b\ge 0 \end{cases}$의 해가 $x\le -1$ 또는 $x>6$일 수 없다.

15 답 ④

두 부등식의 해는 그림과 같은 꼴이다.

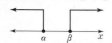 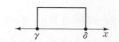

두 그림의 공통부분이 $1 \le x \le 3$, $x=4$가 되게 해 본다.

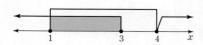

위의 그림에서 $x^2+ax+b \ge 0$의 해는

$x \le 3$ 또는 $x \ge 4$

이므로 $-a=3+4$, $b=3 \times 4$ ∴ $a=-7$, $b=12$

$x^2+cx+d \le 0$의 해는 $1 \le x \le 4$이므로

$-c=1+4$, $d=1 \times 4$ ∴ $c=-5$, $d=4$

∴ $a+b+c+d=4$

16 답 $\dfrac{7}{3}$

a가 양수이므로 두 부등식의 해를 구할 수 있다.

$x^2-(a-2)x-2a>0$에서

$(x+2)(x-a)>0$

∴ $x<-2$ 또는 $x>a$ … ❶

$x^2-(3a-5)x-15a<0$에서

$(x+5)(x-3a)<0$

∴ $-5<x<3a$ … ❷

❶, ❷에서 $-5<x<-2$ 또는 $a<x<3a$

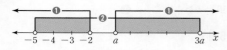

동시에 만족시키는 정수 x가 6개이면

$a<x<3a$에 포함되는 정수 x는 4개이다. … ❸

a와 $3a$가 정수인지 아닌지 모르므로
$a=n+\alpha$ (n은 정수, $0 \le \alpha<1$)로 놓고 풀어 보자.

$a=n+\alpha$ (n은 정수, $0 \le \alpha<1$)라 하면

$a<x<3a$에 포함되는 정수 x는

$n+1$, $n+2$, $n+3$, $n+4$ 네 개뿐이므로

$n+4<3a \le n+5$

$n+4<3n+3\alpha \le n+5$

(i) $n+4<3n+3\alpha$에서 $2n>4-3\alpha$

n은 정수이고 $1<4-3\alpha \le 4$이므로 $n \ge 1$

(ii) $3n+3\alpha \le n+5$에서 $2n \le 5-3\alpha$

n은 정수이고 $2<5-3\alpha \le 5$이므로 $n \le 2$

(i), (ii)에서 $n=2$, $\alpha=\dfrac{1}{3}$일 때 a가 최대이므로

a의 최댓값은 $2+\dfrac{1}{3}=\dfrac{7}{3}$이다.

다른 풀이

a와 $3a$가 정수인지 아닌지에 따라 범위가 다르다.
이를 이용하여 범위를 나누어 풀 수도 있다.
이때 a, b가 정수일 때 정수 x의 개수는 다음과 같이 구한다.

$a \le x \le b$ ⇨ $(b-a+1)$개

$a<x<b$ ⇨ $(b-a-1)$개

❸에서 $a<x<3a$에 포함되는 정수 x가 4개이다.

(i) a가 정수인 경우

$a<x<3a$에 포함되는 정수 x의 개수는

$3a-a-1=4$, $a=\dfrac{5}{2}$

a는 정수가 아니므로 모순이다.

(ii) a가 정수가 아닌 경우

① $n<a \le n+\dfrac{1}{3}$ (n은 자연수)일 때,

$3n<3a \le 3n+1$

$a<x<3a$에 포함되는 정수 x는

$n+1$, $n+2$, ..., $3n$이고, 4개이므로

$3n-(n+1)+1=4$, $n=2$

이때 a의 최댓값은 $2+\dfrac{1}{3}=\dfrac{7}{3}$

② $n+\dfrac{1}{3}<a \le n+\dfrac{2}{3}$ (n은 자연수)일 때,

$3n+1<3a \le 3n+2$

$a<x<3a$에 포함되는 정수 x는

$n+1$, $n+2$, ..., $3n+1$이고, 4개이므로

$(3n+1)-(n+1)+1=4$, $n=\dfrac{3}{2}$

n이 자연수가 아니므로 모순이다.

③ $n+\dfrac{2}{3}<a<n+1$ (n은 자연수)일 때,

$3n+2<3a<3n+3$

$a<x<3a$에 포함되는 정수 x는

$n+1$, $n+2$, ..., $3n+2$이고, 4개이므로

$(3n+2)-(n+1)+1=4$, $n=1$

이때 $\dfrac{5}{3}<a<2$이다.

(i), (ii)에서 a의 최댓값은 $\dfrac{7}{3}$이다.

17 답 $-2<a \le 3$

$[x]^2-[x]-2>0$에서 $[x]$의 범위부터 구한다.
이때 $[x]$는 정수이다.

(i) $[x]^2-[x]-2>0$에서 $([x]+1)([x]-2)>0$

∴ $[x]<-1$ 또는 $[x]>2$

$[x]$는 정수이므로 $[x]=\cdots,\ -3,\ -2,\ 3,\ 4,\ \cdots$이고,

$\qquad\vdots$

$\qquad [x]=-3$일 때, $-3\leq x<-2$

$\qquad [x]=-2$일 때, $-2\leq x<-1$

$\qquad [x]=3$일 때, $3\leq x<4$

$\qquad [x]=4$일 때, $4\leq x<5$

$\qquad\vdots$

따라서 해는 $x<-1$ 또는 $x\geq3$ $\qquad\cdots$ ❶

(ii) $2x^2+(5-2a)x-5a<0$에서

$\qquad (2x+5)(x-a)<0$

이 부등식의 해에 정수 -2가 포함되어야 하므로

$a>-\dfrac{5}{2}$이고, 해는 $-\dfrac{5}{2}<x<a$ $\qquad\cdots$ ❷

❶, ❷에서 공통인 정수가 -2뿐이므로 $-2<a\leq3$

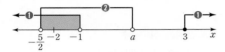

18 ································ 답 $-5\leq a\leq3$

▶특정 범위에서 부등식의 대소를 생각하는 문제이다.
함수의 그래프를 생각한다.

$g(x)-f(x)=h(x)$라 할 때,

$-2\leq x\leq0$에서 $h(x)\geq0$이다.

$h(x)=-2x^2-(a+5)x-a+3$이고,

$y=h(x)$의 그래프는 오른쪽 그림과 같다.

곧, $h(-2)\geq0,\ h(0)\geq0$ $\qquad\cdots$ ㉮

$h(-2)\geq0$이므로

$\qquad -8+2a+10-a+3\geq0$

$\qquad\therefore a\geq-5$ $\qquad\cdots$ ❶

$h(0)\geq0$이므로 $-a+3\geq0$

$\qquad\therefore a\leq3$ $\qquad\cdots$ ❷

❶, ❷의 공통부분은 $-5\leq a\leq3$ $\qquad\cdots$ ㉯

단계	채점 기준	배점
㉮	$-2\leq x\leq0$에서 $f(x)\leq g(x)$인 조건 찾기	50%
㉯	a의 값의 범위 구하기	50%

19 ································ 답 ⑤

▶$(a-1)(a-2),\ (b-1)(b-2)$에 착안하여
$f(x)=(x-1)(x-2)$라 하고 $f(a),\ f(b)$를 생각한다.

$f(x)=(x-1)(x-2)$라 하자.

$(a-1)(a-2)=(b-1)(b-2)$이므로

$\qquad f(a)=f(b)$

또 $(x-1)(x-2)>(a-1)(a-2)$

에서 $f(x)>f(a)$

따라서 오른쪽 그림에서 부등식의 해는

$\qquad x<a$ 또는 $x>b$

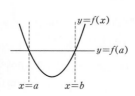

다른 풀이

▶$(a-1)(a-2)=(b-1)(b-2)$를 전개하고
$a,\ b$의 관계를 구한 다음, 이를 이용한다.

$(a-1)(a-2)=(b-1)(b-2)$에서

$\qquad a^2-b^2-3(a-b)=0,\ (a-b)(a+b-3)=0$

$a<b$이므로 $a+b-3=0$

$(x-1)(x-2)>(a-1)(a-2)$에서

$\qquad x^2-a^2-3(x-a)>0,\ (x-a)(x+a-3)>0$

$a-3=-b$이므로 $(x-a)(x-b)>0$

$a<b$이므로 $x<a$ 또는 $x>b$

20 ································ 답 9

▶먼저 두 점 A, B의 좌표를 구한다.

$A(0,\ k+2)$이고 $f(x)=-x^2+2kx+k+2$의 그래프의 축이

직선 $x=k$이므로

$\qquad B(2k,\ k+2)$

▶y축 위에서 $(0,0)$부터 $(0,\ k+2)$까지 정수인 점의 개수는
$(k+2)+1=k+3$임에 주의한다.

변 OA 위에 있고 좌표가 정수인 점의 개수는 $k+3$이고,

변 AB 위에 있고 좌표가 정수인 점의 개수는 $2k+1$이므로

$\qquad g(k)=(k+3)(2k+1)=2k^2+7k+3$

$18<g(k)<75$에서

$\qquad 18<2k^2+7k+3<75$

$18<2k^2+7k+3$에서

$\qquad 2k^2+7k-15>0,\ (k+5)(2k-3)>0$

$\qquad\therefore k<-5$ 또는 $k>\dfrac{3}{2}$ $\qquad\cdots$ ❶

$2k^2+7k+3<75$에서

$\qquad 2k^2+7k-72<0,\ (k+8)(2k-9)<0$

$\qquad\therefore -8<k<\dfrac{9}{2}$ $\qquad\cdots$ ❷

❶, ❷에서 $-8<k<-5$ 또는 $\dfrac{3}{2}<k<\dfrac{9}{2}$이므로

자연수 k의 값의 합은

$\qquad 2+3+4=9$

Think More

점 B의 x좌표를 구할 때 $f(x)=-x^2+2kx+k+2$와 $y=k+2$의 그래프의
교점으로 구할 수도 있다.

$-x^2+2kx+k+2=k+2$에서

$\qquad x^2-2kx=0,\ x(x-2k)=0$

$\qquad\therefore x=0$ 또는 $x=2k$ $\qquad\therefore B(2k,\ k+2)$

다른 풀이

$g(k)=2k^2+7k+3$에 $k=1,\ 2,\ \cdots,\ 5$를 차례로 대입하면

$\qquad g(1)=12,\ g(2)=25,\ g(3)=42,\ g(4)=63,\ g(5)=88$

이므로 $18<g(k)<75$를 만족시키는 자연수 k의 값의 합은

$\qquad 2+3+4=9$

21
답 30

(가)의 부등식 $f\left(\dfrac{1-x}{3}\right)\leq 0$에서 $\dfrac{1-x}{3}=t$라 하면 $f(t)\leq 0$이다.

부등식의 해 $-8\leq x\leq 4$를 $\dfrac{1-x}{3}$에 대한 식으로 바꾸면 $f(t)\leq 0$의 해를 구할 수 있다.

(가)의 $-8\leq x\leq 4$에서

$$-4\leq -x\leq 8,\ -3\leq 1-x\leq 9$$
$$\therefore\ -1\leq \dfrac{1-x}{3}\leq 3$$

$\dfrac{1-x}{3}=t$라 하면 $f(t)\leq 0$의 해는 $-1\leq t\leq 3$이므로

$$f(t)=a(t+1)(t-3)\ (a>0)$$

으로 놓을 수 있다.

(나)는 이차부등식의 해가 실수 하나인 경우이다.
$y=f(x)$의 그래프와 직선 $y=x+k$가 어떻게 만나는지 생각한다.

(나)에서 $y=f(x)$의 그래프와
직선 $y=x+k$는
$x=2$에서 접한다.
$a(x+1)(x-3)=x+k$가
중근 $x=2$를 가지므로

$$a(x+1)(x-3)-x-k$$
$$=a(x-2)^2$$
$$ax^2-(2a+1)x-3a-k=ax^2-4ax+4a$$

x항의 계수를 비교하면

$$2a+1=4a\qquad \therefore\ a=\dfrac{1}{2}$$

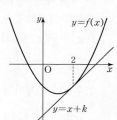

상수항을 비교하면

$$-3a-k=4a,\ -\dfrac{3}{2}-k=2\qquad \therefore\ k=-\dfrac{7}{2}$$

따라서 $f(x)=\dfrac{1}{2}(x+1)(x-3)$이므로

$$f(2k)=f(-7)=30$$

22
답 ⑤

x,y에 대해 동시에 생각할 수 없으므로
먼저 모든 실수 x에 대해 성립할 조건을 찾는다.
그리고 이 조건이 모든 실수 y에 대해 성립할 조건을 한 번 더 찾는다.

좌변을 x에 대한 내림차순으로 정리하면

$$x^2-(4y+10)x+4y^2+ay+b>0$$

모든 실수 x에 대하여 성립하므로

$$\dfrac{D}{4}=(2y+5)^2-(4y^2+ay+b)<0$$
$$\therefore\ (20-a)y+25-b<0$$

이 부등식이 모든 실수 y에 대하여 성립하므로

$$20-a=0,\ 25-b<0\qquad \therefore\ a=20,\ b>25$$

$a,\ b$가 정수이므로 $a+b$의 최솟값은

$$20+26=46$$

23
답 ②

모든 실수 x에 대하여 $ax^2+bx+c\geq 0\ (a\neq 0)$
$\Rightarrow a>0$이고 $D\leq 0$
을 이용하여 $m,\ n$에 대한 부등식을 구한다.

$-x^2+3x+2\leq mx+n$에서 $x^2+(m-3)x+n-2\geq 0$
해가 모든 실수이므로

$$D_1=(m-3)^2-4(n-2)\leq 0\qquad\cdots\ \textbf{❶}$$

$mx+n\leq x^2-x+4$에서 $x^2-(m+1)x+4-n\geq 0$
해가 모든 실수이므로

$$D_2=(m+1)^2-4(4-n)\leq 0\qquad\cdots\ \textbf{❷}$$

❶에서 $4n\geq (m-3)^2+8$,
❷에서 $4n\leq -(m+1)^2+16$
이므로

$$(m-3)^2+8\leq 4n\leq -(m+1)^2+16\qquad\cdots\ \textbf{❸}$$

$a<b<c$ 꼴의 부등식을 풀 때에는
$a<b$와 $b<c$를 풀어 공통부분을 구한다.
그런데 이 문제는 $a<b$와 $b<c$를 풀 수가 없지만
$a<c$는 m에 대한 이차부등식이고, 풀 수 있으므로
이 부등식을 풀어 m에 대한 조건을 구한다.
그리고 $a<b$와 $b<c$에 각각 대입하여 n에 대한 조건을 구한다.

이 부등식을 만족시키는 $m,\ n$의 값이 존재하려면
$(m-3)^2+8\leq -(m+1)^2+16$에서

$$m^2-6m+9+8\leq -m^2-2m-1+16$$
$$2m^2-4m+2\leq 0,\ 2(m-1)^2\leq 0\qquad \therefore\ m=1$$

❸에 대입하면 $12\leq 4n\leq 12\qquad \therefore\ n=3$

$$\therefore\ m^2+n^2=10$$

24
답 $-6<a<7$

$y=x^2-2ax+a+6$의 그래프를 이용한다.
이때 꼭짓점의 위치에 따라 나누어 생각한다.

$f(x)=x^2-2ax+a+6$이라 하면
$$f(x)=(x-a)^2-a^2+a+6$$
$y=f(x)$의 그래프의 꼭짓점의 좌표는 $(a,\ -a^2+a+6)$

(i) $a<0$일 때
$y=f(x)$의 그래프는 오른쪽 그림과
같으므로

$$f(0)>0,\ a+6>0$$
$$\therefore\ a>-6$$

$a<0$이므로 $-6<a<0$

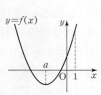

(ii) $0\leq a<1$일 때
$y=f(x)$의 그래프는 오른쪽 그림과
같으므로

$$f(a)>0,\ -a^2+a+6>0$$
$$(a+2)(a-3)<0$$
$$\therefore\ -2<a<3$$

$0\leq a<1$이므로 $0\leq a<1$

(iii) $a \geq 1$일 때

$y=f(x)$의 그래프는 오른쪽 그림과

같으므로

$\qquad f(1)>0,\ 1-2a+a+6>0$

$\qquad\qquad \therefore a<7$

$\qquad a \geq 1$이므로 $1 \leq a<7$

(ⅰ), (ⅱ), (ⅲ)에서 $-6<a<7$

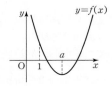

C STEP 절대등급 완성 문제 84쪽

01 ③ **02** 최댓값: 19, 최솟값: -19 **03** ② **04** 2
05 $2,\ 4,\ 3\pm4\sqrt{2}$

01

답 ③

$y=|5x-4a-b|+|5x-6a+b|$의 그래프와 직선 $y=k$를 생각한다.

$y=|5x-4a-b|+|5x-6a+b|$라 하자. $\cdots$ ❶

$b-a=10$에서 $b=a+10$이므로 ❶에 대입하면

$\qquad y=|5x-5a-10|+|5x-5a+10|$

$\qquad \therefore y=5|x-(a+2)|+5|x-(a-2)|$

$x<a-2$일 때, $y=-10x+10a$

$a-2 \leq x<a+2$일 때, $y=20$

$x \geq a+2$일 때, $y=10x-10a$

따라서 $y=5|x-(a+2)|+5|x-(a-2)|$의 그래프는 다음

그림과 같다.

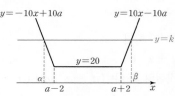

$a-2 \leq x \leq a+2$를 만족시키는 정수 x는 5개이므로

부등식을 만족시키는 정수 x가 7개이면

직선 $y=k$는 직선 $y=20$보다 위쪽에 있다.

직선 $y=k$와 직선 $y=-10x+10a$의 교점의 x좌표를 α라 하고

직선 $y=k$와 직선 $y=10x-10a$의 교점의 x좌표를 β라 하자.

$\alpha,\ \beta$는 직선 $x=a$에 대칭이고 a는 정수이므로

$a+3 \leq \beta<a+4$이면 부등식을 만족시키는 정수 x는

$a-3,\ a-2,\ ...,\ a+2,\ a+3$이고, 7개이다.

$y=k$와 $y=10x-10a$를 풀면 $\beta=\dfrac{10a+k}{10}$이므로

$\qquad a+3 \leq \dfrac{10a+k}{10}<a+4 \qquad \therefore 30 \leq k<40$

따라서 정수 k는 10개이다.

02

답 최댓값: 19, 최솟값: -19

$y=f(x)$와 $y=g(x)$의 그래프를 이용한다.

이때 포물선 $y=f(x)$의 축의 위치에 따라

두 점 A, B의 순서가 바뀌므로 해의 범위가 바뀐다는 것에 주의한다.

$$f(x)=\left(x+\dfrac{p}{2}\right)^2+p-\dfrac{p^2}{4}$$

(ⅰ) $p>0$일 때, $y=f(x)$의 그래프는

오른쪽 그림과 같으므로

$f(x)-g(x) \leq 0$의 해는

$\qquad -\dfrac{p}{2} \leq x \leq 0$

정수 x가 10개이면

$\qquad -10<-\dfrac{p}{2} \leq -9,\ 18 \leq p<20$

따라서 정수 p는 18, 19이다.

$\qquad\qquad\qquad\qquad\qquad\qquad \cdots$ ㉮

(ⅱ) $p<0$일 때, $y=f(x)$의 그래프는

오른쪽 그림과 같으므로

$f(x)-g(x) \leq 0$의 해는

$\qquad 0 \leq x \leq -\dfrac{p}{2}$

정수 x가 10개이면

$\qquad 9 \leq -\dfrac{p}{2}<10,\ -20<p \leq -18$

따라서 정수 p는 $-19,\ -18$이다.

$\qquad\qquad\qquad\qquad\qquad\qquad \cdots$ ㉯

(ⅰ), (ⅱ)에서 정수 p의 최댓값은 19, 최솟값은 -19이다.

$\qquad\qquad\qquad\qquad\qquad\qquad \cdots$ ㉰

단계	채점 기준	배점
㉮	$p>0$일 때 그래프를 그리고 정수 p의 값 구하기	40%
㉯	$p<0$일 때 그래프를 그리고 정수 p의 값 구하기	40%
㉰	p의 최댓값과 최솟값 구하기	20%

03

답 ②

$ax^2-bx+c=0$의 해가 $\alpha,\ \beta$이면

$cx^2-bx+a=0$의 해는 $\dfrac{1}{\alpha},\ \dfrac{1}{\beta}$이다.

0이 아닌 α가 $ax^2-bx+c=0$의 해이면

$\qquad a\alpha^2-b\alpha+c=0,\ a-\dfrac{b}{\alpha}+\dfrac{c}{\alpha^2}=0$

$\qquad c\left(\dfrac{1}{\alpha}\right)^2-b\left(\dfrac{1}{\alpha}\right)+a=0$

따라서 $\dfrac{1}{\alpha}$은 $cx^2-bx+a=0$의 해이다.

$ax^2-bx+c=0$의 해를 $\alpha,\ \beta\ (\alpha<\beta)$라 하면

$a,\ b,\ c$가 양수이므로 $\alpha,\ \beta$는 양수이고

부등식 $ax^2-bx+c<0$의 해는 $\alpha<x<\beta$이다.

또, $cx^2-bx+a=0$의 해는 $\dfrac{1}{\alpha}$, $\dfrac{1}{\beta}$ $\left(\dfrac{1}{\beta}<\dfrac{1}{\alpha}\right)$이므로

부등식 $cx^2-bx+a<0$의 해는 $\dfrac{1}{\beta}<x<\dfrac{1}{\alpha}$이다.

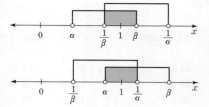

연립부등식의 해가 존재하려면 $\dfrac{1}{\beta}<1<\beta$ 또는 $\alpha<1<\dfrac{1}{\alpha}$이므로

1은 연립부등식의 해이다.

주어진 부등식에 $x=1$을 대입하면

$$a-b+c<0 \qquad \therefore a+c<b$$

다른 풀이

연립부등식의 한 해를 α라 하면

$$a\alpha^2-b\alpha+c<0,\ c\alpha^2-b\alpha+a<0$$

변변 더하면

$$(a+c)\alpha^2-2b\alpha+(a+c)<0$$

따라서 부등식 $(a+c)x^2-2bx+(a+c)<0$의 해가 존재한다.

이때 $a+c>0$이므로 $(a+c)x^2-2bx+(a+c)=0$은 서로 다른 두 실근을 가진다. 곧,

$$\dfrac{D}{4}=b^2-(a+c)^2>0$$
$$\{b-(a+c)\}\{b+(a+c)\}>0$$

$a+b+c>0$이므로

$$b-(a+c)>0 \qquad \therefore a+c<b$$

04 · 답 2

▶ $y=f(x)-\dfrac{|f(x)|}{2}$의 그래프와 직선 $y=m(x-1)$을 그려서

부등식의 해를 생각한다.

$f(x)=x^2-1$이므로

$f(x)\geq0$인 x의 값의 범위는 $x\leq-1$ 또는 $x\geq1$

$f(x)<0$인 x의 값의 범위는 $-1<x<1$

$g(x)=f(x)-\dfrac{|f(x)|}{2}$라 하면

$f(x)\geq0$, 곧 $x\leq-1$ 또는 $x\geq1$일 때,

$$g(x)=f(x)-\dfrac{f(x)}{2}=\dfrac{f(x)}{2}$$

$f(x)<0$, 곧 $-1<x<1$일 때,

$$g(x)=f(x)+\dfrac{f(x)}{2}=\dfrac{3}{2}f(x)$$

$$\therefore g(x)=\begin{cases}\dfrac{1}{2}x^2-\dfrac{1}{2} & (x\leq-1\ \text{또는}\ x\geq1)\\[2mm]\dfrac{3}{2}x^2-\dfrac{3}{2} & (-1<x<1)\end{cases}$$

또, $y=m(x-1)$의 그래프는 점 $(1,\,0)$을 지나고 기울기가 m인 직선이다.

$h(x)=m(x-1)$이라 하자.

▶ $h(x)>g(x)$인 정수 x가 3개이므로

직선 $y=h(x)$보다 아래쪽에 있는 곡선 $y=g(x)$에서 정수 x가 3개이다.

$m>0$일 때와 $m<0$일 때로 나누어 생각한다.

$m=0$이면 $h(x)>g(x)$를 만족시키는 정수 x가 0밖에 없으므로 가능하지 않다.

(i) $m<0$일 때,

$g(x)<h(x)$를 만족시키는 정수 x가 0, -1, -2이므로

직선 $y=h(x)$가 $-3\leq x<-2$에서 $y=g(x)$의 그래프와 만나야 한다.

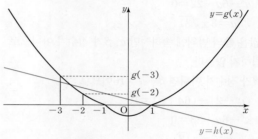

$g(-2)=2-\dfrac{1}{2}=\dfrac{3}{2}$, $g(-3)=\dfrac{9}{2}-\dfrac{1}{2}=4$이므로

점 $\left(-2,\,\dfrac{3}{2}\right)$을 지날 때, $m=-\dfrac{1}{2}$

점 $(-3,\,4)$를 지날 때, $m=-1$

따라서 $-1\leq m<-\dfrac{1}{2}$이므로 정수 m은 -1이다.

(ii) $m>0$일 때,

$g(x)<h(x)$를 만족시키는 정수 x가 2, 3, 4이므로

직선 $y=h(x)$가 $4<x\leq5$에서 $y=g(x)$의 그래프와 만나야 한다.

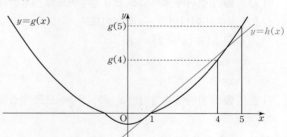

$g(4)=8-\dfrac{1}{2}=\dfrac{15}{2}$, $g(5)=\dfrac{25}{2}-\dfrac{1}{2}=12$이므로

점 $\left(4,\,\dfrac{15}{2}\right)$를 지날 때, $m=\dfrac{5}{2}$

점 $(5,\,12)$를 지날 때, $m=3$

따라서 $\dfrac{5}{2}<m\leq3$이므로 정수 m은 3이다.

(i), (ii)에서 정수 m은 -1, 3이고, 2개이다.

05

$(x-a^2+2)(x-6a-5)=0$의 해는
$x=a^2-2$, $x=6a+5$이므로 두 수의 대소를 알아야 한다.
$\beta-\alpha$가 자연수이므로 $\alpha\leq x\leq\beta$인 정수 x가 16개일 조건은
　① α, β가 정수일 때 $\beta-\alpha+1=16$
　② α, β가 정수가 아닐 때 $\beta-\alpha=16$

$a^2-2=6a+5$이면 $\alpha=\beta$이므로 성립하지 않는다.
(i) $a^2-2>6a+5$일 때, $\alpha=6a+5$, $\beta=a^2-2$이고
　　$a^2-6a-7>0$, $(a+1)(a-7)>0$
　　$\therefore a<-1$ 또는 $a>7$　　　$\cdots$❶
　① α, β가 정수이면 $\beta-\alpha=15$이므로
　　　$(a^2-2)-(6a+5)=15$
　　　$a^2-6a-22=0$
　　　$\therefore a=3\pm\sqrt{31}$
　　이 값은 ❶의 범위에 속하지만 α, β가 정수가 아니므로
　　성립하지 않는다.
　② α, β가 정수가 아니면 $\beta-\alpha=16$이므로
　　　$(a^2-2)-(6a+5)=16$
　　　$a^2-6a-23=0$
　　　$\therefore a=3\pm4\sqrt{2}$
　　이 값은 ❶의 범위에 속하고 α, β가 정수가 아니므로
　　성립한다.
(ii) $a^2-2<6a+5$일 때, $\alpha=a^2-2$, $\beta=6a+5$이고
　　$a^2-6a-7<0$, $(a+1)(a-7)<0$
　　$\therefore -1<a<7$　　　$\cdots$❷
　① α, β가 정수이면 $\beta-\alpha=15$이므로
　　　$(6a+5)-(a^2-2)=15$
　　　$a^2-6a+8=0$
　　　$\therefore a=2$ 또는 $a=4$
　　이 값은 ❷의 범위에 속하고 α, β가 정수이므로 성립한다.
　② α, β가 정수가 아니면 $\beta-\alpha=16$이므로
　　　$(6a+5)-(a^2-2)=16$
　　　$a^2-6a+9=0$
　　　$\therefore a=3$
　　이 값은 ❷의 범위에 속하지만 α, β가 정수이므로 성립하지
　　않는다.
(i), (ii)에서 $a=2, 4, 3\pm4\sqrt{2}$

Ⅲ. 순열과 조합

09 순열과 조합

01

▶ 전개식의 항은 $x+y$의 항 중 하나, $a+b$의 항 중 하나, $p+q+r$의 항 중
하나를 택하여 곱한다.

$x+y$에서 x나 y를 뽑는 경우 2가지　　$\cdots$❶
❶의 각 경우에 대하여
$a+b$에서 a나 b를 뽑는 경우 2가지　　$\cdots$❷
❶, ❷의 각 경우에 대하여
$p+q+r$에서 p나 q나 r을 뽑는 경우 3가지
따라서 항의 개수는 $2\times2\times3=12$

02

$21=3\times7$이므로 $360=2^3\times3^2\times5$의 약수 중 21과 서로소인
자연수는 360의 약수 중 3의 배수가 아닌 수이다.
따라서 360의 약수 중 3의 배수가 아닌 수는 $2^3\times5$의 약수이므로
구하는 자연수의 개수는 $(3+1)\times(1+1)=8$

03

답 ④

▶ 지불하는 금액의 수 $\Rightarrow$ 금액이 중복되면 큰 단위의 동전을 작은 단위의 동전
　　　　　　　　　　　 으로 바꾼다고 생각한다.

100원짜리 동전 1개, 50원짜리 동전 3개로 지불할 수 있는 금액은
50원짜리 동전 5개로 지불할 수 있는 금액과 같다.
50원짜리 동전 5개, 10원짜리 동전 4개로 지불할 수 있는 금액의
수는 $(5+1)(4+1)=30$
이때 0원을 지불하는 것은 제외하므로 $30-1=29$

04

천의 자리, 백의 자리, 십의 자리 숫자가 각각 5개씩 가능하고,
일의 자리 숫자는 2 또는 4만 가능하므로
　　$5\times5\times5\times2=250$

05
답 ④

3의 배수는 3, 6, 9, 12, 15, ..., 30이므로 10개
5의 배수는 5, 10, 15, ..., 30이므로 6개
이 중 중복되는 수는 15의 배수인 15, 30이므로 2개
따라서 3의 배수 또는 5의 배수가 적힌 카드가 나오는 경우의 수는
$$10+6-2=14$$

06
답 ④

주사위를 두 번 던질 때 나온 눈의 수의 합은
2 이상 12 이하의 자연수이다.
합이 3, 6, 9, 12인 경우를 각각 생각한다.

(i) 합이 3인 경우: $(1, 2), (2, 1)$
(ii) 합이 6인 경우: $(1, 5), (2, 4), (3, 3), (4, 2), (5, 1)$
(iii) 합이 9인 경우: $(3, 6), (4, 5), (5, 4), (6, 3)$
(iv) 합이 12인 경우: $(6, 6)$
(i)~(iv)에서 $2+5+4+1=12$

다른 풀이
합이 3의 배수이면 합을 3으로 나눈 나머지가 0이다.
1부터 6까지의 수를 3으로 나눈 나머지가
0인 수 ⇨ 3, 6 / 1인 수 ⇨ 1, 4 / 2인 수 ⇨ 2, 5
이므로 다음 두 수를 뽑으면 합이 3의 배수가 된다.
(i) 3으로 나눈 나머지가 0, 0인 두 수 $2 \times 2 = 4$(가지)
(ii) 3으로 나눈 나머지가 1, 2인 두 수 $2 \times 2 = 4$(가지)
(iii) 3으로 나눈 나머지가 2, 1인 두 수 $2 \times 2 = 4$(가지)

07
답 ①

가능한 x, y, z의 값은 1, 2, 3, 4, 5, 6이다.
z에 이 값을 차례로 대입하면 가능한 x, y의 값을 구할 수 있다.
x나 y에 먼저 대입해도 되지만, 계수가 가장 큰 z에 대입하는 것이 편하다.

$z=1$일 때, $x+2y=12$이므로 $(x, y)=(6, 3), (4, 4), (2, 5)$
$z=2$일 때, $x+2y=9$이므로 $(x, y)=(5, 2), (3, 3), (1, 4)$
$z=3$일 때, $x+2y=6$이므로 $(x, y)=(4, 1), (2, 2)$
$z=4$일 때, $x+2y=3$이므로 $(x, y)=(1, 1)$
$z \geq 5$인 경우는 없다.
따라서 순서쌍 (x, y, z)의 개수는 $3+3+2+1=9$

08
답 7

(i) 집에서 학교를 거쳐 도서관으로 가는 방법의 수는 $2 \times 2 = 4$
(ii) 집에서 도서관으로 바로 가는 방법의 수는 3
(i), (ii)에서 $4+3=7$

09
답 29

(i) A → B → C → D로 가는 방법의 수는 $4 \times 2 \times 3 = 24$
(ii) A → C → D로 가는 방법의 수는 $1 \times 3 = 3$
(iii) A → D로 가는 방법의 수는 2
(i), (ii), (iii)에서 $24+3+2=29$

10
답 ③

4명의 학생을 A, B, C, D라 하고
각 학생의 시험지를 a, b, c, d라 하자.

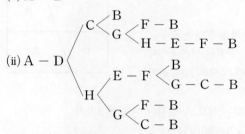

A가 b, c, d 중 하나를 채점해야 한다.
A가 b를 채점하는 경우의 수부터 구한다.

A가 b를 채점하는 경우는 오른쪽과
같이 3가지이다.
A가 c, d를 채점하는 경우도 각각 3가지씩이므로
$$3 \times 3 = 9$$

11
답 15

꼭짓점 A에서 세 꼭짓점 B, D, E로 각각 갈 수 있다.
(i) A − B

(ii) A − D

(iii) A − E인 경우의 수는 A − D인 경우의 수와 같다.
(i), (ii), (iii)에서 $1+2 \times 7=15$

12
답 9

가능한 백의 자리 숫자는 3 또는 4이다. 각각의 경우 십의 자리와
일의 자리 숫자를 구하면 다음과 같으므로 9개이다.

백의 자리	십의 자리	일의 자리
3	2	0
		1
		4
	4	2
4	2	0
		1
		3
	3	1
		2

13 ⋯⋯ 답 ④

◤경계가 가장 많은 부분부터 색을 정한다.

그림과 같이 각 영역을 A, B, C, D, E라 하자.

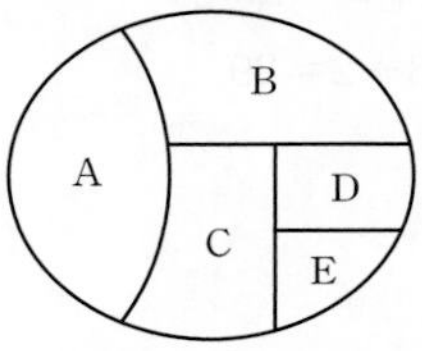

C에 칠할 수 있는 색은 4가지
B에 칠할 수 있는 색은 C에 칠한 색을 뺀 3가지
D에 칠할 수 있는 색은 C, B에 칠한 색을 뺀 2가지
E에 칠할 수 있는 색은 C, D에 칠한 색을 뺀 2가지
A에 칠할 수 있는 색은 C, B에 칠한 색을 뺀 2가지
따라서 $4\times3\times2\times2\times2=96$(가지)

14 ⋯⋯ 답 84

◤A와 C에 칠한 색을 빼고 B나 D에 칠해야 한다.
따라서 A와 C가 같은 색인 경우와 다른 색인 경우로 나누어 구한다.

그림과 같이 각 영역을 A, B, C, D라 하자.

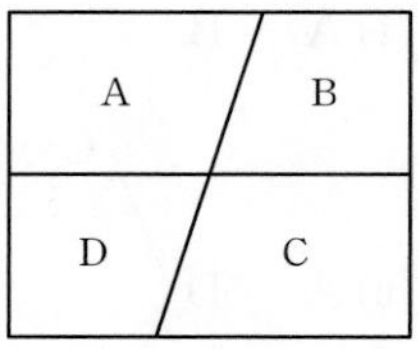

(i) A, C에 같은 색을 칠하는 경우
A, C에 칠할 수 있는 색은 4가지
B에 칠할 수 있는 색은 A에 칠한 색을 뺀 3가지
D에 칠할 수 있는 색도 A에 칠한 색을 뺀 3가지
$\therefore 4\times3\times3=36$(가지)

(ii) A, C에 다른 색을 칠하는 경우
A에 칠할 수 있는 색은 4가지
B에 칠할 수 있는 색은 A에 칠한 색을 뺀 3가지
C에 칠할 수 있는 색은 A, B에 칠한 색을 뺀 2가지
D에 칠할 수 있는 색은 A, C에 칠한 색을 뺀 2가지
$\therefore 4\times3\times2\times2=48$(가지)

(i), (ii)에서 $36+48=84$(가지)

15 ⋯⋯ 답 5

${}_nP_3=2\times{}_{n+1}P_2$에서
$n(n-1)(n-2)=2(n+1)n$
$n\{(n-1)(n-2)-2(n+1)\}=0$
$n(n^2-5n)=0$, $n^2(n-5)=0$
n은 자연수이므로 $n=5$

16 ⋯⋯ 답 ⑤

◤${}_nC_r={}_nC_{n-r}$이므로
$r+1=r^2-1$인 경우와 $12-(r+1)=r^2-1$인 경우를 모두 생각해야 한다.

(i) ${}_{12}C_{r+1}={}_{12}C_{r^2-1}$에서 $r^2-r-2=0$, $(r+1)(r-2)=0$
r은 자연수이므로 $r=2$

(ii) ${}_{12}C_{r+1}={}_{12}C_{12-r-1}$이므로
${}_{12}C_{12-r-1}={}_{12}C_{r^2-1}$에서 $r^2+r-12=0$, $(r+4)(r-3)=0$
r은 자연수이므로 $r=3$

(i), (ii)에서 r의 값의 합은 $2+3=5$

17 ⋯⋯ 답 19

◤${}_{n-1}C_r+{}_{n-1}C_{r-1}={}_nC_r$을 이용하면 좀 더 쉽게 계산할 수 있다.

${}_{n+1}P_4=30({}_{n-1}C_4+{}_{n-1}C_3)$에서 ${}_{n-1}C_4+{}_{n-1}C_3={}_nC_4$이므로

$$(n+1)n(n-1)(n-2)=30\times\frac{n(n-1)(n-2)(n-3)}{4!}$$

$4(n+1)=5(n-3)$

$\therefore n=19$

Think More

${}_{n-1}C_4=\dfrac{(n-1)(n-2)(n-3)(n-4)}{4!}$,

${}_{n-1}C_3=\dfrac{(n-1)(n-2)(n-3)}{3!}$

을 대입하여 계산해도 된다.

18 ⋯⋯ 답 ③

◤네 자리 자연수이므로 천의 자리에는 0이 올 수 없다.
곧, 천의 자리에는 1, 2, 3, 4, 5의 5개 숫자가 올 수 있다.

천의 자리에 올 수 있는 숫자는 0을 제외한 5개이고,
남은 숫자 5개 중에서 3개를 뽑아 나머지 자리에 나열하는 경우의 수는 ${}_5P_3$이다.

$\therefore 5\times{}_5P_3=5\times(5\times4\times3)=300$

19 ⋯⋯ 답 144

그림에서 짝수 2, 6은 ○에 와야 한다.

□ ○ □ ○ □ ○

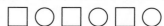

3개의 ○에 2, 6을 나열하는 방법의 수는
${}_3P_2=3\times2=6$
남은 1개의 ○와 3개의 □에 1, 3, 5, 7을 나열하는 방법의 수는
$4!=4\times3\times2\times1=24$
$\therefore 6\times24=144$

20 ◆답 96

3의 배수는 각 자리 숫자의 합이 3의 배수이다.
0, 1, 2, 3, 4, 5에서 4개의 숫자를 뽑아 각 자리 숫자의 합이 3의 배수인 경우를 생각한다.

0, 1, 2, 3, 4, 5 중에서
(ⅰ) 0을 포함하고 합이 3의 배수인 숫자 4개는
$$(0, 1, 2, 3), (0, 1, 3, 5), (0, 2, 3, 4), (0, 3, 4, 5)$$

천의 자리에는 0을 제외한 3개 숫자가 올 수 있다.

각각에서 만들 수 있는 네 자리 자연수의 개수는
$$3 \times 3! = 3 \times (3 \times 2 \times 1) = 18$$
$$\therefore 4 \times 18 = 72$$

(ⅱ) 0을 포함하지 않고 합이 3의 배수인 숫자 4개는
$(1, 2, 4, 5)$이고, 만들 수 있는 네 자리 자연수의 개수는
$$4! = 4 \times 3 \times 2 \times 1 = 24$$

(ⅰ), (ⅱ)에서 $72 + 24 = 96$

21 ◆답 ④

남자를 양 끝에 먼저 배열한다.

남자 3명 중에서 2명이 양 끝에 서는 경우의 수는
$$_3P_2 = 3 \times 2 = 6$$
나머지 5명이 가운데에 서는 경우의 수는
$$5! = 5 \times 4 \times 3 \times 2 \times 1 = 120$$
$$\therefore 6 \times 120 = 720$$

22 ◆답 ③

소설책 4권이 이웃한다. ⇨ 소설책 4권을 한 묶음으로 생각한다.

소설책 4권을 한 묶음으로 보고 소설책과 시집 2권을 나열하는 경우의 수는
$$3! = 3 \times 2 \times 1 = 6$$

묶음 안에서 소설책 4권을 나열하는 경우도 생각해야 한다.

묶음 안에서 소설책 4권을 나열하는 경우의 수는
$$4! = 4 \times 3 \times 2 \times 1 = 24$$
$$\therefore 6 \times 24 = 144$$

23 ◆답 144

남학생끼리 이웃하지 않으므로
여학생을 먼저 나열하고, 남학생이 들어갈 자리를 찾는 것이 편하다.

▢ 여 ▢ 여 ▢ 여 ▢

여학생 3명이 한 줄로 선 다음 ▢ 4개 중 3개에 남학생이 한 명씩 서면 된다.

여학생 3명이 한 줄로 서는 경우의 수는
$$3! = 3 \times 2 \times 1 = 6$$
4개의 ▢ 중 3개에 남학생이 한 명씩 서는 경우의 수는
$$_4P_3 = 4 \times 3 \times 2 = 24$$
$$\therefore 6 \times 24 = 144$$

24 ◆답 ④

$a\,▢▢▢$ 꼴의 문자열은 $_5P_3 = 5 \times 4 \times 3 = 60$(개)
$b\,▢▢▢$ 꼴의 문자열은 $_5P_3 = 60$(개)
$c\,▢▢▢$ 꼴의 문자열은 $_5P_3 = 60$(개)
$da\,▢▢$ 꼴의 문자열은 $_4P_2 = 4 \times 3 = 12$(개)
$dba\,▢$, $dbc\,▢$ 꼴의 문자열은 각각 3개
$dbea$, $dbec$의 순이므로
$$60 + 60 + 60 + 12 + 3 \times 2 + 2 = 200(번째)$$

25 ◆답 ②

$1\,▢▢▢▢$ 꼴의 수는 $4! = 24$ ⎫
$2\,▢▢▢▢$ 꼴의 수는 $4! = 24$ ⎬ 48개 ⎫
$3\,▢▢▢▢$ 꼴의 수는 $4! = 24$ ⎭ ⎬ 72개 ⎫
$41\,▢▢▢$ 꼴의 수는 $3! = 6$ ⎭ ⎬ 78개 ⎫
$42\,▢▢▢$ 꼴의 수는 $3! = 6$ ⎭ 84개

따라서 85번째 수는 43125, 86번째 수는 43152이므로
86번째 수의 일의 자리 숫자는 2이다.

26 ◆답 ②

10명 중에서 회장 1명을 뽑는 방법의 수는 $_{10}C_1 = 10$
나머지 9명 중에서 부회장 2명을 뽑는 방법의 수는
$$_9C_2 = \frac{9 \times 8}{2 \times 1} = 36$$
$$\therefore 10 \times 36 = 360$$

27 ◆답 ⑤

A와 I가 들어갈 두 자리가 정해지면 앞에 A, 뒤에 I를 써야 한다.
따라서 A와 I의 두 자리를 정할 때는 순서를 생각하지 않는다.
이와 같이 순서가 정해진 경우 조합을 생각한다.

▢ ▢ ▢ ▢ ▢ ▢

위의 6개의 자리에서 A, I가 있을 2곳을 정하고
앞에 A를, 뒤에 I를 나열하는 경우의 수는 $_6C_2 = \dfrac{6 \times 5}{2 \times 1} = 15$

나머지 자리에 M, T, C, S를 나열하는 경우의 수는
$$4! = 4 \times 3 \times 2 \times 1 = 24$$
$$\therefore 15 \times 24 = 360$$

28 답 ②

홀수 4장, 짝수 4장 중 5장을 뽑으면 홀수는 적어도 한 장 있다.
홀수가 2장 또는 4장이면 합이 짝수이다.

(ⅰ) 홀수가 2장일 때 짝수는 3장이므로
$${}_4C_2 \times {}_4C_3 = {}_4C_2 \times {}_4C_1 = \frac{4 \times 3}{2 \times 1} \times 4 = 24$$

(ⅱ) 홀수가 4장일 때 짝수는 1장이므로
$${}_4C_4 \times {}_4C_1 = 1 \times 4 = 4$$

(ⅰ), (ⅱ)에서 24＋4＝28

29 답 ①

두 점을 뽑으면 직선이 하나로 정해진다.
이때 한 변에 있는 두 점을 뽑으면 모두 같은 직선이 됨에 주의한다.

점 7개에서 2개를 뽑는 경우의 수는 ${}_7C_2$이다.
그런데 한 변 위에 있는 점들 중에서 2개를 뽑아 직선을 만들면
모두 같은 직선이므로 각 변에서 2개를 뽑아 만들 수 있는 직선은
하나이다.
$$\therefore {}_7C_2 - ({}_3C_2 - 1) - ({}_4C_2 - 1) - ({}_3C_2 - 1)$$
$$= {}_7C_2 - {}_3C_1 - {}_4C_2 - {}_3C_1 + 3$$
$$= \frac{7 \times 6}{2} - 3 - \frac{4 \times 3}{2} = 12$$

30 답 ④

한 직선 위에 있지 않은 세 점을 뽑아야 삼각형이 하나로 정해진다.
따라서 한 직선 위에 있는 세 점을 뽑는 경우는 제외해야 한다.

점 7개에서 3개를 뽑는 경우의 수는 ${}_7C_3$이다.
그런데 한 직선 위에 있는 점들에서 3개를 뽑는 경우는 삼각형을
만들 수 없다.
$$\therefore {}_7C_3 - {}_4C_3 = {}_7C_3 - {}_4C_1 = \frac{7 \times 6 \times 5}{3 \times 2 \times 1} - 4 = 31$$

31 답 ④

7개를 2개, 2개, 3개로 나누는 경우의 수부터 구한다.
이때 개수가 같은 묶음이 2개라는 것에 주의한다.

7개에서 2개를 뽑고, 나머지 5개에서 2개를 뽑고, 나머지 3개에서
3개를 뽑는 방법의 수는
$${}_7C_2 \times {}_5C_2 \times {}_3C_3$$
개수가 같은 것이 두 묶음이므로
$${}_7C_2 \times {}_5C_2 \times {}_3C_3 \times \frac{1}{2!}$$
세 묶음을 3명에게 나누어 주므로
$${}_7C_2 \times {}_5C_2 \times {}_3C_3 \times \frac{1}{2!} \times 3! = 21 \times 10 \times 1 \times \frac{1}{2} \times 6 = 630$$

32 답 200

나누는 묶음의 크기가 같은 것이 있는 경우와 없는 경우로 구분하여 생각
해야 한다.
남학생은 6명을 3명씩 나누는 경우의 수와 3호실과 4호실로 배정하는 경
우의 수를 차례로 구한다.

여학생 5명을 1호실에 3명, 2호실에 2명 배정하는 방법의 수는
$${}_5C_3 \times {}_2C_2 = 10 \times 1 = 10$$
남학생 6명을 3호실과 4호실에 3명씩 배정하는 방법의 수는
$${}_6C_3 \times {}_3C_3 \times \frac{1}{2!} \times 2! = 20 \times 1 \times \frac{1}{2} \times 2$$
$$= 20$$
$$\therefore 10 \times 20 = 200$$

다른 풀이

1호실에 여학생 3명, 3호실에 남학생 3명을 배정하면
나머지 여학생은 2호실에, 나머지 남학생은 4호실에 배정된다.
$$\therefore {}_5C_3 \times {}_6C_3 = 10 \times 20 = 200$$

🖊 STEP B   1등급 도전 문제   91~95쪽

01 3630	02 ⑤	03 9	04 756	05 30	06 ⑤
07 ①	08 ⑤	09 ④	10 ③	11 7834	12 7920
13 1440	14 24	15 276	16 ④	17 126	18 ⑤
19 360	20 ③	21 ③	22 ⑤	23 210	24 90
25 ①	26 ①	27 81	28 ⑤	29 75	30 495

01 답 3630

$2^2 \times 5 \times 9^k = 2^2 \times 5 \times 3^{2k}$의 양의 약수가 30개이므로
$$3 \times 2 \times (2k+1) = 30$$
$$\therefore k = 2$$

$2^2 \times 5 \times 3^4 = 10 \times 2 \times 3^4$의 약수 중에서 10의 배수는
2×3^4의 약수에 10을 곱한 값이다.

따라서 $2^2 \times 5 \times 3^4$의 약수 중 10의 배수인 약수의 합은
2×3^4의 약수의 합에 10을 곱한 값과 같으므로
$$10 \times (1+2) \times (1+3+3^2+3^3+3^4) = 3630$$

Think More

자연수 A가 $A = a^m \times b^n$ (a, b는 서로 다른 소수, m, n은 자연수)으로
소인수분해 될 때
(1) A의 약수의 개수 ⇨ $(m+1)(n+1)$
(2) A의 약수의 합 ⇨ $(1+a+a^2+\cdots+a^m)(1+b+b^2+\cdots+b^n)$

02

답 ⑤

▶각 변의 성냥개비의 개수를 x, y, z $(x \geq y \geq z)$라 하면
$$x+y+z=20, \ x<y+z$$
이므로 가능한 x의 값부터 찾는다.

각 변의 성냥개비의 개수를 x, y, z $(x \geq y \geq z)$라 하자.
성냥개비가 20개이므로 $x+y+z=20$ ··· ❶
삼각형이므로 $x<y+z$ ··· ❷
❶에서 $3x \geq 20$이므로 $x \geq 7$
$y+z=20-x$이므로 ❷에 대입하면
$$x<20-x \quad \therefore x<10$$
따라서 $7 \leq x < 10$이므로 가능한 x의 값은 7, 8, 9이다.
(i) $x=7$일 때, $(y, z)=(7, 6)$
(ii) $x=8$일 때, $(y, z)=(8, 4), (7, 5), (6, 6)$
(iii) $x=9$일 때, $(y, z)=(9, 2), (8, 3), (7, 4), (6, 5)$
(i), (ii), (iii)에서 서로 다른 삼각형의 개수는 8이다.

03

답 9

$a \neq 0$이므로 이차방정식 $ax^2+bx+3c=0$이 실근을 가지면
$$D=b^2-4a \times 3c \geq 0, \ b^2-12ac \geq 0 \quad \cdots ❶$$

▶b를 기준으로 경우를 나누는 것이 편하다.

(i) $b=6$일 때, $36-12ac \geq 0, \ ac \leq 3$
$ac=1$ 또는 $ac=2$ 또는 $ac=3$이므로
$$(a, c)=(1, 1), (1, 2), (2, 1), (1, 3), (3, 1)$$
(ii) $b=5$일 때, $25-12ac \geq 0, \ ac \leq \dfrac{25}{12}$
$ac=1$ 또는 $ac=2$이므로
$$(a, c)=(1, 1), (1, 2), (2, 1)$$
(iii) $b=4$일 때, $16-12ac \geq 0, \ ac \leq \dfrac{4}{3}$
$ac=1$이므로 $(a, c)=(1, 1)$
(iv) $b \leq 3$일 때, ❶이 성립하는 a, c의 값은 없다.
(i)~(iv)에서 $5+3+1=9$

04

답 756

▶경계가 가장 많은 A부터 색을 정한다.
이때 B의 색이 A와 같은 경우와 다른 경우
나머지 칸에 칠할 수 있는 색의 개수가 다르다는 것에
주의한다.

빨강, 노랑, 파랑, 초록 색을 각각 a, b, c, d라 하자.

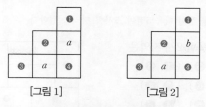

[그림 1]   [그림 2]

맨 아래 가운데에 a를 칠한다고 하자.
(i) [그림 1]과 같은 경우
❶, ❷, ❸, ❹ 모두 b, c, d가 가능하므로 경우의 수는
$$3 \times 3 \times 3 \times 3=81$$
(ii) [그림 2]와 같은 경우
❶은 a, c, d가 가능하고,
❷, ❹는 c, d,
❸은 b, c, d가 가능하므로
$$3 \times 2 \times 2 \times 3=36$$
또 b 대신 c, d를 칠할 수 있으므로 경우의 수는
$$36 \times 3=108$$
맨 아래 가운데에 a 대신 b, c, d를 칠할 수 있으므로
구하는 경우의 수는
$$4 \times (81+108)=756$$

05

답 30

▶맨 위와 맨 아래 사다리꼴의 색을 정하고 나머지 경우를 생각한다.

세 가지 색을 각각 a, b, c라 하자.
❶에 a를, ❺에 b를 칠한다고 하자.
(i) ❷에 b를 칠하는 경우
❸, ❹에는 a, c 또는 c, a를
칠할 수 있다.
(ii) ❷에 c를 칠하는 경우
❸, ❹에는 a, c 또는 b, a 또는 b, c를 칠할 수 있다.
❶, ❺에 칠하는 색을 정하는 방법의 수가 $_3P_2=6$이므로 구하는
방법의 수는
$$6 \times (2+3)=30$$

다른 풀이
❶, ❷에 a, b를 칠하는 경우는 다음의 5가지이다.

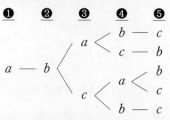

❶, ❷에 칠하는 색을 정하는 방법의 수가 $_3P_2=6$이므로 구하는
방법의 수는
$$6 \times 5=30$$

06

답 ⑤

먼저 이웃한 2개 지역을 정한 다음 5명이 조사할 지역을 정한다.

오른쪽 그림에서 이웃한 2개 지역은 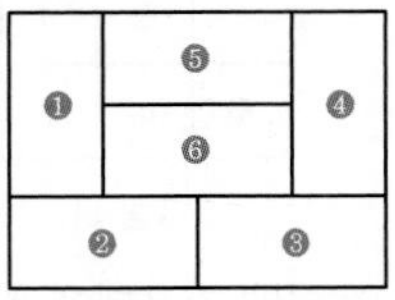
$(❶, ❷), (❶, ❺), (❶, ❻),$
$(❷, ❸), (❷, ❻), (❸, ❹),$
$(❸, ❻), (❹, ❺), (❹, ❻),$
$(❺, ❻)$
이므로 10개이다.
이웃한 2개 지역을 조사하는 사람을 정하는 경우의 수는 5,
나머지 4개 지역을 조사하는 4명을 정하는 경우의 수는 4!
$$∴ 10 × 5 × 4! = 1200$$

07

답 ①

세 종류의 상품 3개씩을 각각 aaa, bbb, ccc라 하자.

맨 아래 줄은 a, b, c를 일렬로 나열하는 것과 같다.
맨 아래 줄이 a, b, c일 때 두 번째와 세 번째 줄을 나열하는 방법을 구하고
맨 아래 줄이 다른 경우도 생각해 본다.

그림과 같이 맨 아래 칸에 a, b, c를 차례로
진열한다고 하자.
❶, ❷, ❸에 가능한 경우는
b, c, a 또는 c, a, b
(ⅰ) b, c, a일 때 ❹, ❺, ❻에는
a, b, c 또는 c, a, b가 가능하다.
(ⅱ) c, a, b일 때 ❹, ❺, ❻에는 a, b, c 또는 b, c, a가 가능하다.
맨 아래 칸에 a, b, c를 진열하는 방법의 수는 3!=6이므로
$$6 × (2+2) = 24$$

08

답 ⑤

1, 2, 3, 4, 6, 12 중에 곱이 같은 두 수의 쌍을 생각하면
$(1, 6)$과 $(2, 3)$, $(1, 12)$와 $(2, 6)$과 $(3, 4)$, $(2, 12)$와 $(4, 6)$
이다.

12의 양의 약수 1, 2, 3, 4, 6, 12 중에서 4개의 수를 뽑아
□○○□와 같이 나열한다고 하자.
(ⅰ) □가 1, 6일 때 ○는 2, 3이므로 경우의 수는
$$2! × 2! = 4$$
또 □가 2, 3이고 ○가 1, 6일 수도 있으므로
두 수의 곱이 6인 경우의 수는
$$4 × 2 = 8$$
(ⅱ) □가 1, 12일 때 ○는 2, 6 또는 3, 4이므로 경우의 수는
$$2! × 2! + 2! × 2! = 8$$
또 □가 2, 6 또는 3, 4인 경우도 마찬가지이므로
두 수의 곱이 12인 경우의 수는
$$8 × 3 = 24$$

(ⅲ) □가 2, 12일 때 ○는 4, 6이므로 경우의 수는
$$2! × 2! = 4$$
또 □가 4, 6이고 ○가 2, 12일 수도 있으므로
두 수의 곱이 24인 경우의 수는
$$4 × 2 = 8$$
(ⅰ), (ⅱ), (ⅲ)에서 $8 + 24 + 8 = 40$

09

답 ④

1일차에 같은 관광명소를 방문했다 하고 가능한 경우의 수부터 구한다.

가 볼 만한 관광명소 5곳을 a, b, c, d, e라 하고 진아와 준희가
1일차에 a에 방문했다고 하자.
진아가 2, 3일차에 방문하는 경우의 수는
$$_4P_2 = 12$$
준희는 진아가 2, 3일차에 방문한 2곳 중 하나를 진아와 다른 날에 방문해야 하고, 나머지 하루는 진아가 방문하지 않은 2곳 중한 곳에 방문해야 하므로 $2 × 2 = 4$
따라서 진아와 준희가 1일차에 a를 방문하는 경우의 수는
$$12 × 4 = 48$$
1, 2, 3일차 중 하루 같은 곳에 방문하고, 같은 곳은 5곳 중 한 곳이므로
$$3 × 5 × 48 = 720$$

10

답 ③

적어도 한쪽 끝에 모음이 오는 경우의 수는
(전체 경우의 수) - (양쪽 끝에 자음이 오는 경우의 수)이다.
모음이나 자음의 개수를 x라 하고 경우의 수를 구한다.

적어도 한쪽 끝에 모음이 오는 경우의 수는
8개 중 4개를 나열하는 전체 경우의 수에서 양쪽 끝에 자음이 오는 경우의 수를 뺀 것이다.
자음의 개수를 x라 하면 양쪽 끝에 자음이 오는 경우의 수는
자음 2개를 양쪽 끝에 나열하는 경우의 수와 나머지 알파벳 6개 중에서 2개를 가운데 나열하는 경우의 수의 곱이므로
$$_xP_2 × (6 × 5)$$
전체 경우의 수는 $_8P_4$이고, 적어도 한쪽 끝에 모음이 오는 경우의 수가 1080이므로
$$_8P_4 - {_xP_2} × (6 × 5) = 1080$$
$$8 × 7 × 6 × 5 - x(x-1) × 6 × 5 = 1080$$
$$8 × 7 - x(x-1) = 36$$
$$x^2 - x - 20 = 0, (x+4)(x-5) = 0$$
$x > 0$이므로 $x = 5$
따라서 모음은 3개이다.

11 ······ 답 7834

▸일의 자리 숫자가 0, 2, 4인 수가 각각 몇 개인지 구해 보자.
세 자리 수의 합은 각 자리 수의 합으로 구할 수 있다.

(i) □□0 꼴인 경우

세 자리 자연수의 개수는 1, 2, 3, 4에서 2개를 뽑아 일렬로 나열하는 경우의 수이므로 $_4P_2=12$

12개의 수에서 백의 자리 숫자가 1, 2, 3, 4인 수는 각각 3개씩이다.

십의 자리 숫자도 1, 2, 3, 4인 수가 각각 3개씩이므로 합은

$$(1+2+3+4)\times100\times3+(1+2+3+4)\times10\times3$$
$$=3300 \qquad \cdots ㉮$$

(ii) □□2 꼴인 경우

백의 자리에는 0이 올 수 없으므로 세 자리 자연수의 개수는
$$3\times3=9$$

9개의 수에서 백의 자리 숫자가 1, 3, 4인 수가 각각 3개씩이다.
또 십의 자리 숫자가 0인 수는 3개이고, 1, 3, 4인 수는 각각 2개씩이므로 합은

$$(1+3+4)\times100\times3+(1+3+4)\times10\times2+2\times9$$
$$=2578 \qquad \cdots ㉯$$

(iii) □□4 꼴인 경우

백의 자리에는 0이 올 수 없으므로 세 자리 자연수의 개수는
$$3\times3=9$$

9개의 수에서 백의 자리 숫자가 1, 2, 3인 수가 각각 3개씩이다.
또 십의 자리 숫자가 0인 수는 3개이고, 1, 2, 3인 수는 각각 2개씩이므로 합은

$$(1+2+3)\times100\times3+(1+2+3)\times10\times2+4\times9$$
$$=1956 \qquad \cdots ㉰$$

(i), (ii), (iii)에서 $3300+2578+1956=7834$ $\cdots ㉱$

단계	채점 기준	배점
㉮	일의 자리 숫자가 0인 세 자리 자연수의 합 구하기	30%
㉯	일의 자리 숫자가 2인 세 자리 자연수의 합 구하기	30%
㉰	일의 자리 숫자가 4인 세 자리 자연수의 합 구하기	30%
㉱	㉮, ㉯, ㉰의 합 구하기	10%

12 ······ 답 7920

▸7자루를 6명에게 나누어 주므로 한 학생만 2자루를 받는다.
이 2자루가 모두 연필, 모두 볼펜, 볼펜과 연필인 경우로 나누어 생각한다.

(i) 한 학생이 연필 2자루를 받는 경우

연필 2자루를 받는 학생을 정하는 경우의 수가 6,
볼펜 5자루를 남은 5명에게 나누어 주는 경우의 수가 5!
이므로 이때의 경우의 수는

$$6\times5!=720$$

(ii) 한 학생이 볼펜 2자루를 받는 경우

볼펜 2자루를 받는 학생을 정하는 경우의 수가 6,
볼펜 2자루를 정하는 경우의 수가 $_5C_2=10$,
남은 볼펜 3자루를 5명 중 3명에게 나누어 주는 경우의 수가
$_5P_3=5\times4\times3=60$,
남은 2명에게는 같은 종류의 연필을 한 자루씩 나누어 주면 되므로 이때의 경우의 수는

$$6\times10\times60=3600$$

(iii) 한 학생이 볼펜 1자루와 연필 1자루를 받는 경우

볼펜 1자루와 연필 1자루를 받는 학생을 정하는 경우의 수가 6,
볼펜 1자루를 정하는 경우의 수가 5,
남은 볼펜과 연필 5자루를 5명에게 나누어 주는 경우의 수가
$5!=120$
이므로 이때의 경우의 수는

$$6\times5\times120=3600$$

(i), (ii), (iii)에서 $720+3600+3600=7920$

13 ······ 답 1440

▸빈 의자를 기준으로 생각하는 것은 쉽지 않다.
빈 의자에 선생님이 앉는다고 생각하고,
7명을 일렬로 세운 다음, 의자에 차례로 앉는다고 생각한다.

빈 의자에 선생님 1명이 앉는다고 생각해도 된다.
$$○□○□○□○□○$$
남학생 3명, 선생님 1명이 □에 일렬로 앉는 경우의 수는 4!=24
여학생 3명이 남학생과 선생님 사이와 양 끝의 ○ 5개 중 3개에 앉는 경우의 수는 $_5P_3=60$

$$\therefore 24\times60=1440$$

14 ······ 답 24

(가)에서 비밀번호는 홀수 2개, 짝수 3개이거나 홀수 3개, 짝수 2개이다.
(나)에서 홀수는 3개일 수 없으므로 비밀번호는 홀수 2개, 짝수 3개이다.

이때 짝수는 2, 4, 6이고 합이 12이므로 5개 숫자의 합이 10의 배수이면 홀수의 합은 8이다.

(i) 홀수가 1, 7일 때

2, 4, 6을 일렬로 나열하는 경우의 수는 3!=6
짝수 사이에 1, 7을 일렬로 나열하는 경우의 수는 2!=2

$$\therefore 6\times2=12$$

(ii) 홀수가 3, 5인 경우도 (i)과 같으므로 경우의 수는 12

(i), (ii)에서 $12+12=24$

15 ·· 답 276

┃5는 한 번 또는 두 번 또는 세 번 나올 수 있다.

(i) 5가 한 번 나오는 경우

1, 2, 3, 4, 5를 나열하는 경우의 수이므로

$5!=120$(개) ··· ㉮

(ii) 5가 두 번 나오는 경우

5○5○○, 5○○5○, 5○○○5, ○5○5○, ○5○○5,

○○5○5

꼴이고, ○에 1, 2, 3, 4 중 세 개를 나열하면 되므로

$6 \times {}_4P_3 = 6 \times 4 \times 3 \times 2 = 144$(개) ··· ㉯

(iii) 5가 세 번 나오는 경우

5○5○5 꼴이고, ○에 1, 2, 3, 4 중 두 개를 나열하면 되므로

${}_4P_2 = 4 \times 3 = 12$(개) ··· ㉰

(i), (ii), (iii)에서 $120+144+12=276$(개) ··· ㉱

단계	채점 기준	배점
㉮	5가 한 번 나오는 자연수의 개수 구하기	30%
㉯	5가 두 번 나오는 자연수의 개수 구하기	30%
㉰	5가 세 번 나오는 자연수의 개수 구하기	30%
㉱	㉮, ㉯, ㉰의 합 구하기	10%

16 ·· 답 ④

┃예를 들어 전체 남학생이 1명이면 그중 2명을 뽑을 수 없으므로 남학생이 1명인 경우와 2명 이상인 경우로 나누어 생각해야 한다.

(i) 남학생이 1명이거나 여학생이 1명인 경우

대표를 뽑는 경우의 수는

${}_1C_1 \times {}_{14}C_2 = 1 \times 91 = 91$

따라서 성립하지 않는다.

(ii) 남학생과 여학생이 모두 2명 이상인 경우

남학생 수를 n이라 하면 여학생 수는 $15-n$

남학생 2명, 여학생 1명을 뽑는 경우의 수는

${}_nC_2 \times {}_{15-n}C_1$

남학생 1명, 여학생 2명을 뽑는 경우의 수는

${}_nC_1 \times {}_{15-n}C_2$

경우의 수가 286이므로

${}_nC_2 \times {}_{15-n}C_1 + {}_nC_1 \times {}_{15-n}C_2 = 286$

$\dfrac{n(n-1)}{2} \times (15-n) + n \times \dfrac{(15-n)(14-n)}{2} = 286$

$\dfrac{n(15-n)}{2}(n-1+14-n) = 286$

$n(15-n) = 44,\ n^2 - 15n + 44 = 0$

$(n-4)(n-11) = 0$ ∴ $n=4$ 또는 $n=11$

따라서 남학생 4명, 여학생 11명 또는 남학생 11명, 여학생 4명이므로 차는 $11-4=7$

17 ·· 답 126

┃회사 2개를 뽑는 업종을 먼저 정한다.

(i) 증권 회사 2개, 통신 회사 1개, 건설 회사 1개에 원서를 내는 경우의 수는

${}_3C_2 \times {}_3C_1 \times {}_4C_1 = 3 \times 3 \times 4 = 36$

(ii) 증권 회사 1개, 통신 회사 2개, 건설 회사 1개에 원서를 내는 경우의 수는

${}_3C_1 \times {}_3C_2 \times {}_4C_1 = 3 \times 3 \times 4 = 36$

(iii) 증권 회사 1개, 통신 회사 1개, 건설 회사 2개에 원서를 내는 경우의 수는

${}_3C_1 \times {}_3C_1 \times {}_4C_2 = 3 \times 3 \times 6 = 54$

(i), (ii), (iii)에서 $36+36+54=126$

18 ·· 답 ⑤

남학생만 4명 뽑는 경우의 수는 ${}_5C_4$이므로

여학생을 적어도 한 명 포함하여 4명을 뽑는 경우의 수는

${}_8C_4 - {}_5C_4$이다.

∴ $({}_8C_4 - {}_5C_4) \times 4! = 1560$

다른 풀이

(i) 남학생 3명, 여학생 1명을 뽑고 4명에게 책 4권을 각각 1권씩 나누어 주는 경우의 수는

${}_5C_3 \times {}_3C_1 \times 4! = 10 \times 3 \times 24 = 720$

(ii) 남학생 2명, 여학생 2명을 뽑고 4명에게 책 4권을 각각 1권씩 나누어 주는 경우의 수는

${}_5C_2 \times {}_3C_2 \times 4! = 10 \times 3 \times 24 = 720$

(iii) 남학생 1명, 여학생 3명을 뽑고 4명에게 책 4권을 각각 1권씩 나누어 주는 경우의 수는

${}_5C_1 \times {}_3C_3 \times 4! = 5 \times 1 \times 24 = 120$

(i), (ii), (iii)에서 $720+720+120=1560$

19 ·· 답 360

┃끝에 0을 덧붙였으므로 앞의 네 숫자의 합은 짝수이다.

2□□□0 꼴에서 □는 서로 다른 수이고, 2와 □에 들어가는 세 숫자의 합이 짝수이다.

(i) □의 숫자가 모두 짝수인 경우

0, 2, 4, 6, 8에서 3개를 뽑아 나열하는 경우이므로 경우의 수는

${}_5P_3 = 60$

(ii) □의 숫자가 1개는 짝수, 2개는 홀수인 경우

0, 2, 4, 6, 8에서 1개를 뽑고 1, 3, 5, 7, 9에서 2개를 뽑아 3개를 나열하는 경우이므로 경우의 수는

$5 \times {}_5C_2 \times 3! = 5 \times 10 \times 6 = 300$

(i), (ii)에서 $60+300=360$

20　　답 ③

곱이 4의 배수가 아닌 경우는
(i) 홀수인 경우와 (ii) 4의 배수가 아닌 2의 배수인 경우이다.

곱이 4의 배수가 아닌 경우의 수를 구하면
(i) 곱이 홀수인 경우
　홀수만 3번 나오는 경우이므로 $3 \times 3 \times 3 = 27$
(ii) 곱이 4의 배수가 아닌 2의 배수인 경우
　2 또는 6이 한 번, 홀수가 2번 나오는 경우이고,
　2 또는 6이 나오는 위치를 정하는 경우의 수가 $_3C_1$이므로
$$2 \times {_3C_1} \times 3 \times 3 = 54$$
전체 경우의 수가 6^3이므로
$$6^3 - (27 + 54) = 135$$

다른 풀이

바로 계산하려면 4가 나오는 경우와 안 나오는 경우로 나누는 것이 편하다.
(i) 4를 포함하는 경우
　4가 한 번 나오는 경우의 수는 4가 나오는 순서를 정하고
　나머지 두 번은 4가 아닌 수가 나오는 경우의 수이므로
$$3 \times 5 \times 5 = 75$$
　4가 두 번 나오는 경우의 수는 $_3C_2 \times 5 = 15$
　4가 세 번 나오는 경우의 수는 1
$$\therefore 75 + 15 + 1 = 91$$
(ii) 4를 포함하지 않는 경우
　2 또는 6을 두 번 포함하는 경우의 수는 2 또는 6이 나오는
　순서를 정하고 나머지는 홀수가 나오는 경우의 수이므로
$${_3C_2} \times 2 \times 2 \times 3 = 36$$
　2 또는 6을 세 번 포함하는 경우의 수는 $2 \times 2 \times 2 = 8$
$$\therefore 36 + 8 = 44$$
(i), (ii)에서 $91 + 44 = 135$

21　　답 ③

예를 들어 세 수를 뽑아 크기 순으로 나열할 때는 순서가 정해지므로
순서를 생각하지 않고 3개를 뽑는 조합을 생각하면 된다.
이때 c가 두 부등식에 중복되어 있으므로 c를 기준으로 경우를 나눈다.

$abcde$가 5의 배수이고 e가 0이 아니므로 $e = 5$이다.
(i) $c = 1$이면 d는 2, 3, 4가 가능하다.
　1보다 크고 d, e가 아닌 두 수를 뽑아 큰 수를 a, 작은 수를 b
　라 하면 경우의 수는
$$3 \times {_6C_2} = 3 \times 15 = 45$$
(ii) $c = 2$이면 d는 3, 4가 가능하다.
　2보다 크고 d, e가 아닌 두 수를 뽑아 큰 수를 a, 작은 수를 b
　라 하면 경우의 수는
$$2 \times {_5C_2} = 2 \times 10 = 20$$

(iii) $c = 3$이면 d는 4이다.
　3보다 크고 d, e가 아닌 두 수를 뽑아 큰 수를 a, 작은 수를 b
　라 하면 경우의 수는
$${_4C_2} = 6$$
(i), (ii), (iii)에서 $45 + 20 + 6 = 71$

22　　답 ⑤

가장 작은 수가 1, 2, 3, …일 때로 나누어 경우의 수를 각각 구한다.

뽑은 세 수를 a, b, c $(a < b < c)$라 하면 a는 6 이하의 자연수
이다.
(i) $a = 1$일 때, b, c는 어떤 수이어도 되므로 경우의 수는 $_7C_2 = 21$
(ii) $a = 2$일 때, $b \times c$가 짝수이므로 $b \times c$가 될 수 있는 전체 경우
　의 수에서 $b \times c$가 홀수가 되는 경우의 수를 빼면 된다.
　따라서 경우의 수는 $_6C_2 - {_3C_2} = 15 - 3 = 12$
(iii) $a = 3$일 때, $b \times c$가 3의 배수이므로 b 또는 c가 6이다.
　$b = 6$일 때 $c = 7$ 또는 $c = 8$이고, $c = 6$일 때 $b = 4$ 또는 $b = 5$
　이다. 따라서 경우의 수는 $2 + 2 = 4$
(iv) $a = 4$일 때, $b \times c$가 4의 배수이므로 b 또는 c가 8이다.
　$b = 8$인 경우는 없고, $c = 8$일 때 $b = 5$ 또는 $b = 6$ 또는 $b = 7$
　이다. 따라서 경우의 수는 3
(v) $a = 5$일 때, $b \times c$가 5의 배수일 수 없다.
(vi) $a = 6$일 때, $b \times c$가 6의 배수일 수 없다.
(i) ~ (vi)에서 $21 + 12 + 4 + 3 = 40$

23　　답 210

예를 들어 2, 4, 5, 7을 선택하면 $a < b \le c < d$이므로 2457로 정해진다.
따라서 숫자 네 개를 뽑으면 네 자리 자연수는 하나로 정해진다.
$b < c$인 경우와 $b = c$인 경우로 나누어 생각한다.

숫자 네 개를 뽑을 때, 0을 뽑으면 $a = 0$이므로 네 자리 자연수가
될 수 없다.
곧, a, b, c, d는 1에서 9까지의 자연수이다.
(i) $b < c$인 경우
　숫자 네 개를 뽑으면 네 자리 자연수가 하나로 정해지므로
　네 자리 자연수의 개수는 $_9C_4 = 126$
(ii) $b = c$인 경우
　숫자 세 개를 뽑으면 가장 작은 숫자가 a, 그 다음 숫자가 b와
　c, 가장 큰 숫자가 d이다.
　따라서 네 자리 자연수의 개수는 $_9C_3 = 84$
(i), (ii)에서 $126 + 84 = 210$

24 답 90

▶ 예를 들어 국어를 첫 번째, 세 번째 제출한다고 하면
첫 번째는 국어 A를, 세 번째는 국어 B를 제출해야 한다.

그림과 같이 제출하는 순서를 칸으로 나타내어 보자.

6개의 과제를 제출할 때, 국어 과제에 해당하는 칸을 2개 정하면
앞의 칸은 국어 A, 뒤의 칸은 국어 B이다.
남은 칸에서 수학 과제에 해당하는 칸을 2개 정하면
앞의 칸은 수학 A, 뒤의 칸은 수학 B이다.
남은 칸에서 앞은 영어 A, 뒤는 영어 B이다.
따라서 경우의 수는 $_6C_2 \times _4C_2 \times _2C_2 = 15 \times 6 \times 1 = 90$

25 답 ①

▶ 삼각형이나 사각형의 개수를 구하는 문제는
꼭짓점 또는 변을 뽑는 경우의 수를 생각하는 경우가 많다.
이 문제에서는 가로선 2개와 세로선 2개를 뽑으면 평행사변형이 만들어
진다.

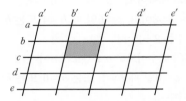

(i) 가로선 a, b, c, d, e 중 2개와 세로선 a', b', c', d', e' 중 2개
를 뽑으면 평행사변형이 하나 정해진다.
$$\therefore _5C_2 \times _5C_2 = 10 \times 10 = 100(개)$$
(ii) 색칠한 평행사변형을 포함하려면
가로선 a, b 중 하나와 c, d, e 중 하나를 뽑고
세로선 a', b' 중 하나와 c', d', e' 중 하나를 뽑으면 되므로
$$(2 \times 3) \times (2 \times 3) = 36(개)$$
(i), (ii)에서 $100 + 36 = 136(개)$

26 답 ①

원 위의 세 점은 일직선 위에 있지 않으므로 n개에서 3개를 뽑는
조합의 수가 삼각형의 개수이다.
$_nC_3 = 56$에서 $\dfrac{n(n-1)(n-2)}{3!} = 56$
$$n(n-1)(n-2) = 8 \times 7 \times 6 \qquad \therefore n = 8$$

▶ 원에 내접하는 직사각형의 대각선은 원의 지름이다.

그림과 같이 네 점을 택하여 만든 사각형이
직사각형이면 대각선은 원의 지름이다.
2개의 점을 연결할 때 지름은 4개이고,
이 중 2개를 뽑으면 8개의 점 중 네 점을
택하여 만들 수 있는 직사각형이다.
따라서 직사각형의 개수는 $_4C_2 = 6$

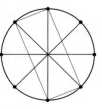

다른 풀이

8개의 점 중 2개를 뽑아 지름이 아닌 현을 만들면 직사각형을 하
나 만들 수 있다.
지름이 아닌 현의 개수는 $_8C_2 - 4 = 28 - 4 = 24$이고 직사각형의
변이 4개이므로 직사각형은 4번씩 중복된다.
따라서 직사각형의 개수는 $24 \div 4 = 6$

27 답 81

▶ 아시아 국가만으로 이루어진 그룹이 2개이거나 1개이다.

(i) 아시아 국가만으로 이루어진 그룹이 2개인 경우
아시아 4개국과 아프리카 4개국을 각각 2그룹씩 나누면 되므
로 경우의 수는
$$\left(_4C_2 \times _2C_2 \times \dfrac{1}{2!} \right) \times \left(_4C_2 \times _2C_2 \times \dfrac{1}{2!} \right)$$
$$= 6 \times 1 \times \dfrac{1}{2} \times 6 \times 1 \times \dfrac{1}{2} = 9$$
(ii) 아시아 국가만으로 이루어진 그룹이 1개인 경우
아시아 2개국을 뽑아 그룹을 만들고
남은 아시아 2개국은 아프리카 나라를 하나씩 뽑아 그룹을 만
들고, 나머지 아프리카 2개국을 한 그룹으로 만들면 된다.
따라서 경우의 수는 $_4C_2 \times _4P_2 \times 1 = 6 \times 12 \times 1 = 72$
(i), (ii)에서 $9 + 72 = 81$

다른 풀이

(i) 8개국을 2개국씩 4개의 그룹으로 나누는 경우의 수는
$$_8C_2 \times _6C_2 \times _4C_2 \times _2C_2 \times \dfrac{1}{4!} = 28 \times 15 \times 6 \times 1 \times \dfrac{1}{24} = 105$$
(ii) 각 그룹에 아시아 국가가 1개씩 모두 포함된 경우의 수는
$$4! = 24$$
(i)에서 (ii)의 경우의 수를 빼면 $105 - 24 = 81$

28 답 ⑤

▶ 5명을 3조로 나눈 다음 각 조가 내릴 층을 정한다.

5명을 같은 층에서 내릴 1명, 1명, 3명 또는 1명, 2명, 2명으로
나누는 경우의 수는
$$_5C_1 \times _4C_1 \times _3C_3 \times \dfrac{1}{2!} + _5C_1 \times _4C_2 \times _2C_2 \times \dfrac{1}{2!}$$
$$= 5 \times 4 \times 1 \times \dfrac{1}{2} + 5 \times 6 \times 1 \times \dfrac{1}{2}$$
$$= 10 + 15 = 25$$
위의 각 경우의 3조가 5개 층 중 내릴 3개 층을 정하는 경우의 수는
$$_5P_3 = 60$$
$$\therefore 25 \times 60 = 1500$$

29 답 75

3명, 5명 또는 4명, 4명으로 나누어야 한다.
남학생이 각 조에 적어도 1명은 포함되는 경우는
남학생 3명이 모두 같은 조인 경우를 이용한다.

3명, 5명 또는 4명, 4명으로 나눌 수 있다.

(ⅰ) 3명, 5명으로 조를 나누는 경우

전체 경우는

$$_8C_3 \times _5C_5 = 56 \times 1 = 56(가지)$$

남학생 3명이 3명인 조에 속하는 경우는 1가지
남학생 3명이 5명인 조에 속하는 경우는
여학생 5명을 2명, 3명으로 나눈 다음
여학생이 2명인 조에 남학생 3명이 속하는 경우와 같으므로

$$_5C_2 \times _3C_3 = 10 \times 1 = 10(가지)$$

$$\therefore 56 - 1 - 10 = 45(가지) \qquad \cdots ㉮$$

(ⅱ) 4명, 4명으로 조를 나누는 경우

전체 경우는

$$_8C_4 \times _4C_4 \times \frac{1}{2!} = 70 \times 1 \times \frac{1}{2} = 35(가지)$$

남학생 3명이 한 조에 속하는 경우는
여학생 5명을 1명, 4명으로 나눈 다음
여학생이 1명인 조에 남학생 3명이 속하는 경우와 같으므로

$$_5C_1 \times _4C_4 = 5 \times 1 = 5(가지)$$

$$\therefore 35 - 5 = 30(가지) \qquad \cdots ㉯$$

(ⅰ), (ⅱ)에서 45 + 30 = 75(가지) $\cdots ㉰$

단계	채점 기준	배점
㉮	3명, 5명으로 조를 나누는 방법의 수 구하기	40 %
㉯	4명, 4명으로 조를 나누는 방법의 수 구하기	50 %
㉰	㉮, ㉯의 합 구하기	10 %

30 답 495

대진표에서 다음의 경우는 같다고 생각한다.

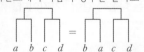

(ⅰ) 전체 대진표의 가짓수

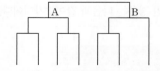

A에 속하는 4팀을 뽑는 경우의 수는 $_7C_4 = 35$
A에 속하는 4팀을 2팀씩 묶는 경우의 수는

$$_4C_2 \times _2C_2 \times \frac{1}{2!} = 6 \times 1 \times \frac{1}{2} = 3$$

B에 속하는 3팀에서 부전승으로 올라가는 팀을 정하는 경우
의 수는 $_3C_1 = 3$

전체 대진표의 가짓수는

$$35 \times 3 \times 3 = 315$$

(ⅱ) 예선 1, 2등 팀이 결승전에서만 만나는 대진표의 가짓수

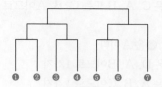

① 1위 팀이 ❶, 2위 팀이 ❺에 있는 경우
❷의 팀을 정하는 경우의 수가 5
❻의 팀을 정하는 경우의 수가 4
❸과 ❹의 팀을 정하는 경우의 수가 $_3C_2 = 3$
이때의 가짓수는 $5 \times 4 \times 3 = 60$

② 1위 팀이 ❶, 2위 팀이 ❼에 있는 경우
❷의 팀을 정하는 경우의 수가 5
❸과 ❹의 팀을 정하는 경우의 수가 $_4C_2 = 6$
이때의 가짓수는 $5 \times 6 = 30$

③ 1위 팀이 ❺, 2위 팀이 ❶에 있는 경우의 수는
❶과 같이 60

④ 1위 팀이 ❼, 2위 팀이 ❶에 있는 경우의 수는
❷와 같으므로 30

①~④에서 대진표의 가짓수는

$$60 + 30 + 60 + 30 = 180$$

(ⅰ), (ⅱ)에서 구하는 가짓수의 합은

$$315 + 180 = 495$$

C STEP 절대등급 완성 문제 96~97쪽

| **01** 576 | **02** 64 | **03** ① | **04** ③ | **05** 108 | **06** 528 |
| **07** 50 | **08** 495 | | | | |

01 답 576

가로 줄마다 A, B, C, D를 하나씩 걸어야 한다.
첫 번째 줄에 A, B, C, D를 걸었을 때,
두 번째, 세 번째 줄의 가능한 경우부터 구한다.

다음과 같이 첫 번째 줄에 A, B, C, D를 걸고
두 번째 줄의 첫 번째 칸에 B를 건 경우

A	B	C	D
B	❶	❷	❸
❹	❺	❻	❼

(i) ❶이 A인 경우 ❷는 D, ❸은 C이다.
　　❹가 C이면 ❺, ❻, ❼은 D, A, B 또는 D, B, A이므로
　　2가지
　　❹가 D이면 ❺, ❻, ❼은 C, A, B 또는 C, B, A이므로
　　2가지
(ii) ❶이 C인 경우 ❷는 D, ❸은 A이다.
　　❹가 C이면 ❺, ❻, ❼은 D, A, B이므로 1가지
　　❹가 D이면 ❺, ❻, ❼은 A, B, C이므로 1가지
(iii) ❶이 D인 경우 ❷는 A, ❸은 C이다.
　　❹가 C이면 ❺, ❻, ❼은 A, D, B이므로 1가지
　　❹가 D이면 ❺, ❻, ❼은 C, B, A이므로 1가지
(i), (ii), (iii)에서 첫 번째 줄에 A, B, C, D를 걸었을 때,
두 번째 줄의 첫 번째 칸에 B를 거는 방법의 수는 8
두 번째 줄의 첫 번째 칸에 C 또는 D를 거는 방법의 수도 각각 8
이때 첫 번째 줄에 A, B, C, D를 나열하는 방법의 수는 $4!=24$
　　∴ $8 \times 3 \times 24 = 576$

03 답 ①

▶6개의 수를 2개씩 3조로 나누고, 합이 작은 조부터 1열, 2열, 3열에 쓰면
된다.
이때 각 조의 두 수의 합은 같지 않아야 한다.

6개의 수를 2개씩 3조로 나누는 경우의 수는
$$_6C_2 \times _4C_2 \times _2C_2 \times \frac{1}{3!} = 15 \times 6 \times 1 \times \frac{1}{6} = 15$$
그런데 $2+27=7+22=12+17$, $2+22=7+17$,
$2+17=7+12$, $7+27=12+22$, $12+27=17+22$
이므로
　　$(2, 27)$과 $(7, 22)$, $(2, 22)$와 $(7, 17)$,
　　$(2, 17)$과 $(7, 12)$, $(7, 27)$과 $(12, 22)$,
　　$(12, 27)$과 $(17, 22)$
로 조를 나누는 경우를 제외하면 각 조의 두 수의 합이 같지 않다.
따라서 합이 작은 조부터 1열, 2열, 3열에 쓰면 된다.
또 각 열에 두 수를 쓰는 방법이 2가지씩이므로 경우의 수는
　　$(15-5) \times 2 \times 2 \times 2 = 80$

02 답 64

▶탁자 B에 앉아 있던 3명 중 탁자 B의 비어 있던 2개의 의자로 옮긴 사람
수로 경우를 나누어 구한다.

탁자 B에 앉아 있던 사람을 a, b, c라 하고
앉아 있던 자리를 a', b', c', 비어 있던 자리를 d', e'이라 하자.
(i) a, b, c가 d', e'에 앉지 않는 경우
　　a, b, c는 b', c', a' 또는 c', a', b'에 앉아야 하므로 2가지
　　또 탁자 A에 앉아 있던 사람이 탁자 B의 d', e'에 앉는 경우의
　　수는 2
　　　　∴ $2 \times 2 = 4$
(ii) a, b, c 중 1명이 d', e'에 앉는 경우
　　a, b, c 중 1명이 d' 또는 e'에 앉는 경우의 수는 $3 \times 2 = 6$
　　남은 2명이 a', b', c' 중 앉지 않았던 의자에 앉는 경우의 수는
　　3　　… ❶
　　탁자 A에 앉아 있던 사람이 탁자 B의 남은 의자에 앉는 경우
　　의 수는 2
　　　　∴ $6 \times 3 \times 2 = 36$
(iii) a, b, c 중 2명이 d', e'에 앉는 경우
　　a, b, c 중 2명이 d', e'에 앉는 경우의 수는 $_3P_2 = 6$
　　남은 1명이 a', b', c' 중 앉지 않았던 의자에 앉는 경우의 수는 2
　　탁자 A에 앉아 있던 사람이 탁자 B의 남은 의자에 앉는 경우
　　의 수는 2
　　　　∴ $6 \times 2 \times 2 = 24$
(i), (ii), (iii)에서 $4+36+24=64$

Think More
❶에서 a가 d' 또는 e'에 앉았다고 할 때,
b와 c가 앉을 수 있는 자리는 (a', b'), (c', a'), (c', b')이다.

04 답 ③

▶$a=1234$라 하고 가능한 b를 모두 찾는다.
이때 b가 5를 포함할 때와 포함하지 않을 때로 나누어 생각한다.

$a=1234$라 하자.
(i) B에서 뽑은 숫자가 1, 2, 3, 4인 경우
　　b의 천의 자리 숫자가 2인 경우는 다음과 같이 3가지이다.

a	1	2	3	4
		1	4	3
b	2	3	4	1
		4	1	3

　　b의 천의 자리 숫자가 3 또는 4인 경우도 3가지씩이다.
　　　　∴ $3 \times 3 = 9$
(ii) B에서 뽑은 숫자가 2, 3, 4, 5인 경우, 곧 b에 1이 없는 경우
　　b의 천의 자리 숫자가 5인 경우는 다음과 같이 2가지이다.

a	1	2	3	4
		3	4	2
b	5	4	2	3

　　b의 백의 자리 숫자가 5인 경우는 다음과 같이 3가지이다.

a	1	2	3	4
	2		4	3
b	3	5	4	2
	4		2	3

　　b의 십의 자리 숫자가 5 또는 b의 일의 자리 숫자가 5인 경우
　　도 3가지씩이다.
　　　　∴ $2 + 3 \times 3 = 11$
(iii) b에 2 또는 3 또는 4가 없는 경우도 11가지씩이다.

(i), (ii), (iii)에서 $a=1234$일 때 가능한 b의 개수는

$\qquad 9+11\times4=53$

가능한 a의 개수는 $_5P_4$이므로 순서쌍 (a, b)의 개수는

$\qquad _5P_4\times53 \qquad \therefore x=53$

05 ·· 답 108

▶A 구슬을 ❶, ❷, ❸에 넣는 경우로 나누어 생각한다.

(i) A를 ❷에 넣는 경우

❶, ❸, ❼에는 구슬을 넣을 수 없으므로
남은 구슬 네 개는 ❹, ❻, ❽, ❿에 넣어야 한다.
E는 ❽이나 ❿에 넣어야 하므로 경우의 수는 2
나머지 세 구슬을 남은 세 칸에 넣는 경우의 수는 $3!=6$

$\qquad \therefore 2\times6=12$

(ii) A를 ❶에 넣는 경우

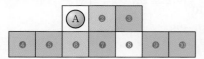

❷, ❻에는 구슬을 넣을 수 없으므로
❸, ❼에 한 개씩 넣고, (❹ 또는 ❺), (❾ 또는 ❿)에 한 개씩
넣어야 한다.
(❹ 또는 ❺), (❾ 또는 ❿)을 정하는 경우의 수는 $2\times2=4$
E는 ❸ 또는 ❼에 넣거나 (❾ 또는 ❿)에서 정해지는 칸에
넣어야 하므로 경우의 수는 3
나머지 세 구슬을 남은 세 칸에 넣는 경우의 수는 $3!=6$

$\qquad \therefore 4\times3\times6=72$

(iii) A를 ❸에 넣는 경우

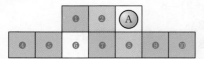

❷, ❽에는 구슬을 넣을 수 없으므로
❶, ❼에 한 개씩 넣고, (❹ 또는 ❺), (❾ 또는 ❿)에 한 개씩
넣어야 한다.
(❹ 또는 ❺), (❾ 또는 ❿)을 정하는 경우의 수는 $2\times2=4$
E는 (❾ 또는 ❿)에서 정해지는 칸에 넣어야 한다.
나머지 세 구슬을 남은 세 칸에 넣는 경우의 수는 $3!=6$

$\qquad \therefore 4\times6=24$

(i), (ii), (iii)에서 $12+72+24=108$

06 ·· 답 528

▶여학생 2명을 각 층에 배정하는 경우로 나누어 생각한다.

(i) 3층 2개를 여학생 2명에게 배정하는 경우
　　3층의 사물함을 여학생 2명에게 배정하는 경우의 수는
　　　$2!=2$
　　나머지 사물함을 남학생 3명에게 배정하는 경우의 수는
　　　$_5P_3=60$
　　　$\therefore 2\times60=120$

(ii) 2층 2개를 여학생 2명에게 배정하는 경우
　　(i)과 같으므로 경우의 수는 120

(iii) 1층 3개 중 2개를 여학생 2명에게 배정하는 경우
　　1층의 사물함을 여학생 2명에게 배정하는
　　경우의 수는 $_3P_2=6$
　　남학생 3명에게는 2층 또는 3층의 사물함을
　　배정해야 하므로 경우의 수는 $_4P_3=24$
　　　$\therefore 6\times24=144$

(iv) 2층 1개, 3층 1개를 여학생 2명에게 배정하는 경우
　　2층, 3층의 사물함을 1개씩 선택하는 경우의
　　수는 $2\times2=4$이고, 사물함을 여학생 2명
　　에게 배정하는 경우의 수는 $2!=2$이므로
　　　$4\times2=8$
　　남학생 3명에게는 1층의 사물함을 배정해야
　　하므로 경우의 수는 $3!=6$
　　　$\therefore 8\times6=48$

(v) 3층 1개, 1층 1개를 여학생 2명에게 배정하는 경우
　　❷를 여학생에게 배정하면 남학생 3명에게
　　사물함을 배정할 수 없다.
　　3층 사물함 1개와 ❶, ❸ 중 하나를 정하는
　　경우의 수는 $2\times2=4$이고, 여학생 2명에게
　　배정하는 경우의 수는 $2!=2$이므로
　　　$4\times2=8$
　　❶, ❸ 중 남은 하나와 2층 사물함을 남학생 3명에게 배정하는
　　경우의 수는 $3!=6$
　　　$\therefore 8\times6=48$

(vi) 2층 1개, 1층 1개를 여학생 2명에게 배정하는 경우
　　(v)와 같으므로 경우의 수는 48

(i)~(vi)에서 $120+120+144+48+48+48=528$

Think More

(iv)에서 사물함을 여학생 2명에게 배정하는 경우는 다음과 같이 생각할 수 있다.
처음 여학생은 사물함 네 개 중 하나를 선택하고,
다음 여학생은 다른 층의 사물함 두 개 중 하나를 선택하면 되므로
경우의 수는 $4\times2=8$

답 50

다리가 이미 놓여 있는 두 섬을 하나의 섬으로 보고
이 섬에서 다리를 3개, 2개, 1개 놓는 경우로 나누어 생각한다.

그림과 같이 섬을 A, B, C, D, E라 하고, A와 B를 묶어 A′이라
하자.

(i) A′에 다리를 3개 놓는 경우
    C, D, E에서 A 또는 B에 다리를
    하나씩 놓으면 되므로
        $2 \times 2 \times 2 = 8$(가지)

(ii) A′에 다리를 2개 놓는 경우
    C, D, E 중 A′에 연결되는 섬을
    선택하는 방법이 $_3C_2 = 3$(가지)
    예를 들어 C, D를 선택한 경우
    C, D에서 A 또는 B에 다리를 놓는
    방법이
        $2 \times 2 = 4$(가지)
    E에서 C 또는 D에 다리를 놓는 방법이 C−E 또는 D−E이
    므로 2가지
        $\therefore 3 \times 4 \times 2 = 24$(가지)

(iii) A′에 다리를 1개 놓는 경우
    C, D, E 중 A′에 연결되는 섬을
    선택하는 방법이 3가지
    예를 들어 C를 선택한 경우
    C에서 A 또는 B에 다리를 놓는 방법
    이 2가지
    C, D, E에 다리를 2개 놓는 방법이
    C−D, C−E 또는 C−D−E 또는 C−E−D이므로 3가지
        $\therefore 3 \times 2 \times 3 = 18$(가지)

(i), (ii), (iii)에서 $8 + 24 + 18 = 50$(가지)

08 답 495

1부터 15까지 차례로 나열한 다음, 이웃하지 않는 네 수를 뽑는 경우의 수
와 같다.

1부터 15까지의 자연수를 차례로 나열한 다음 이웃하지 않게 네
수를 뽑는다고 생각한다.

따라서 구하는 경우의 수는 ○를 11개 나열하고 양 끝과 ○ 사이
의 12곳에 ●를 4개 넣는 경우의 수와 같으므로
        $_{12}C_4 = 495$

Think More
위의 그림은 2, 5, 9, 14를 뽑는 경우이다.

Ⅳ. 행렬

10 행렬

A STEP 시험에 꼭 나오는 문제 101~103쪽

01 ③	02 384	03 ⑤	04 ④	05 $\begin{pmatrix} 1 & -2 \\ 2 & -1 \end{pmatrix}$
06 −80	07 $p=2$, $q=-3$	08 12	09 ③	10 ⑤
11 ④	12 ②	13 1	14 ②	15 $\begin{pmatrix} 5 & 15 \\ -15 & 5 \end{pmatrix}$
16 49	17 ②	18 ⑤		

01 답 ③

$i=1, 2, j=1, 2$를 대입하여
$a_{11}, a_{12}, a_{21}, a_{22}$를 구한다.

$$a_{11} = 1^2 + 3 \times 1 = 4$$
$$a_{12} = 1^2 + 3 \times 2 = 7$$
$$a_{21} = 2^2 + 3 \times 1 = 7$$
$$a_{22} = 2^2 + 3 \times 2 = 10$$

따라서 $A = \begin{pmatrix} 4 & 7 \\ 7 & 10 \end{pmatrix}$이므로 모든 성분의 합은

$$4 + 7 + 7 + 10 = 28$$

02 답 384

이차정사각행렬이므로 $i=1, 2, j=1, 2$를 대입한다.
이때 $i \geq j$인 경우와 $i < j$인 경우로 나누어 각 성분을 구한다.

$$a_{11} = 2 \times (1+1) = 4$$
$$a_{12} = 1 \times 2 = 2$$
$$a_{21} = 2 \times (2+1) = 6$$
$$a_{22} = 2 \times (2+2) = 8$$

따라서 $A = \begin{pmatrix} 4 & 2 \\ 6 & 8 \end{pmatrix}$이므로 모든 성분의 곱은

$$4 \times 2 \times 6 \times 8 = 384$$

03 답 ⑤

$$A + 2B = \begin{pmatrix} 2 & -1 \\ 3 & 4 \end{pmatrix} + 2\begin{pmatrix} -2 & 1 \\ 1 & 2 \end{pmatrix}$$
$$= \begin{pmatrix} 2 & -1 \\ 3 & 4 \end{pmatrix} + \begin{pmatrix} -4 & 2 \\ 2 & 4 \end{pmatrix} = \begin{pmatrix} -2 & 1 \\ 5 & 8 \end{pmatrix}$$

따라서 모든 성분의 합은
        $-2 + 1 + 5 + 8 = 12$

04 답 ④

$$A+B=\begin{pmatrix} 1 & 2 \\ -1 & 0 \end{pmatrix}+\begin{pmatrix} 1 & 0 \\ 0 & -1 \end{pmatrix}=\begin{pmatrix} 2 & 2 \\ -1 & -1 \end{pmatrix}$$

$$A-B=\begin{pmatrix} 1 & 2 \\ -1 & 0 \end{pmatrix}-\begin{pmatrix} 1 & 0 \\ 0 & -1 \end{pmatrix}=\begin{pmatrix} 0 & 2 \\ -1 & 1 \end{pmatrix}$$

$$\therefore 3(A+B)-2(A-B)=\begin{pmatrix} 6 & 6 \\ -3 & -3 \end{pmatrix}-\begin{pmatrix} 0 & 4 \\ -2 & 2 \end{pmatrix}$$
$$=\begin{pmatrix} 6 & 2 \\ -1 & -5 \end{pmatrix}$$

다른 풀이

행렬의 덧셈과 뺄셈은 다항식처럼 계산해도 된다.

$$3(A+B)-2(A-B)=3A+3B-2A+2B$$
$$=A+5B$$
$$=\begin{pmatrix} 1 & 2 \\ -1 & 0 \end{pmatrix}+5\begin{pmatrix} 1 & 0 \\ 0 & -1 \end{pmatrix}$$
$$=\begin{pmatrix} 6 & 2 \\ -1 & -5 \end{pmatrix}$$

05 답 $\begin{pmatrix} 1 & -2 \\ 2 & -1 \end{pmatrix}$

$A+B=2E$에서 $B=2E-A$이다.

$A+B=2E$에서
$$B=2E-A$$
$$=2\begin{pmatrix} 1 & 0 \\ 0 & 1 \end{pmatrix}-\begin{pmatrix} 1 & 2 \\ -2 & 3 \end{pmatrix}$$
$$=\begin{pmatrix} 1 & -2 \\ 2 & -1 \end{pmatrix}$$

06 답 -80

$$\begin{pmatrix} 4 & x+1 \\ 8 & 6+2y \end{pmatrix}=\begin{pmatrix} z & 6 \\ 8 & -2 \end{pmatrix}$$

이므로
$$4=z,\ x+1=6,\ 6+2y=-2$$
따라서 $x=5,\ y=-4,\ z=4$이므로
$$xyz=-80$$

07 답 $p=2,\ q=-3$

$pA+qE$를 계산한 후 행렬 B와 비교한다.

$B=pA+qE$에서
$$\begin{pmatrix} -1 & 6 \\ 4 & 5 \end{pmatrix}=p\begin{pmatrix} 1 & 3 \\ 2 & 4 \end{pmatrix}+q\begin{pmatrix} 1 & 0 \\ 0 & 1 \end{pmatrix}$$
$$=\begin{pmatrix} p+q & 3p \\ 2p & 4p+q \end{pmatrix}$$

이므로
$$-1=p+q,\ 6=3p,\ 4=2p,\ 5=4p+q$$
$$\therefore p=2,\ q=-3$$

08 답 12

$$\begin{pmatrix} x+6 \\ 3x-4 \end{pmatrix}=\begin{pmatrix} 10 \\ y \end{pmatrix}$$이므로
$$x+6=10,\ 3x-4=y$$
따라서 $x=4,\ y=8$이므로
$$x+y=12$$

09 답 ③

$$AB+A=\begin{pmatrix} 1 & 0 \\ -1 & 1 \end{pmatrix}\begin{pmatrix} 1 & 2 \\ 3 & -1 \end{pmatrix}+\begin{pmatrix} 1 & 0 \\ -1 & 1 \end{pmatrix}$$
$$=\begin{pmatrix} 1 & 2 \\ 2 & -3 \end{pmatrix}+\begin{pmatrix} 1 & 0 \\ -1 & 1 \end{pmatrix}$$
$$=\begin{pmatrix} 2 & 2 \\ 1 & -2 \end{pmatrix}$$

따라서 모든 성분의 합은
$$2+2+1+(-2)=3$$

10 답 ⑤

AB와 BA를 각각 구한다.

$$AB-BA=\begin{pmatrix} 1 & 3 \\ 2 & 1 \end{pmatrix}\begin{pmatrix} 1 & -3 \\ 1 & 2 \end{pmatrix}-\begin{pmatrix} 1 & -3 \\ 1 & 2 \end{pmatrix}\begin{pmatrix} 1 & 3 \\ 2 & 1 \end{pmatrix}$$
$$=\begin{pmatrix} 4 & 3 \\ 3 & -4 \end{pmatrix}-\begin{pmatrix} -5 & 0 \\ 5 & 5 \end{pmatrix}$$
$$=\begin{pmatrix} 9 & 3 \\ -2 & -9 \end{pmatrix}$$

Think More

행렬에서는 $AB=BA$가 성립하지 않으므로
$AB-BA\neq O$일 수도 있다는 것에 주의한다.

11 답 ④

▸ $A-B$를 먼저 구한다.

$$A-B=\begin{pmatrix} -1 & -4 \\ -2 & 3 \end{pmatrix}-\begin{pmatrix} 0 & -4 \\ -2 & 4 \end{pmatrix}$$

$$=\begin{pmatrix} -1 & 0 \\ 0 & -1 \end{pmatrix}$$

따라서

$$(A-B)^2=\begin{pmatrix} -1 & 0 \\ 0 & -1 \end{pmatrix}\begin{pmatrix} -1 & 0 \\ 0 & -1 \end{pmatrix}$$

$$=\begin{pmatrix} 1 & 0 \\ 0 & 1 \end{pmatrix}$$

Think More

$E^2=E$이므로
$$(-E)^2=(-E)(-E)=(-1)^2E^2=E$$

12 답 ②

▸ 이차방정식의 두 근이 α, β이므로
$\alpha^2-3\alpha-2=0$, $\beta^2-3\beta-2=0$이다.

이차방정식 $x^2-3x-2=0$의 두 근이 α, β이므로
$$\alpha^2=3\alpha+2,\ \beta^2=3\beta+2$$
이차방정식의 근과 계수의 관계에서
$$\alpha+\beta=3,\ \alpha\beta=-2$$

$$A^2=\begin{pmatrix} \alpha & 1 \\ -1 & \beta \end{pmatrix}\begin{pmatrix} \alpha & 1 \\ -1 & \beta \end{pmatrix}$$

$$=\begin{pmatrix} \alpha^2-1 & \alpha+\beta \\ -(\alpha+\beta) & \beta^2-1 \end{pmatrix}$$

$$=\begin{pmatrix} 3\alpha+1 & 3 \\ -3 & 3\beta+1 \end{pmatrix}$$

따라서 모든 성분의 합은
$$(3\alpha+1)+3+(-3)+(3\beta+1)$$
$$=3(\alpha+\beta)+2$$
$$=9+2=11$$

13 답 1

$$\begin{pmatrix} 2+3y & -1 \\ 2+xy & 2-x \end{pmatrix}=\begin{pmatrix} -1 & -1 \\ z & 3 \end{pmatrix}$$

이므로
$$2+3y=-1,\ 2+xy=z,\ 2-x=3$$
따라서 $x=-1$, $y=-1$, $z=3$이므로
$$x+y+z=1$$

14 답 ②

▸ AB, BA를 각각 구하고 비교한다.

$AB=BA$이므로
$$\begin{pmatrix} a & 1 \\ 0 & -1 \end{pmatrix}\begin{pmatrix} 1 & -1 \\ b & 1 \end{pmatrix}=\begin{pmatrix} 1 & -1 \\ b & 1 \end{pmatrix}\begin{pmatrix} a & 1 \\ 0 & -1 \end{pmatrix}$$

$$\begin{pmatrix} a+b & -a+1 \\ -b & -1 \end{pmatrix}=\begin{pmatrix} a & 2 \\ ab & b-1 \end{pmatrix}$$

성분을 비교하면
$$a+b=a,\ -a+1=2$$
$$-b=ab,\ -1=b-1$$
$-a+1=2$, $-1=b-1$에서 $a=-1$, $b=0$

▸ $a=-1$, $b=0$은 나머지 두 식도 만족시킨다.

$$\therefore a+b=-1$$

Think More

행렬의 곱셈에서 $AB=BA$가 성립하지는 않는다는 것은 모든 행렬에 대해 성립하는 것은 아니다라는 뜻이다.

15 답 $\begin{pmatrix} 5 & 15 \\ -15 & 5 \end{pmatrix}$

$$A^2=\begin{pmatrix} 2 & 1 \\ -1 & 2 \end{pmatrix}\begin{pmatrix} 2 & 1 \\ -1 & 2 \end{pmatrix}$$

$$=\begin{pmatrix} 3 & 4 \\ -4 & 3 \end{pmatrix}$$

$$A^3=A^2A$$

$$=\begin{pmatrix} 3 & 4 \\ -4 & 3 \end{pmatrix}\begin{pmatrix} 2 & 1 \\ -1 & 2 \end{pmatrix}$$

$$=\begin{pmatrix} 2 & 11 \\ -11 & 2 \end{pmatrix}$$

$$\therefore A^3+A^2=\begin{pmatrix} 2 & 11 \\ -11 & 2 \end{pmatrix}+\begin{pmatrix} 3 & 4 \\ -4 & 3 \end{pmatrix}$$

$$=\begin{pmatrix} 5 & 15 \\ -15 & 5 \end{pmatrix}$$

16 답 49

▸ $A^2=AA$, $A^3=A^2A$이므로
A, A^2, A^3, …을 구해 보면서 규칙을 찾는다.

$$A=\begin{pmatrix} 1 & 0 \\ 2 & 1 \end{pmatrix}$$

$$A^2=\begin{pmatrix} 1 & 0 \\ 2 & 1 \end{pmatrix}\begin{pmatrix} 1 & 0 \\ 2 & 1 \end{pmatrix}=\begin{pmatrix} 1 & 0 \\ 4 & 1 \end{pmatrix}$$

$A^3 = A^2 A$

$\quad = \begin{pmatrix} 1 & 0 \\ 4 & 1 \end{pmatrix}\begin{pmatrix} 1 & 0 \\ 2 & 1 \end{pmatrix} = \begin{pmatrix} 1 & 0 \\ 6 & 1 \end{pmatrix}$

$\quad \vdots$

$A^n = \begin{pmatrix} 1 & 0 \\ 2n & 1 \end{pmatrix}$

모든 성분의 합이 100이므로

$1 + 2n + 1 = 100 \qquad \therefore n = 49$

---

17 .... 답 ②

▶A^n이 $\begin{pmatrix} 1 & 0 \\ 0 & 1 \end{pmatrix}$이 되는 n을 찾는다.

$A = \begin{pmatrix} 2 & -1 \\ 3 & -1 \end{pmatrix}$

$A^2 = \begin{pmatrix} 2 & -1 \\ 3 & -1 \end{pmatrix}\begin{pmatrix} 2 & -1 \\ 3 & -1 \end{pmatrix} = \begin{pmatrix} 1 & -1 \\ 3 & -2 \end{pmatrix}$

$A^3 = A^2 A$

$\quad = \begin{pmatrix} 1 & -1 \\ 3 & -2 \end{pmatrix}\begin{pmatrix} 2 & -1 \\ 3 & -1 \end{pmatrix} = \begin{pmatrix} -1 & 0 \\ 0 & -1 \end{pmatrix}$

$A^6 = A^3 A^3$

$\quad = \begin{pmatrix} -1 & 0 \\ 0 & -1 \end{pmatrix}\begin{pmatrix} -1 & 0 \\ 0 & -1 \end{pmatrix}$

$\quad = \begin{pmatrix} 1 & 0 \\ 0 & 1 \end{pmatrix} = E$

따라서 $A^6 = E$이므로 20보다 작은 자연수 n은 6, 12, 18이고,
3개이다.

Think More

$(-E)^2 = (-1)^2 E^2 = E$이므로
$A^3 = -E$에서 $A^6 = E$임을 이용할 수도 있다.

---

18 .... 답 ⑤

▶$A, A^2, A^3, \dots$을 구해 보면서 규칙을 찾는다.

$A = \begin{pmatrix} 1 & -2 \\ 0 & 1 \end{pmatrix}$

$A^2 = \begin{pmatrix} 1 & -2 \\ 0 & 1 \end{pmatrix}\begin{pmatrix} 1 & -2 \\ 0 & 1 \end{pmatrix} = \begin{pmatrix} 1 & -4 \\ 0 & 1 \end{pmatrix}$

$A^3 = A^2 A = \begin{pmatrix} 1 & -4 \\ 0 & 1 \end{pmatrix}\begin{pmatrix} 1 & -2 \\ 0 & 1 \end{pmatrix} = \begin{pmatrix} 1 & -6 \\ 0 & 1 \end{pmatrix}$

$\quad \vdots$

$A^{10} = \begin{pmatrix} 1 & -20 \\ 0 & 1 \end{pmatrix}$

즉, $\begin{pmatrix} 1 & -20 \\ 0 & 1 \end{pmatrix}\begin{pmatrix} a \\ b \end{pmatrix} = \begin{pmatrix} 1 \\ 2 \end{pmatrix}$에서

$\begin{pmatrix} a - 20b \\ b \end{pmatrix} = \begin{pmatrix} 1 \\ 2 \end{pmatrix}$

이므로

$a - 20b = 1, \ b = 2$

따라서 $a = 41, \ b = 2$이므로 $ab = 82$

STEP B 1등급 도전 문제   104~106쪽

01 $\begin{pmatrix} 4 & 4 \\ 6 & 6 \end{pmatrix}$	**02** $\begin{pmatrix} -5 & 1 \\ -6 & -5 \end{pmatrix}$	**03** $\begin{pmatrix} 1 & 0 \\ 1 & 1 \end{pmatrix}$
04 $p = -12, \ q = 5$	**05** -8 **06** ③	**07** 9 **08** -6
09 ① **10** ③	**11** ① **12** $\begin{pmatrix} 8 & -9 \\ 7 & -8 \end{pmatrix}$	
13 $\begin{pmatrix} -2 & 3 \\ 3 & -4 \end{pmatrix}$	**14** $\begin{pmatrix} 3 & 3 \\ 3 & 3 \end{pmatrix}$	**15** 24 **16** ②
17 2048 **18** ⑤	**19** 2	

---

01 .... 답 $\begin{pmatrix} 4 & 4 \\ 6 & 6 \end{pmatrix}$

▶행렬 A, B가 이차정사각행렬이므로
$i = 1, 2, \ j = 1, 2$를 대입한다.

$a_{11} = 1 - 1 + 1 = 1$

$a_{12} = 1 - 2 + 1 = 0$

$a_{21} = 2 - 1 + 1 = 2$

$a_{22} = 2 - 2 + 1 = 1$

이므로 $A = \begin{pmatrix} 1 & 0 \\ 2 & 1 \end{pmatrix}$

$b_{11} = 1 + 1 + 1 = 3$

$b_{12} = 1 + 2 + 1 = 4$

$b_{21} = 2 + 1 + 1 = 4$

$b_{22} = 2 + 2 + 1 = 5$

이므로 $B = \begin{pmatrix} 3 & 4 \\ 4 & 5 \end{pmatrix}$

$\therefore A + B = \begin{pmatrix} 1 & 0 \\ 2 & 1 \end{pmatrix} + \begin{pmatrix} 3 & 4 \\ 4 & 5 \end{pmatrix}$

$\quad = \begin{pmatrix} 4 & 4 \\ 6 & 6 \end{pmatrix}$

02

답 $\begin{pmatrix} -5 & 1 \\ -6 & -5 \end{pmatrix}$

▶$3(X+A)=X+2B$와 같이
덧셈, 뺄셈, 실수배만 있는 식은 다항식처럼 계산하면 된다.

$3(X+A)=X+2B$에서

$\qquad 3X+3A=X+2B$

이므로

$\qquad 2X=2B-3A$

$\qquad\quad =2\begin{pmatrix} -2 & 1 \\ 0 & 4 \end{pmatrix}-3\begin{pmatrix} 2 & 0 \\ 4 & 6 \end{pmatrix}$

$\qquad\quad =\begin{pmatrix} -10 & 2 \\ -12 & -10 \end{pmatrix}$

$\qquad \therefore X=\begin{pmatrix} -5 & 1 \\ -6 & -5 \end{pmatrix}$

03

답 $\begin{pmatrix} 1 & 0 \\ 1 & 1 \end{pmatrix}$

▶X, Y에 대한 연립방정식을 푼다고 생각하면 된다.

$\qquad X+2Y=A \qquad \cdots ❶$

$\qquad 2X-Y=B \qquad \cdots ❷$

❶+❷×2를 하면 $5X=A+2B$

$\qquad \therefore X=\dfrac{1}{5}(A+2B)$

$\qquad\quad =\dfrac{1}{5}\left\{\begin{pmatrix} 1 & 2 \\ -1 & 3 \end{pmatrix}+2\begin{pmatrix} 2 & -1 \\ 3 & 1 \end{pmatrix}\right\}$

$\qquad\quad =\dfrac{1}{5}\begin{pmatrix} 5 & 0 \\ 5 & 5 \end{pmatrix}=\begin{pmatrix} 1 & 0 \\ 1 & 1 \end{pmatrix}$

Think More

1. ❶×2−❷를 하여 정리하면 $Y=\dfrac{1}{5}(2A-B)$
   이를 계산하면 행렬 Y를 구할 수 있다.

2. $X=\begin{pmatrix} p & q \\ r & s \end{pmatrix}$, $Y=\begin{pmatrix} x & y \\ z & w \end{pmatrix}$를 대입하여 계산해도 된다.

04

답 $p=-12, q=5$

▶$2A-3E, (2A-3E)^2, pA+qE$를 계산한 후 비교한다.

$\qquad 2A-3E=2\begin{pmatrix} 0 & 1 \\ -1 & 0 \end{pmatrix}-3\begin{pmatrix} 1 & 0 \\ 0 & 1 \end{pmatrix}$

$\qquad\qquad\quad =\begin{pmatrix} -3 & 2 \\ -2 & -3 \end{pmatrix}$

이므로

$\qquad (2A-3E)^2=\begin{pmatrix} -3 & 2 \\ -2 & -3 \end{pmatrix}\begin{pmatrix} -3 & 2 \\ -2 & -3 \end{pmatrix}$

$\qquad\qquad\qquad =\begin{pmatrix} 5 & -12 \\ 12 & 5 \end{pmatrix} \qquad \cdots ❶$

또,

$\qquad pA+qE=p\begin{pmatrix} 0 & 1 \\ -1 & 0 \end{pmatrix}+q\begin{pmatrix} 1 & 0 \\ 0 & 1 \end{pmatrix}$

$\qquad\qquad\quad =\begin{pmatrix} q & p \\ -p & q \end{pmatrix} \qquad \cdots ❷$

❶, ❷를 비교하면 $p=-12, q=5$

다른 풀이

$\qquad (2A-3E)^2=(2A-3E)(2A-3E)$

$\qquad\qquad\qquad =2A(2A-3E)-3E(2A-3E)$

$AE=A, EA=A, E^2=E$이므로

$\qquad (2A-3E)^2=4A^2-6AE-6EA+9E^2$

$\qquad\qquad\qquad =4A^2-6A-6A+9E$

$\qquad\qquad\qquad =4A^2-12A+9E$

이 식을 정리해도 된다.

05

답 -8

▶$x+y=a, x-y=b$ 꼴을 계산하듯이
두 변을 더하고 빼면 X, Y를 간단히 구할 수 있다.

$\qquad X+Y=\begin{pmatrix} 3 & 2 \\ 0 & -2 \end{pmatrix} \qquad \cdots ❶$

$\qquad X-Y=\begin{pmatrix} -1 & 2 \\ 2 & 4 \end{pmatrix} \qquad \cdots ❷$

❶+❷를 하면

$\qquad 2X=\begin{pmatrix} 2 & 4 \\ 2 & 2 \end{pmatrix} \qquad \therefore X=\begin{pmatrix} 1 & 2 \\ 1 & 1 \end{pmatrix}$

❶−❷를 하면

$\qquad 2Y=\begin{pmatrix} 4 & 0 \\ -2 & -6 \end{pmatrix} \qquad \therefore Y=\begin{pmatrix} 2 & 0 \\ -1 & -3 \end{pmatrix}$

$\qquad \therefore XY=\begin{pmatrix} 1 & 2 \\ 1 & 1 \end{pmatrix}\begin{pmatrix} 2 & 0 \\ -1 & -3 \end{pmatrix}=\begin{pmatrix} 0 & -6 \\ 1 & -3 \end{pmatrix}$

따라서 모든 성분의 합은

$\qquad -6+1+(-3)=-8$

06 ··· 답 ③

$2 \times \boxed{1}$ 행렬과 $\boxed{1} \times 2$ 행렬은
앞 행렬의 열의 개수와 뒤 행렬의 행의 개수가 1로 같으므로
곱이 가능하고 결과는 2×2 행렬이다.

$$\binom{x}{x-1}(x+1 \quad x-1)$$
$$=\begin{pmatrix} x(x+1) & x(x-1) \\ (x-1)(x+1) & (x-1)^2 \end{pmatrix}$$

이므로
$$f(x)=x(x+1)+x(x-1)+(x-1)(x+1)+(x-1)^2$$
$$=4x^2-2x$$
$$=4\left(x-\frac{1}{4}\right)^2-\frac{1}{4}$$

따라서 $f(x)$의 최솟값은 $-\dfrac{1}{4}$이다.

---

07 ··· 답 **9**

$A^3=A^2A$이므로 A, A^2, A^3을 차례로 구한다.

$a_{11}=1$, $a_{12}=1^2=1$,
$a_{21}=2^1=2$, $a_{22}=2$
이므로
$$A=\begin{pmatrix} 1 & 1 \\ 2 & 2 \end{pmatrix}$$
$$A^2=AA=\begin{pmatrix} 1 & 1 \\ 2 & 2 \end{pmatrix}\begin{pmatrix} 1 & 1 \\ 2 & 2 \end{pmatrix}=\begin{pmatrix} 3 & 3 \\ 6 & 6 \end{pmatrix}$$
$$A^3=A^2A=\begin{pmatrix} 3 & 3 \\ 6 & 6 \end{pmatrix}\begin{pmatrix} 1 & 1 \\ 2 & 2 \end{pmatrix}=\begin{pmatrix} 9 & 9 \\ 18 & 18 \end{pmatrix}$$

따라서 $\begin{pmatrix} 9 & 9 \\ 18 & 18 \end{pmatrix}=k\begin{pmatrix} 1 & 1 \\ 2 & 2 \end{pmatrix}$이므로
$$k=9$$

---

08 ··· 답 **−6**

$$A^2=\begin{pmatrix} a & b \\ 1 & 2 \end{pmatrix}\begin{pmatrix} a & b \\ 1 & 2 \end{pmatrix}=\begin{pmatrix} a^2+b & ab+2b \\ a+2 & b+4 \end{pmatrix}$$

이므로 $A^2=O$이면
$$a^2+b=0, \ ab+2b=0$$
$$a+2=0, \ b+4=0$$
$a+2=0$, $b+4=0$에서 $a=-2$, $b=-4$

$a=-2$, $b=-4$는 나머지 두 식도 만족시킨다.
$$\therefore a+b=-6$$

---

09 ··· 답 ①

$$\begin{pmatrix} x & y \\ y & x \end{pmatrix}\begin{pmatrix} x & y \\ y & x \end{pmatrix}=\begin{pmatrix} 7 & -3 \\ -3 & 7 \end{pmatrix}$$에서
$$\begin{pmatrix} x^2+y^2 & 2xy \\ 2xy & x^2+y^2 \end{pmatrix}=\begin{pmatrix} 7 & -3 \\ -3 & 7 \end{pmatrix}$$
이므로 $x^2+y^2=7$, $2xy=-3$

x^2+y^2, $2xy$의 값을 알고 있으므로 $(x+y)^2$을 이용한다.
$$(x+y)^2=x^2+y^2+2xy$$
$$=7+(-3)=4$$
$x>0$, $y>0$이므로 $x+y=2$
$$\therefore x^3+y^3=(x+y)^3-3xy(x+y)$$
$$=2^3-3\times\left(-\frac{3}{2}\right)\times 2=17$$

---

10 ··· 답 ③

직접 계산해서 성립하는지 확인한다.

ㄱ. $AB=\begin{pmatrix} 1 & 1 \\ -1 & 0 \end{pmatrix}\begin{pmatrix} 1 & 2 \\ 3 & 0 \end{pmatrix}=\begin{pmatrix} 4 & 2 \\ -1 & -2 \end{pmatrix}$

$BA=\begin{pmatrix} 1 & 2 \\ 3 & 0 \end{pmatrix}\begin{pmatrix} 1 & 1 \\ -1 & 0 \end{pmatrix}=\begin{pmatrix} -1 & 1 \\ 3 & 3 \end{pmatrix}$

이므로 $AB\neq BA$이다. (거짓)

ㄴ. $B+C=\begin{pmatrix} 1 & 2 \\ 3 & 0 \end{pmatrix}+\begin{pmatrix} -2 & 1 \\ -1 & 2 \end{pmatrix}=\begin{pmatrix} -1 & 3 \\ 2 & 2 \end{pmatrix}$이므로

$A(B+C)=\begin{pmatrix} 1 & 1 \\ -1 & 0 \end{pmatrix}\begin{pmatrix} -1 & 3 \\ 2 & 2 \end{pmatrix}=\begin{pmatrix} 1 & 5 \\ 1 & -3 \end{pmatrix}$

$AB+AC=\begin{pmatrix} 1 & 1 \\ -1 & 0 \end{pmatrix}\begin{pmatrix} 1 & 2 \\ 3 & 0 \end{pmatrix}+\begin{pmatrix} 1 & 1 \\ -1 & 0 \end{pmatrix}\begin{pmatrix} -2 & 1 \\ -1 & 2 \end{pmatrix}$

$=\begin{pmatrix} 4 & 2 \\ -1 & -2 \end{pmatrix}+\begin{pmatrix} -3 & 3 \\ 2 & -1 \end{pmatrix}$

$=\begin{pmatrix} 1 & 5 \\ 1 & -3 \end{pmatrix}$

$\therefore A(B+C)=AB+AC$ (참)

ㄷ. $A+B=\begin{pmatrix} 1 & 1 \\ -1 & 0 \end{pmatrix}+\begin{pmatrix} 1 & 2 \\ 3 & 0 \end{pmatrix}=\begin{pmatrix} 2 & 3 \\ 2 & 0 \end{pmatrix}$이므로

$(A+B)C=\begin{pmatrix} 2 & 3 \\ 2 & 0 \end{pmatrix}\begin{pmatrix} -2 & 1 \\ -1 & 2 \end{pmatrix}=\begin{pmatrix} -7 & 8 \\ -4 & 2 \end{pmatrix}$

$AC+BC=\begin{pmatrix} 1 & 1 \\ -1 & 0 \end{pmatrix}\begin{pmatrix} -2 & 1 \\ -1 & 2 \end{pmatrix}+\begin{pmatrix} 1 & 2 \\ 3 & 0 \end{pmatrix}\begin{pmatrix} -2 & 1 \\ -1 & 2 \end{pmatrix}$

$=\begin{pmatrix} -3 & 3 \\ 2 & -1 \end{pmatrix}+\begin{pmatrix} -4 & 5 \\ -6 & 3 \end{pmatrix}$

$=\begin{pmatrix} -7 & 8 \\ -4 & 2 \end{pmatrix}$

$\therefore (A+B)C=AC+BC$ (참)

ㄹ. $(A+B)^2 = \begin{pmatrix} 2 & 3 \\ 2 & 0 \end{pmatrix} \begin{pmatrix} 2 & 3 \\ 2 & 0 \end{pmatrix} = \begin{pmatrix} 10 & 6 \\ 4 & 6 \end{pmatrix}$

$A^2 + 2AB + B^2$

$= \begin{pmatrix} 1 & 1 \\ -1 & 0 \end{pmatrix} \begin{pmatrix} 1 & 1 \\ -1 & 0 \end{pmatrix} + 2 \begin{pmatrix} 1 & 1 \\ -1 & 0 \end{pmatrix} \begin{pmatrix} 1 & 2 \\ 3 & 0 \end{pmatrix} + \begin{pmatrix} 1 & 2 \\ 3 & 0 \end{pmatrix} \begin{pmatrix} 1 & 2 \\ 3 & 0 \end{pmatrix}$

$= \begin{pmatrix} 0 & 1 \\ -1 & -1 \end{pmatrix} + 2 \begin{pmatrix} 4 & 2 \\ -1 & -2 \end{pmatrix} + \begin{pmatrix} 7 & 2 \\ 3 & 6 \end{pmatrix}$

$= \begin{pmatrix} 15 & 7 \\ 0 & 1 \end{pmatrix}$

∴ $(A+B)^2 \neq A^2 + 2AB + B^2$ (거짓)

따라서 옳은 것은 ㄴ, ㄷ이다.

Think More

1. 행렬의 곱셈에서 다음이 성립한다.

$A(B+C) = AB + AC$

$(A+B)C = AC + BC$

2. $(A+B)^2 = (A+B)(A+B)$

$= A(A+B) + B(A+B)$

$= A^2 + AB + BA + B^2$

이고, $AB = BA$가 성립하지 않으므로

$(A+B)^2 \neq A^2 + 2AB + B^2$

11 .... 답 ①

$(A+B)(A-B) = A(A-B) + B(A-B)$

$= A^2 - AB + BA - B^2$

이고, 행렬의 곱셈에서 $AB = BA$가 성립하지 않는다. 곧,

$(A+B)(A-B) = A^2 - B^2$

이면 $AB = BA$라는 것과 같은 뜻이다.

$(A+B)(A-B) = A(A-B) + B(A-B)$

$= A^2 - AB + BA - B^2$

이므로

$(A+B)(A-B) = A^2 - B^2$

이 성립하면 $AB = BA$이다.

$AB = \begin{pmatrix} a & 2 \\ 2 & b \end{pmatrix} \begin{pmatrix} 1 & a \\ -2 & 1 \end{pmatrix} = \begin{pmatrix} a-4 & a^2+2 \\ 2-2b & 2a+b \end{pmatrix}$

$BA = \begin{pmatrix} 1 & a \\ -2 & 1 \end{pmatrix} \begin{pmatrix} a & 2 \\ 2 & b \end{pmatrix} = \begin{pmatrix} 3a & 2+ab \\ -2a+2 & -4+b \end{pmatrix}$

이므로

$a-4 = 3a$, $a^2+2 = 2+ab$

$2-2b = -2a+2$, $2a+b = -4+b$

$a-4 = 3a$에서 $a = -2$

$a^2+2 = 2+ab$에 대입하면 $b = -2$

$a = -2$, $b = -2$는 나머지 두 식도 만족시킨다.

∴ $a+b = -4$

다른 풀이

$A+B$, $A-B$, A^2-B^2을 직접 계산해서 비교해도 된다.

$A+B = \begin{pmatrix} a & 2 \\ 2 & b \end{pmatrix} + \begin{pmatrix} 1 & a \\ -2 & 1 \end{pmatrix} = \begin{pmatrix} a+1 & 2+a \\ 0 & b+1 \end{pmatrix}$

$A-B = \begin{pmatrix} a & 2 \\ 2 & b \end{pmatrix} - \begin{pmatrix} 1 & a \\ -2 & 1 \end{pmatrix} = \begin{pmatrix} a-1 & 2-a \\ 4 & b-1 \end{pmatrix}$

∴ $(A+B)(A-B) = \begin{pmatrix} a+1 & 2+a \\ 0 & b+1 \end{pmatrix} \begin{pmatrix} a-1 & 2-a \\ 4 & b-1 \end{pmatrix}$

$= \begin{pmatrix} a^2+4a+7 & -a^2+ab+2b \\ 4b+4 & b^2-1 \end{pmatrix}$

$A^2 = \begin{pmatrix} a & 2 \\ 2 & b \end{pmatrix} \begin{pmatrix} a & 2 \\ 2 & b \end{pmatrix} = \begin{pmatrix} a^2+4 & 2a+2b \\ 2a+2b & b^2+4 \end{pmatrix}$

$B^2 = \begin{pmatrix} 1 & a \\ -2 & 1 \end{pmatrix} \begin{pmatrix} 1 & a \\ -2 & 1 \end{pmatrix} = \begin{pmatrix} 1-2a & 2a \\ -4 & 1-2a \end{pmatrix}$

∴ $A^2 - B^2 = \begin{pmatrix} a^2+4 & 2a+2b \\ 2a+2b & b^2+4 \end{pmatrix} - \begin{pmatrix} 1-2a & 2a \\ -4 & 1-2a \end{pmatrix}$

$= \begin{pmatrix} a^2+2a+3 & 2b \\ 2a+2b+4 & b^2+2a+3 \end{pmatrix}$

$(1, 1)$ 성분을 비교하면

$a^2+4a+7 = a^2+2a+3$에서 $a = -2$

$(2, 1)$ 성분을 비교하면

$4b+4 = 2a+2b+4$에서 $b = -2$

$a = -2$, $b = -2$이면 $(1, 2)$, $(2, 2)$ 성분도 같다.

∴ $a+b = -4$

12 .... 답 $\begin{pmatrix} 8 & -9 \\ 7 & -8 \end{pmatrix}$

주어진 행렬을 더하거나 빼거나 곱하거나 실수배를 해서 구할 수 있는 문제는 아니다.

이런 경우 구하는 행렬을 $\begin{pmatrix} a & b \\ c & d \end{pmatrix}$ 등으로 놓고 직접 계산한다.

$A = \begin{pmatrix} a & b \\ c & d \end{pmatrix}$라 하면

$A \begin{pmatrix} 4 \\ 3 \end{pmatrix} = \begin{pmatrix} a & b \\ c & d \end{pmatrix} \begin{pmatrix} 4 \\ 3 \end{pmatrix} = \begin{pmatrix} 4a+3b \\ 4c+3d \end{pmatrix}$

∴ $4a+3b = 5$, $4c+3d = 4$ ··· ❶

$A \begin{pmatrix} 5 \\ 4 \end{pmatrix} = \begin{pmatrix} a & b \\ c & d \end{pmatrix} \begin{pmatrix} 5 \\ 4 \end{pmatrix} = \begin{pmatrix} 5a+4b \\ 5c+4d \end{pmatrix}$

∴ $5a+4b = 4$, $5c+4d = 3$ ··· ❷

❶, ❷를 연립하여 풀면

$a = 8$, $b = -9$, $c = 7$, $d = -8$

∴ $A = \begin{pmatrix} 8 & -9 \\ 7 & -8 \end{pmatrix}$

13 ·········· 답 $\begin{pmatrix} -2 & 3 \\ 3 & -4 \end{pmatrix}$

� $A=\begin{pmatrix} a & b \\ c & d \end{pmatrix}$로 놓고 직접 계산한다.

$A=\begin{pmatrix} a & b \\ c & d \end{pmatrix}$라 하면

$$\begin{pmatrix} 4 & 3 \\ 3 & 2 \end{pmatrix}\begin{pmatrix} a & b \\ c & d \end{pmatrix}=\begin{pmatrix} 1 & 0 \\ 0 & 1 \end{pmatrix}$$

$$\begin{pmatrix} 4a+3c & 4b+3d \\ 3a+2c & 3b+2d \end{pmatrix}=\begin{pmatrix} 1 & 0 \\ 0 & 1 \end{pmatrix}$$

행렬의 각 성분을 비교하면

$4a+3c=1$ ··· ❶, $4b+3d=0$ ··· ❷

$3a+2c=0$ ··· ❸, $3b+2d=1$ ··· ❹

❶, ❸을 연립하여 풀면 $a=-2$, $c=3$

❷, ❹를 연립하여 풀면 $b=3$, $d=-4$

$\therefore A=\begin{pmatrix} -2 & 3 \\ 3 & -4 \end{pmatrix}$

14 ·········· 답 $\begin{pmatrix} 3 & 3 \\ 3 & 3 \end{pmatrix}$

▸ $P=\begin{pmatrix} a & b \\ c & d \end{pmatrix}$로 놓고 직접 계산한다.

$P=\begin{pmatrix} a & b \\ c & d \end{pmatrix}$라 하면

$$AP=\begin{pmatrix} 0 & 1 \\ 1 & 0 \end{pmatrix}\begin{pmatrix} a & b \\ c & d \end{pmatrix}=\begin{pmatrix} c & d \\ a & b \end{pmatrix}$$

$$PA=\begin{pmatrix} a & b \\ c & d \end{pmatrix}\begin{pmatrix} 0 & 1 \\ 1 & 0 \end{pmatrix}=\begin{pmatrix} b & a \\ d & c \end{pmatrix}$$

$AP=PA$이므로 $c=b$, $d=a$

$\therefore P=\begin{pmatrix} a & b \\ b & a \end{pmatrix}$

모든 성분의 합이 12이므로

$2a+2b=12$, $a+b=6$

모든 성분의 곱이 81이므로 $a^2b^2=81$

$a>0$, $b>0$이므로 $ab=9$

따라서 $a=3$, $b=3$이므로 $P=\begin{pmatrix} 3 & 3 \\ 3 & 3 \end{pmatrix}$

15 ·········· 답 24

▸ A^2, A^3, …을 구해 보면서 규칙을 찾는다.

$A=\begin{pmatrix} 1 & -2 \\ 0 & 1 \end{pmatrix}$

$A^2=AA=\begin{pmatrix} 1 & -2 \\ 0 & 1 \end{pmatrix}\begin{pmatrix} 1 & -2 \\ 0 & 1 \end{pmatrix}=\begin{pmatrix} 1 & -4 \\ 0 & 1 \end{pmatrix}$

$A^3=A^2A=\begin{pmatrix} 1 & -4 \\ 0 & 1 \end{pmatrix}\begin{pmatrix} 1 & -2 \\ 0 & 1 \end{pmatrix}=\begin{pmatrix} 1 & -6 \\ 0 & 1 \end{pmatrix}$

$\vdots$

$A^n=\begin{pmatrix} 1 & -2n \\ 0 & 1 \end{pmatrix}$

이므로

$A^nB=\begin{pmatrix} 1 & -2n \\ 0 & 1 \end{pmatrix}\begin{pmatrix} 1 & 2 \\ -1 & 0 \end{pmatrix}=\begin{pmatrix} 2n+1 & 2 \\ -1 & 0 \end{pmatrix}$

모든 성분의 합이 50이므로

$2n+2=50$

$\therefore n=24$

다른 풀이

▸ AB의 앞에 A를 곱해서 A^2B, A^3B, …를 구해도 된다.

$AB=\begin{pmatrix} 1 & -2 \\ 0 & 1 \end{pmatrix}\begin{pmatrix} 1 & 2 \\ -1 & 0 \end{pmatrix}=\begin{pmatrix} 3 & 2 \\ -1 & 0 \end{pmatrix}$

$A^2B=A(AB)$

$=\begin{pmatrix} 1 & -2 \\ 0 & 1 \end{pmatrix}\begin{pmatrix} 3 & 2 \\ -1 & 0 \end{pmatrix}=\begin{pmatrix} 5 & 2 \\ -1 & 0 \end{pmatrix}$

$A^3B=A(A^2B)$

$=\begin{pmatrix} 1 & -2 \\ 0 & 1 \end{pmatrix}\begin{pmatrix} 5 & 2 \\ -1 & 0 \end{pmatrix}=\begin{pmatrix} 7 & 2 \\ -1 & 0 \end{pmatrix}$

$\vdots$

$A^nB=\begin{pmatrix} 2n+1 & 2 \\ -1 & 0 \end{pmatrix}$

모든 성분의 합이 50이므로

$2n+2=50$

$\therefore n=24$

16 ·········· 답 ②

▸ A^2, A^3, …을 계산한 다음 A^n의 규칙을 찾는다.

$A=\begin{pmatrix} -2 & -3 \\ 1 & 1 \end{pmatrix}$

$A^2=AA=\begin{pmatrix} -2 & -3 \\ 1 & 1 \end{pmatrix}\begin{pmatrix} -2 & -3 \\ 1 & 1 \end{pmatrix}=\begin{pmatrix} 1 & 3 \\ -1 & -2 \end{pmatrix}$

$A^3=A^2A=\begin{pmatrix} 1 & 3 \\ -1 & -2 \end{pmatrix}\begin{pmatrix} -2 & -3 \\ 1 & 1 \end{pmatrix}=\begin{pmatrix} 1 & 0 \\ 0 & 1 \end{pmatrix}=E$

▼$A^3=E$이므로 $A^6=E$, $A^9=E$, …, $A^{18}=E$이다.

이때 $A+A^2+A^3=O$이므로

$$A^4+A^5+A^6=A^3A+A^3A^2+A^3A^3$$
$$=A+A^2+A^3=O$$
$$A^7+A^8+A^9=A^6A+A^6A^2+A^6A^3$$
$$=A+A^2+A^3=O$$
$$\vdots$$
$$A^{19}+A^{20}=A^{18}A+A^{18}A^2$$
$$=A+A^2=-E$$
$$\therefore A+A^2+A^3+\cdots+A^{20}=-E$$

Think More

$A+A^2=-E$, $A+A^2+A^3=O$,
$A+A^2+A^3+A^4=A^4=A^3A=A$, …
의 규칙을 이용할 수도 있다.

17 ◆답 2048

▼
$$x^3-1=(x-1)(x^2+x+1)$$
이므로
$$\omega^3=1, \omega^2+\omega+1=0$$
을 이용한다.

$x^3-1=(x-1)(x^2+x+1)=0$의 한 허근이 ω이므로
$$\omega^3=1, \omega^2+\omega+1=0$$

▼A^2, A^4, A^6, …을 구해 보면서 규칙을 찾는다.

$$A=\begin{pmatrix} \omega^2 & 1 \\ \omega & \omega+1 \end{pmatrix}$$
$$A^2=\begin{pmatrix} \omega^2 & 1 \\ \omega & \omega+1 \end{pmatrix}\begin{pmatrix} \omega^2 & 1 \\ \omega & \omega+1 \end{pmatrix}$$
$$=\begin{pmatrix} \omega^4+\omega & \omega^2+\omega+1 \\ \omega^3+\omega^2+\omega & \omega^2+3\omega+1 \end{pmatrix}$$
$$=\begin{pmatrix} 2\omega & 0 \\ 0 & 2\omega \end{pmatrix}=2\omega E$$

이므로
$$A^4=A^2A^2=(2\omega E)(2\omega E)=2^2\omega^2E^2=2^2\omega^2E$$
$$A^6=A^4A^2=(2^2\omega^2E)(2\omega E)=2^3\omega^3E^2=2^3\omega^3E$$
$$\vdots$$
$$A^{20}=2^{10}\omega^{10}E$$

그런데 $\omega^{10}=(\omega^3)^3\omega=\omega$이므로

$$A^{20}=2^{10}\omega E=\begin{pmatrix} 2^{10}\omega & 0 \\ 0 & 2^{10}\omega \end{pmatrix}$$

따라서 모든 성분의 합은 $2^{11}\omega$이므로
$$a=2^{11}=2048, b=0$$
$$\therefore a-b=2048$$

18 ◆답 ⑤

▼A^2, A^3, A^4, …을 계산하면 순환하는 규칙을 찾을 수 있다.

$$A=\begin{pmatrix} 0 & -1 \\ 1 & 0 \end{pmatrix}$$
$$A^2=AA=\begin{pmatrix} 0 & -1 \\ 1 & 0 \end{pmatrix}\begin{pmatrix} 0 & -1 \\ 1 & 0 \end{pmatrix}=\begin{pmatrix} -1 & 0 \\ 0 & -1 \end{pmatrix}=-E$$
$$A^3=A^2A=-EA=-A$$
$$A^4=A^3A=-A^2=E$$

이므로
$$A=A^5=A^9=A^{13}=A^{17}$$
$$A^2=A^6=A^{10}=A^{14}=A^{18}$$
$$A^3=A^7=A^{11}=A^{15}=A^{19}$$
$$A^4=A^8=A^{12}=A^{16}=A^{20}$$

▼$m>n$이므로 $(5,1)$, $(9,1)$, $(9,5)$, …로 셀 수 있다.

따라서 구하는 순서쌍 (m, n)의 개수는 40이다.

19 ◆답 2

좌변을 전개하면
$$\begin{pmatrix} (a+1)x+(b-3)y \\ (b-3)x-(a+1)y \end{pmatrix}=\begin{pmatrix} 0 \\ 0 \end{pmatrix}$$
이므로
$$(a+1)x+(b-3)y=0 \quad \cdots \text{❶}$$
$$(b-3)x-(a+1)y=0 \quad \cdots \text{❷}$$

▼이 연립방정식은 $x=0$, $y=0$을 해로 가지므로
0이 아닌 실수 x, y가 있다는 말은
두 식에서 x나 y를 소거할 때 $0=0$ 꼴로 정리된다는 뜻이다.

❶$\times(a+1)+$❷$\times(b-3)$을 하면
$$\{(a+1)^2+(b-3)^2\}x=0$$
이 식을 만족시키는 0이 아닌 x가 있으므로
$$(a+1)^2+(b-3)^2=0$$
a, b는 실수이므로 $a=-1$, $b=3$
$$\therefore a+b=2$$